潘知常生命美学系列

潘知常 著

在阐释中理解当代审美文化

反美学

江苏凤凰文艺出版社

图书在版编目（CIP）数据

反美学：在阐释中理解当代审美文化／潘知常著
．—南京：江苏凤凰文艺出版社，2023.9
（潘知常生命美学系列）
ISBN 978-7-5594-7293-9

Ⅰ.①反… Ⅱ.①潘… Ⅲ.①审美文化-研究 Ⅳ.
①B83-0

中国版本图书馆 CIP 数据核字（2022）第 212615 号

反美学：在阐释中理解当代审美文化
潘知常 著

出 版 人	张在健
责任编辑	孙金荣
责任印制	刘 巍
出版发行	江苏凤凰文艺出版社
	南京市中央路 165 号，邮编：210009
网 址	http://www.jswenyi.com
印 刷	南京新洲印刷有限公司
开 本	890 毫米×1240 毫米 1/32
印 张	15.125
字 数	400 千字
版 次	2023 年 9 月第 1 版
印 次	2023 年 9 月第 1 次印刷
书 号	ISBN 978-7-5594-7293-9
定 价	88.00 元

江苏凤凰文艺版图书凡印刷、装订错误，可向出版社调换，联系电话 025-83280257

潘知常

南京大学教授、博士生导师，南京大学美学与文化传播研究中心主任；长期在澳门任教，陆续担任澳门电影电视传媒大学筹备委员会专职委员、执行主任，澳门科技大学人文艺术学院创院副院长（主持工作）、特聘教授、博导。担任民盟中央委员并江苏省民盟常委、全国青联中央委员并河南省青联常委、中国华夏文化促进会顾问、国际炎黄文化研究会副会长、全国青年美学研究会创会副会长、澳门国际电影节秘书长、澳门国际电视节秘书长、中国首届国际微电影节秘书长、澳门比较文化与美学学会创会会长等。1992年获政府特殊津贴，1993年任教授。今日头条频道根据6.5亿电脑用户调查"全国关注度最高的红学家"，排名第四；在喜马拉雅讲授《红楼梦》，播放量逾900万；长期从事战略咨询策划工作，是"企业顾问、政府高参、媒体军师"。2007年提出"塔西佗陷阱"，目前网上搜索为290万条，成为被公认的政治学、传播学定律。1985年首倡"生命美学"，目前网上搜索为3280万条，成为改革开放新时期第一个"崛起的美学新学派"，在美学界影响广泛。出版学术专著《走向生命美学——后美学时代的美学建构》《信仰建构中的审美救赎》等30余部，主编"中国当代美学前沿丛书""西方生命美学经典名著导读丛书""生命美学研究丛书"，并曾获江苏省哲学社会科学优秀成果一等奖等18项奖励。

总　序

加塞尔在《什么是哲学》中说过："在历史的每一刻中都总是并存着三种世代——年轻的一代、成长的一代、年老的一代。也就是说，每一个'今天'实际都包含着三个不同的'今天'，要看这是二十来岁的今天、四十来岁的今天，还是六十来岁的今天。"

三十六年前，1985年，我在无疑是属于"二十来岁的今天"，提出了生命美学。

当然，提出者太年轻、提出的年代也年轻，再加上提出的美学新说也同样年轻，因此，后来的三十六年并非一帆风顺。更不要说，还被李泽厚先生公开批评过六次。甚至，在他迄今为止所写的最后一篇美学文章——那篇被李先生自称为美学领域的封笔之作的《作为补充的杂记》中，还是没有放过生命美学，在被他公开提到的为实践美学所拒绝的三种美学学说中，就包括了生命美学。不过，我却至今不悔！

幸而，从"二十来岁的今天"、"四十来岁的今天"走到"六十来岁的今天"，生命美学已经不再需要任何的辩护，因为时间已经做出了最为公正的裁决。三十六年之后，生命美学尚在！这"尚在"，就已经说明了一切的一切。更不要说，"六十来岁的今天"，已经不再是"二十来岁的今天"。但是，生命美学却仍旧还是生命美学，"六十来岁的今天"的我之所见竟然仍旧是"二十来岁的今天"的我之所见。

在这方面，读者所看到的"潘知常生命美学系列"或许也是一个例证。

1

从"二十来岁的今天"、"四十来岁的今天"走到"六十来岁的今天",其中,第一辑选入的是我的处女作,1985年完成的《美的冲突——中华民族三百年来的美学追求》(与我后来出版的《独上高楼:王国维》一书合并),以及完成于1987年岁末的《众妙之门——中国美感心态的深层结构》,完成于1989年岁末的生命美学的奠基之作《生命美学》,还有我1995年出版的《反美学——在阐释中理解当代审美文化》、1997年出版的《诗与思的对话——审美活动的本体论内涵及其现代阐释》(现易名为《美学导论——审美活动的本体论内涵及其现代阐释》)、1998年出版的《美学的边缘——在阐释中理解当代审美观念》、2012年出版的《没有美万万不能——美学导论》(现易名为《美学课》),同时,又列入了我的一部新著:《潘知常美学随笔》。在编选的过程中,尽管都程度不同地做了一些必要的增补(都在相关的地方做了详细的说明),其中的共同之处,则是对于昔日的观点,我没有做任何修改,全部一仍其旧。至于我的另外一些生命美学著作,例如《中国美学精神》(江苏人民出版社1993年版)、《生命美学论稿》(郑州大学出版社2000年版)、《中西比较美学论稿》(百花洲文艺出版社2000年版)、《我爱故我在——生命美学的现代视界》(江西人民出版社2009年版)、《头顶的星空——美学与终极关怀》(广西师范大学出版社2016年版)、《信仰建构中的审美救赎》(人民出版社2019年版)、《走向生命美学——后美学时代的美学建构》(中国社会科学出版社2021年版)、《生命美学引论》(百花洲文艺出版社2021年版)等,则因为与其他出版社签订的版权尚未到期等原因,只能放到第二辑中了。不过,可以预期的是,即便是在未来的编选中,对于自己的观点,应该也毋需做任何的修改。

生命美学,区别于文学艺术的美学,可以称之为超越文学艺术的美学;区别于艺术哲学,可以称之为审美哲学;也区别于传统的"小美学",可以称之为"大美学"。它不是学院美学,而是世界美学(康德);它也不是"作为学科的美学",而是"作为问题的美学"。也因此,其实生命美学并不难理解。

只要注意到西方的生命美学是出现在近代,而中国传统美学则始终就是生命美学,就不难发现:它是中国古代儒道禅诸家的美学探索的继承,也是中国近现代王国维、宗白华、方东美的美学探索的继承,还是西方从"康德以后"到"尼采以后"的叔本华、尼采、海德格尔、马尔库塞、阿多诺等的美学探索的继承。生命美学,在西方是"上帝退场"之后的产物,在中国则是"无神的信仰"背景下的产物,也是审美与艺术被置身于"以审美促信仰"以及阻击作为元问题的虚无主义这样一个舞台中心之后的产物。外在于生命的第一推动力(神性、理性作为救世主)既然并不可信,而且既然"从来就没有救世主",既然神性已经退回教堂,理性已经退回殿堂,生命自身的"块然自生"也就合乎逻辑地成为了亟待直面的问题。随之而来的,必然是生命美学的出场。因为,借助揭示审美活动的奥秘去揭示生命的奥秘,不论在西方的从康德、尼采起步的生命美学,还是在中国的传统美学,都早已是一个公开的秘密。

换言之,美学的追问方式有三:神性的、理性的和生命(感性)的,所谓以"神性"为视界、以"理性"为视界以及以"生命"为视界。在生命美学看来,以"神性"为视界的美学已经终结了,以"理性"为视界的美学也已经终结了,以"生命"为视界的美学则刚刚开始。过去是在"神性"和"理性"之内来追问审美与艺术,神学目的与"至善目的"是理所当然的终点,神学道德与道德神学,以及宗教神学的目的论与理性主义的目的论则是其中的思想轨迹。美学家的工作,就是先以此为基础去解释生存的合理性,然后,再把审美与艺术作为这种解释的附庸,并且规范在神性世界、理性世界内,并赋予不无屈辱的合法地位。理所当然的,是神学本质或者伦理本质牢牢地规范着审美与艺术的本质。现在不然。审美和艺术的理由再也不能在审美和艺术之外去寻找,这也就是说,在审美与艺术之外没有任何其他的外在的理由。生命美学开始从审美与艺术本身去解释审美与艺术的合理性,并且把审美与艺术本身作为生命本身,或者,把生命本身看作审美与艺术本身,结论是,真正的审美与艺术就是生命本身。人之为人，以审美与艺术作为生存方式。"生命即审美"，"审美即生命"。也因此，审美和艺术不需要外在的理由，说得犀利一点，也不需要实践的理由。审美就是审美的理由，艺术就是艺术的理由，犹如生命就是生命的理由。

这样一来，审美活动与生命自身的自组织、自协同的深层关系就被第一次发现了。审美与艺术因此溢出了传统的藩篱，成为人类的生存本身。并且，审美、艺术与生命成为了一个可以互换的概念。生命因此而重建，美学也因此而重建。也因此，对于审美与艺术之谜的解答同时就是对于人的生命之谜的解答；对于美学的关注，不再是仅仅出于对于审美奥秘的兴趣，而应该是出于对于人类解放的兴趣，对于人文关怀的兴趣。借助于审美的思考去进而启蒙人性，是美学的责无旁贷的使命，也是美学的理所应当的价值承诺。美学，要以"人的尊严"去解构"上帝的尊严""理性的尊严"。过去是以"神性"的名义为人性启蒙开路，或者是以"理性"的名义为人性启蒙开路，现在却是要以"美"的名义为人性启蒙开路，是从"我思故我在"到"我在故我思"再到"我审美故我在"。这样，关于审美、关于艺术的思考就一定要转型为关于人的思考。美学只能是借美思人，借船出海，借题发挥。美学，只能是一个通向人的世界、洞悉人性奥秘、澄清生命困惑、寻觅生命意义的最佳通道。

进而，生命美学把生命看作一个自组织、自鼓励、自协调的自控系统。它向美而生，也为美而在，关涉宇宙大生命，但主要是其中的人类小生命。其中的区别在宇宙大生命的"不自觉"（"创演""生生之美"）与人类小生命的"自觉"（"创生""生命之美"）。至于审美活动，则是人类小生命的"自觉"的意象呈现，亦即人类小生命的隐喻与倒影，或者，是人类生命力的"自觉"的意象呈现，亦即人类生命力的隐喻与倒影。这意味着：否定了人是上帝的创造物，但是也并不意味着人就是自然界物种进化的结果，而是借助自己的生命活动而自己把自己"生成为人"的。因此，立足于我提出的"万物一体仁爱"的生命哲学(简称"一体仁爱"哲学观,是从儒家第二期的王阳明"万物一体之仁"接着讲的,因此区别于张世英先生提出的"万物一体"的哲学观),生命美学意在建构一种更加人性,也更具未来的新美学。它强调:美学的奥秘在人,人的奥秘在生命,生命的奥秘在"生成为人","生成为人"的奥秘在"生成为审美的人"。或者,自然界的奇迹是"生成为人",人的奇迹是"生成为生命",生命的奇迹是"生成为精神生命",精神生命的奇迹是"生成为审美生命"。再或者,"人是人"——"作为人"——"成为人"——"审美人"。由此,生命美学以"自然界生成为人"区别于实践美学的"自然的人化",以"爱者优存"区别于实践美学的"适者生存",以"我审美故我在"区别于实践美学的"我实践故我在",以审美活动是生命活动的必然与必需区别于实践美学的以审美活动作为实践活动的附属品、奢侈品。其中包含了两个方面:审美活动是生命的享受(因生命而审美,生命活动必然走向审美活动,生命活动为什么需要审美活动);审美活动也是生命的提升(因审美而生命,审美活动必然走向生命活动,审美活动为什么能够满足生命活动的需要)。而且,生命美学从纵向层面依次拓展为"生命视界""情感为本""境界取向"(因此生命美学可以被称为情本境界论生命美学或者情本境界生命论美学),从横向层面则依次拓展为后美学时代的审美哲学、后形而上学时代的审美形而上学、后宗教时代的审美救赎诗学;在纵向的情本境界论生命美学或者情本境界生命论美学的美学与横向的审美哲学、审美形而上学、审美救赎诗学之间,则是生命美学的核心:成人之美。

最后,从"二十来岁的今天"、"四十来岁的今天"走到"六十来岁的今天",如果一定要谈一点自己的体会,我说的则是:学术研究一定要提倡创新,也一定要提倡独立思考。正如爱默生所言,"谦逊温驯的青年在图书馆里长大,确信他们的责任是去接受西塞罗、洛克、培根早已阐发的观点。同时却忘记了一点:当西塞罗、洛克、培根写作这些著作的时候,本身也不过是些图书馆里的年轻人"。也因此,我们不但要"照着"古人、洋人"讲",而且还要"接着"古人、洋人"讲",还要有勇气把脑袋扛在自己的肩上,去独立思考。"我注六经"固然可嘉,"六经注我"也无可非议。"著书"却不"立说"、"著名"却不"留名"的现象,再也不能继续下去了。当然,多年以前,李泽厚在自己率先建立了实践美学之后,还曾转而劝诫诸多在他之后的后学们说:不要去建立什么美学的体系,而要先去研究美学的具体问题。这其实也是没有事实根据的。在这方面,我更相信的是康德的劝诫:没有体系,可以获得历史知识、数学知识,但是却永远不能获得哲学知识,因为在思想的领域,"整体的轮廓应当先于局部"。除了康德,我还相信的是黑格尔的劝诫:"没有体系的哲学理论,只能表示个人主观的特殊心情,它的内容必定是带偶然性的。"

"子曰:何伤乎!亦各言其志也!"

需要说明的是,从"二十来岁的今天"到"六十来岁的今天",我的学术研究其实并不局限于生命美学研究,也因此,"潘知常生命美学系列"所收录的当然也就并非我的学术著述的全部。例如,我还出版了《红楼梦为什么这样红——潘知常导读〈红楼梦〉》《谁劫持了我们的美感——潘知常揭秘四大奇书》《说红楼人物》《说水浒人物》《说聊斋》《人之初:审美教育的最佳时期》等专著,而且,在传播学研究方面,我还出版了《传媒批判理论》《大众传媒与大众文化》《流行文化》《全媒体时代的美学素养》《新意识形态与中国传媒》《讲"好故事"与"讲好"故事——从电视叙事看电视节目的策划》《怎样与媒体打交道》《你也是"新闻发言人"》《公务员同媒体打交道》等,在战略咨询与策划方面,出版了《不可能的可能:潘知常战略咨询与策划文选》《澳门文化产业发展研究》,关于我在 2007 年提出的"塔西佗陷阱",我也有相关的专门论著。有兴趣的读者,可以参看。

是为序。

潘知常

2021.6.6 南京卧龙湖,明庐

目录

1	**第一章**	**现状研究:传统审美文化的自我放逐**
3	第一节	从美到丑 从美到非美
20	第二节	生命中不可承受之轻
36	第三节	挑战与机遇
45	第四节	从美学到反美学:当代美学的第二重建构
59	**第二章**	**文本考察:文化溃败时代的寓言**
61	第一节	流行歌曲:当代青年的心理魔杖
72	第二节	邂逅摇滚
82	第三节	电影就是电影
97	第四节	电视:当代的新特洛伊木马
110	第五节	广告形象的魅力
117	第六节	MTV:当代人的"视觉快餐"
128	第七节	游戏机:"心理镜像"的幻影
137	第八节	涂鸦:另类的青春话语
141	第九节	人体之美:辉煌的复归与错位的游戏
155	**第三章**	**社会省思:千年未遇之历史巨变**
157	第一节	市场化与当代审美文化
179	第二节	全球化与当代审美文化
199	第三节	孤独的大众与当代审美文化

223	**第四章　条件辨析：传统审美文化的解构之镜**
225	第一节　光荣与梦想：美学的乌托邦
246	第二节　大众传播媒介：当代的新赫尔墨斯之神
259	第三节　平面性　零散化　断裂感
277	第四节　美学的困惑

295	**第五章　本质反诘：后美学时代的美学革命**
297	第一节　传统叙事模式的基本特征
308	第二节　反叙事的叙事：在平面上开掘深度
322	第三节　艺术之为艺术
344	第四节　美学观念的转变

363	**第六章　根源探询：生命的诱惑与死亡的阴影**
365	第一节　生理层面："应激反应"与情感的"代偿机制"
377	第二节　心理层面："神性"与"人性"的双重变奏
386	第三节　形式层面：反和谐的审美活动如何可能

399	**第七章　本体阐释：无望的救赎与永恒的承诺**
401	第一节　"诗人何为？"
421	第二节　反美学的美学意义
432	第三节　从反美学到美学

| 467 | ［附录］本书主要参考文献 |

第一章

现状研究:传统审美文化的自我放逐

第一节　从美到丑　从美到非美

我们曾经眉飞色舞或者痛心疾首地谈论过这个时代以及这个时代的审美文化。但实际上对于这个时代以及这个时代的审美文化的谈论却连我们这些谈论者也如坠五里雾中，根本不知所云，直到一旦被猝不及防地抛入其中，不再可能把它当作一种事不关己的对象，而必须把它当作刻骨铭心的生活本身的时候，才真切地感受到一种切肤之痛，也才不无尴尬地感受到时代的物是人非和审美文化的千古巨变。

无论如何，我们都再也无法否认，正如伍尔夫的一句耸人听闻之语所宣称的：1901年12月前后，人类的本质一举改变了。而且，又何止是人类的本质，人类的美学本质也已经一举改变了。过去与现在之间、传统与现实之间、理论与实践之间……通通出现了一种令人触目惊心的裂隙和扭曲。丹尼尔·贝尔概括得何其深刻："在制造这种断裂并强调绝对现在的同时，艺术家和观众不得不每时每刻反复不断地塑造或重新塑造自己。由于批判了历史连续性而又相信未来即在眼前，人们丧失了传统的整体感和完整感。碎片或部分代替了整体。人们发现新的美学存在于残损的躯干、断离的手臂、原始人的微笑和被方框切割的形象之中，而不在界限明确的整体中。而且，有关艺术类型和界限的概念，以及不同类型应有不同表现原则的概念，均在风格的融合与竞争中被放弃了。可以说，这种美学的灾难本身实际上倒已成了一种美学。"[①]

也正是因此，在我看来，当代审美文化的革命就绝不仅仅表现在内容、

[①] 丹尼尔·贝尔：《资本主义文化矛盾》，赵一凡等译，三联书店1989年版，第95页。

形式、风格的变化上,而是表现在它同以往的彻底决裂上,表现在它试图确立一种与传统美学完全对立的全新美学上。正如庞德在诗歌中吟唱的:

> 这个时代需要一个形象
> 来表现它加速变化的怪相,
> 需要的是适合现代的舞台,
> 而不是雅典式的优美模样。

确实,当代审美文化固然不是人类的伊甸园;当我们穿过历史的森林,站在山坡上回头眺望时,看到的确实也不是一片令人赏心悦目的风景。但是当代审美文化也不是人类的地狱;当我们跨越时代的废墟,置身于时间的尽头时,看到的也不是一片令人唏嘘不已的阴霾。当代审美文化没有造就出美的全新的巅峰,但它造就了美的全新的面貌;当代审美文化没有造就出莎士比亚、达·芬奇、米开朗基罗、贝多芬,但它造就出了毕加索、塞尚、大卫·欧格威、普莱斯利;当代审美文化没有造就出小说、诗歌、散文的盛世,但它造就出了电影、电视、广告、流行音乐、摇滚的天地……没有一个时代的审美文化像现在这样精神亢奋,也没有一个时代的审美文化像现在这样污浊沉沦,更没有一个时代的审美文化像现在这样既导致了传统美学的涅槃,又促成了现代美学的诞生,也正是因此,当代审美文化,作为一个神秘的入侵者,它所掀起的那场轩然大波、那种世纪风云,带给我们的,就不能不是一段最富于挑战性的美学历史,一个永远说不完道不尽的美学话题,一次导致沧桑巨变的美学裂变。

在这里,应该敏锐地察觉到,在上述的"历史""话题""裂变"之中,隐含着一个极为重大、极为现代的课题。《反美学》一书的写作,正是着眼于这样的课题。

我们知道,在人类的审美实践中,任何一种审美创造都不仅仅只是一部作品的诞生,而且还是一种美学观念的诞生。当艺术家把一件前所未有的作品创作出来时,人们不仅是观看这件作品,而且要联想到,如果他把这种东西也称为作品,他的艺术观显然不同于传统。这时,人们已经在用传统的美学观念与现在的艺术品所代表的美学观念进行比较了。值得强调的是,在审美活动中,每个人都在用特定的美学观念看待世界,而且会把这些美学观念强加给世界。奇妙的是,我们往往未曾意识到它们只是美学观念,反而把它们当作世界本身的真实性质。美学的任务就是要弄清这些视"假"为"真"的无意识的假设,并且对它进行批判性的反思。须知,我们无法去直接分析审美活动,所以,我们分析了这些审美活动所隐含的美学观念,也就等于间接地分析了审美活动,至少是分析了我们理解的审美活动。例如把小便器作为艺术品。它究竟是否艺术?我们的根据是什么?须知,人们的争论并不是在"事实"层面,在此层面,无需争论,看到的都是一个小便器。但它是美的还是实用的小便器?这就要看它是否符合我们心目中的关于审美的特定观念了。人们的分歧因此而出现。换言之,对审美实践的讨论一旦脱离事实层面,就进入了理论层面。美学的探讨由此开始。

进而言之,更为重大、与本书联系更为密切之处在于:人们在接触某些东西的时候,一般能够很快断言它是否艺术以及它的艺术水平的高低,对于这种情况,往往就不必再去进行理论层面的美学探讨,也不必再去考察在其中所隐含的美学的特定观念(因为关于这一美学观念,是大家所不约而同地默认的)。但有时人们在接触某些东西的时候,就很难断言它是否艺术以及它的艺术水平的高低,原因很简单,这些东西正好处在美学观念的边界地带,因此它是否应包含在其中,就成为两种不同的特定美学观念相互冲突的焦点。它的被肯定,意味着对于美学观念的边界的或多或少的改变;它的被拒绝,则意味着为使美学观念更为稳定而对于这一美学观念的边界的取消。结果,关于它的去留,就不再是事实层面的讨论,而成为一种理论层面的讨论。不难联想到:任何一个时代的美学进步,其内容都必然是关于美学观念的边界的重新讨论(即对传统美学的解构),必然是或多或少地对美学观念的边界加以改变的结果。正如克罗齐所说:"每一个真正的艺术作品都破坏了某一种已成的种类,推翻了批评家们的观念,批评家们于是不得不把那些种类加以扩充,以至到最后连那扩充的种类还是太窄,由于新的艺术作品出现,不免又有新的笑话,新的推翻和新的扩充跟着来。"①也正如布洛克所进一步阐释的:"如果我们把一个概念想象成一个在特殊的边界线之内装填着这个概念涉及的所有实体的东西,我们就会说:虽然我们很清楚这个概念应该包含着哪些实体,但是对于那些正好位于这个边界线或接近于这个边界线的实体(尤其是当边界线本身不清晰或画得不准确时)是否也应包括在这个概念之内,就不太清楚或疑虑重重了。当人们的注意焦点集中在某些非同一般的位于边缘地带的实体时,就必须想方设法把这条边界线画得准确一些。但即使这样做,我们也会或多或少地改变这个概念,使它包含的东西多于或少于它曾经包含的东西。这个概念的核心部分是由我们传统的普通语言所固定的,但边界部分就比较灵活或比较模糊,因而更容易被改变。不要以为这种改变是玩弄文字游戏,那些把种种'现成物'当作艺术品的人,实际上是在从事着一种非常严肃的事业。他们实际上是在扩大或重新创造人们的艺术概念。而那些不认为上述物品是艺术的人,则是在保卫已有的艺术边界,对于改变它的种种企图进行抗击。这样一种争执(同其他哲学争执一样)实际是一种关于'概念之边界线的争执'……"②而在一个审美文化出现沧桑巨变的时代,它也就必然表现为对于传统美学的彻底解构,以及美学观念的边界的彻底改变,而这无疑就意味着全新的美学观念的诞生。

不言而喻,这正是本书所极为关注的内容。

---

① 克罗齐:《美学原理·美学纲要》,朱光潜等译,外国文学出版社1983年版,第45页。
② 布洛克:《美学新解》,滕守尧译,辽宁人民出版社1987年版,第8—9页。

任何人都会注意到:当代审美文化所带来的,正是一个沧桑巨变的时代。首先是前所未有的从美向丑的大逃亡。我们知道,美和艺术,曾经是人类的坚不可摧的避风港。甚至在最最危险的时刻,海德格尔也仍旧神谕般地宣称:只还有一个上帝能够救渡我们,这就是诗。然而,在商品社会的侵蚀下,它却轻而易举地被攻克了。仿佛就在一夜之间,我们从睡梦中醒来,竟突然惊诧地发现:自己已面临着工业化、商品化了的美和艺术的地毯式轰炸。认真想来,传统的美和艺术,实在堪称一个十分成熟、十分丰满的沉沉大梦。那个时代的艺术家像是在自己的家园里嬉戏,一切都是那样熟悉,决不需要左右顾盼,对历史有着百分之百的信心。作品中的主人公更是不折不扣的奇迹,强健雄壮,对生命充满信心,作品的形式则是精湛无比,让你时时感到一种强大的力量从手指间流泻而出,堪称人类自身最为美好的自画像。而现在人类却不得不与一个杜尚的"尿壶"编缀起来的世界为伍。德拉克洛瓦的作品是"绘画的虐杀";现代绘画之父塞尚是"一头用尾巴作画的驴子";马蒂斯的作品是"野兽之笼";毕加索更曾被断言为将要吊死在《亚威农少女》后面……罗曼·罗兰曾盛赞18世纪的古典艺术为"生命的太阳",那么,现在"太阳"又在哪里?尼采当年曾疾呼:上帝已死!那么,我们今天要不要疾呼:艺术已死!?几乎没有人能够否认,传统的作为美与艺术的强大基础的神圣感、超越性几乎全然不复存在,美和艺术正在告别传统并毫不犹豫地走向消费。过去美和艺术所展示的是"优美""崇高""悲剧",现在美和艺术所展示的却是"荒诞"与"丑"。一个最直接的例子就是对于直线的推崇。传统美学推崇的是曲线美,但现在人们却推崇直线。相对于传统,或许应该说这是一种"丑",但却"丑"得颇具魅力。人类的眼睛当然更适宜于光滑流畅的形式,但人类反而推崇直线,如直线形、矩形、方形,或许是为了与媚俗的现实对抗?是为了借助这种与传统对抗的形式来强调人类自身?容后详述。过去美和艺术是以激烈的方式亵渎现实,现在美和艺术却是以更为激烈的方式亵渎自身。在当代社会,人们学会了以最迅速的蒙太奇和并置的方式来假想地体验世界，结果，人们置身于一个塞满废物的环境中，一个充满丢弃物和"用过即扔"的环境中。如果你在超级市场买半磅咸牛肉，你会同时得到一盎司半卡纸和塑料包装纸；如果你在杂货店采购剃刀、刀片、剃须皂、润唇膏等盥洗用品，就会留下一大堆包装物。各种社会都在它们抛弃的东西中揭示自己。废弃物成为一种秘密语言。于是艺术涉猎于城市每天分泌的巨大的、无意识的垃圾堆。"绘画的艺术就是使眼光耽搁下来。"罗伯特·劳申伯格正是最早实践这一艺术设想的人，硬板纸、有条纹的断栅栏棍、一个污秽的鸟标本、一把破雨伞、一个丢弃的轮胎……在他手下都成为艺术。英国评论家劳伦斯·阿洛韦在1959年曾评论说：能准确地复制文字、图画和音乐的大批生产的技术，已引起了大量可消费的符号和象征物。再想以文艺复兴为基础的"美术独一无二"的思想来处理这个正在爆炸的领域是无能为力的。由于宣传工具被社会接受，我们对文化的概念发生了变化。文化这个词不再是最高级的人工制品和历史名人的最高贵的思想专用的了，人们需要更广泛地用它来描述"社会在干什么"。过去美和艺术是耻于与商品为伍并且强制性地与之保持一定的距离，现在美和艺术却乐于与商品为伍并且心甘情愿地卖笑于街头巷尾，并且"心甘情愿地充当迪斯科舞厅的门卫侍者"（罗森堡）。从三毛——到席慕蓉——到汪国真——到王朔——到贾平凹，从伤痕文学——到朦胧诗——到寻根文学——到实验小说——到移民文学，从星星画展——到裸体美术，从新潮音乐——到流行音乐，从崔健的摇滚——到艾敬的城市民谣，从张艺谋的《大红灯笼高高挂》——到陈凯歌的《霸王别姬》……不难看出，美和艺术已经从关注现代与前现代的冲突转向了关注中心与边缘的冲突，而且是正好翻了个个儿，从关注中心对边缘的强制转向了关注边缘对中心的消解。不再用那双"黑色的眼睛"去"寻找光明"，也不再痛心疾首于"中国，我的钥匙丢了"，昔日的乌托邦的幻想转向今天的商品的追求，热衷于恶狠狠地亵渎一切曾经认为是有价值的东西，津津有味地咀嚼一些琐碎的生活趣味。神圣的历史被解构为一种叙事形式或拼贴的材料,使之成为一幅幅令人吃惊的幻象。革命歌曲再度成为热点,但唱出的只是一种浅尝辄止的游戏娱乐。爱情的故事不再引人注目,作为最后的诱惑,爱萎缩为性,赤裸裸的性从各个隐秘的角落倾泻而出。……强烈的主体意识、历史意识消解了,历史神话破产了,主体地位失落了,中心化价值体系崩溃了。一代文化英雄灰飞烟灭,欲望的英雄却"你方唱罢我登场",竟然宁愿在集体狂欢中实现一种残忍的自虐,结果,美与艺术进入一种严重的失语状态,成为与其意旨断裂的无聊的游戏,颠覆了世界的因果顺序,颠覆了在场的真理性,颠覆了使真理和秩序合法化的那个绝对支点。结果,正如王尔德所概括的:一个需要修补的世界被一个无法修补的世界所代替了。在这个意义上,当代审美文化似乎是在为传统审美上演一出告别的末日庆典,似乎是在有意地利用这末日庆典来说明传统美学已经丧失了起码的方向感与生存能力,已经面临着无可逃避的"合法性危机"。毫无疑问,这是为我们所始料不及的。或许,我们可以说这是一种美学的投机主义,但谁又能肯定地说,在这一切的背后,没有一些更为深刻的含义呢?

其次是前所未有的从美向非美的大进军。其中可以分为两个层次。

首先是流行艺术的大举进攻。在传统审美中,精英艺术与流行艺术是界限分明的,尽管这是凭借前者对于后者的强制与压抑达成的。对此,相信读者都是熟悉的,因为来自象牙之塔的诸如此类的轻蔑之声从来就不绝于耳:"人们常说,艺术一旦脱离了群众便会变质。但我倒认为,一旦把艺术献给了人民,那么艺术就给毁了。"[1]但是现在一切却开始发生彻底的改变。似乎是一种美学的宿命,长期受到压制的流行艺术现在却反过来凌驾于精英艺术之上。一开始,它还只是零星地、羞怯地在"娱乐"的名义下被擢升而出,以致精英艺术一开始并没有认清它的"险恶"面目,甚至把它作为个性解

---

[1] 德索:《美学与艺术理论》,兰金仁译,中国社会科学出版社1987年版,第426页。

放的理想方式加以追求。然而,很快这种局面就被轻而易举地改变了。不仅仅是武侠小说、言情小说、侦探小说,也不仅仅是西部片、武打片、娱乐片、爱情片、警匪片、生活片,还有令人眼花缭乱的广告、录像、流行歌曲、时装表演、摇滚乐、卡拉OK、游戏机、迪斯科、劲歌狂舞,还有像袜子一样被频繁更换、忘却的流行歌星、影视明星、丑星、笑星、体育明星……几乎是渗透进社会的每一个角落。从大合唱到流行歌曲,从交际舞到迪斯科,从看革命小说到看武打小说,从舞台演唱到卡拉OK,从手搭在胸前演唱到载歌载舞甚至狂歌劲舞,"选美"成为城市人的一次异常隆重的审美活动,摇滚演出成为城市人的狂欢之夜,写着"别装,行不?""别理我,烦着呢"的文化衫成为城市人的时髦徽章,一个从未震惊诗坛的人(汪国真),却能震惊社会。

其二是由于流行艺术的冲击所导致的传统美学的审美阈限、艺术疆域从根本上的改变。本来,流行艺术只是一种美学盲流,天生就是反传统的,但现在一直占据统治地位的精英艺术,似乎不满足于自己被困窘万分地挤出世人的视野,竟然也反起传统,结果导致了传统美学的审美阈限、艺术疆域的根本改变。例如雕塑。在人类艺术从感知的触觉形式向视觉形式的进化中,雕塑有着重要的美学地位。故对它的欣赏要难得多,亨利·穆尔因此才会感叹说:"形盲"远多于"色盲"。也正因此,一旦形成传统,又往往根深蒂固,即使叔本华这样的对西方传统美学大胆挑战的人,也不得不承认:"当我们远远地离开了希腊人的时候,我们也将因此而远远地离开了良好的趣味和美……"[1]因而西方力图消解传统的美和艺术的努力,力图消解主体与客体的界限,生活与艺术的界限的努力,在雕塑中体现最力。其特点是标志着空间、环境、动作、媒介相结合的雕塑与绘画的结合。物质融进空间,空间转成行动,或者,正如美学家所说,雕塑是阳光的艺术,因此它就应回到公共环境中去。不仅审美,而且审丑,还有非美非丑、美丑相间、美丑同一,不仅

---

[1] 转引自霍夫曼:《论雕塑》,载《世界艺术与美学》第1辑。

仅以艺术本体为核心,而且向商品、科技、传媒、劳动、管理、行为、环境、交际……渗透。毕加索说过一句耐人寻味的话:我从来就不知什么是美,那大概是一个最莫名其妙的东西吧?抒发的或许就是当代人的这种共同感慨!马塞尔·杜尚,这个"现代艺术的圣者",就率先宣称:绘画应是心灵的仆人,而不应是视网膜感觉的奴隶。在他看来,艺术本身原来只是为了实用,后来却逐渐被传统的力量异化为一种趣味、一种古人和死人设立的并沿袭至今的标准。人们盲目地接受它,以它为媒介,却不再考虑自身的真实需要。结果其中充满了卑怯、势利、伪文化,充满了害怕被趣味的仲裁者远远抛在身后的恐惧心理,艺术成为一种装饰品、一种地位的象征。所谓"艺术是一种容易上瘾的麻醉剂"。总之,只要人类把一种东西神圣化,就会反过来忽视自己的创造愿望,使自己变成前人的观念的牺牲品。艺术中的美感就是趣味的体现,它又反过来把艺术固定在为"视觉"的狭小圈子中。但实际上,生活不等于对外在的财富的占有(包括对艺术的占有),生活的本质是永恒的创造。故他的创作标准就是无"美感",从而摆脱物质性艺术给人们提供的感官方面的满足。"现成品艺术",以平常的物品作不平常的组合,再通过命名,来扭转日常生活中的固定关系,动摇传统艺术的示意系统。所以他说:"关键在于选择。"(毕加索则说:"我不探索,我要发现。")

例如新的样式的出现:传统观念中的艺术是以审美为目的的创造活动,其结果是孤立于人之外的作品。但 20 世纪以来,艺术却变得五花八门,以致有人怀疑是不是还有艺术的存在。通俗艺术在精英艺术内部诱发了偶发艺术(娱乐性)、波普艺术(生活化);精英艺术也在流行艺术中诱发了电影、电视、录像、广告、摇滚、时装、选美、MTV、游戏机、肥皂剧、娱乐片、武打小说、言情小说、流行歌曲、卡拉 OK……不论现代的这些美学样式是否站得住脚,古典美学的样式的衰亡都是一个不争的事实。在这个意义上,黑格尔的"艺术消亡论"或许正是对旧的美学样式的洞见,那种作茧自缚的美学样式应该死去,但冲出旧的美学样式的坚茧的飞蛾却变成了飞向街头巷尾("艺术就在街头巷尾")的全新的美学样式。因此,"艺术"就不仅仅是在"死亡"而且是在"诞生"。

又如新的方式的出现:审美创造的方式也发生了巨大的变化。复制、制作、炒作、包装、热点效应……这些手法似乎消灭了传统的时间向量,使得传统的审美创造的方式黯然失色。一切都进入了一种平面、一种转瞬即逝的非历史存在方式,传统的延续性、永恒性被摧毁了,它似乎是在鼓励健忘症,鼓励精神消费上的"用过即扔",但似乎又是在尝试着伸展自己的全新的审美触角。

再如新的领域的出现:传统的美与艺术的外延边界不断被侵吞、拓展,甚至被改变。这是一个不折不扣的美学扩张的时代。审美内容、读者趣味、艺术媒体、传播媒介、发行渠道都在发生一场巨变:过去美和艺术只与少数风雅的上流人物有关,现在却要满足整个社会的需要;过去美和艺术是沿着有限的渠道缓慢地传播到有限的地方,现在却把美和艺术的各种变化同时传播到全世界;过去美和艺术的选择要受到权威、传统、群体的限制,现在对于美和艺术的选择却要更自由、更广泛、更为个体化;过去美和艺术所要求于每一个人的是"什么是美",而现在美和艺术所要求于每一个人的则是"什么可以被认为是美的";过去美和艺术所塑造的是一系列固定不变的形象,现在美和艺术所提供的则是一系列瞬息万变的影像……结果就必然导致美与科技、美与管理、美与商品、美与传媒、美与劳动、美与交际、美与行为、美与环境、美与生活的相互渗透。西方把这种情况比喻为"无墙的博物馆"。"博物馆"在西方是展示审美精品的殿堂。阿多诺比喻说:博物馆是艺术作品的家族坟墓。它是传统审美的象征,它的围墙没有了,意味着审美与非审美的界限消失了。从《红楼梦》到贝多芬到美容服饰到公共关系都成为艺术。例如手工艺术。这是美学家很少瞩目的(限于篇幅,本书也只能借此机会稍谈几句)。"在某种普遍意义下它们都是技术客体。但实际上,它们又像是艺术客体。它们揭示了世界某些特殊部分的全部深度,本质上以某种方式依存于世界。"①它是从传统手工业的使用状态蜕变而出同时又沾染了现代工业的美学精神的新型视觉艺术式样,如现代陶艺、漆艺、木艺、泥艺、纤维艺术和锻金艺术,等等。假如说艺术与生活的同一也有一个渐变的谱系,那么其中的中介就是新手工艺术。在自然与文明的对立与冲突中,工业文化代表着人类对自然的高度盘剥。技术理性成为工业文化的灵魂。机器代手而起,成为现代人的"所有器官的器官"。人只有使自己变成这"器官"的一部分才能为社会所容,自然也只有使自己变成"器官"的对象才会被社会认同为自然。原生材料被工业再生材料所取代;渗透人情意味的手工劳动被冷酷刻板的机器操作所取代;因材施艺的随机性、创造性被事先严格规定了的种种规范所取代。而当代手工艺术的出现,则是对此的反拨。也正是在这个意义上,达·芬奇才预见云:工匠技艺是世界的希望。而在当代社会中,手工艺术是对当代工业文明的控诉。通过"手"的重新出场,失落了的人类的感官重新复苏。它小心翼翼地维护着世界的物性,新鲜而丰富的物性、自然形态的表面肌理和质感,都被作为主体自身的丰富灵性的展现而备加珍爱;另一方面,它又小心翼翼地维护着自身的创造性,关注着操作的过程,承诺着高度的适应弹性,寻觅着种种偶然性的际遇。似乎可以说,它与机器文明是互逆的关系。相对于工业文明的高理性追求,新手工艺术则是高情感的追求。艺术的超越性、独创性、个别性被消解了。形形色色的美学应运而生:工业美学、劳动美学、科技美学、广告美学、行为美学、爱情美学、日常生活美学乃至厕所美学;企业形象的包装、产品的包装,橱窗、墙壁、街头、车身上的广告包装,无疑是意在通过美来吸引人;交往活动的美学、行为的美学、礼仪的美学,美容、化妆、服装、旅游美学;时装表演进入了舞厅,

---

① 米切姆:《技术哲学》,载《科学与哲学》1986年第5期,第115页。

以只有最后几片布头的所谓泳装来展示美,人体、容貌进入赛场,选美成为一大热点,优美景观成为商品,成为一种哄游客出钱的诱饵。消费进入了欣赏,感受代替了沉思,瞬间愉悦取代了持久魅力,这就是时下美学界所喋喋不休地加以提倡的"泛美学"。最终,提倡美学与非美学的不断地互相换位和互相羞辱,竟然成为当代审美文化的一大奇观。

上述当代审美文化的沧桑巨变,给我们的冲击是双重的。首先,就作家、艺术家来说,带来的是审美创造过程中的巨大困惑。其次,就普遍存在的审美活动来说,带来的则是审美活动中无法理解的困惑。而且,由于在现代社会中几乎无人能够逃避被商品化了的美和艺术的"轰炸"(最起码的也是电视剧、电影、广告、流行歌曲的"轰炸"),后者的困惑就尤其迫切。然而,这困惑的解决又谈何容易!我经常听到艺术圈外的各界人士在茶余饭后、在各种会议上、在办公室对于当代的美和艺术中的各种热门话题义愤填膺地大发议论,其情可感,但却实在不着边际;我也经常看到掌握着各种决策权力的部门,针对当代审美文化所发出的各项指示,正义满胸,可是难平众怒。原因何在?关键就在于他们不曾意识到当代审美文化中内在的美学观念的深刻变化,依旧以传统美学的观念加以解释,结果自然就难免指鹿为马、南辕北辙。例如对当代审美文化,有人以"通俗、易于理解"作为特征,但《红高粱》易于理解吗?抽象的街头小品易于理解吗?还有人以"娱乐性"作为特征,但有些流行服装给人带来的就不是快感,奇装异服甚至令人生厌;也有人说它"简单",但电子音乐无疑比中国古典音乐复杂。看来,关键是衡量它们的标准是不同的,而我们在思考"何为审美活动"的时候,却仍旧是在传统美学的视野里去思考。例如,当我们面对《蒙娜丽莎》时,会毫不犹豫地断言它是艺术,但当我们面对美人挂历时,我们就很难断言了,在此,"画廊"是一个分界;在我们面对芭蕾舞时,会毫不犹豫地断言它是艺术,但当我们面对迪斯科时,就很难断言了,在这里"美"与"不美"是一个分界;在我们面对画框中的绘画或基座上的雕塑时,会毫不犹豫地断言它是艺术,但当我们面对杜尚的小便器或现成品的拼贴时,就很难断言了,在此,是否由艺术家创造,是一个分界;在我们面对剧场中的演员演唱时,会毫不犹豫地断言它是艺术,但当我们面对卡拉OK演唱时,就又很难断言了,在此,"是否表演"是一个分界……总之,所谓审美,是指的在经审美距离处理后的展览厅、画廊、沙龙中进行的以展示作品为媒介的活动。这是长期以来形成的美学定理,是不言自明的前提。而现在内在的美学观念一旦发生变化,自然就难以据此加以判断了。

由上可见,当代审美文化的从美向丑的大逃亡和从美向非美的大进军,隐含着对于美学和艺术的非"美学"和非"艺术"的性质的充分强调。其中的关键是:生活与审美的同一。这是本书要讨论的一个关键问题。之所以会出现这种改变,从根本的意义上讲,就是因为不承认有一个原本的存在(对本源、原本的追求实际只是一种形而上学),不承认审美是生活的摹仿。福柯说:本源就存在于不可避免要失去的地方。德里达说:不存在的中心不复是中心。不再是原本先于摹本,而是摹本包含了原本,所谓既是原本又是摹本。既然达·芬奇的原本——模特谁也没有见过,杜尚的摹本就很难被否定了。瓦侯尔的《蒙娜丽莎》则公开宣传"三十个比一个来得好"。人们感兴趣的,是不断地重复本身、再现过程本身。德里达说:"只要一经重复,一条线便不再是原来那条线,圆圈的圆心也不再是原来的那个了。"[1]结果,当代审美文化面对的就是一种什么都不摹仿的摹仿。冈布里奇说:"我们时代的情形是这样的,在其中,艺术放弃了与超验存在王国的任何联系,失掉了它的作为一种世界观——一种对世界或历史的解释方式——的特征。"[2]审美不再反映生活,那审美还能够干什么呢?墨西哥作家卡罗斯·封特斯的看法很有代表性:"我们是合唱中的声音,将活的生活转变成叙述的生活,然后

---

[1] 德里达:《书写与差异》,英文版,芝加哥大学出版社1978年版,第296页。
[2] 参见A.本杰明:《艺术、模仿和先锋派》,英文版,纽约,1991年,第133页。

将叙述复归到生活,不是为了反映(思)生活,而是为了增补别的什么东西,不是生活的一个摹本,而是一个新的生活尺度。用小说往生活中增加某种新的、更多的东西。"①对此,西方学者已经有所察觉。例如,未来学家奈斯比特说:"90年代的人类社会正在走向新的文艺复兴。""往昔传统的文艺评价标准仍旧装备着我们的评论机构,但对于'大文化'的评价,这些标准已毫无指导意义,因为它们倾向于赞美艺术品的永恒性、独特性以及持久的普通价值。过去的美感是与社会道德标准相联系的——'美即是真',以及具有永恒魅力的真正的美。""这些产品或者一模一样,或者只略有不同,不同程度上都是可消费的、可被代替的、缺少独立价值或内在'真理'的,而这正是以前艺术的标准。"②"艺术和非艺术将可以互换,杰作将只是一卷磁带;艺术家将不通过艺术作品的内在价值来解释艺术,而只提供有新的生活风格和倾向的艺术概念。总之,由于新的文化统一体带来了艺术作品的可消费性,生活也成了艺术——如唯一与之相对的永恒、独特的艺术体验一般。""由于坚持各种艺术的大融合,艺术的单一化被否定了,得到肯定的只有一条,即拆除艺术和生活经验之间的所有藩篱。"③而罗森堡则通过对于"新绘画"的剖析更进一步意识到:"这种新绘画,打破了艺术和生活的每一个界限。随之而来的问题就是任何东西都与之有关——任何与动作有关的东西——心理学、哲学、神话、英雄崇拜。只有艺术批评除外。画家通过他作画的动作摆脱了艺术;批评家却摆脱不了。继续按照派别、风格、形式进行鉴别的批评家——仿佛画家仍然关心制造某种物体(艺术作品),而不是靠画布过日子

---

① 转引自G.B.麦迪森:《后现代性的解释学》,英文版,印第安纳大学出版社1988年版,第168页。
② 阿尔温·托夫勒编:《未来学家谈未来》,顾宏远等译,浙江人民出版社1986年版,第43—44页。
③ 阿尔温·托夫勒编:《未来学家谈未来》,顾宏远等译,浙江人民出版社1986年版,第50—51页。

似的——因而注定要变作艺术门外汉了。"①

事情很清楚,原来当代审美文化是深刻意识到了传统美学的边缘界限对于美学和艺术在当代的发展的限制和障碍,因此集中全力予以痛击。因此,被他们称作美和艺术的东西,实际上是一种完全不同于传统的美和艺术的美和艺术,是一种用来达到另外的不同目的和具有不同意义的美和艺术。比如建筑。20世纪的文化—美学实验是建筑。建筑是生活中的艺术,人们可以没有绘画、音乐、电影而照旧过得很好,但没有屋顶的生活却无人过得下去。大自然本来就是人类的生存环境,但自然本身却是无限延伸的,因而是离心的、消极的,人类需要的是为自己服务的环境,这就要使它成为向心的积极空间。例如有了埃菲尔铁塔,巴黎才不再是一片在地面延伸的空间,而有了自己对上部空间的占有和中心标志。"城"的本义是围绕着城市的整套防御构筑物,是应防御需要产生的。它是人的一种保护性的盾牌(假如说服装是个体皮肤的延伸,城市则是人类群体的皮肤的延伸。过去我们把自己从头到脚包裹在衣服里,包裹在一个统一的视觉空间中,城市也如此。波德莱尔原想为他的诗集《恶之花》取名"肢体",可见在他心目中城市正是人类肢体的延伸),故对城市的观察也是以重点放在以城墙为主的外缘景观上,即以立体切割平面的三维封闭空间,或曰:一个匣子。当代则是对匣子的破坏,将匣子铺展为平面,整体形象失去了立面,变为地理平面的鸟瞰,城墙、城楼失去了威严,新的建筑物虽然更高,但却不再起到切割平面的作用,高速公路的诞生使道路成为城市与乡村之间的围墙。再从细部看,古典建筑以雕饰繁缛为主,但它是"叙事性"的,用看起来多余的东西如飞檐斗拱、雕梁画栋指称着建筑的文化意义,是在内容的基础上美化形式。例如西方的加工集中在柱身、挑檐、线脚、壁面、窗棂等处,再如中国的加工集中在建筑的木作部分及立面砖瓦的雕镂漆绘。现代建筑却是表现性的,是视觉的

---

① 哈罗德·罗森堡:《新事物的传统》,英文版,纽约,1955年,第25页。

幻象(不再是视觉的表意),只有形式,是用瓷砖、釉砖、玻璃马赛克、铝合金、不锈钢镜夹板及各种人工合成的贴面材料"包装"出来的,蓄意追求"中看不中用"。建筑师勒·科布希尔初访曼哈顿时曾惊叹说:这是凝聚于石头中的快节奏爵士乐。这大概是人类在放弃了自然的形态之后不得不以人工合成的形态加以补充的一种努力。这使人强烈地意识到:它不是以崇高去唤醒人生,而是以美(媚)去愉悦人生;不是要改造城市而是要在城市中生活;不是意在告诉人们怎样解读、怎样生活,而是根本无法解读,或者说,它是供观看的而不是供阅读的,是抛弃了乌托邦式的美学战略的产物。换言之,是向传统美学观念挑战的美学宣言。

　　在这个意义上,应该说当代审美文化的最大价值就在于它所提出的问题,在于它是传统美学的一剂最好的解毒药。当代审美文化的意义十分重大。例如,使过去被作为非美学处理的非"美学"、非"艺术"以及生活、原本从美学、艺术、摹本的压制下解放出来,获得一种合法性;再如,使过去被压制的非西方的审美文化从中挣脱出来;再如,使纯美学本身也从中获得一种活力,因为当代审美文化不是要剥夺你的审美权利,而是要剥夺你的审美特权,剥夺人为地加在审美活动身上的种种"光环",因为这"光环"实际上已是锁链;又如,促成了一种全新的视野的形成,封闭的美学被开放的美学所代替。因此,面对当代审美文化,最重要的其实并不是喋喋不休地谈论它的内容、形式、类型、手法,也不是一脸媚态地歌颂或一腔怒火地痛斥,而是透过当代审美文化这一特定的现象,去考察其中所隐含的美学观念的转变。值得注意的是,在这里,审美与生活的同一这一根本转变又可以转换为众多层面的问题,例如:从深度模式到平面模式、从审美到审丑、从创造到复制、从对象化到非对象化、从超越到同一、从无功利到功利、从有距离到无距离、从反映到反应、从结果到过程、从形象到类像、从欣赏到消费、从理性的真实到欲望的真实、从符号到信号、从完美到完成、从中心性到非中心性、从确定性到非确定性、从秩序性到非秩序性、从整体性到多维性,等等。可以说,传统美学的几乎所有方面都遇到了挑战。迎接这一挑战,则无异于美学消解自身、重建自身的最佳契机。而一个真正的美学家,无疑不应回避这些挑战,而应着眼于审美与生活的同一,从各个层面对美学观念的边界,即一个时代对于美和艺术的特殊理解,作深入的探讨。正是因此,西方后现代主义有一个共同的特征,就是绝口不谈"美学",意在否定拥有美学霸权的传统美学,否认美学与非美学之类的划分。在他们看来,这划分完全是人为的。而且,他们也不再以审美来与现实对抗,因为他们认为这种自信是以审美的特权意识为基础的,是建立在把审美与生活根本对立起来的基础上的,是以压抑非审美为代价换取的。因此,他们反而强调给平民以优先地位,强调将审美从形式中解脱出来,强调审美的在生活中的无处不在。

卡西尔说得好:"事实的财富并不必然就是思想的财富。除非我们成功地找到了引导我们走出迷宫的指路明灯,我们就不可能对人类文化的一般特性具有真知灼见,我们就仍然会在一大堆似乎缺少一切概念的统一性的、互不相干的材料中迷失方向。"[①]当代审美文化当然是人类的一笔"事实的财富",但它也确实曾经使很多学者"迷失方向"。我想,假如我们深刻地把握住当代审美文化中所隐含的美学观念的转变这一关键,我们就可以真正"具有真知灼见",就能够成功地找到"引导我们走出迷宫的指路明灯"。再进一步,假如我们的探讨与当代审美文化的创造达到同步,我们无疑就可以毫无愧色地宣称:我们的美学已经无愧于这个时代。"事实的财富"已经上升为"思想的财富"。原因很简单,当代审美文化是在对于传统美学观念的不断思考、不断争论中发展起来的,理解了这场"思考"与"争论"的实质,自然也就理解了现代美学本身。它将使人类和世界都变得聪明起来。

---

① 卡西尔:《人论》,甘阳译,上海译文出版社1985年版,第30页。

第二节　生命中不可承受之轻

在当代审美文化之中，还有一个现象是无法回避而且也是我写作本书的一个重要原因。这就是：媚俗。

正如我在后面将要详细剖析的，传统的美和艺术是一种堂皇叙事，它以和谐有序的经典形式为基础，这经典形式表现为：井然有序的时间感，有深度的空间感，过去、现在、将来三位一体的彼此相互关联。假如没有前景与后景的互相映照，存在的显现是不可能的；假如没有深度，任何一个平面也是不可想象的。康德指出：美感是一种"反思性"的判断力，它是美感产生的必要条件。"如果那普遍的（法则、原理、规律）给定了，那么把特殊的归纳在它下面的判断力就是规定着的。但是，假使给定的只是特殊的并要为了它而去寻找那普遍的，那么这判断力就是反省着的了。""美直接使人愉快（但只是在反味着的直观里，不像道德在概念里）。"[①] 显然，在传统美学看来，在感性中对理性的把握就是美感，因此，人只能在静观中获得美感，只能在人与对象之间插入一种反省判断力，只能在适当的距离之外发现美。但现在这样一种堂皇叙事、这样一种经典形式却不复存在了。时间感、空间感、前景、后景消失了，"反省判断力"消失了，距离消失了，历史意识的支援消失了，深度意识的支援消失了，不再是把握世界，而是被世界所把握。一个个"非连续性"的时间开始统治感觉，空间丧失深度，成为时间片断中的拼贴。和谐有序的经典形式、堂皇叙事的合法性也随之消失了。美和艺术转而与日常生活打成一片，没有距离的美感取代了有距离的美感。

不难想象，当代审美文化因此而应运诞生。然而，还有必要指出的是，由于在美学把握上的失误，一种畸形的关于审美活动如何可能的看法也同

---

① 康德：《判断力批判》上卷，宗白华译，商务印书馆1985年版，第16—17、202页。

时应运而生,这就是:媚俗。

　　媚俗是当代审美文化转型时期所产生的一种负现象,也是一种典型的伪审美现象。或者说,是传统美学在无法正确回应当代审美文化的挑战时所出现的一种特定的畸形审美形态。注意:媚俗与当代审美文化所强调的"生活与审美的同一"并不等同,也并非当代审美文化的必然。媚俗(Kitsch),台湾学者翻译为"忌屎"。对此颇有研究的昆德拉解释云:"对Kitsch 的需要,是这样一种需要:即需要凝视美丽谎言的镜子,对某人自己的映象流下心满意足的泪水。"① 媚俗的基本特征是一种为他人的表演性。从昔日的社会环境中走了出来,但是审美心态仍然是传统的,结果,作为对于一种已经完全对立于个体的外在的"类"的力量的屈从,在由于"类"与个体的对立还没有暴露出来而把"类"的力量与美等同起来的传统社会,固然是合情合理的,然而在"类"与个体的对立已经充分暴露出来的当代社会还要这样去做,就难免成为一种虚伪、矫情。所以昆德拉指出:媚俗是对媚俗的需要,即在一面撒谎的美化人的镜子面前看着自己,并带着激动的满足认识镜子里的自己。媚俗是对他人赞许的需要、评价的需要。他人的目光就是一面镜子——一面哈哈镜。而媚俗就是在镜子面前搔首弄姿、忸怩作态。进而言之,对于媚俗,对象并不重要,重要的是投入自己的感情,而这种感情又是十分庸俗的,于是要为之穿上美丽的衣服。至于现实的丑恶,则完全可以视而不见。"Kitsch 就是对大粪的绝对否定。""我们中间没有一个超人强大得足以完全逃避 Kitsch。无论我们如何鄙视它,Kitsch 都是人类境遇的一个组成部分。"② 因此,媚俗就是不择手段地讨好多数人,为取悦于对象而猥亵灵魂,扭曲自己,屈服于世俗。换言之,只要是为他人活着,为他人所左右,并且为他人而表演,其生存就是媚俗的。

---

① 昆德拉:《小说的智慧》,艾晓明编译,时代文艺出版社1992年版,第15页。
② 昆德拉:《小说的智慧》,艾晓明编译,时代文艺出版社1992年版,第105页。

关于媚俗的产生,昆德拉把它概括为主观和客观两个方面。主观态度分为两种情况:一种情况是心里什么都十分清楚,但为了名利、地位、金钱、物质生活而主动放弃对于美的追求,趋炎附势,以美娱人。另外一种情况是外界压力过于强大:公众的,朋友、亲属的,爱人的,情人的,一共四重眼光。自己承受不了,只好与之妥协,不惜拿美去做交易。如果一个人毕其一生去忘我表演,以求满足上述四重眼光对自己的期待,就是所谓媚俗。令人震惊的是,几乎人人都难逃表演癖。为什么呢?关键在于客观环境的过分强大。

关于客观环境,昆德拉语焉不详。在我看来,就当代社会来说,主要是指在"历史必然"的旗号下"横空出世"的商品经济对于美和艺术的冲击。

在古代社会,美和艺术并不与商品发生过多的联系,只是与宗教、伦理精神发生错综复杂的纠缠。进入早期资本主义阶段,商品的作用日益强大,但也仍然没有直接涉及美和艺术。令人记忆犹新的是,当时,在社会上流行着两个字——金钱的时候,在美和艺术中却流行着另外两个字——自由。正是因此,康德的美学以拒绝艺术和功利的联系为特征,对于维护审美的纯粹性来说,还是十分必要的。但问题是,商品并非只是纯粹的物质的东西,它还是一种社会关系,它还存在于流通领域之中。对于消费商品的人们来说,其中无疑包含着欲望、观念等精神性的成分,那么,对于消费美和艺术的人来说,其中难道就不包含物的、商品的成分吗?商品的精神性给我们提供了一种启迪:精神产品的商品化并不一定以贬低精神性为代价。而且,现代美学的发展在很大程度上还要归功于美和艺术的商品化。因此,当我们斥责商品败坏美和艺术之时,不要忘记也正是商品在抬高着美和艺术。

然而,商品毕竟是一种非常强大的腐蚀剂。它曾经成功地跨越了它与社会价值准则之间的界限,这是一种无法躲避的"跨越"。以遍地都是的"精品屋"为例,作为商业事件,它的意义并不很大。但是,它却是一个重大的文化事件。因为商品消费已经不再是一件纯商业的现象,而是一种文化现象。在它的衬托之下,曾几何时一直引以为自豪的机关、院校的大楼迅即相形见绌,它不仅把那些形形色色的暴发户、大款、大腕公然与大部分工资微薄的人们明确划分开来,从而为这些幸运儿张目,而且借助于金碧辉煌的殿堂,把他们推向了社会的中心地带,又把其他人不屑一顾地驱赶到社会的边缘地带,使他们战战兢兢地成为殿堂外面的反衬。精品屋中的售货小姐的目光明确无误地告诉每一个人:"钱包干瘪者与狗不得入内!"犹如传说中昔日的上海租界中的招牌:"华人与狗不得入内!"这目光无异于当代最为权威的意识形态,它无情地剥去了人们心灵中的最后一件外衣,摧毁了人们的最后的价值准则,迫使每一个人或者自我放逐于社会之外,或者放弃自己的所有追求而去全力为能够进入其中而出卖一切。问题的严重性在于:在当代生活的每一个层面,都存在着类似的"精品屋"。它犹如一个意识形态的"犀牛",可以是金钱,也可以是掌声、职称、文凭、地位、名牌服装……而人们则恰如尤奈斯库在《犀牛》的剧本中所描写的那个目睹了全城的人都已变成犀牛的惨剧,而且必须在"全城的犀牛"和"他的个体"中做出抉择的人。不难想象,面对这一切,人们该是何等的脆弱。如今,一旦开始了与美和艺术之间的对话,就难保不去跨越它与美和艺术之间的界限。

　　恩格斯说:"当法国革命把这个理性的社会和这个理性的国家实现了的时候,新制度就表明,不论它较之旧制度如何合理,却决不是绝对合乎理性的。理性的国家完全破产了。……富有和贫穷的对立并没有在普遍的幸福中得到解决,反而由于沟通这种对立的行会特权和其他特权的废除,由于缓和这种对立的教会慈善设施的取消而更加尖锐化了;工业在资本主义基础上的迅速发展,使劳动群众的贫穷和困苦成了社会的生存条件。犯罪的次数一年比一年增加。如果说,以前在光天化日之下肆无忌惮地干出来的封建罪恶虽然没有消灭,但终究已经暂时被迫收敛了,那么,以前只是暗中偷着干的资产阶级罪恶却更加猖獗了。商业日益变成欺诈。革命的箴言'博爱'在竞争的诡计和嫉妒中获得了实现。贿赂代替了暴力压迫,金钱代替了刀剑,成为社会权力的第一杠杆。初夜权从封建领主手中转到了资产阶级工厂主的手中。卖淫增加到了前所未闻的程度。婚姻本身和以前一样仍然是法律承认的卖淫形式,是卖淫的官方的外衣,并且还以不胜枚举的通奸作为补充。总之,和启蒙学者的华美约言比起来,由'理性的胜利'建立起来的社会制度和政治制度竟是一幅令人极度失望的讽刺画。"①

这里,一个典型的例证就是"金钱代替了刀剑,成为社会权力的第一杠杆"。

严格地说,钱在社会中的作用应该是中性的。在一定的条件下,它可以起好的作用,也可以起坏的作用。因此,尽管人们常说钱是万恶之源,魏斯曼甚至说:追求金钱是人类最后一项可耻秘密。但萧伯纳偏偏说:没有钱是万恶之源。毛姆也说:金钱犹如第六感,没有金钱,其他五感就失去了意义。加缪甚至说:向人说教没钱也能获得幸福,是一种精神胜利法。就我个人而言,我较为欣赏卢梭的一句名言:我们手里的钱是保持自由的一种工具,我们所追求的金钱,则是使自己充当奴隶的一种工具。不过,无论如何,钱对于社会、对于美和艺术影响极大,却是一个无法否认的事实。例如,杰姆逊就曾发现:现实主义小说的产生与金钱的作用关系密切:"金钱是一种新的历史经验,一种新的社会形式,它产生了一种独特的压力和焦虑,引出了新的灾难和欢乐,在资本主义市场获得充分发展以前,还没有任何东西可以与它产生的作用相比。我希望大家不要把金钱作为文学的某种新的主题,而要把它作为一切新的故事、新的关系和新的叙述形式的来源,也就是我们所说的现实主义的来源。只有当金钱及其所展示的新的社会关系减弱时,现实主义才能逐渐减弱。"②

就金钱的负面作用而言,在我看来,主要体现在对于人类的价值规范的腐蚀上。因此,当人们一旦置身钱的诱惑,难免不会像拉摩的侄儿一样失去

---

① 《马克思恩格斯选集》第3卷,人民出版社1972年版,第297—298页。
② 杰姆逊:《后现代主义与文化理论》,唐小兵译,陕西师范大学出版社1986年版,第49页。

内心的平静:"有多少次,我自言自语道:拉摩,巴黎有上万张丰盛的餐桌,每桌15到20人进餐。这么多席位,竟然没有一个是给你预备的,你怎么搞的!有许多钱袋,金币胀得鼓鼓的,不时从左右流淌出来,可是没有一个金币落到你的手里,你怎么搞的!你难道就愚蠢到这个地步吗?难道你就不会像别人那样阿谀奉承吗?难道你就不会像别人那样撒谎、起誓、发愿、作伪誓,许下诺言,然后也可以履行诺言也可以违背诺言吗?难道你就不会像别人那样四只脚在地上爬行吗?……有一大批恶棍,他们给我当跟班都不配,却家财万贯。我穿着粗布大衣,他们却丝绒裹身,拄着黄金包头、乌鸦喙状的手杖,手指上戴着戒指,刻着亚里斯多德或柏拉图的名字。可是这些人从前是什么玩艺儿?大部分是穷得要命的蹩脚乐师。可今天,他们成了贵族大老爷了。"①于是,人类的心灵在钱的拨弄下发生了畸态的变化。甚至精英人物也无法例外。巴尔扎克在揭发金钱罪恶时,他本人正陷入金钱的诱惑,债台高筑,不得不像牛一样工作,以致杰姆逊认为:巴尔扎克的工作状态正是典型的实业家的工作状态。在西方无数探险故事中,鲁滨逊最为典型。但他也是一个一生只是精打细算的赚钱的人,唯一的一次快乐也是因为得知自己已有很多金钱。过去的守财奴阿巴贡被人耻笑,现在的守财奴却成为英雄;只有见到金钱时才会感到诗情画意;谁先榨干自己的感情、先完成感情的物化,谁就可能成为当代的明星。社会织就了一张无所不在的命运之网,构成这张网的经纬线的,就是闪闪发光的金钱。《驴皮记》中的年轻人从老古董商手上买到一张野驴皮。它针刺不进,火烧不着,可以满足主人的愿望,但满足一次驴皮就缩小一点,主人的生命也减少一些,驴皮一旦用完,主人的生命也就完结了。这似乎可以看作人类的金钱命运的写照!难怪马克思竟然仰天长叹:"人的心是很奇怪的东西,特别是当人们把钱放在钱袋里

---

① 狄德罗:《拉摩的侄儿》,见《法国中篇小说选》上册,人民文学出版社1988年版,第469页。

的时候……"①确实"奇怪",它竟然可以使一切肉体的和精神的感觉为这一切感觉的简单异化即拥有感所代替,使人类的外在的财富的获得可以以内在的财富沦落到一种绝对的贫困为代价。这堪称一种意义的混淆。以幸运号码与摇奖为例,本来,当代社会是一个"解符码"的时代,是使一切通通非神圣化,是宗教意义的解体,是一个以理性化作为启蒙的过程。但现在赚钱成为最高目的,追求无限的资本积累,竟然以最为荒诞的再符码化的方式去追求最大的利润,目标是现代的,但手段却是封建的、反理性与反现代的,以致不少人仍然生活在充满魔咒符码的神秘气氛之中,幻想日常生活中的一言一行、一事一物会成为奇迹显现的媒介,这是一种现代特有的犬儒心理,一种令人不寒而栗的黑色幽默。换言之,外在的神秘符码转变为内在的神秘符码,此即所谓再符码化,不受外在的封建意识的控制了,但又被无意识控制着自我,这个情结,那个情结,又一次成为符码。当代社会本来是欲望的解放,但现在这个欲望又被符码化了。然而,又并不奇怪。难道这不就正是钱的魅力之所在吗?

而商品的跨越它与美和艺术的界限,很快也成为冷酷无情的事实。伊格尔顿承认:"我们说社会现象已经普遍商品化,也就是说它已经是'审美的'了——构造化了,包装化了,偶像化了,性欲化了。""什么是经济的也就是审美的。"②至此,商品已经成为它自己的意识形态。传统的意识形态反而无所谓了。有人说,在西方,是商品精神打败了基督精神,金钱打败了上帝。我们也可以同样地说:是商品精神打败了美学精神,是商品精神打败了艺术精神!

美和艺术实在堪称脆弱。商品一旦跨越它与美和艺术的界限,就无所不用其极地对它加以改塑。美和艺术固然没有使用价值,但它的象征价值

---

① 《马克思恩格斯全集》第 23 卷,人民出版社 1972 年版,第 235 页。
② 伊格尔顿语。转引自《上海文论》1987 年第 4 期,第 73 页。

却可以对商品进行再包装,以便刺激已经停滞的消费欲望,达到促销的目的,从而使商品增值。于是,美和艺术也被商品拉入了消费的狂潮。有人惊呼:商品社会无所不消费,甚至连美和艺术也不例外。在美国,一些出版社就以三 S(Sex,性;Sadism,虐待狂;Smoking Gun,冒烟的枪)作为畅销书的效益原则。这导致了一种审美的折中主义:"折中主义是当代总体文化的零度;人们听强节拍通俗音乐,看西部片,午餐吃麦当劳的食物,晚餐吃当地的菜肴,在东京洒巴黎香水,在香港穿'过时'服装。传授知识成了电视游戏的内容,为公众找一些折中主义的著作倒是容易的。由于艺术成了迎合低级趣味的拙作,因而便迎合了具有主导作用的赞助人'趣味'的混乱,这个时代真可谓一个宽松的时代。但是这种'什么都行'的现实主义实际上是一种金钱现实主义;因此在缺少审美标准的情况下,根据其产生的效益来估价艺术作品的价值依然是可行的和可用的。这种现实主义顺应了所有的倾向……只要这些倾向和需求拥有购买力。"[1]

而一些文学家、艺术家面对商品社会,早就陷入了深深的恐惧。他们一直就是在福克纳藐视地描述的那种"诅咒的阴影下写作",自卑的鞭子无情地抽打着这些当代的"夸父"们,他们自惭形秽地改称自己为"写字儿的""码字儿的",试图以屈就的心理和姿态来迎合商品社会,从而达到一种心理平衡。一旦看到上述千载难逢的"机遇",自然喜不自胜,马上极尽"卖身投靠"之能事。且看一位刚刚步入文化界的年轻人所看到的文化人在这场动荡中的表演:

> 他再翻到副刊,是千篇一律的历史改编故事、武侠小说、社会色情小说、侦探小说,是千篇一律的作者名字。他曾有一个时期,利用晚上空闲,当作一家晚报的校对,他希望如此找到机会踏进报界,切实地干

---

[1] 利奥塔:《后现代状态》,英文版,明尼苏达大学出版社,1984年,第76页。

一点文化的工作。但那半年的期间留给他丑陋不堪的印象,在他理想中的文坛,全不存在,只有一个目不忍睹的场景。——所谓知识分子,他们的私生活像人所共知电影圈中的明星一样,那么"一塌糊涂",那么"勾心斗角",那么"唯利是图",那么"荒淫无耻"——一位晚报编辑把投来的稿件一概不退还,换上名字在星洲某报发表……——所有的流行作家都异口同声说为生活的负担而"爬格子",大有为了肚皮,无法不操此业之口气,但事实,他们的生活远比许多许多中等人家高……——某著名小说家,其作品曾多次搬上银幕,毫不羞耻地与崇拜他、拜访他的女读者闪电作爱——某作家兼编剧家与某导演强奸外地影星……——不少作家右手拿美金稿费,左手拿人民币稿费……——政策是如此:每一新进分子刚抬头时,便有人把他压制住,比小贩争地盘还卑劣——或者所谓青年作家能够争到流行作家的地位了,他定必随波逐流,即是说,其"流行"与"进步"成反比例,试想想,日"爬"万字,何来时间多看点书,力求一点进步呢?——几多千或几多万的代价可以使某报馆日日说谎,使某报馆转换招牌,使"爬格子的动物"们退化到无"脊椎"或"软体",什么气节、什么正义全没有了,他们只长叹一声,这是商业化的世纪呵! 即是说:这是大势所趋。于是一切都交代了。(刘以鬯:《地的门》)

好一个"大势所趋"! 它掩盖的正是心灵中的深深的恐惧:

……现在从事写作的青年男女已经忘了人类的内心的冲突问题。然而,只有接触到此种内心的冲突才能产生出好作品,因为这是唯一值得写、值得呕心沥血地去写的东西。

他一定要重新认识问题,他必须使自己明白,世间最可鄙的事情莫过于恐惧。他必须使自己永远忘却恐惧。占据他的创作室的只应是心灵深处的古老的真理。缺了这古老的真理,任何小说都只能昙花一现,注定失败;这些真理就是爱、荣誉、怜悯、自尊、同情和牺牲精神。他若是不能使自己达到这样的精神状态,他的任何努力都将是白费力气。他不是在写爱而是在写情欲;在他所写的失败里,谁也没有失去任何有价值的东西;在他所写的胜利里没有希望,而最糟糕的还是没有怜悯和同情。他的悲伤不是因有普遍意义的死亡而起,所以不留下任何痕迹。他不是在写人的心灵而是在写人的心脏。①

遗憾的是,媚俗的美和艺术却最喜欢"写人的心脏"。从此,美和艺术的诞生再也不是一个文化事件、精神事件,而成为一次简简单单的文化消费。人们以看待妓女的眼光看待美和艺术。就像在市场上买东西时往往要搭配一点次品,市民已经习惯于在上火车之前,购买一包香烟,同时也购买一张五颜六色的小报、一本小说,这两者对他们来说,是完全一样的。而文学家、艺术家也以在谈论物价、女人、下海的同时谈论文学、美学为时髦。这,似乎就意味着美和艺术在当代的蜕变。结果,文学一旦不再是时代的放歌台、传声筒,却转而成为时代的下水道、垃圾箱,一旦不再是时代的一剂解毒药,却转而成为自我的一纸卖身契。人类社会可以看作是由政治、经济、文化三者组成的既相互独立又相互弥补的有机整体。在非市场经济时代,一切以政治为中心,社会靠政治与文化加以整合,经济处于服从地位。是一种迪尔凯姆所说的"机械团结"。进入市场经济时代,人们若以过去的眼光视之,就会误以为应该转而以经济为中心,政治、文化服从之。文学的贬值、文人的"下海","文化搭台,经济唱戏",与此有关。但实际上,这是一个政治、文化、经济截然分离,靠功能互补来相互依赖的社会,迪尔凯姆称之为"有机团结"。它们各有自己的内在价值指向,文化主要应起一种批评、校正的功能。这意

---

① 福克纳。见《福克纳评论集》,李文俊编选,中国社会科学出版社1980年版,第254、255页。

味着,文化本来就在"海"里,重要的是转变自身的功能。其中最令人震惊的是那部名噪一时的小说:《曼哈顿的中国女人》。这是一部一位女性如何挣扎着向上"攀登"的历史自述。其中充满了自我赞美,不加掩饰地炫耀成功、讥笑失败,简直虚荣之极。而且,我还很少看到如此赤裸裸地把人生的成功等同于挣钱多、体面的美学观念。或许,这是一次美学的革命?尽管有些人自以为自己一旦有了金钱,就可以光明正大地来革美学的命,还有些人则因为自己囊中羞涩,就"理屈词穷"地屈从于这种"美学革命"。但我却宁肯认定:这本书只是某种变相的自我广告,某种拜金主义的文学版。或者说,只是某种媚金钱、地位之俗的"成功"之作。从审美的角度看,出国的人面临的是两重困境,其一是物质的边缘人,要在生活中自立,这对每一个出国者都是极为困难的,而且也是最为现实的东西,或者说,是他们出国的目的,但他们还面临另外一种困境,就是他们还是文化的边缘人,是形体与精神的双重的流浪者。中国人在国外怎样面对不同价值观念的转型,是他们最为痛苦的,也是真正具有美学意义的事件。《北京人在纽约》之所以好一些,关键就在于它着力挖掘的是中国人出国以后怎样在追求自我的过程中偏偏失去了自我,怎样越是追求自我就越是丧失自我这样一个深刻的主题。

不过,大多数的人毕竟没有机会发外国人的财(或者在外国发中国人的财),因此也没有机会以"假洋鬼子"的身份自我赞美。然而同样"聪明"的他们自然不甘示弱,很快就找到了媚俗的捷径。其中之一是以男性方式媚俗。其特征是:以惊世骇俗的气概骂倒一切,公开宣布自己是流氓。他们追求一种泯灭自我的精神分裂、一种死亡的经验与模式、一种脱中心化的主体性,一种杰姆逊所说的歇斯底里的崇高。作者是"过把瘾就死",读者是"过把瘾就吐",作品是"过把瘾就扔"。表面上注重以调侃的方式反叛社会主流文化,实际上只是一些生活中的痞子为了掩饰自己的自卑,通过把真善美拉下马来的方式,来求得社会的认可。其行径类似于在小说中常看到的那种向恶势力摇尾乞怜的帮凶。为了给自己壮胆,他们扬言:自己之所以骂倒一切,是因为真理本来就是赤裸裸的。然而,真理固然是赤裸裸的,但赤裸裸的不一定都是真理。消解传统的真善美应该是为了创造新的真善美,否则这种消解就只能是以消解的方式向恶势力献媚。要知道,生活中不是一切都没有重量的。如此骂倒一切的结果无非是把一切意义的立体存在在速度中拉扁扯平,拉成平面,拉成直线,从表面上来看,很现代,但从根本上看,他们不是创造性地反映时代而是被动地跟随时代,就像阿多诺所说,是当代社会中的无窗单子,表面上是冲破一切限制,其实是把自己封闭在主观妄想的领域中作重复的表演或演出,是以妄想为中心的精神分裂,是只在想象领域中进行解符码的运动。

其二是以女性的方式向世人献媚。这是充斥大陆书摊的另外一种类型,以俗不可耐的找乐或虚构一种"朝三暮四"和"朝四暮三"的新鲜感为特征。这是一种美学的矫情。为了取悦于对象而亵渎灵魂、扭曲自我,不惜把自我放逐到非我的世界。习惯于情感的表演、情感的游戏、情感的消费,把不断地换口味、猎奇当作审美活动。目前我们所看到的从港台贩运过来的那些令少男少女倾倒的所谓言情小说、言情散文,大多就是这样一些审美的眼光浅薄、庸俗,以撒娇的方式向社会献媚的作品。其中的爱情永远是很甜美的、高尚的、典雅的、令人神往的,悲剧的产生,则只是来自爱情的对立面。因此爱情总是被安排在一个符合正义和道德的面具下进行,爱情本身的缺陷及其不美好的一面,被人为地掩饰起来了。抒情时的感情是不真实的,过分做作的,一点情感纠葛偏偏说个不休,无病呻吟,扭怩作态。这似乎也是中国的一个传统,要不就是天上的仙女,要不就是地上的妓女;要不就是在艺术中逼着女性纯情,要不就是在生活中逼着女性为娼,所谓"上床夫妻下床客"。真实的女性,只有在明清时的"狐仙"中才能够存在。对比一下俄罗斯文学中的那些根本谈不上纯情的女性,如安娜、玛丝洛娃、拉拉,再联想帕斯捷尔纳克在《日瓦戈医生》把拉拉比作俄罗斯、比作母亲的那段著名的话,就会了然。确实,母亲的审美内涵要远比少女更为丰富。

不过，上述方式毕竟还是经过美学包装的，是一种间接的献媚，至于那些直接的献媚，则简直令人不忍卒观。诸如，时装表演进入舞厅，以三点式挑逗世人；歌星们在演出中忸怩作态，公开挑逗（某女星竟以"我马上就要脱衣服了"来诱惑观众）；作家们粉墨登场，写一些凶杀、艳情的小说去换取钞票；广告中的无数作为商品的陪衬的鲜靓的女性；电影中的似乎就是为了最终使男女主角相偕上床的情节；为某些腰缠万贯的人所操纵的电视中的"软广告"；"游戏人生""潇洒走一回"之类的喧嚣……为了取得商品世界的通行证，不惜亵渎人类最为隐秘最为强烈的情感世界，这种十分珍贵的感情被抛到世间像大甩卖的袜子一样兜售，其珍贵性、圣洁性、隐秘感马上就消失了。至于插科打诨、卖弄风情，甚至性挑逗，更是等而下之的东西了。其中充斥的，完全是一种玩世的、不愿扪问内心，甚至害怕面对现实的献媚心态，一种对于商品社会的在文化的面具下发泄非文化的东西的病态的发泄的满足。

总之，媚俗是误以娱乐为审美，所谓娱乐是一种低级的生理欲望，而不是高级的心理需要，与审美有关，但并不就是审美。媚俗的根本内涵就是从需要回到欲望。而欲望，叔本华曾经作过剖析：在它匮乏的时候，人陷入痛苦；在它满足的时候，人陷入无聊。面对欲望，人只能如钟摆摆动于其中。而传统的审美就正是以对于欲望的挣脱为特征的。其中的关键是：以距离和纯净使其自失，从而获得一种超然静观的优美或崇高。而媚俗却是一种取消距离和纯净的煽情："媚美是直接对意志自荐，许以满足而激动意志的东西。"它"是将鉴赏者从任何时候领略美都必需的纯粹观赏中拖出来，因为这媚美的东西由于直接迎合意志的对象必然地要激动鉴赏者的意志，使这鉴赏者不再是'认识'的纯粹主体，而成为有所求的、非独立的欲求的主体了"。① 中国的王国维也曾注意到这一问题，他把它翻译为"眩惑"："至美术

---

① 叔本华：《作为意志和表象的世界》，石冲白译，商务印书馆1982年版，第289—290页。

中之为二者相反者,名之为眩惑。夫优美与壮美,皆使吾人离生活之欲,而入于纯粹之知识者。若美术中而有眩惑之原质乎,则又使吾人自纯粹之知识出,而复归于生活之欲。""吾人欲以眩惑之欢乐,医人世之苦痛,是犹欲航断港而至海,入幽谷而求明,岂徒无益,而又增之。"①这样,把欲望等同娱乐,再把娱乐等同于审美,就成为媚俗的全部理论根据。但实际上,娱乐虽然包含有审美的因素,但却毕竟不是审美活动本身。假如把审美活动限制在这个层次上,显然会使审美活动本身受到极大的伤害。

而且,假如在审美活动中处处以取悦对方、献媚对方的心态去创作,就只能娱乐别人而不可能娱乐自己。事实上,一味卖笑比拼命卖血要难受无数倍。试想,在制作广告时、在高歌卡拉 OK 时、在写流行小说时、在身穿三点式在舞厅表演时……又怎么可以自我娱乐?即便有人可以自我娱乐,也并非因为审美本身,而是因为审美的功用(以美和艺术去赚钱)。当审美的目的被混同于"潇洒走一回"之类的市井喧嚣,被混同于高楼广厦丰衣足食之类的现实渴望时,审美活动的快乐也就同时丧失了。美国哲学家爱默生讲过一个发人深省的故事:

> 我们必须从笑声里得到教训,挖掘整个的自然,这教训不但包括楼上大厅里的诗人和哲学家的训诲,而且包括楼窗下院子里的闹剧与打诨,我们在狂笑里得到休息,觉得神清气爽,但是喜剧性自身很快就会遇到限制。欢笑很快地成为放纵,那人不久就会颓然而死,就像有些人被人胳痒致死。同一条鞭子鞭打着说笑话的与听笑话的人。正当喜剧演员卡里尼使整个那不勒斯城的人都笑断肚肠的时候,有一个病人去找那里的医生,治疗他过度的忧郁,他就要快死在忧郁症上了。医生努

---

① 王国维:《红楼梦评论》。见《海宁王静安先生遗书·静庵文集》。

力使他精神愉快,劝他到戏院去看卡里尼,他回答:"我就是卡里尼。"①

或许,这也是三毛的"死在忧郁症上"的原因?难怪古人要说"穷而后工",看来,取悦对方、献媚对方,是审美活动的天敌。美国著名小说家斯坦贝克在谈到诺贝尔奖奖金的时候这样说:"鉴于这份奖金对人起的作用,我一向害怕它。举个例来说,我记不起有谁获得它后继续有所作为,也许萧伯纳是个例外。福克纳最近的一本书是很久以前写的。海明威变得有点歇斯底里,头脑糊涂。刘易斯垮了,酒精中毒,怒气冲冲。这份奖金实际上已经等于是一份墓志铭。也许我这个人过分乐观,但是倘若我不认为自己能躲过惩罚,我是不会接受它的。"②为什么呢?因为它会使你为取悦金钱而写作,会使你的心灵陷入忧郁。因此,媚俗实在是审美活动的"墓志铭"。

同时,需要强调指出,我们说商品社会对于人类价值规范的腐蚀,只是意在强调它是人类历史迄今为止的一个最为困难的阶段,一个最难通过的阶段,但却并不意味着这就是把这一切默认为历史的必然。事实上,对商品的崇拜,也并非当代社会进程中的必然。马克斯·韦伯在剖析资本主义的兴起时就曾强调:"获利的欲望,对盈利、金钱(并且是最大可能数额的金钱)的追求,这本身与资本主义并不相干。这样欲望存在于并且一直存在于所有的人身上,侍者、车夫、艺术家、妓女、贪官、士兵、贵族、十字军战士、赌徒、乞丐均不例外。可以说,尘土中一切国家、一切时代的所有的人,不管其实现这种欲望的客观可能性如何,全都具有这种欲望。"③"对财富的贪欲,根本就不等同于资本主义,更不是资本主义的精神。倒不如说资本主义更多地是对这种非理性欲望的一种抑制或至少是一种理性的缓解。"④有人说,"恶"

---

① 爱默生:《爱默生文选》,张爱玲译,三联书店1986年版,第121页。
② 转引自《世界文学》1982年第1期,第242页。
③ 马克斯·韦伯:《新教伦理与资本主义精神》,于晓等译,三联书店1987年版,第7页。
④ 马克斯·韦伯:《新教伦理与资本主义精神》,于晓等译,三联书店1987年版,第8页。

是历史的动力,而商品就是这样的"恶"。但实际上商品只是一种交换财富和劳动的媒介,其本身非善非恶,关键在怎样运用。可以以商品为目的,也可以以商品为手段。假如坚持说商品就是"恶",则事实上玷污的是商品本身。

而美学的"媚俗",则是对这一切一无所知,只是一味对商品经济持简单的屈从态度。它根本不曾意识到,鼓励对于商品的崇拜只能使富者愈富,穷者愈穷,"在各种资本主义企业自我确立时,它们正是充分利用了它们在该系统中对于其他成分的优势。随着资本主义企业的发展,它们便把富人和权贵拉进自己的利益范围和势力范围,使他们脱离本国人民,为他们提供赚钱的机会和西方的生活方式"①。而且,经济的增长并不能自然而然带来政治上的稳定和进步。单纯的经济增长会使社会的政治、经济、文化结构失去平衡。突然急剧增长的财富,在无任何制约力量平衡、控制的情况下,会把一切通通变成可付费购买的商品。它瓦解制度、破坏法律、收买权力,最终会导致整个社会的可购买化,最终使社会结构崩溃和混乱。同样无疑的是,鼓励对于商品的崇拜也会使艺术的结构崩溃和混乱。因此,"媚俗"完全是一种美学的自杀、文化的自杀和社会的自杀。

而且,甘于充当商品的奴隶,在被奴役中感到幸福,毕竟也并非人类的本性。它最终只会造成一种本体性的痛苦,最终也不会使任何一个人在其中感到快乐。试想,除了拥有物之外一无所有,谁能够快乐得起来呢?而且,商品作为拥有物,虽然从表面上满足了你的需要,但实际上,是造成了你的内在分裂。它只满足你的片面需要、身体的需要,但灵魂却被搁置了——马克思讽刺地称之为"是具有自我意识和自我活动的商品",或者说,特殊商品。因此,它的倒行逆驶若不激起反抗,是不可能的。商品化得越厉害,反抗得也越厉害。谢德林说:即使美和艺术只沉寂一分钟,其后果的严重也不

---

① 弗朗索瓦·佩鲁:《新发展观》,张宁等译,华夏出版社1987年版,第29页。

下于人类的死亡。诚哉斯言！因为人必须维持它们之间的平衡。这使我们意外地发现：当商品经济发展到一定阶段，又要靠人的个体的发展来反过来促进商品经济发展，"建立在资本基础上的生产发展本身要求造就全面发展的人，只有这样的人才能使资本主义生产的进一步发展成为可能，这是一种客观趋势"①。这就是说，要靠审美活动来促进商品经济的发展。结果，越是在商品化的环境里，越是有可能出现真正的审美活动。商品化的社会确实会充斥丑恶、堕落现象，但美和艺术却没有必要因此便向它们投降。须知，美和艺术从来都只是作为丑恶、堕落的对立物而诞生的。这样，假如我们意识到，对于美和艺术来说，只有"非如此不可"才是不可抗拒的宿命。从四肢爬行到直立行走，是人类的躯体从不成熟走向成熟；从精神爬行到精神独立，则是人类灵魂从不成熟走向成熟。而灵魂的成熟，离开了商品社会，又根本就是不可能的。那么，在物奴役着人性的时代，审美就会反而变得深刻起来。

第三节　挑战与机遇

当代审美文化的发展使传统美学陷入困境，以至于美学家们往往是只能以固守疆域的方法来维护自身的话语权力。在这方面，李斯托威尔的一段评价颇具代表性：

> 但是，像二流电影、酒吧间、乐厅、色情明信片或色情小说的那种"性的诱惑"，也太实际，太接近于生物学需要的真实满足了，因此，不能算在美的范围内。只有当性欲的满足，以及和性欲密切结合在一起的那种美妙的情绪的满足，纯粹是理想；只有当我们凭借我们想象的同情的力量，分享了特里斯坦和伊索尔德（瓦格纳歌剧中人物）那不朽的快

---

① 《马克思恩格斯全集》第46卷（上），人民出版社1979年版，第486页。

乐,分享了俄狄浦斯、曼弗雷德(拜伦诗剧人物)或沈西(雪莱剧作人物)的悲剧性的激情;只有当我们尝到了爱情那不可思议的温柔、甜蜜以及所有的辛酸痛苦,而没有把我们变成可怕的阿佛洛狄忒(希腊神话爱与美女神)的牺牲品;只有这时,我们方才纯化了,提高了,才可以在美的神圣的王座面前顶礼。①

"在神圣的王座面前顶礼",美则美矣,但有谁能够达到这一境界呢?反之,不能"在神圣的王座面前顶礼"的就统统是不美的,那么,放眼望去,当代社会中还有什么美的东西呢?为了一种虚拟的理论,宁肯与严酷的现实对抗,这本身似乎就不是一个理论家的气度。我的看法有所不同。在我看来,当代审美文化是一个值得着重研究的课题,甚至可以说,它是20世纪留给21世纪的世界性的文化奇观和斯芬克斯之谜。你可以有意地视而不见,但却无法抹杀它的存在,更无法否定它的挑战。它的重要性在于:不可能用美学家们所习惯的传统美学的价值标准去加以衡量。因为它的一切根本就是反美学的(反传统美学的)。美学家们尴尬地发现:美学(传统美学)的奠定,源于前工业文明的现实,以之诠释当时的现实,倒是恰如其分的,但以之诠释今天的工业文明,却有捉襟见肘之窘。因为我们根本没有任何办法把当代审美文化安置在传统的美和艺术的金字塔的任一结构之中。因此,把它作为传统审美文化来讨论,或许这本身就意味着拒绝对其加以讨论。要知道,当代审美文化产生的是一种与过去全然不同的东西。美国哲学家卡普兰认为:当代审美文化"并不是趣味的堕落,但它有不成熟之处。并不是外部社会力量强制的产物,而是自身美学经验内在的有力作用所致"。②法国文艺理论家埃斯卡皮也指出:在当代审美文化中,"文学这个名词同其他名

---

① 李斯托威尔:《近代美学史评述》,蒋孔阳译,上海译文出版社1980年版,第141页。
② 卡普兰:《现代文化艺术中的通俗艺术的审美观念》,英文版,纽约,1967年,第65页。

词一样,其本身并没有什么重要意义,重要的是必须找到一种新的平衡。18世纪留给我们的那种平衡已被打破。我们只要作一番清醒的思考,就能意识到,一种新的平衡正在我们的周围,部分是在我们尚未认识到的情况下悄悄地形成"。[①] 当代审美文化正是这样一种在旧的平衡被打破的基础上悄悄形成的一种新的平衡,亟待我们从新的眼光出发去认识它们。

进而言之,当代审美文化对于美学家不但是挑战,更重要的,还是机遇——重新建构自身的机遇。不言而喻,这正是研究当代审美文化对于美学家所特有的重大意义。

首先,这是美学家重新面向现实的一次契机。几乎没有人会否认,美和艺术在当代面临着前所未有的困境。爱伦堡所谓美和艺术的"中午"作为一个时代已经降下了帷幕,美学家、艺术家也从昔日的"牧师"转变为今天的"拾垃圾者"。应该说,这是一种比专制时代美学家所遭受到的厄运更为可怕的厄运。没有人再压制我们,但也没有人会再救渡我们。而且,对于中国的美学家来说,尤其如此。

中国的美学家自古以来就多有被杀者而少有自杀者(宁肯被虐而死),因为他们总是正义在手,自命为社会的代言人(所谓"无恒产而有恒心")。但现在市场经济彻底改变了这一切。虚假的使命一旦荡然无存,少数美学家就开始惊慌失措起来。面临突如其来的市场经济,他们表现得异乎寻常地失态,无法控制自己那种时时弥漫在心头的浓郁的自卑情结,无法掩饰自己那种深深缺乏自信的焦虑不安和对于自我贬值的恐惧,手中拿着那么一点救济金般的工资,为"山珍海味认不全"而自惭形秽,不惜自己把自己羞愧得无地自容,躲在一隅咀嚼着自己的自卑,甚至宁愿自己的形象越来越模糊,混同于芸芸众生,蠕动在社会的边缘地带。他们的美学研究也令人失望,昔日强大的声音现在却反而成为一种无聊的窃窃私语,全然不像往日那

[①] 埃斯卡皮:《文学社会学》,王美华等译,安徽文艺出版社1987年版,第156页。

样令人肃然起敬了。西方的美学家也不乏这种情况:"时至今日,对原子时代的危机已有普遍的焦虑乃至恐慌;然而大家的探索检讨,间或有之,也很少触到问题的核心。我们不扪心自问,追根究底,是我们文化背后的什么因素把我们带到这个危机;我们不探讨人类铸造的可怕武器背后的人性真面目;一言以蔽之,我们不敢做哲学式的思考。尽管我们为这原子时代惶惶不安,但是对于重要的存在问题本身,我们却情愿跟克尔凯郭尔故事里的人物一样心不在焉。我们这么做的原因之一,乃是由于现代社会已经把哲学放逐到极其偏远的地方,而哲学家自己竟也安之若素。"①

这是一种美学的自我放逐:总是处在无边的自我焦虑之中,害怕遭到市场的拒绝的焦虑,就干脆讨好社会以取媚;不能从自己的内心中孕育出一种强大的抗拒孤独的力量,就转而乞求于某种外在的力量,以为市场服务来作为缺乏自信的一种掩饰,借助这种做法来克服自身生活上的边缘感与心理上的自卑感,从而缓解自己心中的紧张和痛苦;热衷于人为地制造出某种声音来证明自己的存在,把神圣的自赎变成为物质的自救;既然不能把这种边缘感与自卑感转化为强有力的文化批判,就把它转化为一种无聊的麻醉,首先麻醉自己,然后麻醉社会;自卑的鞭子无情地抽打着这些现代的"夸父"们,以致不知道自己应该赞美这个世界还是诅咒这个世界。"一等作家政界靠,跟上官员做幕僚。二等作家跳了槽,帮着企业拉广告。三等作家入黑道,翻印淫书换钞票。四等作家写文稿,饿着肚子耍清高。"结果,他们最终就只能如福克纳所说:躲在一种"诅咒的阴影下写作",为了怜爱自己的羽毛,不惜成为精神十字架上的懦夫。

然而,如果我们始终被恐惧所攫取,就永远不可能在市场时代中找到真正的自我。实际上,面对市场经济又何恐惧之有呢?不少人认为,市场经济提供的只是赚钱的机会,因此美和艺术难免被遗弃的厄运。此言差矣。我

---

① 白瑞德:《非理性的人》,彭镜禧译,黑龙江教育出版社1988年版,第1页。

认为,市场经济提供的并不是赚钱的机会,而是实现天性的机会。因此,每一个人都应该有用武之地。物质的一贫如洗,固然使知识者陷入了极大的困境,但精神的一无所有,却真正是知识者沉沦的渊薮。企业家固然可以去面对其中的实际"困难",并在对于"困难"的解决上大显身手,但理论家也并不寂寞。他可以把市场经济中的实际困难转化为更深一层的理论"问题",从而在"问题"的解决上大显身手。正如马克思所说:"真正的批判要分析的不是答案,而是问题。"[1]在市场经济的大潮中手足无措,甚至放弃思想的圣职,是一种毫无出息的表现。要知道,"一个时代的人们不是担起属于他们时代的变革的重负,便是在它的压力之下死于荒野。"(罗森堡:《荒野之死》)而美学家的命运也是如此,在我看来,市场经济以及当代审美文化的挑战,实际上正是一次契机——一次美学家真正面对现实的契机。一个时代越是远离美和艺术,实际上就越是需要美和艺术,就越是需要美学家"在神圣之夜走遍大地"。假如美学家不能勇敢地高高扬起思想的风帆,他就不但无颜面对壮观的时代,而且无颜面对神圣的美学。

再如,这又是美学家自我反省的一次契机。在相当一段时间内,不少美学家自以为"阅尽人间春色",自己手中的美学理论已经足以包打天下,解决一切困惑了。殊不料,一旦面对当代审美文化,就束手无策了。不难看出,我们的美学研究实际上只是从书本到书本,是远离审美实践的,也是僵化的、虚假的,亟待认真反省。

在这方面,黑格尔、歌德、卢卡契的失误颇值重温。他们都堪称传统美学的化身,但大脑偏偏又被抹上了一层厚厚的老茧。黑格尔"唯传统美学是美",竟断言:人类的美到歌德时代已经"表达尽"了,"歌唱完"了,"更美的艺术无论现在和将来都不可能有"了。"没有荷马、索福克勒斯、但丁、阿利奥斯托或者莎士比亚会在我们的时代出现。如此伟大地歌唱过的,如此自由

---

[1] 《马克思恩格斯全集》第40卷,人民出版社1982年版,第289页。

地表达过的,已经表达尽了;这一切材料和观察理解的方式已经歌唱完了。"①歌德对代表着全新美学传统的19世纪的音乐大师,如舒伯特、韦伯、柏辽兹、帕格尼尼等等,毫不欣赏,即便对贝多芬这位"世界音乐之父"也只是视为"新技术家",甚至以"在井口上手舞足蹈的疯子"等闲视之。卢卡契也是如此,盲目崇拜19世纪的艺术,却对20世纪的艺术视而不见。

关于美学家的自我反省,倒是卢卡契的批评者布莱希特说得十分精彩:"时代是流动的……方法消耗着自己,魅力在消失。新的问题在出现,要求着新的方法。"②因此,正如艺术大师德拉克洛瓦所断言:"美是难遇的,但更是难保的。如同人类的习惯和观念一样,它也必然要经历无数的变态……曾经使得古老文明陶醉的某一种美的形象,已经不能令我们震惊了,我们更喜欢符合我们情感,甚至不妨说是更喜欢符合我们成见的东西。"③杰姆逊则大声疾呼:"当我们跨入一个以'第三次浪潮'的科技、跨国公司和信息资料充足等为特征的后工业社会时,那些适用分析古典资本主义的种种观点,仍然能够保持鲜活的生命力吗?"④何况,当代审美文化潜移默化地通过感官的直接感受,塑造着每一个人,美学家又怎能等闲视之?因此,美学家有必要重新反省自身。

对此,也许是因为西方美学家比我们更早地面对市场经济以及当代审美文化的挑战,他们已经开始勇敢地面对当代的审美实践。他们的理论成果,主要体现在关于"文化工业"的研究当中。

"文化工业"一词,源于德国法兰克福学派,是其对晚期资本主义社会的

---

① 转引自杨蔼琪:《现代派美术的地位》,载《美学》第3辑,上海文艺出版社,1981年版。
② 布莱希特:《人民性与现实主义》。见张黎编选:《布莱希特研究》,中国社会科学出版社1984年版。
③ 转引自杨蔼琪:《现代派美术的地位》,载《美学》第3辑,上海文艺出版社,1981年版。
④ 杰姆逊:《后现代主义的时代精神》,转引自利奥塔德:《后现代状态》的序言,英文版,曼彻斯特大学出版社,1981年。

特定审美文化的一种概括。在这里,"文化工业"自然还是指的"文化",不过,由于它已经丧失了原有的内涵,演变为一种商品"消费"活动,由于它的创造目的和创造手段与工业生产方式相似,诸如大批量、复制性、标准化,以经济效益为运作杠杆,以创造消费使用价值为目的等,正如霍克海默和阿多尔诺所描述的:"文化工业的产品到处都被使用,甚至在娱乐消遣的状况下,也会被灵活地消费。但是文化工业的每一个产品,都是经济上巨大机器的一个标本,所有的人从一开始,在工作时,在休息时,只要他还进行呼吸,他就离不开这些产品。没有一个人能不看有声电影,没有一个人能不收听无线电广播,社会上所有的人都接受文化工业品的影响。"[1]因此,以"文化工业"名之。

至于对于"文化工业"的评价,则褒贬不一。例如苏珊·桑塔格就认为:传统的文化已丧失了存在的合理性,民主化、商品化却赋予"文化工业"以鲜活的生命力,理应受到重视。本雅明也认为:"复制品一旦与处于自己特定状态中的观众或听众接触,它就使被复制的东西复活了。这两种过程导致了作为与现代危机相对应的、人类继往开来的传统的大崩溃。"[2]恩辰斯贝格则更加明确地宣称:害怕"文化工业"就是害怕群众。传统文化已被"文化工业"所超越。不过,更多的人则为之神伤。"主体死亡的时代"(波德莱尔)、"大师叙事失落的时代"(欧文斯)、"反抗已成困难的时代"(杰姆逊)、"人道已位居边际的庸人政治"(赛德)……诸如此类的惊呼在西方不绝于耳。最早而又最有代表性的理论阐述,当推阿多尔诺。他固执地认定美学的目的在于深刻地揭示个体与现实的非同一性与异化本质,在于理论地论证使审美之维实现于日常生活的可能性和方式,在于使生活本身成为诗意的,而"文化工业"却背离了这一点。它为资本主义提供"社会水泥",对无意识领

---

[1] 霍克海默、阿多尔诺:《启蒙辩证法》,洪佩郁等译,重庆出版社1989年版,第118页。
[2] 本雅明:《机械复制时代里的艺术品》,载《文艺理论译丛》第三辑,第117页。

域进行操纵、引导、控制,因而是不折不扣的"文化垃圾"和"伪文化"。应该说,西方不少学人对"文化工业"都持"否定性承诺"战略即阿多尔诺战略。在"文化失范"的时代,他们恪守着"知识分子最后的英雄主义的立场"。而且,他们的看法也颇为一致。把文化工业与二元论联系起来,真实现象与影像文化的对立,意识形态的虚假性,是他们共同的立论基础。

当然,西方美学家关于当代审美文化的研究也并不是完美无缺的。在我看来,令人困惑之处恰恰在于:当代审美文化并非一个可以简单肯定或简单否定的问题。市场经济给我们提出的课题,往往不是可以用"是"与"非"来评价的,而是偏偏要我们在"是"与"是"、"非"与"非"之间艰难地穿行。须知,自从人类踏入文明的门坎,似乎就在不断为自身制造着敌人,人类的每一项重大成就,似乎都在与自身作对。历史无疑是在前进着的,但总是按照其出乎意外的方向前进,因此从来就不是可以用"进步"或"落后"来判断的。黑格尔所谓"历史的诡计"或"理性的诡计",或许就是这个意思。

就当代审美文化而言,应该说,它既是人类遇到的最坏的事物又是最好的事物,既是社会的腐蚀剂又是社会的推动力,既可以被认为灾难,又可以被认为进步。思考当代审美文化的问题,就是思考深层的人的命运的问题。盲目地肯定当代审美文化,肯定"美学的平民主义",固然是一种浮浅,但盲目地否定当代审美文化,又难免使美学成为一种鼓噪。审美的神圣性、当代审美文化即罪孽,以及精英文化即拯救者,诸如此类的严辞讨伐,都难免失之"浪漫的偏见",难免成为一种"美学的独白"。在这里,最重要的倒是实事求是的研究。这不禁使人想起那个大名鼎鼎的房龙。他极为不满于现代艺术,称这些"大多是在巴黎的低级小咖啡馆里发明出来的"。但他却在下结论时这样说道:"五十年后,我们将能很清楚地知道,到底是我们头脑发昏的同时代人的这些神秘的作品,是浪费时间呢,还是我这个人,像那些反对巴赫的人一样,做了蠢事。他们反对巴赫,因为他的音乐表现手法,对他们来说,太委婉细腻了。我想,这就是我对当前的艺术所要说的话。我现在完全失去了方向感,不能辨别方向,我现在一点也弄不清,我们的浪涛,是向下落呢,还是已然开始向上汹涌。我只知道,不论我们是向上,还是向下移转,我们总是向前移动。这点是至关重要的。"①大名鼎鼎的杰姆逊也是如此,他对当代审美文化甚不以为然,但在做出具体剖析时却并不作简单化的处理,在谈及自己的指导思想时,他说:"马克思有力地促使我们去做那似乎不可能做到的事,即同时以肯定和否定的方式来思考资本主义的发展;换言之,去获取那种能在一个思想中同时把握资本主义的被证明是邪恶的特征和它那不同寻常的解放动力,但又丝毫不削弱对任何一方面的判断的力量的思想方法。"②确实,最为重要的并不是忙于褒贬,而是抓住当代审美文化的"向前移动"这样一个比"向上汹涌"或者"向下落"都更为关键的问题,并且以它来统摄正反两方面的剖析,或者坚持一种正确的"思想方法",同时以"肯定和否定的方式"把握当代审美文化的"被证明是邪恶的特征和它那不同寻常的解放动力",并且借此以强化"对任何一方面的判断"。

又如,这还是美学家建立全新的美学观念的一次契机。当代审美文化预示着传统美学的危机。它揭示了传统美学的封闭性、超验性、历史性、压抑性和确定性,呼唤着一次决裂、一次越界、一次清算。它以一种特殊的方式鼓励一种多元的思维风格,反对同质性,提倡异质性。对此,我们可以用传统美学进行比较,却不能用传统美学的准则去要求。何况,传统美学观念是与"无功利""普遍性""真实""再现""表现""崇高""优美""悲剧""静观""距离""现实主义""浪漫主义"等观念相表里的。在当代审美文化当中,我们不难清楚地看到,它已经面临历史性的涅槃。正如一些富有卓识的美学家所领悟的:"今天的美学家们所争论的东西,主要涉及着应不应该向传统的审美经验理论提出挑战的问题……争论的另一方则试图重振传统的审美

---

① 房龙:《人类的艺术》,衣成信译,中国文联出版公司1989年版,第824页。
② 杰姆逊:《后现代主义或晚期资本主义的文化逻辑》,载《新左派评论》1984年夏季号。

经验理论(尤其是对'审美距离'这个概念),以反抗批评家对这些理论中的种种概念(如审美距离)的攻击。"①"'反美学'……不是一种现代虚无主义符号——而不如说是使表象秩序崩塌以便使之重建的批判性表征。""'反美学'也标志着审美概念其观念网在此是成问题的;这种观念就是——审美体验独立存在,无目的超越历史,或者,艺术现在能够同时作为泛主体性的、具体的和普遍的世界——符号总体而起作用。那么,像'后现代主义'一样,'反美学'标明一种位于现在之中的文化地位;基于审美概念而敷设的诸范畴仍然可靠吗?例如,主观趣味模式不致受到大众传播媒介的威胁吗?……'反美学'实践构成了对审美特权王国的否定。"②在当代审美文化看来,承认美的魔力实在是一种病态,而"承受苦难可以使人高尚",则实在是小农社会的无奈。它奠基于对内对外的双重否定。而现在,在当代审美文化之中,审美活动第一次重返现实的生存活动,将昔日的想象性和象征性的关系改造为现实性关系。于是,审美活动成为一种消费活动。毫无疑问,这一切都意味着美学正在不断地开辟着自身的边缘地带。当然,这也意味着美学不可能停滞,意味着美学进入了不惑的成年之后,在意识到了自身的不完满性的同时,也意识到了自身的不完满的永恒性,意识到了没有永远的体系,只有永远的美学。它昭示着我们,美学只有在自身观念的不断拓展中,才能不断前行。而当代审美文化恰恰就提供了这样的契机。

当代审美文化——既是美学的地狱之门,又是美学的天堂之路!

第四节　从美学到反美学：当代美学的第二重建构

面对当代审美文化所带来的挑战与机遇,当代美学自身也面临着第二

---

① 布洛克:《美学新解》,滕守尧译,辽宁人民出版社1987年版,第392页。
② 福斯特:《反美学》序言,英文版,伦敦和悉尼,1987年版。

重的建构,这就是所谓"反美学"的建构。对此,有必要专门予以讨论。

关于美学研究,可以划分为两重建构。第一重建构是我们所熟知的所谓"美学"研究。(实际上应界定为:狭义的美学研究。)它从既定的美学前提出发,去研究人类的审美活动的方方面面。目前国内的美学研究,基本上都属于这样一重建构。第二重建构则是我在本书中提出的所谓反美学(反传统美学)的研究。假如说,"美学"研究是对"中心"的研究,运用的是"抽象"的方法,最终导致一种封闭的体系,反美学研究则是对"边缘"的研究,是对美学理论视而不见或拒绝解答的某种审美实践的研究。换言之,反美学关注的不是审美活动的方方面面,而是那个在美学研究中被疏忽了的既定的美学前提以及由于这一美学前提而被疏忽了的美学边缘。运用的是"消解"的方法,最终导致一种开放的对话。德国哲学家狄尔泰指出:文化的本质是释义的。即靠文化的解读与反文化的解读才能共同构成一个关于文化的完整的解读。在我看来,美学的本质也是释义的,也要靠美学的解读和反美学的解读才能构成一个关于美学的完整的解读。并且,反美学的解读应该成为美学的解读的重要前提——为了说明被看作中心的事物必须借助被看作边缘的事物,为了完成理论的抽象必须借助理论的消解。换言之,中心必须被边缘所规定,抽象必须被消解所规定。在这个意义上,反美学的出场意味着在一个更为广泛的基础上的运思,意味着美学进入了一个更为深刻的领域。即从"纯粹理性批判"走向"纯粹非理性批判"的历史转进,从中心走向边缘的历史转进,从抽象走向消解的历史转进。

因此,反美学并不是一种游离于美学运思之外的东西。反美学也是美学,是广义的美学研究的题中应有之义。本书之所以不避嫌疑地以此命名,只是为了明确区别于美学界所习以为常的那种狭义的"美学"。因此,在这里用反美学来指称美学就并不是一种语言的游戏,而是一种无奈。西方一位学者曾经谈道:有人问一位年轻人:"你为什么用'冷'去表示'热'的意思呢?"年轻人回答说:"因为你们老一辈在我们出世以前就把'热'字用完了。"

"美学"也如此,不仅仅是最近这几十年,按照马克思的说法,从15世纪开始,包括美学在内的人文科学就被"形而上学的思维方式"垄断着,习惯于事事静止、孤立地看问题:"不是把它们看作运动的东西,而是看作静止的东西;不是看作本质上变化着的东西,而是看作永恒不变的东西;不是看作活的东西,而是看作死的东西。"它造成的是"使教师和学生、作者和读者都同样感到绝望的那种无限混乱的状态"。[1] 因此,不难想到,"美学"这个词也被我们在"形而上学的思维方式"这一既定前提的基础上用完了。那么,为了唤起美学界对于这一问题的高度注意,正确的选择何在呢?只能是:反美学。

具体来说,反美学源于"美学"研究的天然限度。梅洛-庞蒂的发现令人震惊:"真正的哲学嘲笑哲学,因为它是非哲学。"[2]美学亦然。而且,我们一般所说的美学,是指的从某种既定的美学前提出发对审美活动加以提炼、"蒸发"起来的某种理论模式。它最初无疑也只是一种反美学,也只是一种对"边缘"的研究。问题是后来却把这边缘当作了中心,从此不论是从一般到个别,"从上到下",还是从个别到一般,"从下到上",都不再离开这个中心。美学家本人更为此而培养起一种可怕的理论惰性,以为这就是世界本身。从此停留在这"两点一线"的可怜疆域,失去了能够感受生动的审美世界的那种鲜活的心灵,苍白而贫乏,但实际上,并不存在一种永恒不变的知识基础,也不存在一种指导审美活动的、超历史的、中立的原则。如果有,那也只能是德里达所谓的"白色神话"。正是如此,莫里斯甚至认为:当一种美学体系一旦以为它能给艺术下定义的时候,它就已经错了。

这就是说,首先,尽管考察审美活动时采取一种固定不变的模式是无可非议的,但如果坚执于此,则会形成一种"中心化"的态度,这则是需要坚决

---

[1] 《马克思恩格斯选集》第3卷,人民出版社1972年版,第60、62页。
[2] 席沃尔曼编:《梅洛-庞蒂以来的哲学与非哲学》,英文版,纽约,1988年,第9页。

反对的。要知道,人类的任何中心化的努力都隐含着极权和暴力,所谓"斤量出,重量失""光谱出,颜色失"。它诱惑人们有意疏忽美学的原理、体系只是某种理论假说、某种人文命题,亦即概念间的关系或概念按某种形式构筑的关系,而不是独立于思维的审美活动的运动规律这一基本事实。承认不承认理论的假说性,是传统与当代的界限,也是"美学"与反美学的界限。至于唯心主义美学与唯物主义美学的区别,则只在"世界"是存在于思维之中还是存在于思维之外,在目的论上,即认为存在一种比现实更为真实的现实则是一样的。有意把在思维中才存在的审美活动与现实中存在的审美活动混同起来,有意对整体性、普遍性、同一性、必然性和连续性的获得无疑是以牺牲掉个别性、偶然性和非连续性为代价和它本身就是以排除和删除局部、个别、差异、偶然为前提的这一根本前提视而不见,最终形成一种"总体性话语的压迫"(福柯)、一种"形而上学与暴力"(德里达),或者一种"主人话语"(拉康)。约瑟夫·祈雅理曾评述说:"我们的内在生活既非常丰富又多种多样,尤其很难用那种会使它变成抽象名词,因而使之丧失本质,就像玻璃罩下的死蝴蝶一样的概念来把握;玻璃罩下的死蝴蝶虽然还保持着原来的颜色和形状,但即使其飞舞成为可能的生命和运动却没有了;而在生活里,就像在艺术里一样,飞舞就是一切。"[1]列维纳斯也曾批判黑格尔为代表的传统美学"忽视了'异'",迷恋于同一、统一的体系,结果在"异"的面前,美学失掉了它的"霸权话语",沦入了一种"失语状态",竟然沦落到用理论来证明理论的正确性,用理论来判决实践是否正确的地步。而作为边缘的、丰富多彩的审美活动本身却早已抽身远遁了。

可是,实在难以服人的是,竟然有那么多的现实生活被这种美学排斥在必然、规律、崇高、悲剧、同一性、连续性、对称性、封闭性、清晰性之外,竟然有那么多的审美实践使人强烈地感受到它们与其说是在这种美学之中,远

---

[1] 约瑟夫·祈雅理:《20世纪法国思潮》,吴永泉等译,商务印书馆1987年版,第36页。

不如说是在这种美学之外,这种美学又怎么可以服人呢?或许,可以把人们对于这种美学的拒斥称为"虚无"?但是,这样一来被称为"虚无"的人就实在太多了!

看来,世界的复杂性不在美学之内而在美学之外。"世界是荒谬的",因此西西弗斯不去指望那不可指望者,因此他是真正幸福的。我要说:不去指望那不可指望者的美学也必然是幸福的!而这就意味着一种意在消解已经变得异常苍白了的"美学"的美学的出场,意味着反美学的出场。在这方面,值得注意的是西方当代美学中出现的反美学潮流。在西方美学家看来,如果不消解掉传统美学的影响,美学本身就不可能呼吸到真正新鲜的空气。昔日以本质为中心的本质与现象的对立,以灵魂为中心的灵魂与肉体的对立,以理性为中心的理性与非理性的对立,以必然为中心的必然与偶然的对立,以男性为中心的男性与女性的对立,统统被宣布已经寿终正寝。长期以来把理论假说当作实在本身所必需的心理契约不复存在了。雅斯贝斯惊呼云:世界是一部从未被完全读懂的手稿,是唯一难译解的存在,因为原稿(本文)丢失了。德里达也断然宣布:这部由上帝书写的书稿从未存在过,有的只是它的痕迹。福柯则认为:人类不过是他们自身的历史,除了历史之外我们一无所有,因此我们不可能获得关于外部世界的一幅完整的、客观的、独立的画面。而海德格尔的"对形而上学的摧毁"、列维纳斯的"超验的毁灭"、德里达的"在场形而上学的解构"、罗蒂的"哲学的终结"……则都是因此而产生的对传统美学的一种蓄意非难的态度、一种反美学的态度。

其次,反美学的意义还可以从当代审美文化的角度得到更为深刻的说明。当代审美文化是一种与传统审美文化截然相反的文化,因而,也就完全地置身于"边缘"的位置上,置身于被罗森伯格称为"非定义化"的位置上。从传统美学出发,显然已经无法作出解释。伊夫·米肖在《究竟是不是艺术以及人们会怎么想》中就说过:我们这个时代的艺术不仅不再是美的,甚至艺术也不再是艺术了。克莱夫·贝尔对此也曾感叹过:在我所熟知的学科中,还没有一门学科的论述像美学这样,如此难于被阐述得恰如其分。然而,更为严重的是,传统美学往往不但不反身自省,而且反过来对之横加指责。在历史上,最早见到原始人的"奇装异服"——"文身"的西方人无不目瞪口呆,达尔文回忆说:"我永远不会忘记第一次看见荒凉而起伏的海岸上的一群火地人时所感到的惊讶,因为我立即想到,这就是我们的祖先。这些人是完全裸体的,周身涂色,长发乱成一团,因激动而口吐白沫,表情粗野、惊恐而多疑。"[1]值得注意的是,从此,人类多了一项学术研究,英语叫作"tattoo",它来源于塔西提岛的土语"talu"。格罗塞为此而感慨说:值此时代,"艺术科学研究者如果还不明白欧洲的艺术并非世间唯一的艺术,那就不能原谅了。""从一个这样狭小的基础上所产生出来的理论,怎能有一种普遍的真实性呢?""除非它自甘愚蒙,它已不能再不顾人种学上的种种材料了。"[2]可惜,很多学者偏偏就"自甘愚蒙"。美学也复如此。那么,怎样突破这一困窘的局面呢? 自然还是有待于反美学的出场。一旦反美学完成了对传统美学的解构,当代审美文化本身也就得到了深刻的说明。

这样看来,所谓美学研究,很有点"你不说我倒清楚,你越说我越糊涂"的味道。而要改变这种状况,唯一的办法却是不断地"说"下去(因为不"说"已不可能)。所以我认为,美学研究不同于科学研究,后者是"真陈述"而前者是"伪陈述"。因此对于美学不能从"真"的角度来解释。假若一味求"真",美学研究的意义就彻底丧失了。实际上美学的存在理由只能在"再现世界"之外去寻找,即在陈述的意义上寻找。最重要的是要搞清楚:美学家面对的是现实的审美活动还是概念的审美活动?"'事实'只能作为话语中的一项存在于语言里,而我们通常的做法倒像是说,它完全是另一存在面上

---

[1] 达尔文:《人类的由来及性选择》,叶笃庄等译,科学出版社1982年版,第746页。
[2] 格罗塞:《艺术的起源》,蔡慕晖译,商务印书馆1984年版,第17页。

某物的以及某种结构之外'现实'的单纯复制。"①我们在研究审美活动的时候,从表面看是在研究现实,实际上面对的却只是人类自己的美学理论,是在与这一美学理论进行比较——我们所意识到的审美活动早已被填到概念的容器中了。尼采发现:人最终在事物中找出的东西,只不过是他自己塞入事物的东西;找出,就叫科学,塞入,就叫艺术、宗教、爱情、骄傲。康德也发现:我们在事物上先天地认识到的东西,只是我们自己放进事物的东西。分析哲学更一再呼吁:在此情况下,对世界的剖析,实际就是对人们的种种概念的剖析,因为人永远不能把事物本身的样子同自己所想到它时的样子区分开来。而反美学的重大意义就表现在:尽管从表面上看,它无非是对某种美学的解释的再解释,从事反美学的研究就是从事解释学的游戏,但也正是因此,它才能够不断突破某种美学体系的束缚,使人类对于审美活动的理解越来越深刻、清晰、明白。假若它多多少少改变了叙述世界的方式,它就推动了事物;假如它提出了新问题或者找到了提出问题的新的角度,它也就推动了美学的学科发展。而且,既然作为参照系的审美活动是无可限量的("经验"大于"理性","实践"先于"理论"),因此反美学对于某种美学的解释的再解释也是无可限量的;既然作为既定前提的时代差距、文化差距是"不可通约"的,因此反美学也是"不可通约"的。

如是,反美学所面对的对象就只是"问题"而不像"美学"那样面对的是"体系"。它从"问题"开始,也以"问题"结束。这些"问题"都是一些某些美学家从不讨论的问题,因为在他们看来这都是一些"不成问题"的问题。或者他们过去也曾讨论过这些问题,但后来已经有了答案,再去讨论就纯属多此一举的"旧话重提"。但是反美学面对这些"问题"却"欣喜若狂"。对于它来说,美学的历史实际上就是一系列"问题"的堆积。反美学就永远是在提

---

① 罗兰·巴尔特《历史的话语》,参见《现代西方历史哲学译文集》,张文杰等编译,上海译文出版社1984年版,第93页。

"问题"而并不满足于答案。至于"体系",则被看作前一个"问题"的结束和后一个"问题"的开始的中介。例如,西方传统美学就曾仿效科学的路子创造了不少体系,但在反美学的眼里,这体系本身似乎就只是一些更为令人困惑的"问题"。其中的理论魅力,正如罗兰·巴尔特所比喻的:反美学所面对的恰似女性服饰下若隐若现的肌肤。"外衣张开的那些地方难道不是肉体最富有性感的地方?……正如精神分析所正确表明的那样,正是非连续性,正是肌肤在两片衣服之间的断续闪现,才是最易于引起性感的。"[①]

而且,反美学的意义还不仅仅在于它所开辟的研究是人类的一块自由、神圣的领地,一块生命力最为活跃、创造能力最为旺盛的领地,而更在于它所开辟的研究开创了一种非中心性的后美学视界、一种无主导性美学的后美学文化、一个美学的新时代。我认为,对于我们所面对的美学现状,就审美形态而言,可以称之为当代审美文化,属于审美活动的当代形态(我把审美活动的形态分为四种:东方形态、西方形态、传统形态、当代形态);就美学理论形态而言,可以称之为后美学形态。美学家不再追求永恒不变的终极真理,不再将虚设的真理作为崇拜对象,也不再玄而又玄地去设想终极存在,而是通过对整体性的瓦解走向差异性,在与现实的对话中去尝试着理解和解释世界,并且在理解和解释世界中去不断达到真理。美学本身也放弃了对同一性、确定性的追求,转而去追求差异性、不确定性,这使得它在博学的爱好者与文化监督者、解释学与知识论、反常话语与正常话语、言说方式与知识方式之间,毅然地选择了前者。它否定那种以真理代言人自居的美学话语,废黜美学体系的王位和特权并把它转化、扬弃为新的、更为深刻的问题,推动着那些为传统美学所不屑一顾的"幼稚的话语"、"结结巴巴的话语"和"反传统的话语"理直气壮地出场,并且深入各个领域,成为一种心灵

[①] 参见 T.霍克思:《结构主义与符号学》,英文版,加利福尼亚大学出版社,1977年,第115页。

的启迪和对于人类精神境界的不断超越,成为一种深刻的历史批判和文化批判。在这方面,当代西方学者的选择值得注意。例如,维特根斯坦曾经说:没有王后,人们还能下国际象棋吗?它还叫国际象棋吗?罗蒂也曾经说:没有与实在相符的真理观念,人们还能研究哲学吗?哲学的危机来自无话语的危机。为了寻找出路,拉康干脆与一切被称为哲学的东西告别,追求区别于革新的"谬误推理"(差异是第一性的,同一正是差异的产物)。德里达干脆宣称:消解全部哲学史的基本概念,也许是人们走出哲学的最为大胆的一种方式。在美学领域,罗蒂概括说:美学家的最好的身份是文化评论家。而且,我们清楚地看到:当代西方的美学研究中,也确实存在着美学的历史化与美学的批评化这两大趋势。

这就涉及一个关于"形式的意识形态"研究的问题。近年来,在西方,"形式的意识形态"这一术语被越来越多地使用。在他们看来,意识形态不仅仅如传统所说只是内容,而且还是形式。因此,对于形式的考察就不但是了解意识形态的手段,而且就是了解意识形态本身。不对它加以研究,就不可能了解意识形态。在这里,形式是作为内容被加以理解的。其特定的意义是:通过阐释机制对于当代审美文化的形式进行解码,以挖掘其中的意识形态。需要加以强调的是,它不进行性质判断,即不关心话语本身是否有真理性,也不进行形式批评,即去寻找和整理那些已经被证明为是具有真理性的特殊话语的规则,所谓不关心对错是非,而是如福柯所说:"对陈述的分析是一种避免一切释义的分析:它不去问那些被人说过的话里深藏着什么意义,什么是那些话里非自觉的'真正'意义,或者什么是含而未露的因素……与此相反,它要知道的是这些话语的存在形式……它们——只是它们而不是别种话语——在某时某地的出现究竟意味着什么。"[①]任何一次洞察都同时又是一次盲视。任何一种理论的有效性和有限性都是共存的。但它一旦

---

① 福柯:《知识考古学》,英文版,纽约,1972年,第109页。

成为一种建立在许多差异、缺失基础上的"形而上学在场",则显然与某种权力有关。此即"话语的存在形式",这正是我们所要关心的。例如,中国人在古代说"道生一",我们没有必要指出这句话说得对否,只是去关注这句话产生在那个时候"究竟意味着什么"。所谓重要的不是话语讲述的年代,而是讲述话语的年代。换言之,话语从根本上说只是一种权力形式。而"形式的意识形态"研究从根本上说则是一面解构之镜。它可以说是一种文本研究,即不是研究理论本身,而是通过解构的方式看出它的话语的历史性。

不难看出,本书正是这样一种文本研究,这样一面解构之镜。在本书看来,在我们的美学研究中,通常所说的"审美活动"实际上完全是传统美学眼中的审美活动,我们不但通过传统美学的眼光看待审美活动,并且通过传统美学的话语来描述和解释审美活动的本质。然而我们从来就没有想过:在近代社会的基础上形成的传统美学究竟能否解释在当代社会的基础上产生的审美活动?它的合法性的根据何在?因此,就目前而言,最为重要的似乎就不是"美学"的研究,而是反美学的研究,似乎也不是对于某种"体系"的修修补补,而是通过一种知识考古学(使理论知识化)、知识谱系学的分析,揭示传统美学的合法性的根据的虚妄,通过考察一种貌似完整、独立、客观的美学话语在历史上怎样产生出来并且在当代的审美实践中怎样处处碰壁,去揭示它与某种特定的话语权力的关系。

所以,本书的一个重要策略就是颠覆传统的美学结构,让边缘与中心恢复对话乃至互相换位。而且,我所做的不是颠倒二元对立的对立项,而是质疑对立的概念和对立所依赖的话语系统,例如美与丑、审美与生活,它们就真的水火不容吗?也许我们对此的看法都是来自一种无端、武断的虚构,也许它们只存在于我们创造的话语之中?但要切记,反美学并不是要转而以边缘为中心。正是在这种质疑中,人们可以看到某种文本为争取创造一种意义或真理时所经历的过程,并且看到某种文本为了建设它的意义是怎样巧妙地掩饰自己的奥秘,以及为了达到允许某种审美活动长期维持其虚假的中心地位的目的,是怎样无情地冻结了美学结构中的边缘与中心的对话与交流。

在上述意义上,可以把本书看作对于传统美学的批判。反美学不是批评,而是批判,批评是对于某种理论本身的攻击,批判则是对于它为什么能够产生的既定前提的考察。"文学艺术""距离""无功利""再现""表现""真实""优美""崇高"之类的范畴通通是近代之后造出来的,与康德所奠定的既定前提关系密切。而反美学在20世纪末的重大意义就是将这一既定前提加以解构,让人看清这一既定前提并非一种普遍的原则,而是一种非常武断的、被权力弄出来的美学话语。它通过把传统美学概念、范畴推到极端,去看出它的内在的一种非常模糊、自相矛盾的东西。它又刻意去挖掘出传统美学的权力基础,使传统美学话语化,因而失去神秘的"真理性"。任何一种对于美的定义都与历史有关。从来就没有一种天生的放之四海而皆准的理论,但为什么总有一种理论会被绝对化? 这与一定时代、一定历史有关(使理论历史化)。在这个意义上,传统美学实际上不是一个结论而是一个前提,但人们却把这个前提当作一个已知的固定的事实或结论肯定下来,直接从中推论出一些其他结论。结果我们关于审美活动的任何讨论、任何结论都被组织在一种以传统美学为出发点的话语之中。实际上,很难说传统美学是一种广义上的所谓美学,只能说人类在近代历史上非常成功地创造了一个很有力量的霸权话语。而要发现这些美学话语的不完整性及其理论限度,一个重要的工作方法就是找出它的矛盾性,把一些为了话语的组织的需要而被边缘化的东西重新突出出来,这样就有可能对许多固有的认识形成一种新的了解。在我看来,这是一种真正的世纪之交的理论清扫工作。同时,也可以说本书又是对于当代美学的建构。在批判的过程中,不失时机地为当代美学的建构描绘出轮廓和提供一些新思路,无疑应该成为反美学的必然归宿。不过,不论是批判抑或建构,就本书而论,又都是通过对于当代审美文化的考察这种特定的方式才得以实现的。当代审美文化蕴含着与传统美学完全相反的东西,或者说,它本来就是为了反叛传统美学而应运诞生的。因此,通过阐释当代审美文化来考察传统美学的理论限度,或许本来就是一个非常适宜的角度?

当然,也正是因此,本书对于当代审美文化的研究只能是一种理论的研究而并非一种实证的研究,后者是对当代审美文化的描述、界定、概括,前者却是与当代审美文化的既定前提的对话。也因此,本书在考察当代审美文化的时候,没有对中国当代审美文化的特殊性加以强调。当然,这并不意味着我对于其中的后殖民主义情调、封建色彩、虚无主义氛围等缺乏了解和应有的批判态度,而是因为我从事的是一种理论的研究而并非一种实证的研究,而且,我的研究对象也并不仅仅局限于中国。例如,主张"生活与审美的同一",是当代审美文化的一个根本特点,但本书不是去描述这一特点,而是去揭示这一特点背后的理论前提,并且对这一理论前提与传统美学的理论前提的关系加以讨论,如:是否符合传统美学?既然不符合传统美学,那么可以看出传统美学的什么根本缺陷?然后,转向对其中的谬误的批判和对新的理论前提的合法性的美学辩护。本书的副标题强调的"在阐释中理解当代审美文化",正是上述涵义。① 本书并不把自己作为真理的天然拥有者,不去幻想引导什么东西,而只是把"无价值的东西撕开给人看",这就是解构(现在要对当代审美文化做出这样那样的评价也实在为时过早)。它解构那些自以为为自己找到了价值的东西,把它的包装拆开,迫使它露出真相,从而暴露出它所占据的中心地位的虚假。列奥塔德说:"19 世纪和 20 世纪给了我们所能承受的如此之多的恐惧。我们为缅怀整体和单一,为概念和感觉的一致,为明晰透彻和可交流的经验的一致,已经付出了极高昂的代价。

---

① 而且也正是鉴于此,本书所讨论的审美活动,显然应该是作为一个评价范畴而不是作为一个分类范畴的审美活动,所关注的重点也显然不是审美活动与非审美活动的区别,而是审美活动与伪审美活动的区别。对此有兴趣的读者可以参看拙著《生命美学》一书,河南人民出版社 1991 年版。

在争取宽松与缓和这一总的要求下,我们能够听到人们嘀咕着渴望恐惧归来,渴望实现把握现实的幻想。对此的回答是:让我们向整体开战;让我们成为那不可表现之物的见证人;让我们触发差异,保留命名的荣誉。"①为此,本书按照从不同角度考察和阐释当代审美文化的方式结构成篇。全书分为现状研究、文本考察、条件辨析、本质反诘、根源探寻、本体阐释六大板块,力求对于本书所提出的课题给以完满的说明。近年来,我的美学研究从美学的历史,到美学的理论,现在又转到了美学的现状。原因在于:在我看来,当代美学的历史性建构,实际上应该从三个方向去考察,这就是:历史、理论、现状。我的《中国美学精神》(包括《生命的诗境》《众妙之门》《美的冲突》)是从历史的角度对西方传统美学的霸权地位的消解,本书则是从现状的角度对(西方)传统美学的霸权地位的消解,意在说明:西方传统美学不但在空间上是有限的,而且在时间上也是有限的。我的《生命美学》是从理论的角度对审美活动与非审美活动的辨析,而《反美学》则是从现象的角度对审美活动与伪审美活动的辨析。由此可见,我的《反美学》,可以说存在着两重目的。其一是考察当代审美文化对于(西方)传统美学的霸权地位的消解,其二是对于当代审美文化当中所蕴含的审美活动与伪审美活动这两重因素加以认真辨析。至于在本书中初步涉及的从理论形态的角度对于传统美学的解构以及为当代美学的建构所描述的轮廓和新思路,则将在新著《美学的边缘》一书中详细阐释。不过,由于反美学本身尚是一个开创性的课题,当代审美文化也还是一个发展演进着的对象,加上本人的学术水平的局限,本书一定还存在着不少疏漏、不足,因此,我诚恳地期待着专家、读者的批评、指正。

---

① 转引自王岳川:《后现代主义与美学》,北京大学出版社1992年版,第53页。

第二章

文本考察:文化溃败时代的寓言

第一节　流行歌曲：当代青年的心理魔杖

由前所述，我们已经知道，审美活动曾经是神圣的。它与人类对于自身的认识有关。人类一直以会思想而自豪，也以有精神而自豪，而审美活动正是这一"自豪"的特殊载体。在传统的时代，抬高审美活动就是抬高人本身，强调审美活动的深度就是强调人的深度。结果，审美活动被极大地神圣化了。而在进入当代社会之后，当人类的"自我迷信"被日益消解，人类终于更为深刻地意识到：人虽然有思想，但仍然是动物；人虽然发现了类，但仍然是自己。于是，人类不再吃力地生活在多少有些虚假的深度中，而是回过头来生活在难免有些过分轻松的平面里了。

而且，我们也已经知道，平面和深度一样可以成为审美活动大显身手的美学舞台。

然而，这毕竟只是一个开始。当代的具体的审美实践是否与我的概括相互符合？或者，以平面为当代视界的审美转换在具体的审美实践中造成了什么样的变化？怎样准确把握这些变化？无疑是我们接下来要回答的问题。"每一个真正的艺术作品都破坏了某一种已成的种类，推翻了批评家们的观念，批评家们于是不得不把那些种类加以扩充，以至到最后连那扩充的种类还是太窄，由于新的艺术作品出现，不免又有新的笑话，新的推翻和新的扩充跟着来。"[①]

这，就使我们的考察转向了文本研究的层面。不过，丰富多彩的审美活动本身绝非一本书的篇幅所能够涵盖，因此，本书只能采取"解剖麻雀"的方

[①] 克罗齐：《美学原理·美学纲要》，朱光潜等译，外国文学出版社1983年版，第45页。

法,作若干示范性的考察。

首先要谈的是流行歌曲。应该说,流行歌曲是理解当代审美文化的一个捷径。它的出现,与当代社会历史条件所产生的变化密切相关,可以定位为在当代社会条件下所出现的公共艺术的重要门类之一,我把当代审美文化概括为一种公共艺术,这与当代的市场经济所催生的公共空间打破了传统的社会的集体空间和个人的隐密空间密切相关。而且,公共艺术体现的是人们之间的非权力关系,它的发展越快,就意味着传统的权力关系被解构得越快。详见下章。至于它的文化、美学涵义,则可以称之为:人的还原、美的还原。

传统的美声、民族唱法毫无疑问是一种美的结晶,然而,同样毫无疑问的是它们又只是一种传统美的结晶。在这里,人类的美感被抽象到了最为典范的地步,人类的声音被挖掘出了最为纯正的魅力,任何一次演唱都意味着十年乃至数十年的美学训练,而且,你一旦听到这歌声,就会清醒地意识到:留给你的位置只是在一定的距离之外静静欣赏……作为公共艺术,流行歌曲则恰恰相反,在电子文化称霸的世界,电子文化对流行歌曲的影响不可小觑。试想一下,假如没有被青年人到处提着跑的收录机,邓丽君的歌曲能够风靡大陆吗?媒介的进步就是人类的进步。媒介的革命必然会引发美学的革命。在连领袖也走下"神坛"的中国,在英雄开始向人回归的时代,它率先意识到:千军万马发出一个声音,那是战争,而不是艺术。真实的生活往往是具体的,既不美,也不丑,既不崇高,也不卑下,于是,它着力为具体的生活立法,把传统认为有意义的东西还原为无意义(解构),又在无意义中展示出新的意义(重构),追寻着具体的缠绵、具体的温柔、具体的伤感、具体的美丽。可以作为对比的是一度兴盛的"西北风","我们对着太阳说,生活总要改变""不管是八百年还是一万年,都是我的歌"……何其豪迈,但却很快就让位于"特别的爱给特别的你"了。……从传统的眼光看,它堪称俚俗,不高贵,太实在,不抽象,极具体,情调不高雅,音域也不宽广,然而它极大地缩短了现实与理想的距离(以致人们不是把它当作艺术来接受,而是当作生活来接受),不装腔作势,不无病呻吟,因而敏捷地激活了人们的生存的意识,也激活了濒临僵死的传统美学,禀赋着一种异常的亲切。在东西方,流行歌曲都遇到了有史以来最强大的反抗(美国甚至连国务卿的夫人也披挂上阵)。1985年,AC/DC乐队曾被指责造就了杀人犯,因为一名杀人犯是它的崇拜者,但更多的人则辩护说:"耶稣怎能为犹大的罪行负责呢?"流行歌手奥热·奥斯本也曾被控告导致一位孩子自杀,人们同样辩护说:"罗密欧和朱丽叶绝不应该因为几百年来诸多情侣纷纷殉情而受到指责。"在中国,正统音乐家曾经对流行歌手担任人大代表大为不满,更对"在党的生日那天让通俗歌曲与严肃演出唱对台戏"义愤填膺。奇怪的是,体育的后果要远为严重,却从未有人激烈反对。难怪有人甚至盛赞云:这个时代已经没有诗歌,只有流行歌曲。流行歌手就是当代的行吟诗人、文化明星。还有人干脆宣称说:这个时代已经没有了民歌(像西班牙民歌、俄罗斯民歌、意大利那波里民歌、中国西部民歌),流行歌曲就是民歌——城市民歌。一位著名诗人也出人意外地写下了"像一根烧红了的钢针,一下子插进了人们麻痹已久的灵魂"的对流行歌曲大加赞颂的诗句。至于上海市委宣传部以意识形态的主持者的身份出来征集流行歌曲,更是一种正面的褒扬。顺便说一下,对于当前大为流行的"粤语热",我认为尽管是体现了人们在从传统的政治生活走向经济生活的时候所出现的一种对于语言真空的弥补(传统的北京话,政治语汇过剩,经济语汇贫乏,粤语正可"救救场")和一种"求新""求洋"的心态,但毕竟是应该限制在经济生活之中的。可是,粤语的歌曲却可以例外,因为它竟然有七声之多,在某些方面,远比普通话演唱的歌曲富于表现力。

进而言之,流行歌曲又是一种以青年为主体的公共艺术。流行歌曲与作为亚文化的青年文化的出现关系密切,对此,将在下节考察摇滚问题时加以阐释,为避免重复,此处从略。它是青年争取到的唯一一种只属于自己的文化形式(典型形态为摇滚)。青年所关心的东西明显区别于成年人,内心充斥着"成长的烦恼",因此他们的歌曲明显表现出对成年社会的合理性的怀疑,世界著名歌星大卫·鲍威尔就被评价为把叛逆定义为娱乐,又将娱乐定义为颠覆,他永远改变着观众对艺术形式的视觉。马尔科姆·麦克拉伦则以杂乱无章的风格,蓬乱的、染成黑色或彩色的短发,褴褛的、带安全铆钉的丁字衫,还有牛仔裤、钢刺护腕,构成对经典美学的一种对抗(在他身上,经典的高高在上的绅士风度不再存在),并以此实现了它的宣言:"震惊即艺术。"其中蕴含着对成年社会毫不关心但青年人一旦失去它就一无所有的东西的珍惜。有人问:"你们究竟要反对什么?"歌手回答说:"你拥有什么?"就是这个道理。当然,其中青年人的未曾涉世使他们的歌曲流于个人空想,然而也确实表现了一种青年特有的理想主义的勇气,是青年渡过"角色混乱"时期时,为他们分担着烦恼、收获着欢乐的心理魔杖。《我是一只来自北方的狼》曾经令许多家长大惊失色,但是事实上它是要呼唤一种真诚,并且以"真诚的狼"的形象与那些"不再真诚"的成年人相抗衡;《我很丑,但是我很温柔》更是不但唱出了大多数没有天赋丽质的普通人的"活在剃刀边缘"、只剩下"音乐和啤酒"的心态,而且唱出了青年人不被成年人的主流文化所认可的心态。以流行歌曲的主要内容——爱情歌曲为例,流行歌曲喋喋不休地歌唱爱情,曾令许多成年人大惑不解:"你爱我,我爱你,能唱出那么多的歌曲吗?"那么,原因何在?爱情,对成年人来说,是已知的、简单的,但对青年来说,却是未知的、敏感、复杂的。"少年不识愁滋味",正是青年的特点。完美的爱情当然不真实,但是却具备成年人所失掉的那种最珍贵的东西:真诚、纯洁。在成年人对爱情的冷漠中,恰恰是真诚受到了嘲弄。完美的爱情总是能够震撼青年人,而且他们也从来就绝对鄙视那种对于爱情的功利主义的态度。在他们看来,青春绝对不是罪过,更没有必要在老年时后悔自己从来就没有年轻过,结果,成年人所推崇的那种四平八稳、极为现实的爱情观被彻底地颠覆了,青年人以有史以来从没有过的热情酣畅淋漓地赞颂着完美的爱情。成年人喜欢说流行歌曲"黄色""下流",这是错误的。流行歌曲的失误恰恰不在这里,而在过分单纯、虚幻、不食人间烟火。

不过,反对流行歌曲的人也并非一点道理也没有,在我看来,流行歌曲确实存在着明显的缺点。这同样表现在两个方面。

首先,正如我在前面已经强调过的那样,作为公共艺术的一个组成部分的流行歌曲,固然是一种美的还原,但这必须以美的存在为前提。正如公共场所的存在,还要以单位和家庭的存在为前提一样。流行歌曲的失误正在于无视这一前提,结果在解构对象的同时也解构了自己。只关注具体的东西的意义,以便被压抑的心理能够得到抚慰,并且只在这个意义上维系自己的生存,充其量也只是一种廉价的乌托邦。它提供的生活虽然纯美但却难免虚假,同时由于破坏殆尽,人们也没有了真实的记忆,因此流行歌曲中的记忆虽然不乏内涵,但却往往是虚饰的、人工的、似是而非的。以"《红太阳》热"为例,从表面看,它采取民歌风格或者简短易唱的分结构,辅之以现代节奏,又采用了群众喜欢的联唱方式,似乎是使它通俗化了,使美不再是一片神圣不可侵犯的、高不可攀的净土,而是"飞入寻常百姓家"。但假如我们想到它的制作者从来就没有掩饰过他们是为了消费历史才去接触历史的,就不难意识到:当它在流行歌曲中再度出现的时候,已经成为对于历史悲剧的喜剧模仿,突出的是一种自虐和渎神的快慰。革命的意义被娱乐形式消解了:在演唱中革命变成手段,变成淘金的对象,在这个意义上,《红太阳》销售了580万盒,不妨看作当代人在历史中淘金的一大壮举。娱乐则成为目的。两个截然不同的世界被滑稽地拼贴在一起,集体疯狂与个体疯狂,政治情绪与娱乐情绪,革命记忆与自暴自弃,历史情怀与末世情调……混为一体。可见,还原固然是一种美学的革命,但还原毕竟是为了更好地建设,一味为还原而还原,也是一种失误。流行歌星的浅薄往往缘此。上海曾开出十差港台歌星"黑名单":"苏芮:退下一袭黑衣,她着一身媚俗衣装,既没有得到追星族的青睐,更失去众多'历史遗留歌迷'的支持。郑智化:他的残疾算不了什么,然而他在歌艺上却成了个商业文化的畸形儿。郭富城:他的舞步有种肉麻的气息,他的歌曲是空洞无聊的堆砌。胡慧中:她的每一次发展都成为对她美好历史的'玷污'。吴奇隆:一个被商业文化逼迫着无法长大的可怜歌手,既无歌艺天才,也无青春面容。黎明:对苛刻的欣赏音乐的耳朵来说,他充其量只是个平庸的歌手。刘德华:他那永远在低音区域踯躅蹒跚的歌喉令人着急。草蜢:愈发疯癫的三个老男孩,空洞乏味的歌词,莫名其妙的激情,一切都假得那么豪迈。高胜友:优美、抒情、精致的外衣下,其实是一片空虚和造作。梁雁翎:像雾像雨又像风,结果什么也不像。一切都那么不动真情,浅尝辄止,轻佻的旋律掩不住乏味的主题。"[①]在这个意义上,流行歌曲难免会成为一种新的模式。它成为当代的一种以"流行"的名义来支配大众的权力,这"流行"凌驾于大众之上,大众对它丝毫无能为力。更为严重的是,流行歌曲不但支配大众,而且塑造大众,当我们看到大众只会在流行歌曲的语言中思想、说话时,不难联想到流行歌曲是一种何等强大的文化霸权。须知,政治权力再强大,也从未成功地进入到人们的私人领域,尽管资本主义时代就已经开始了这一历程:它的工作伦理就不赞成游戏,这就必然贬低游戏所隶属的私人领域,把私人领域中所发生的一切断言为与集体领域相比不尽重要的领域。但流行歌曲却一举攻克之。私人领域一旦被攻克,独立的自由审美就必然会被取消,因为美必须同时被个人体验,一旦只是被公共地体验,它就会走样,就会使审美经验消失在公共经验之中。

在这里顺便要交代一下,我已经反复讲到"大众"这个概念,但还一直未加以界定。希望读者不要把"大众"与"劳苦大众""人民""人类"……混淆起来,也不要轻易地把"我""我们""他们"之类人称代词囊括进去。"大众"是一个具有20世纪特定文化背景的概念,霍克海默就曾批评过阿德勒把大众概念抽象为一种具有普遍意义的做法。"大众"是对于传统的人的本质定义

---

① 转引自:《扬子晚报》1994年2月26日。

的改写。它是一种幽灵般的查无此人的生存状态,是当代社会的基本景观,有如马克思笔下的"商品"。海德格尔恰当地称之为"常人"。霍克海默与阿多诺则恰当地称之为"自愿的奴隶"。"我是别人认识着的那个我……因为他人的注视包围了我的存在。"①因此,"大众"在局部上是高度的组织化,但在整体上却是完全的无政府状态。大众是一个无名的存在,不是个性的高扬,而是个性的消解。至于"大众文化",也并不意味着大众拥有文化,而只是意味着大众在统一的格局中以他者的方式娱乐。其次,我认为,在当代审美文化之中,"大众"不是一个量的概念,而是一个质的概念,代表着在当代社会条件下诞生的公共的群体。它的正面的意义在于把传统的禀赋着深度的美和艺术拉平。然而,这种价值却是有限度的,不了解其中的限度,将其神圣化,将其作为绝对的、神圣的群体,便会使其成为一种十分可怕的东西。所谓大众,一旦成为一种绝对的价值,就会成为一种集体的自我主义。它不但不与个体的自我主义相互矛盾,而且使其合法化、神圣化,使自我可以为所欲为,当把自己无条件地融入大众,大众就成为一种集体的自我,大众意识就成为每一成员的自我意识。这时,人们对大众的崇拜,比对自我的崇拜更为可怕。它会通过一种微妙的转换,把自我从一种负面价值变成正面价值,从可耻变成光荣。每一个自我因此而变得无所顾忌。因为当一切都成为大众的时候,自身的种种私欲就成为大众的公欲了。甚至罪恶也被合法化、正义化、神圣化了。

这样,流行歌曲就难免像其他公共艺术类型一样,成为一种没有内容的艺术。从表面看是什么都敢说,但是实际上却什么也没有说,什么也说不了。它沦于一种"无谓的参与",虽然不再被动欣赏,可是也只剩下了消遣和娱乐,有关心,无关怀,不再是唯一的信息源,因而也就没有了指导、操纵生活的力量。在这个意义上,公共艺术又是一种"垃圾艺术",向人类的精神倾

---

① 萨特:《存在与虚无》,陈宣良等译,三联书店1987年版,第346页。

倒垃圾是它屡屡发作的顽症。"垃圾"是当代的一个中心概念。在它看来，只要有快感就是好的。启迪、真理都不再追求了。大众所需要的就是性、暴力、情欲，公共艺术所要做的就是专门为大众提供这种东西，这实在是一种艺术的尴尬。例如，阅读活动成为主动的活动，艺术的完整、统一的意义反而丧失了，成为一个任读者随便挪用、发挥的话语群，《西游记》离开了小说进入电视、电影、连环画、园林、旅游景点、儿童系列片……游戏机成为对于艺术的直接参与，建筑被披红挂绿地广告化了，成为一个没有内容的广告载体，音乐也不再是流动的建筑了，而是一种事件，被附加上了某种意义，成为一种故事，例如古典音乐就借助于故事完成了向当代流行艺术的转变。人们在通常的舞曲中很容易发现古典音乐，但无一例外是一种节选的方式，并且在配器时使用打击乐器，以适应跳舞时的长短节奏，其结果是古典音乐的旋律变得毫无意义，成为一种节奏。广告幻化为一种瞬间的视觉故事，摇滚只具备说的欲望，却失去了说的内容。再拿《唐明皇》与《戏说乾隆》比较一下，就更有意思了。前者还在对历史进行沉思，反思历史对人性的压抑，当然也有对女性的观赏（可见知识分子也没有了高超的创造之术），后者有什么呢？娱乐而已。流行歌曲也是一样。作品的"气韵""意境"消失了。创造的个性消失了（作家成为艺术流水线上的一个工人）。被人类视为神圣的想象力也消失了。过去，正是想象力使人类有可能超越狭隘的生活经验，展开一个丰富的可能性的世界。现在，想象的话语为事实的话语取代，表现性的价值被工具性的价值所取代，被人们视为神圣的精神的消费也消失了。社会学家帕森斯认为，传统社会与现代社会的一个重要分野就是：前者趋向于表现性价值，而后者指向工具性价值。前者关心主体的精神与情感满足，后者服从于所要达到的实用目的。过去，歌曲是一种精神的需要，人们在其中展现自己的精神本质，现在，它却像吃饭、睡觉一样成为一种生理的需要，成为继续作一颗螺丝钉、齿轮的润滑剂。起初，人们是想靠流行歌曲来激活枯燥的生活，但现在生活却变得毫无意义，因此也就越发地枯燥了。最终，艺术的生存化,生活的艺术化,就成为流行歌曲带给当代人的一份必须接受的礼物。艺术成为一种生活的仪式。在艺术中生存并未得到提升,而只是一种不断加以翻新的空洞的形象。在这个意义上,说流行歌曲患上了"美学失语症",应该是合乎实际的。或许,当流行歌曲解构了自由意识与现实意识的反差、理想世界与现实世界的区别的时候,当流行歌曲用对于现实的肯定的模仿来取代传统美学的对于现实的否定的模仿①就已经导致了内容的"安乐死",导致了自己的无话可说。这使我意外地发现:当流行歌曲大大地提高了生活中的美的时候,是否也同时又大大降低了艺术中的美呢?!

其次,流行歌曲固然是青年文化的典型体现,但青年本身却毕竟是要长大、要成熟的。为了与成年社会对抗而一味坚持"你拥有什么,我就解构什么"的立场,尽管有其合理性,但却同样不是成熟的美学表现。因为这合理性是有其鲜明的界限的,一旦超越了它的界限,性质就会向相反的方向转化。仍以爱情歌曲为例,爱情是人类最为脆弱的部分,(敢于诋毁一切的王朔,不也对爱情毕恭毕敬、情有独钟?)因此爱情一旦被提高到了人类历史上的最高度,所对应的就必然是一个贫乏的世界。只有在没有意义的世界,爱情才会成为唯一的意义。当人们一次次被空虚冲击后不得不可怜地四处躲闪,就会以爱情作为虚无主义的代用品。看来,人类可以没有信仰,但却不能不抒情,抒情是人类用来回家的最后方式,安慰自己的避风港,以及生活中的唯一亮色。但世界美好得只剩下爱情了,这究竟是悲剧还是喜剧?因此,情歌响彻世界,无意中泄露了一个时代的秘密:"集体的失恋"。等候、错过、疏离、分手、徘徊、倾诉……爱情的追寻正是当代人的情感的追寻,爱情的失落也正是当代人的情感的失落。流行歌曲就是这样从文本本身走向了形而上,深刻地折射出当代青年乃至当代人的隐秘的内心世界。而就爱情

---

① 即便是现实主义,也是对于现实的否定。现实主义不是对于现实的符合,而是对于关于现实的某种理想观念的符合。详见第四章。

本身来说,完美的爱情仍旧不能离开真切的现实。美无处不在,"美得不可收拾的瞬间"曾经令陀思妥耶夫斯基何等惊叹!真正的爱情应该是一种恒久的忍耐,一种最为正常的生活。何况,青年人的爱情观与成年人的爱情观未必就只有对立的一面,青年反叛成年人的爱情,是可以理解的,反叛成熟的爱情就没有道理了。但流行歌曲要么写过去的怀念,要么写未来的憧憬,就是对真实的现在毫无兴趣,这堪称一种虚无主义的流浪心态。本来,人可以在旅途,但心必须在家中,现在却是心在旅途,人在家中。假如不能清醒地加以区别,就难免会僵滞在"青年情结"之中,难免刚刚从童话的世界中走出来,又误入了作为童话世界的延伸的幻想世界。把"朝三暮四""朝四暮三"的虚构当作真实的体验,沉沦于动听的谎言或动听的誓言之中,钻进自己设立的爱情牛角尖之中,表演性地诉说着"无怨无悔",矫情地表演情感,最终陷入一种"伪爱"的精神的放逐里无法自拔。在这个意义上,流行歌曲的一旦过分鼓吹"爱心",就往往意在消弭矛盾。爱,成为娱乐文化制造的幻象,不但没有抹平皱痕,而且反而通过不同性别的眼光塑造出了一个虚幻的形象(如男性的眼光会塑造出一个想象中的性感、情欲、痛不欲生、哭哭啼啼、一腔痴情的女性)。结果,歌唱爱无非是借此展示一个情欲的化身、性感的形象。热恋中的热、失恋中的痛都被几句轻飘飘的歌词所取代,这真是:"爱要怎么说,痛要怎么说"?

因此,流行歌曲的最大优点是通俗,最大的缺点则是媚俗。前面已经引过的福克纳的话说得好:"他不是在写爱而是在写情欲;在他所写的失败里,谁也没有失去任何有价值的东西;在他所写的胜利里没有希望,而最糟糕的还是没有怜悯和同情。他的悲伤不是因有普遍意义的死亡而起,所以不留下任何痕迹。他不是在写人的心灵而是在写人的心脏。"对于流行歌曲,我的看法也如是。任何歌曲都应该让人们记住自己的高贵血统,而不应廉价地出卖自己、轻率地消费自己。人们像谈论萝卜青菜一样地谈论着美,这并不是美学之幸,而是美学之不幸。它恰恰表明美在当代已经发生蜕变。试想,普罗米修斯盗来的神火假如变成老百姓一日三餐用来做饭的柴火,那会是什么感觉?事实也正是这样,在超越了界限的那些流行歌曲中,人们往往热衷于吹嘘自己刚从爱情的天国回来,甚至能告诉你应该坐几路公共汽车,但实际上只是一场虚假。人生中只有在抗击重压中才会有自由的愉悦,这就是贝多芬疾呼的:"非如此不可。"米兰·昆德拉说:"我们也或多或少地赞同:我们相信正是人们像阿特拉斯(希腊神话中的顶天巨神)顶天一样地承受着命运,才会有人的伟大。贝多芬的英雄,就是能顶起形而上的重负的人。"①但假如在苟且偷生中逃避重压,并求得一种轻松感,生命就会面临着一种难以承受之轻,就会永远漂浮着,成为生命的流浪者。司汤达说过:如果你只看到一个阶段,又怎么能认识人类。茨威格在《象棋的故事》中借小说人物之口说过的一段话可供参考:"一个来自巴特拿的21岁的农家青年只要在棋盘上动动棋子,就可以在一星期内赚到一大笔钱,比他全村的人一年内砍伐木材艰苦劳动所得的还多,你说他怎么会不染上虚荣的毛病呢?再说,你的脑子如果根本不知道有过伦勃朗、贝多芬、但丁和拿破仑,那你不是很容易认为自己是一个伟大的人物吗?这小伙子智力有限的脑子里只有一个思想,那就是一连好几个月他没有输过一盘棋,而且因为他根本没有想到世界上除了象棋和金钱之外,还有其他有价值的东西,所以他有一切理由去自我陶醉。"②审美活动也是如此,如果你只注意到生命的一个阶段,又怎么能够理解审美活动的真正涵义呢?这,就是我对于流行歌曲所想说的最后一句话!

---

① 米兰·昆德拉:《生命中不能承受之轻》,韩少功等译,作家出版社1989年版,第34页。
② 见茨威格:《里昂的婚礼》,张玉书译,人民文学出版社1987年版,第80页。

第二节　邂逅摇滚

与摇滚的邂逅,是一次心灵的震撼,更是一次美学的震撼。

在我看来,摇滚20世纪50年代兴起于美国,这本身就是一次神奇的邂逅。美国是一个没有固定文化的民族,应该说是一种遗憾,但也正因为如此,美国人在文化上的创造又往往令人震惊。譬如英国有威士忌酒,法国有葡萄酒,意大利有威尔蒙酒,美国在这方面堪称一无所有,可出人意外的是,美国人别出心裁,综合上述三者,竟然发明了赫赫有名的鸡尾酒。摇滚乐也是如此。美国人再一次别出心裁,把节奏布鲁斯、乡村音乐、现代科技这三方面的成果加以综合,创造了摇滚。果然又令世界大开眼界。正像学者评论的那样,50年代的美国完全可以称得上是一个摇滚的国度。整整十年,美国人沉浸在与摇滚的神奇邂逅之中。爱尔维斯·普莱斯利,作为给摇滚以生命和叩响摇滚大门的第一人,以他狂放的歌唱、洁白如玉的肌肤、腰部的性感颤抖、脚的摆动以及夸张铺陈的电子乐器,刺激着50年代的美国青年,并成为当之无愧的天皇巨星。而在1956年,当摇滚从美国传入英国的时候,当鲍勃·迪伦作为继普莱斯利之后给了摇滚以灵魂的又一颗天皇巨星在英国冉冉升起的时候,即使是再愚钝的人也能够看出:它意味着欧洲人从古老的伦理准则彻头彻尾地转向了消费原则,意味着欧洲人的不仅仅与摇滚的一次邂逅,而且是与一个全新的时代的邂逅。莫里斯·狄克斯坦就曾感叹云:"摇滚是60年代的集体宗教——不仅是音乐和语言。而且也是舞蹈、性和毒品的枢纽,所有这一切集合而成一个单独的自我表现和精神漫游的仪式。"而美国《时代》杂志回顾六十年以来的重大事件时,则干脆把西方摇滚乐鼻祖迪伦及甲壳虫乐队与二次世界大战、与爱因斯坦相提并论。应该说,这是一种莫大的殊荣。然而,这也许只是摇滚问世以来所能够得到的为数不多的几次殊荣之一。众所周知,自摇滚问世以来,得到更多的往往只是狂热的崇拜,或者只是冷漠的反对。支持的人往往一听就摇,一唱就滚。反对的人却偏偏理由一堆。西方骂它是共产党的武器,《光荣与梦想》一书曾认定:共产党已经设计出一种复杂的狡猾的技术,能通过神经干扰、脑力衰竭和迟钝,使一代美国青年变成废物——披头士乐队的破坏性音乐……加速着……精神崩溃。东方骂它是资产阶级的武器……有人甚至挖苦说:唱摇滚的无非是三种人凑合在一起:一是弹吉他的,二是在台上做体操的,三是只会甩头发的。而且,在社会主义国家情况更为复杂。苏联几年前才开禁,朝鲜、阿尔巴尼亚迄今还在禁止。中国虽然前几年已经开禁,但也并非一帆风顺。1985年4月,美国天皇巨星乔治·迈克尔在北京工人体育馆,为12000人作过一次表演,他竭尽全力为流露出一脸冷漠表情的中国观众唱遍了全部的成名歌曲,结果全场愕然,最终只好以惨败告终,带着满面的尴尬和满腹的困惑离开了神秘莫测的中国。直至崔健跃上摇滚歌坛,情况才出现根本的变化。但从美学的角度,摇滚却仍处在被美学家不屑一顾的尴尬境地,仍旧是"一边走,一边唱,没有根据地"。然而,摇滚就真是一种毫无价值的东西吗?或者,就真是一种丑陋的东西吗?当美学与摇滚邂逅于20世纪现代文化的十字街头的时候,不应该也没有权利与它失之交臂而不作出回答。

对摇滚的误解,在我看来主要来自两个方面。这就是:从文化的角度来说,不论是抬高抑或贬低摇滚的人,都往往未能准确地把握摇滚在文化中所处的实际位置;从美学的角度来说,不论是抬高抑或贬低摇滚的人,都往往未能准确把握传统美学与现代美学的关系。

具体而言,摇滚,人们往往把它定位为一种文化现象,但又往往不再加以认真的区分。结果,肯定的就说它是什么文化的"新长征",否定的则说它是什么"垮掉的文化",实际上都不确切。因为摇滚并不是一种一般意义上的文化,而是一种特殊意义上的文化,一种亚文化。准确地说,摇滚是一种青年亚文化现象。所谓亚文化,是一种反叛或背离主流文化的文化。不过,它并不全盘否定主流文化,或者说,它并不去实际反抗主流文化,而只是在符号象征的层面上去夸张它与主流文化的差异,并且蓄意让这种夸张通过有意忽略主流文化的某些方面同时又有意突出某些方面去完成。在我看来,摇滚正是这样一种亚文化现象,而且是一种青年亚文化现象。

为什么这样说呢?从社会的角度,我们知道,摇滚主要是青年的一种创造,而青年文化正是一种亚文化。青年(尤其是城市青年)由于价值观、生理发育等各方面的原因,往往更加敏感地感受到来自社会的各方面的压力,时时有一种怨闷、压抑的情绪要予以发泄。如青年在生理上14岁左右就成熟起来,渴望投身社会,但社会却要求他延迟进入社会的时间,留在社会之外。这种生理性的"前倾"与社会性的"推延"之间所造成的大约十年的对峙,往往使青年与社会处于一种蓄意对立的境地。请看西方学者的描述:"这些住在大都市的青少年对于庞大无比的'都市社会机器'感到无可奈何,并且因为日渐增多的自身问题和社会问题,使他们因无法解决而感到失望。当纽约或其他大都市在散发着它们高度活力的同时(无疑这是人类赋予的力量),个人的能力和存在显然被削弱而显得不甚重要。社会结构中渗入了更多动力的要素,而使个体或个体间产生更大的隔阂,于是孤独感、失落感油然而生。"[①]这种孤独感、失落感正如滚石乐队的那句几乎成为英国青年的口头禅的歌词所描述的,"这不能使我称心如意";也正像中国的崔健的那句著名的歌词所陈述的:"不是我不明白,这世界变化快。"不难看出,青年的这种心态必然导致一种超前的理想主义。但另一方面,青年的超前的理想主义缺乏实际实施的可能,也缺乏实际操作手段,但又愤懑于社会主流文化对自己的"忽视",故而往往会使他们孤注一掷,采取一种过激的发泄方式。他们用过激的手段表达正常的要求,也用过激的形式追求合理的东西。例如用《一无所有》《不是我不明白》《新长征路上的摇滚》这所谓的"新三篇"取代传

---

① 黄燎原编:《世界摇滚乐大全》,河北人民出版社1992年版,第55页。

统的"老三篇"。甚至认为《一无所有》就是愚公精神,《新长征路上的摇滚》就是张思德、白求恩精神。其结果往往是对社会主流文化采取一种公开反叛的立场,但又不是实际反抗的立场。他们采取各种方式去象征性地破坏社会的规则,以标榜自己的离经叛道来引起社会的关注,以拒绝主流文化的自我流放,来突破社会主流文化的坚固屏障。"绝大多数青年亚文化,除非它们具有明晰的政治因素,否则在任何简单意义上都不是反抗性的。它们也可以是反叛性的;它们可以推崇和追求特殊的时尚和价值观,但它们的反叛很少达到一种鲜明的对抗。"[1]结果,这种"过激"果然造成了社会的"重视",但同时也造成了社会的激烈否定。显而易见,摇滚所代表的,正是这样一种青年亚文化。

进而言之,在政治、经济、审美这三个青年人置身其中的维度中,青年要想以一种激烈的方式去反叛和背离社会主流文化,会在哪一个力所能及的维度去予以实施呢?显然是审美这一维度。因为这一维度对社会伤害最小但又能够缓冲矛盾,故而会被社会默许。由此我们可以看出,青年为什么往往倾向于流行文化,往往倾向于审美活动。而在审美这一维度中,由于青年往往以情感的彻底性与行动的纯粹性来表达自己的青春宣言,因而他们的审美标准往往与社会有很大距离。他们往往选择极端的手段来表现自己。这样在审美活动的两个矢量——力度和方向上,也就往往片面强调"力度"而无视"方向"。而在审美活动中什么审美方式最为强烈而富于震撼力呢?自然是以身体为中心(青年只有这个天然的审美载体)的某种综合的审美方式了。因为它的审美效应是最为激烈的。我们知道,青年是最善于在身体这个审美载体上大做反叛社会主流文化的文章的。少女为争取缩短裙子的每一厘米,少男为争取增长头发的每一厘米而努力,是为了这个目的;发式、

---

[1] 转引自迈克尔·布雷克:《越轨青年文化比较》,岳西宽等译,北京理工大学出版社1989年版,第36页。

服饰的千奇百怪,诸如"奔头"、"披头"、"拉丝头"、长波浪、爆炸式、披肩长发;喇叭裤、健美裤、牛仔裤、宽松裤、西裤、时装裤,工兵鞋、带补丁的裤子、一袭黑衣、一件过时的时装、一副故意让人看不见眼神的神秘墨镜,也是为了这个目的;用声音来演唱的流行歌曲、用四肢来表演的迪斯科,还是为了这个目的。它们都是青年特有的一种反叛社会主流文化的方式,但毕竟审美效应不强。于是,青年无疑就会想方设法地加以拓展。如何拓展呢?最恰当的方式无过于一种把身体的每一部位——头发、服饰、动口的流行歌曲、摆动四肢的迪斯科……都综合起来。于是,一种青年自己创造并服务于自己的特定的审美方式就应运诞生了。这就是:摇滚。因此摇滚完全是一种青年亚文化现象,并且也正是青年亚文化的典型代表。有一位著名作家曾说过:现在找不到一支歌可以作为一种概括时代的标志,譬如,一唱"雄赳赳气昂昂",你就想起抗美援朝;一唱"社会主义好",你就想到大跃进;一唱"社员都是向阳花",你就想到四清;一唱"语录歌",大概只会想到"文化大革命"……可现在你唱什么呢?唱什么让你想到"改革"?你唱股票?你唱租赁?你唱厂长责任制?……然而,就青年亚文化而言,却没有这种烦恼。有一首歌可以概括当代青年的风貌,这就是《一无所有》。由此可见,摇滚正是一种青年亚文化的现象。它的优点和不足都应该从这个角度去考察。而过去那种全盘肯定或全盘否定的做法,则是毫无道理的。理由很简单:反对的人往往忽视了青年亚文化的特殊性,吹捧的人则往往夸大了青年亚文化的唯一性。

从心理的角度,也可以找到青年对摇滚之所以喜爱的原因。根据心理学家的研究,美好的心理平衡要靠工作、家庭、娱乐三者的和谐统一。但青年由于年龄的关系,往往还没有进入社会工作,也还没有成家,但他们在人生道路上所感受到的东西又最丰富多彩。如何把它们合理地加以宣泄呢?只有全身心地投入到娱乐活动之中。而在娱乐活动中,由于摇滚是一种审美效应最强的审美方式,加上摇滚又是一种集体的狂欢,容易诱发郁积心头、含混莫名的情感冲动,因此便很自然地成为青年们的最为理想的宣泄方式。

从美学的角度,青年喜欢摇滚也是顺理成章的事情。黑塞《荒原狼》中的一个主角,知识分子哈立自陈说,他在决定自杀前偶然听到了爵士乐:"我从一家舞厅门前经过,从里面传出强烈的爵士音乐,热气腾腾,放浪形骸。我听了一会儿,尽管我讨厌这种音乐,可它对我总有一种暗暗的吸引力。对爵士乐我是反感的,可是它与当前流行的其他所有学究式的音乐比较起来还要好上十倍,它以其欢乐而粗犷的野性深深地触动着我的本能,散发出质朴诚实的情欲。我站了片刻,侧耳倾听那感情奔放、血淋淋、赤裸裸的刺耳音乐,如饥似渴地嗅寻着大厅的气氛。那乐曲的抒情部分包含着过分的伤感和甜蜜,甜蜜的外表掩饰不了伤感的内心,那粗犷部分则是狂野无常和充满活力的,然而两部分却自然而然地和谐结合在一起,构成了一个整体。这是没落的音乐,王朝末期的罗马一定有过类似的音乐,跟巴赫、莫扎特的作品和真正的音乐相比,它只不过是胡闹而已——然而,一旦与真正的文化相比较,它则完全是我们自己的艺术,我们自己的思想,我们自己的所谓文化。这个音乐的优点就在于体现了伟大的诚实与正直,体现了令人可爱毫不虚伪的黑人的禀性和欢乐天真的情绪。它既有某种黑人的特点,又有某种美国人的特点。在我们欧洲人看来,美国人尽管强大却像孩童般活泼、天真。欧洲也会变得如此吗?是否已经走上这条道路?我们这些旧欧洲、旧时代纯正音乐和纯正艺术的鉴赏家和崇拜者,难道只不过是明天就会遭人类遗忘和嘲笑的复杂的神经官能症患者中少数几个愚蠢者?难道我们称之为文化、称之为智慧、称之为灵魂、称之为美、称之为神圣的东西,仅是早已死亡的幽灵,只有我们这几个傻瓜才认为是纯真的、活生生的?也许这些从来就不是纯真、活生生的东西?也许我们这些傻瓜为之奋斗的东西本来就是幻象?"[①]

---

① 黑塞:《荒原狼》,李世隆等译,漓江出版社 1986 年版,第 209 页。

这段材料显然有助于我们对于摇滚的美学理解。很清楚,摇滚拒绝了传统的审美方式,为一度成为空白的个体人生立法,同时超越了流行歌曲那种甜蜜抚摸式的审美方式,尽管还是在日常生活中常见的那些东西,诸如简单的旋律与和声,自然的、不加修饰的演唱,强烈的音响,厚重的节拍,但它们的结合,尤其是不仅强拍,连弱拍也加以强调的富有特性的节奏(上拍带有弹跳性,落拍又很重)自然会产生一种强大的摇和滚的感觉。因此,作为现代音乐的一种形式,摇滚代表着对传统美学的一种反叛——起码是传统美学的一次"短路"。而且,从表面上看,这反叛似乎集中于传统美学的形式层面。例如疯狂无忌的表演、铿锵有力的节奏、调侃戏谑的说白、全方位的感官刺激、150分贝的音响效果……但实际上却是集中在对传统美学的内涵的反叛上。这种审美方式,无疑让习惯于"温柔敦厚""温良恭俭让"的中国人手足无措,但也让青年欣喜若狂,因为这正是合乎青年要求的一种超前理想的反叛方式。于是,青年接受了摇滚。并且,不是把摇滚当作艺术来接受,而是当作一种理想的、真正值得一过的生活来接受。在青年的心目中,摇滚歌曲真切地唱出了自己这一代人的心路历程和情感挫折。青年人不约而同地认定:其中唱的就是我的心情,我只是从歌曲中才第一次找到了自己,认识了自己。因此,他们不是去听歌,而是去参与,去寻找一度丢失了的自己,去投身一个无比神圣的现代的"成人仪式"。

在准确地把握了摇滚的内涵之后,如何正确评价摇滚也就不再是一个理论难题了。在我看来,从社会的角度讲,摇滚是当代青年的某种青春宣言。它再现了青年亚文化拒绝甜蜜的抚摸的原创性,再现了青年亚文化对精神家园的渴望,再现了青年亚文化既抛弃传统价值,又找不到理想,既渴望进步,又苦于困难包围的情感世界,赤裸裸地说出了青年对社会的真实感受。从这个角度看,尽管它是一种反叛和背离社会主流文化的文化,但却只是发生在符号象征的领域,能够起到情感的宣泄作用,加以它的反叛和背离可以起到提醒社会的"警铃"作用,以及消除潜在的不安定因素的过滤作用,因此也是对社会主流文化的重要补充。不过,摇滚又毕竟是以过激的形式完成这一切的,因此,有必要加以合理诱导和必要的限制。否则,若令其一味蔓延,所产生的副作用也是令人触目惊心的。

从心理的角度讲,摇滚是一种心理宣泄。并且,对青年来说,它还是一种非常适宜的心理宣泄形式。但任何的心理宣泄都应是适度的,一旦超过了某种界限,就会适得其反。何况,摇滚是娱乐大于美感,主要是生理宣泄而并非心理宣泄。它类似催眠,借助像婴儿吃糖一样的条件反射,不断重复,让人像婴儿聆听母亲心跳一样接受摇滚乐。它超出正常人的心脏搏动,强烈刺激人的头脑。强大的音响,煽动性的歌词,疯狂的表演,会把人的无意识诱发出来,完成的是"从人到猿"的过程。加之毕竟是青年文化,更强调率真,故比其他音乐更易于暴露过激之类的自身缺点。摇滚往往与性、吸毒密切相关,原因也在这里。第25届奥运会的会歌《巴塞罗那》,不就出自一位艾滋病患者之手吗?性更是如此,"Rock and Roll",人们都知道是指摇和滚,但从更为深层的角度讲,摇和滚的原始意思是指黑人土著的"做爱",就很少为人所知了。我国的苗族神话中有这样的传说:天地毁灭,只剩下兄妹两个,为了延续后代,必须成婚,但又恐触犯禁忌,只好采取其兄逐妹绕山而走,一俟捉到即可成婚的办法处理。这类传说在壮族和日本也有。只是壮族是绕大树而走,在日本是绕天之御柱而走,这里的大山、大树、天之御柱都是性器的象征。而在绕之而走的过程中的摇、滚、翻滚等动作,则完全是暗示着"做爱"。因此,在我看来,过分地沉浸于摇滚的狂热之中就难免流于"浮浅",也难免会沦为一种"病态"。

从审美的角度讲,应该说,摇滚代表着一种审美的进步。罗柏兹在他的《英国史》中这样讲道:几十年来,中产阶级的自由主义及社会主义者想把他们的思想以一种莎士比亚和莫扎特层次的文化传播给全国百姓。但是,为人所始料不及的是,现在老百姓创造了其自己的文化——明亮的、欢愉的、自由自在的、富有创意的,但也是愤怒的、短暂的和支离破碎的。这是在讲大众文化,但无疑应该包括摇滚。进而言之,如果说,大众文化中的许多领域在本质上都是昙花一现的,那么令人有目共睹的是:摇滚已经经受住了时间的考验。我以为,即使按照严格的审美标准,摇滚也可以称得上成就卓著。它表现为:人们不再是被动欣赏而是积极地参与。R.舒斯特曼指出:"摇滚乐所唤起的反响更是精神饱满和动态的美学,从而暴露了我们所设定的纯艺术欣赏中潜在的根本的被动性。"这是一种在传统美学基础上必然产生的被动性。"它植根于寻求哲学和神学知识而非愉悦,寻求个性启蒙而非公共交流和社会变革的态度之中。"①立普斯在谈到现代美学的美感时曾说过:对不同于主体的客体的快感,当主体欣赏自己时的自我快感,通过主体情感向客体的某种转移而得到的快感是现代的美感标志。那么我们应该注意到:这三种快感在摇滚是兼而有之的。它意味着审美从贵族性转向平民性,从目的性转向过程性,从欣赏性转向参与性(这一切从歌手的沙哑的嗓子中就统统可以感受到)。西方一位学者曾回忆说:"《不要回顾》上映时,我才完全被迪伦演唱中的美感和感染力所吸引。只在此时,我才认识到,那种咆哮、哀鸣和拖长音的演唱具有多么强的表现力。这是丑恶美学的一个完美例证,这种美学是自华兹华斯和柯勒律治(他们也被评论家们依照18世纪的诗歌'美感'的标准斥为拙劣和平庸)以来每一个现代先锋派艺术的秘诀。每一个现代运动一开始都依照它打乱现存规范而显得丑恶和缺乏艺术性。只是在后来它才创造自己的规范,这种规范得以确立,但最终屈服于模仿、自我嘲讽和某种活力的衰退。"②毫无疑问,这是一种不完美,但又是一种不完美的完美。其中最典型也最具美学启迪的,是所谓"红色摇滚"。很多人对"红色摇滚"不理解,甚至很反感。"红色摇滚"确实存在一些问题,但从美学的角度讲,它却是颇具启迪的。首先,"红色摇滚"像流行文化(如《戏说

---

① R.舒斯特曼:《通俗艺术对美学的挑战》,译文载《国外社会科学》1992年第9期。
② 莫里斯·狄克斯坦:《伊甸园之门》,方晓光译,上海外语教育出版社1985年版,第188页。

乾隆》)一样,把过去的一切都当作消费对象,这种消费不尽合理,但从美学上看,却毕竟意味着美学视界的一次转换。它对《国际歌》等红色歌曲的理解不再是从集体出发,而是从个体出发,是从过去一度被忽略了的个体的角度去理解。过去是通过我去唱《国际歌》,而现在是通过《国际歌》来唱我,是让太阳屈膝弯下身以靠近人间。其二,摇滚是从完整的过程转向瞬间的过程,更重视的不再是完整的陈述,而是瞬间的体验。因此歌词的内容的理解往往要服从演员演唱时的感觉。其三,摇滚是从听觉形象转向了视觉形象。因此,"谁唱的"比"唱什么歌"更重要。不在于唱什么,而在于怎么唱;不在于说什么,而在于怎么说;不在于欣赏什么,而在于怎么欣赏……这也使得演员在唱红色歌曲时,往往会对其从内容到形式都作出极大的即兴改动。因此,可以说,"红色摇滚"是红色歌曲所代表的美学精神的转化而不是丑化。对它的过多的批评是没有根据的。

正是因为上述美学精神的转变,摇滚不再追求审美经验的深度体验,而是转而追求审美经验的瞬间震撼。所谓"震撼即艺术"。理查德·戈尔茨坦曾最为简单地描述云:"它使你想动。"其中,对音乐媒介的高度挖掘是一个关键。这些高昂、尖利、非人间的声音使人的耳朵达到了所能忍受的极限。"爆炸式的噪音使人感到音乐似乎发自人的体内而不是发自体外,仿佛是从一个人自己五脏六腑中放射出来。渐渐地耳膜变得麻木起来,声音也随之减弱,噪音变成了幻想曲。"①这迫使人类不再被动地接受,而是转而以其全部的感官、关节、肌肉去感受。试想,即便是贝多芬的《第九交响曲》又怎能与它的巨大能量相比较,这种音乐以它那强大的驱动力,以它那时苦、时乐、时悲的高低起伏的运动过程,以它那尖利、高昂的声响,摇动着人的整个身体,渗透到人的整个灵魂,使人全身的血液都沸腾起来,最后终于使媒介、手

---

① 莫里斯·狄克斯坦:《伊甸园之门》,方晓光译,上海外语教育出版社1985年版,第191页。

段和其中隐藏的过程压倒了它所传达的意义,在现代人面前展现出迄今为止见所未见、闻所未闻的新的性质和维度。难怪早在1956年,摇滚乐的奠基人之一查克·贝瑞就曾慷慨陈言:"超越贝多芬,把这一消息告诉柴可夫斯基。"而且,在摇滚演唱会上,古典乐师赖以演奏的乐谱永远消失了,作曲家写曲、指挥家帮助理解作品的时代一去不复返了,摇滚乐师仅凭耳朵演奏,边演奏边编曲,观众也不再默默欣赏,直到演出结束才鼓掌喝彩,在这里所有的人都是演员,都是审美的媒介。整个剧场犹如一个审美气场,演员处于中心的位置,营造出强烈的意象、内涵、气氛、格调……再把它犹如湖中荡漾的波纹一样,一圈一圈地漾向听众,然后由听众把它一圈一圈地漾向社会。不过,正如一切优点的延长都会成为缺点一样,这种瞬间的震撼又会使人来不及回味,甚至不愿意回味。结果一切都转化为另一种形式的被动性、依赖性。想象力、理解力、独立性都被取消了。(真正的音乐可以反复听、想、理解,从中提升自己,堪称宝库。)人们不自觉地回到了婴儿状态,盲目狂歌乱舞,甚至走向偶像崇拜。从'无'到'空'",警醒者的告诫并不是没有根据的耸人听闻之语。

由此看来,摇滚显然不是坏得一无是处,但也不是好得无懈可击。摇滚就是摇滚。因此,邂逅摇滚,不仅仅意味着一种震撼,更意味着一种必然,你可以赞成,也可以不赞成,但一切都无从躲避。因为你无法躲避现实,更无法选择现实。有一句摇滚的歌词唱道:"我想要死去之后从头再来。"但是,一旦"死去",真的还能"从头再来"吗?

答案是显而易见的:只要你不拒绝现实,你就无法拒绝摇滚!

第三节　电影就是电影

我们经常"看"电影,但是,我们却不会"看"电影。

这当然是由于我们在过去的相当长的时期内经常"看"小说、诗歌、戏剧的缘故。我不能说我们不会"看"小说、诗歌、戏剧,因为人类数千年的语言文字的历史从文化的意义上而言,就是一部循循善诱地教导我们怎样用一种特定的方式去"看"世界、人生以及传统艺术的历史。而且,没有人会否认这是人类通过语言文字所达到的一次卓有成效的胜利。

然而,令人震惊的是,其中的胜利者和失败者都是我们的眼睛。因为,当我们终于习惯于用一种特定的方式去"看"世界、人生以及传统艺术的时候,就很难再接受另外一种"看"世界、人生以及现代艺术的特定方式了。

我们经常以"看"传统艺术的方式"看"电影,因此,我们不会"看"电影。

就以小说与电影之间的区别为例,两者之间的最大区别是:小说不但可以称之为"看",而且可以称之为"读"。电影能够称之为"读"吗?小说所要求的"看",实际上是"读",换一句话说,就是虽然也用眼睛在"看",但准确地说应该是通过眼睛在"读"。在这里,眼睛只是一个透明的媒介。它所接收到的语言文字统统要经过大脑的翻译、想象、再创造才能够真正被"看"懂。在中世纪的一些贵族中流行一种雇人读小说给自己听的方式,这种方式提醒我们:眼睛在阅读小说的过程中,事实上并不起作用。但是,电影能请人读给自己听吗?当然,"看"戏剧不能说成"读"戏剧,但就"看"的过程中眼睛仍然只能作为透明的媒介而言,"看"戏剧仍然是一种"读"。试想,当观众在一定的距离之外冷静地欣赏着演员的表演,并且不时地通过大脑校正着眼睛的失误——因为舞台上的一切道具、布景、人物都是富有深刻内涵的,这一切眼睛根本"看"不出来,只有通过大脑的去伪存真、透过现象看本质之类工作,才有可能做到——的时候,眼睛还只是一种透明的媒介吗?

但是,电影的"看"却不是这样。它不是大脑的"看",而主要是眼睛的"看"。在这里,眼睛不再是一个透明的媒介,而是一个不透明的媒介了。换言之,电影是眼睛的艺术,是视觉快感的满足。看,是电影的源泉。假如说,文学服务于大脑,电影则服务于眼睛。瑞典著名电影导演英格马·伯格曼说:"文学著作的阅读和吸收受意志和愿望所控制,而意志又是受主体的认知智力所支配。意志一点一点地影响了想象和感情。这种心理过程完全不同于观看电影的心理过程。欣赏电影时,头脑里灌满了形象,我们抛弃智力和意志,听任想象在脑海里自由展开。形象直接激发我们的情感。"[1]之所以如此,渊源于美学的演进。作为人类进化的标志,视觉快感是人类的基本需要。最初,人类也像动物一样,在地上爬行,正因为如此,他的鼻子的嗅觉功能在生活中发挥着重大的作用。继而,人类直立了起来,因为远离地面,鼻子的嗅觉功能开始退化,而眼睛的功能却开始变得重要起来。至于眼睛的"视觉快感",或许与人类的性器官都因为直立而暴露出来有密切关系。在古人的眼睛里,只有性感的才是美的,后来演化为对第二性征的兴趣:胸部、臀部、胡子、皮肤、服装。所以五彩的服装作为平淡的皮肤的延伸,最大的功能就是对于人类眼睛的诱惑。这不仅导致了人类独有的"视觉快感",也导致人类独有的性幻想、性禁忌乃至性道德等保护性反应。人类的伦理理性应运而生。

再进一步,眼睛的功能的表面性的缺点也暴露了出来。人类的科学理性应运而生。于是,人类的眼睛又被人类的大脑所取代。人类的伦理理性、科学理性成为人类眼睛的规范者。结果,世界被剥离出来,被对象化,成为被看者。被看者与看者发生了分离,这正是所谓主体与客体、主观与客观的分离。当被看的东西与看发生了分离之后、被对象化了之后,就真正成为一种"物",成为一种"物体";而另一方面,看也就失去了直接性,成为间接的东西,变成一种冷漠的观察,并且人为地去支配被看的东西,使之物体化。人与人之间也如此。医生不愿给自己的亲人动手术就是一个例子,因为他无法用冷漠的眼光来看待自己的亲人。而且,由于被看的只是物体,因而在它固定化的同时,又有了对之加以无限分割和分析的权利。它使人类认定:整体是由各个部分加起来构成的,世界是在线性和整体关系中发展的。最终,

---

[1] 转引自哈迪森:《走入迷宫》,冯黎明译,华岳文艺出版社1988年版,第197页。

"看"作为一种活动也成为一种割裂的东西,不再有共同感觉的配合,"秀色"不再可餐,"笑容"不再可掬。眼睛被大脑组织起来了。为什么我能够一眼就看出"这是一本书",因为我使用的是决定了它的形状的"我们"的眼光,我是在"我们"的眼光之中长大的,"我们"的眼光已经把我的眼光组织进去了。

然而,人类的眼睛毕竟不能完全被大脑所取代,就像美的东西不能完全被理性的东西所取代一样。"非礼勿视"无疑只是一种理想。就以对人体美的审视为例,印度的《摩诃摩耶》、中国的《夜半歌声》无疑就包含着一种眼睛与大脑的矛盾。只有在对方蒙住被毁容的面孔,或者在刺瞎自己的眼睛的情况下,矛盾才会得以解决。可见眼睛的桀骜不驯,"色以悦目为欢",果真如此。

作为"看"的复归的当代审美文化,恰恰与此密切相关。而电影则是其中的典范之作。

先从摄影谈起。

1839年8月,法国科学院和美术院召开联席会议,在会上公布了法国人达盖尔的银版摄影术,宣告了摄影的诞生。顿时,人们议论纷纭。安格尔对摄影的再现能力感到震惊,他叹息说:"摄影术真是巧夺天工,我很希望能画到这样逼真,然而任何画家可能都做不到。"杜米埃则被激怒,他绝不相信摄影会成为一门艺术。1862年他曾画过一幅讽刺性的石版画,题目是:"纳达尔先生,请把摄影推向艺术的高峰",画面是纳达尔正乘热气球在高空拍照。而气球,自然早晚是要掉下来的。波德莱尔则认为:

> 如果摄影在某些功能上,被许可作为艺术的补充的话,那么它很快就会使整个艺术被排挤或玷污……因而,摄影现在该回到自身的纯粹的职责上去了,那就是成为科学和艺术的奴仆——不过是一位十分谦卑的奴仆,就像印刷或速记一样,既不创造文学也不补充文学,就让它赶紧去丰富游客的相册,并且让他的眼睛恢复在记忆中可能缺乏的那

种精确度;让它去装点博物学家的珍藏,放大显微镜下的动物细胞,让它提供信息,以证实天文学的猜想;简而言之,谁在职业中需要绝对的精确度,就让它成为他的书记吧——在这一点上,摄影的功能是无与伦比的。让它去拯救那些被毁坏的遗迹,那些把时间吞噬的书籍、图片和手稿,那些形状正在消失并且需要在我们的记忆宝库中占取一席之地的珍品,以免被人们遗忘——在这方面,摄影将会得到殊荣。但是如果它被允许去侵占形而上学的和想象的领地,侵占任何需依仗人的心灵因素去决定其价值的事物,那么它对我们就再也糟糕不过了!①

在相当长的时期中,人类的眼睛几乎是对世界闭目不见,转而用大脑去看世界。现在,摄影为我们提供了另外一种前所未有的可能性,让我们有可能超越自己的理性经验去重新看待世界。安东·埃伦茨维希分析说:"电影摄影机技巧的强有力的情感效果,可能与我们视网膜影像的无意识骚动的潜在联系有关,这种情感效果利用了它的非理性的物体范围外意义。当摄影机开动时,固定的物体一下子活动起来,它们可以随着摄影机或快或慢地运动,和谐地从我们视野中轻轻滑动或疾速穿过。如果熟练地运用这些可笑的运动,它可以产生一种强烈的情感效果。当摄影机慢慢地扫视一间没有人的房间,当几件家具映入我们的视野时,房屋似乎由于一种无形的存在而富有了生气……这种模糊性之所以成为可能是因为'定位恒常性'不能像它自动忽略日常视觉中的眼睛的运动那样,轻易地忽略摄影机的活动。……我认为,活动的摄影机对'定位恒常性'的冲击作用,从无意识的模糊性的同一个渊源中引出了它的情感效应,正是这种无意识的模糊性又唤起了绘画中的写实主义的发现。这在理论上是具有主要意义的。它表明,由于透视画法、明暗画法的发现,以及由于印象主义的外光色彩的运用所引

---

① 转引自罗伊·阿姆斯:《录像及其社会背景》,载《电影艺术》1991年第4期。

起的物体恒常性一个接一个的分解,并没有随着遭受了最致命的冲击的'色彩的恒常性'而停止不前,而是进入了无意识物体范围外视觉的更深层。"[1]不过,又不能简单地把摄影视作向人类视觉经验的回归。因为人类往往通过镜头的瞬间选择,暗室的技术处理,使它成为一种类像。例如,通过照片方框的取景,是从混乱中找到秩序的选择过程,剔除、增添、阐释、浓缩、淡化、剪辑、重叠、拼贴……借助逆光剪影、高反差造成平面感、装饰性,借助景深、质地造成立体感、细节性,借助镜头运动和改变拍摄速度,造成运动感和生动性。暗室的技术处理,版画式的黑白效果可以借助强反差拷贝片,浮雕般的凹凸感可以借助色盲片,墨石线刻的图像可以借助双重中途曝光。

因此,照相机成为我们社会中具有重大意义的工具。它的纪实看起来很公正、精确,却只是虚幻的客观。不少人在第一次看到自己的照片时,就竟然认不出这就是自己的照片。首先,照片是平面的,比现实的人与物要小得多,而且没有了颜色。其次,是摄影所依据的透视理论。照片是透视理论的产物,心理学家发现:由于物体在视网膜上的投影基本上是平面的,故这种投影不仅可以由一个比原来物体离得更近和更小一些的物体产生出来,而且可以由另一个与原物体性质完全不同的物体产生出来,例如平面的画。一般情况下,人们无法把这两种不同的物体区别开来,这就是透视原理之成立的奥秘,因此,才能骗过人们的眼睛。著名的摄影家爱德华·维斯登说:"通过改变照相机的位置、摄影角度或镜头的焦距,即使同一件物体始终留在同一个位置,也可以使照相师创造出无数种不同的作品。如果我们进一步改变照射到物体上面的光线,或使用滤色镜,就可以使这件物体的任何一种性质(或所有的性质)改变。他还可以通过改变曝光的时间、感光乳剂和冲洗方法,来改变照片底片上感光部分的相对性质;而感光底片上的相对性

---

[1] 安东·埃伦茨维希:《艺术视听觉心理分析》,肖聿译,中国人民大学出版社1989年版,第237—238页。

质还可以继续改变:在印片时让较多的或较少的光线进入,从而影响底片的某些部位。总之,仅仅对他使用的媒介做出改变,而不必使用摄像之外的其他控制方法,就可以随心所欲地改变照片效果,使之远远不再是忠实录制。"①"我的相机存在于内心深处,一旦它指向一个外部存在物时,它就照不出好照片。因此,每当照相时,我总是在对准一个物体的同时,从内心深处那广阔的未知领域里寻求内在形象和内在空间,以恢复这个物体的活力。"②之所以能够如此,与当代人对摄影的两重性的利用有关。一是再现关系,二是因果关系。当我们看到的是一种"再现",比如说是一个战场,那么在因果关系上就会被认为是某某战场,尽管实际上不是,虚假由此而生。

在这方面,电影十分类似。

电影是眼睛的节日。应该说,电影的特定环境就是非常适应于眼睛的回归的。在看电影时,观众选择了黑暗,就是选择了封闭,选择了一种心理逆行的方式、一种象征性地重返母体的途径。像做梦一样,在电影院,作为"他律"的社会规范、道德规范统统失效了,即"超我"失效了。在黑暗中,人们解除了所有的伪装,因为已经十分安全,不必再戴面具,现实世界被放到了括号里,唯一的亮块就是面前的银幕,其他的功能也用不上了,于是代表"自我"的意识系统也不再发挥作用了,同"超我"一同隐身遁去。行动能力也丧失了,除了视觉功能的强化,其他功能都处在生理上的退化状态。像婴儿一样的软弱无力,犹如婴儿只能将欲望投射在镜像上并通过想象来美化镜像以求自我满足一样,观众的欲望也只有通过银幕才能得到满足(电影是靠视觉暂留现象这一人类的天生缺陷来实现的)。结果观众很容易产生一种精神迷恋,不是对人物,而是对不断满足自己欲望的观看过程的迷恋,正所谓"看就是快感的源泉"。还可以联想拉康的著名的"镜像阶段"说。"镜

---

① 转引自布洛克:《美学新解》,滕守尧译,辽宁人民出版社1987年版,第97—98页。
② 转引自布洛克:《美学新解》,滕守尧译,辽宁人民出版社1987年版,第100页。

像阶段"是一个延续的心理过程,它的发展可以影响到成年时期。从想象界发展到象征界,语言的出现打碎了那个虚构的形象世界,但主体总想重温旧梦,再看到那个完美的形象。电影代替的就是那个被打碎的镜像,电影开辟了一条复归儿童的梦幻之路。不是像儿童那样对自我形象感兴趣,而是对银幕上以假想的方式实现的种种幻想感兴趣,像儿童那样来理解世界。"窥淫"的原始欲望成为合法,即本能和欲望处在一个失控的境地。不过,对电影的认同又毕竟比婴儿对镜像的认同要复杂得多。具体而论,每个人的性格都有两个共同性的特点,其一是主体性的缺失,其二是无意识层面的强烈的自恋性。所谓缺失是由于自我意识到自己的有限性而造成的。麦茨说:人天生就倾向于"悲哀和孤独",但在无意识层面,人们又潜存着对自己的强烈的自恋倾向。幻想自己是十分完美、被世人敬仰、被美女爱慕,或被男性追逐,人类以此来巧妙地补偿意识层面的缺失状态。在电影院中出现的正是这样的一幕:首先是在意识层面自愧不如,接着就是在无意识层面的追求与之同一,即把自我投射到对象身上,使自己成为其中的主人公,男性在追逐中得到一种满足,女性在被追逐中得到一种满足,如此一种"自居"的方式,使缺失状态中的每一个人都得到了一种满足。电影的对象总是在"别处",因此它是不可能的,所以它永远合乎愿望。所谓自恋则是指在影片中明星身上假想地体验到自我迷恋的快感,由于是假想的,因此就更为完美。安德烈·马尔罗在他的《电影心理学概说》中对于冲破传统戏剧美学规范的电影是这样评价的:"一个戏剧演员,是一个大剧场中的一个渺小的人物,一个电影演员则是一个小小的观众厅中的伟大人物。"这是有道理的。因为在剧场中光线比较明亮,观众的心态与演员保持在一种正常的范围内,彼此的距离也是正常的,是在观望着演员;但在电影院中就不然了。黑暗的光线融和了观众与演员的距离,观众的眼睛完全集中在银幕之上,电影中的人物因此就变大了。电影创始人梅里爱从传统美学出发,曾规定按照舞台的规则拍电影,所有镜头都与演员保持一定的距离,为此,他甚至在演员的表演区面前划一道白线,以告诫演员不得擅自越过而靠近固定不变的摄影机(观众的眼睛)。对于电影明星的崇拜为什么如醉似痴,道理在此。这样,假如联想到人类无疑需要一种精神上的平衡、一种心理上的补偿,需要一种情感的逃避方式——因为动物只需要保护自己的肉体,人类则不但需要保护自己的肉体,而且需要保护自己的灵魂。这就应该承认:电影就正是这样的一种灵魂的保护。因此,电影虽然不是美学的英雄普罗米修斯,但却可以称得上是反美学的英雄俄狄浦斯!

而电影本身,更以合法的方式满足了人类的视觉快感。学者一般认为,电影语言与文学语言的区别表现在:其一,文学语言是用人工符号写成的,电影语言却是用自然符号写成的。其二,文学语言的喻体与被喻体是分离的,电影语言的喻体与被喻体则是重合的。其三,文学语言是由非表现性的"间接意指记号"组成,语言形象本身没有直接的表现性,电影语言则是由表现性的"直接意指记号"组成,视觉形象本身具有直接的表现性。其四,文学语言是单一的符号,空间位置是既定的,没有第二表现层,电影语言的空间构成方式使视觉形象产生了"第二表现层"。同一个形象的不同的空间定位,会产生不同的意义。其五,文学语言是一种民族语言,不具备普遍的可接受性,电影语言是一种世界性的通用语言,具备普遍的可接受性。其六,文学语言表述的可以是特指的、具体的,也可以是一般的、泛指的,电影语言所表述的永远是单独性的事物,具体、个别的事物。电影是对人类视觉经验的全面激活。可理解的思想变成了可见的思想,概念的世界变成了视觉的世界。"在此之前你在观察你自己的生活时,就像一个不懂音乐的人在音乐会上听管弦乐队演奏交响乐一样:他只听得出主旋律,其余的只是一片模模糊糊的声音。只有那些真正懂得并能欣赏音乐的人才能听出乐谱中每一音部的对位结构。我们在观察生活时也是这样的:我们只看到生活中的主调。但是,一部优秀影片可以通过它的特写来揭示我们的多音部的生活中最隐蔽的东西,并且教会我们像读管弦乐谱似的去观察生活中一切可见的复杂细节。"①摄影的出现,使审美的距离开始消失,摄影形象成为真实的物像。电影的问世,更是以距离的消解为代价。注意:电影同其他艺术不同,它必须在产生之前就造就出观众。故它们的诞生说明新的审美观念已经出现。巴拉兹曾比较戏剧和电影的不同:戏剧的第一个原则是观众可以看到演出的整个场面,始终看到整个空间;第二个原则是观众总是从一个固定不变的距离去看舞台;第三个原则是观众的视角是不变的。电影的原则却有所不同。首先是在同一个场面中,改变观众与银幕之间的距离;其次是把完整的场景分割成几个部分,或几个镜头;再次是在同一个场面中改变拍摄角度、纵深和镜头的焦点。②他更明确指出:"电影在艺术上的独特创举"就表现在距离的消蚀,"好莱坞发明了一种新艺术,它根本不考虑艺术作品本身有完整结构的原则,它不仅消除了观众与艺术作品之间的距离,而且还有意识地在观众头脑里创造一种幻觉,使他们感到仿佛亲身参与了在电影的虚幻空间里所发生的剧情。""电影使欣赏者和艺术作品之间的永恒的距离在电影观众的意识中完全消失,而随着外在距离的消失,同时也消除了这两者之间的内在距离。"③本雅明则在他的《机械复制时代的艺术》一文中指出:电影摄影机的能力就像外科医生的能力,对他来说,现实和操作工具之间的差距不复存在。摄影机潜入大自然,就像手术刀潜入体内。它迫使观众更积极地参与,与摄影机一起主动补足画面。(电视的作用更是不可低估。假如在广播或报纸中,一张照片、一个报道、一件事都表现出一种"它性",发生在外界,与你无关,和你无直接联系——即便是大屠杀,因而保持着一种客观性。电视则不然,它就在你的家中,出现的一切都是属于你的,"它性"神秘地消失了,距离自然也消失了。或者说,电视改变了世界的空间距离,使中心地区和边缘地区具有同时性。)

---

① 巴拉兹:《电影美学》,何力译,中国电影出版社1982年版,第40页。
② 巴拉兹:《电影美学》,何力译,中国电影出版社1982年版,第15—16页。
③ 巴拉兹:《电影美学》,何力译,中国电影出版社1982年版,第35、33页。

具体来说,电影对于人类眼睛的解放,为人类的美学创造了一种全新的领域。我们已经知道,当代审美文化的深层内涵已经发生了巨大的变化。其中,最为核心的,就是深度的消失与尝试着回到平面上来。不过,这还只是从创作的角度,而不是从消费的角度,更不是从把消费的观念延伸到传播手段与接受方式的特殊性上去的角度去考察问题。而在电影身上,我们却可以看到:传播手段与接受方式的特殊性,导致了全新的美学领域的出现。这就是:作为一种全新的美和艺术的载体,正是它,导致了人类美学观念的深度的消失与尝试着回到平面上来。其中最为典型的是"真实观"的转换。在传统美学,不论是采取何种形式,总之都无法进入四维时空,因此也就都只能与现实建立一种抽象的关系,并且,因此而远离了现实本身。譬如绘画,作为用颜色来操作的艺术,它不可能再现现实的每一个细节,也无法再现现实的全貌,为了弥补这一缺憾,它就只能采取在空间上展开而在时间上静止的表现方式,进而,就只能采取一种主观介入的方式,透过它根本无法再现的现象,去反映现实的所谓本质——这本质之所以能够被反映,无非是因为它本来就是"人为的"。结果,画家不是拿自己的作品与现实比较,而是拿自己的作品与自己头脑中的"本质"比较。从而解决了再现现实的美学难题。又譬如戏剧,作为以身体为媒介的艺术,戏剧固然可以在时间、空间两方面同时展开,然而却必须限制在戏剧舞台的三维时空之中,只有依靠主题、情节、人物形象的高度浓缩与强化来诱惑观众。进而,也只能采取一种主观介入的方式,透过它根本无法再现的现象,去反映现实的所谓本质。至于文学,就更加不能尽如人意了。作为以文字为媒介的艺术,再现现实,在它实际上是不可能的。于是,对于主观介入的强调,对于现实的本质的强调,就成为文学的基本前提。例如,"国王死了,王后也死了",在小说中就必须转换为"国王死了,王后因为悲伤过度也死了",然而,王后的死亡实际上可能是非常复杂的,绝非一个"因为"所可以解释清楚。文学理论中所强调的主题、情节、想象、创造、典型人物、典型环境、古典主义、现实主义、浪漫主义……只有由此入手,才是可能的。而文学之所以成为"思想""道理"的最佳负载者,也只有由此入手,才是可以理解的。电影则不然,四维时空的自由伸展、缩放、切换,使得它有可能施展蒙太奇、推拉、摇拍等艺术手段,根据叙事需要来声色俱佳地展示现实。于是,电影美学地停留在平面上,而不再转而借助于抽象的本质。它的"真实观"也不再是传统的深度的真实,而是现代的平面的真实了。或许,这就是劳伦斯不惜"恶毒"地把电影称为"现代手淫"的最佳方式的理由吧?确实,电影不再去创造一个文本之外的别一种精神空间,与此相应,对于平面的追求,也就成为电影所创造的全新的美学领域。

不过,电影对于眼睛的解放又并不是毫无缺陷的,之所以如此,与电影镜头的特定的组合方式有关。人们或许还记得欧达尔对西班牙画家委拉斯凯兹的《梅尼纳斯》的分析。他指出:这幅画画的是画家正在给国王夫妇画像,他手里拿着调色板,站在画布前,公主站在画家旁边,周围是一群宫女,若看她们的目光,她们似乎是在注视着画面外面的观众,但在房间远处墙上的一面镜子里,我们却看到了国王夫妇的镜像,原来她们注视的是国王夫妇。结果,观众也被融入画面。画面只反映出一对不变的夫妇——国王夫妇,但画家、公主、宫女却注视着在画面前通过的任何一个观众。结果,画面成为一面魔镜:他看到的是镜中的别人,但由于他身边没有别人,因此,那个别人就是他自己。电影镜头的特定组合方式——镜头与反打镜头的组合所依据的正是这一原理。所谓镜头是一个强制性的镜头,反打镜头则是一个诱导性的镜头。当镜头出现的时候,观众意识到自己是被排除在外的,因此引起一种快感连续性的中断,发现对视觉空间的占领只能是零碎、断裂的,是一个"不在者",但反打镜头出现后,情况马上斗转星移——它相当于那面镜子,结果,幻觉发生了:"不在者"从话语陈述水平转移到故事虚构水平,"不在者"成为"在场者",时而是与摄影机的目光重合,是看的目光的认同者,时而与影片中人物的目光重合,是被看的目光的认同者。结果就不自觉地认同了整个的叙事过程,断裂的画面被缝合起来,保证了观众的快感的产生,成为一种看上去天衣无缝的技巧,"这种在处于特写(或中景)镜头中的两个人物之间来回切换的构型常用于对白段落,并被认为是再现一次交谈的'自然'方式。然而,这是一种高度人工化的组合,它根本没有复制出人们对'真实'空间的体验。当类像在两个人物之间切换的时候,视觉空间便被片断化了;提供给观者的视角也不符合场景中的人物所应有的透视。从这些意义上讲,这是一个为虚构故事外部的观者而创造的透视。因此,尽管我们已如此习惯于观看镜头与反打镜头模式所营造的对白场景,以至于把它们当成是'自然的'和'现实主义的'而接受下来,但是它的现实主义只表现在与使用它的那个程式化的再现系统的联系上。在这一语境中,一个常拍的静态对白镜头与更为人们所熟悉的镜头与反打镜头的组合相比,就显得'很乏味'而且'不太自然',因为我们已习惯于'自然地'被镜头与反打镜头所引导,它指向哪儿,我们就看哪儿,它让我们什么时候看,我们就什么时候看。"①

结果,人类的眼睛的解放就又一次陷入了迷茫之中。从现实的角度看,任何事件都有其时空同一性,但在影片中,事件却被不同的镜头分解了。它们实际上已是对事件的解释,而不是事件本身。但观众却未能意识到。原因何在?因为影片中以巧妙的方式满足了观众的因自以为保持了与银幕空间绝对的同一性而产生的视觉快感,巧妙地缝合了裂隙。这巧妙的方式即:由"在场者"与"缺席者"、银幕空间与观看空间这两项语言单位构成陈述的意义。而且,前一个镜头的意义要靠后一个镜头的出现才能完成。两个镜头之间形成的是能指与所指的关系:镜头 A 是镜头 B 的能指,镜头 B 是镜头 A 的所指。由于镜头 A 只提供语言的物质属性而不提供语言的意义,一个镜头的意义总是被回溯地在倒想中兑现,永远用来说明过去。观众的心情是向前的、期待的,但实际的过程却是向后的、回溯的,观众在对立的位置上

---

① 米·怀特:《意识形态分析与电视》,载《世界电影》1993 年第 4 期。

被反复地拉扯,不难看出,这种方式会无限度地侵犯观众的自由想象,强制性地把观众安排在一个人为的"现实"之中。只能按照影片的牵引,被它所左右,自以为是在自由地看电影,但实际上是完全失去了自由;自以为是在看故事,实际上意识形态已悄悄地打入他的内心。而且在影片中这种"缝合"不断地进行。观众的理解不可能与电影叙事相分离,始终被它所牵引,自由永远是虚妄之物,艺术语言的暧昧性、多义性,被单一性、确定性所取代。过去是视觉、感知被想象所遮蔽,现在是想象被视觉、感知遮蔽了。看电影的过程成为视觉快餐、视觉速食的过程。

由此,电影变幻出令人莫测的景观。麦茨说:"电影按照它的感觉记录的一览表,它比其他某些艺术有'更多感性',但一旦知觉的地位被正视而不是它的数目和多样性,电影也'更少感性':因为它的知觉全都在一种'假造'的感觉中。更精确地说,在电影之中知觉的活动不是真的(电影不是一种梦幻 fantasy),觉察的不是真实的对象,它是它的影子,它的幻想,它的替代……电影的独特形态在于它的能指的这个双元特性:即从它一开始就有不寻常的感性的丰富,但又是带有非常深的幻想的印记。比其他艺术更多,或者说在更独特的方式中,电影使我们陷入想象之中:它召唤所有的知觉,但它自身立即变为缺席,然而这正是能指的表现。"[①]因此,电影消解了文学对于人类的眼睛的限制(其实对于人类的眼睛的限制并无真正的理由,只是当时的社会条件使然),应该说是一件好事。然而,如果只剩下眼睛,恐怕那也不妙。因为人们虽然能够在电影院银幕上的幻觉世界中再次重新体验人生的全部经历,但是其中很难囊括那种深刻的、复杂的生命体验,而往往停留在直观的、表面的生命体验,甚至停留在一种幻觉体验上。结果,银幕成为观众可以畅饮的"忘川"之水,审美的过程成为一种逃避现实的梦幻之旅,成为一种满足观众无意识中的非分之想的精神游戏。犹如做梦,梦到的虽

---

① 转引自米切尔斯:《伯格曼的〈人〉:想象的能指》,载《电影艺术》1987年第3期。

然都是自己一生根本不可能去做也没有胆量去做的事情(但梦的出现无法预期、控制),却毕竟是梦;电影作为一个白日梦,也可以使人借此做到逃避现实,而且,电影还可以准确地提供一切在幻想中想得到的东西,以一种极其冷静的态度、逼真的场景来制造视觉梦的世界。尽管,这毕竟是一种自欺欺人。电影与生活往往互相模仿,互为摹本。观众则从不同影片中随便摘取不同的内容、材料揉进自己的人生经验,把自己的生命活动的片断连接起来,积累成自己的价值系统。他被电影教会了思考,也教会了行动,陶醉在电影与生活共同编造的假定空间、假定幻想之中,在此意义上,电影无异于一个集体的灌鸭场所,被牵着鼻子走。另外,电影作为白日梦,观众自己永远是梦中的那个无所不能的主人公,在电影中时时与主人公认同。所以在深层结构上,观众崇拜的实际就是他自己。这种与生俱来的顾影自恋的倾向,无疑会使他感到轻松。但这种安慰的结果只不过是使他自己的心灵对现实的不幸处境越发麻木、迟钝,不但不会刺激自我去竭力改善自己的处境,相反还滋生了懒惰,甚至导致以一种鉴赏的眼光去看待这个血淋淋的世界的错误做法。试问,这种审美是不是太自私、太无聊了呢?但对眼睛来说,却又只能如此。

电影《开罗的紫玫瑰》的结尾是这样的一幕:

她不知该往哪里去了。她本是一个生活在梦境中的人,只因看到了日光下的希望,才又勇敢地跳出了梦境。然而无情的现实却又打碎了在她的生活中本已所留不多的美好事物中的又一个。

她只得又踱进了这家影院。电影已经开始了。她找了个位置悄悄坐下。渐渐地,在她那受伤的心灵上,似有一只轻柔的手拂过,于是她那疲惫的脸上竟奇迹地现出了一丝如醉如痴的笑容,尽管她的眼里还噙着泪。

电影对于眼睛的满足竟然达到如此程度,但愿,这不是人类命运的写照!

第四节　电视:当代的新特洛伊木马

电视是当代工业社会的绝妙馈赠。它形象、生动、直观、超时空,视听兼备,堪称当代审美文化风景线中的一大奇观。

不言而喻,电视的出现和普及是人类文化传播的第三次革命。它使人类的文化传播媒介从以言语交流为特征的口头文化和以书籍阅读为特征(突破了"听",走向了"读")的印刷文化走向了以广播电视为特征的电子文化(走向了"看")。而它自身也成功地完成了从单一性到复合性的转变:从最初的纯科技、非艺术和次文化形态,提高为科技、艺术和文化形态,最终又凝聚为大科学、大艺术、大文化形态,绘画性、音乐性、文学性、知识性被它一身而兼得。我们知道,广播是听觉的,报纸是视觉的,而电视却兼有视听;广播是动态的,报纸是静态的,而电视则兼有动静。借助于它,人类的心理结构被大大地拓展,人类的视、听功能被提高到了一个崭新的阶段。因此,有人甚至把电视称为继空间艺术(绘画、雕刻、建筑)、时间艺术(音乐、诗歌)、综合艺术(舞蹈、戏剧、电影)之后的"综合的综合艺术",所谓"第九艺术"。从外在的角度说,电视再现了工业经济、文本系统、娱乐活动之间的交叉关系。它是意识形态分析的一个文本:作为意识形态实践——个体赖以体验并了解世界的一种复杂的再现系统。从美学分析、文本分析、文化分析入手,澄清电视是怎样承载、传达甚至编造给观众的意义和价值的,是一个极其重要的课题。

"电视是对现代世界的考验,我们通过这个崭新的机会看到了视野以外的事物,从中我们会发现两种不同的前景,或是破坏安宁,使世人再度陷入煎熬难忍的困境,或是灵光照寰宇,福自天来。电视将使我们屹立不倒或使我们沦落,这是可以断言的。"[①]

[①] 怀特。转引自严峰等:《TV风景线》,中国人民大学出版社1993年版,第6页。

因此,电视对于当代审美文化的贡献是多方面的。例如它的综艺性:荧屏图像效果所要求的拍摄角度、照明度、镜头结构、剪接技巧、速度节奏、画面的造型、摄影艺术,以及荧屏音响效果所要求的语言能力、音色、音质、音乐的强度,再加上形象与音响的和谐,被它融洽地合为一体,造成了一种特定的拼贴效果。电视的这一特点十分类似国外的"珂拉支"(Collage)艺术,它是一种抽象派的拼贴画。艺术家在自己的静物画上贴上一些实物,像商标、火柴棍、糊墙纸、邮票等等,尽管不协调,但通过异类的贴入物来加强现实与绘画的对比和界限,使其中充满一种多声部的合奏。再如它的形象性:语言文字的长期称霸于文化传播领域,造成了人类眼睛的退化。正如西方学者所大声疾呼的:"我们的概念脱离了知觉,我们的思维只是在抽象的世界中迅速运动,我们的眼睛正在退化为纯粹的量度和辨别的工具。结果,可以用形象来表达的观念就大大减少了。这样一来,在那些一眼便能看出其意义的事物面前,我们则显得迟钝了,而不得不求助于我们更加熟悉的另一种媒介——语言。"[1]而电视则再一次把人类的眼睛的功能还给了人类。这并非人类的退化,而是人类的进化。人们不再凭借文字,而是纯粹通过视觉来触摸这个多姿多彩的世界。有人说:"雅俗共赏"是从"有目共赏"转变而来的,那么,在当代社会,最为令人"有目共赏"的是什么呢?电视。在这个意义上,可以说,它是一个人类环视天下的旋转窗口。当年,恺撒、拿破仑、希特勒都曾想成为仅次于上帝的人,但却无法如愿以偿,真正做到了的,是电视。长期以来,人们固守着一些僵硬的美学教条,例如,美的必然是善的,恶的必然是丑的。但现在,这一切被打破了,眼睛所看到的东西实在比填在脑子里的概念中所代表的内容深刻得多、丰富得多,美的就是美的,没有必要与善的捆绑在一起。结果电视使审美溢出了艺术,成为生活本身,成为生

---

[1] 鲁道夫·阿恩海姆:《艺术与视知觉》,滕守尧译,中国社会科学出版社1984年版,第1页。

活的一部分,而不再是思想的一部分,它虽然不善于对生活进行审美改造,但却善于发现生活中的美,电视文化因此也就不再承担思想家的重任,而成为一种轻松的包装文化,突出的是事实、真实,而不再是真理,是写照,而不再是传神,而且,它存在于人们生活的表层,人们毋须思考,只须体验。电视使人们对于外在的美十分敏感。"包装"之类问题由此而生。人们的文化消费也不再是买一首歌曲,而是买一个明星的形象。不少人有疑问,歌星出来站一下就能够赚钱数万,难道不是剥削?问题在于,他们没有注意到从作为深度审美的听到作为平面审美的看、从质量消费到形象消费、从"买歌"到"买形象"的转变。现在,作为演艺的嗓子只是其中之一了,形象、服饰、容貌等等也能卖钱了。再如电视的世界性,它不但从技术上延伸着人类的传播功能,而且从文化上影响着整个的人类生活。世界上任何一个角落所发生的一切,转瞬就会在你的面前重现。难怪人们会惊奇地称赞它为"都市多棱镜""家庭第五壁",甚至称赞它为"侵入圣地的魔盒"。也难怪对于很多人来说,电视甚至意味着家庭观念的更新。家庭,不再是家人团聚的地方,而是一个放置电视的地方。作为中介性文化、工具性文化、选择性文化,电视是传播文化的先锋。它延续文化、辐射文化、倡导文化。在这个意义上,电视真堪称"第一小提琴"。

更为值得注意的是,电视还全面地刷新了传统的美学观念。例如电视的形象性,使传统的"艺术源于生活"的观念开始与"生活源于艺术"的观念共存。再如,假如罗兰·巴尔特说"作者已死"时还主要是出于一种美学的颠覆策略,那么,由于导演、摄像、录音、后期制作和演员的加入,对于电视来说,"作者已死"就是不折不扣的现实了,这样,关于创作主体的观念就需要重新建构。又如,关于"文本"的观念也需要重新建构,过去"文本"是一个语言艺术所建构的话语世界,现在假如说电视还存在着一个"文本"的话,那也只能是一个与生活同一的"互文"。又如,由于电视带来的观看方式的转换,关于审美接受的观念也要改变,传统的想象性、创造性,要让位给被动性、消费性、随意性了。

然而,我不能不遗憾地指出,电视固然是人类的一个全新的创造,但是,假如我们对它的出现陷入一种盲目,就难免出现一系列的失误。它主要表现在三个方面:其一是由于电视传播的技术所导致的失误;其二是由于电视传播的方式所导致的失误;其三是由于电视传播的内容所导致的失误。

从电视传播的技术的角度看,电视固然是人类的眼睛的一种解放,但是假如忽视了另外一个方面,其结果就会适得其反。须知,电视和电影有一个极大的不同,即电影显现的是胶片上的影子,对眼睛没有多大的损害,电视就不同了,显现的是直接光源。在日常生活中没有人会几个小时盯着闪闪发光的灯泡去看,因为人们知道这样做对于眼睛的损害是很大的,但是很少有人会想到,看电视时眼睛就是在看闪闪发光的灯泡,因此也很少想到电视对于眼睛的损害。以光线为例。人类自古以来接触的是自然的光线,给人以营养,但电视的光线却绝非如此,它是一种经过特别设计的有目的的光线,从机器内的高速电子枪中对着观众的眼睛不断发射。这些电子枪用25000伏的电压,断断续续地把电子射线投在荧光屏幕的磷上,使磷粒发光,这些光再投射在观众的眼睛里,于是我们就看到了电视。因而,事实上不是我们在看电视,而是我们不断校正自己的位置,让人工的磷光射进自己的眼睛和身体里。电视的图像实际是通过磷粒的折射,进入到观众的眼球和体内的,结果观众实际是通过磷光才与电视机连成了一体。打一个比方,就像一个人拿着电线插入电插头内一样。而这样一种磷光对于身体的损害是很大的。有人曾把豆苗放在彩电面前种植,结果根部却从泥土中长了出来,而且绝大多数的豆苗都呈病态;再把老鼠放在电视机前豢养,结果它们竟全患了癌症。再以小孩子为例,他们非常喜欢看电视,但对电视的损害却一无所知。对于小孩来说,他们眼球前面的角膜较薄,前后径较短,眼肌的力量较弱,晶状体也没有发育成熟,长时间看电视,会使角膜受到刺激,眼肌过度疲劳,睫状肌的弹性减弱,晶状体的调节能力降低,视力变差。而且,小孩的身体发育,与睡眠的关系密切。睡眠时大脑下面的脑垂体能分泌出一种生长素,有效地刺激身体生长发育。据研究,孩子熟睡时分泌的生长素是清醒时的2或3倍。小孩的身体发育,还与运动关系密切。小孩在运动时,骨骼两端的骺软骨会不断活动、摩擦,导致骨细胞分裂增快,骺软骨骨化变硬,使骨骼不断长粗长长,个子就长得快长得高。同时,小孩长时间地看电视,还会导致学习成绩的下降。科学家通过对看电视时的相关电位(ERP)的分析发现:专司情感反应的大脑右半球脑波活动量超过专司思考的大脑左半球的两倍半。显然,看电视太多,对小孩的大脑发育是不利的。

更为重要的,是电视对于人类的审美能力的损害。

人们在看电视时,往往天真地认为是在观看一幅幅的活动画面,但实际上看到的却只是625行的30多万粒、每秒闪耀和熄灭30次的光点,这些光点不是同时闪亮,而是从左至右,从上到下地逐行逐点进行,人们一般称之为扫描,它的组合成像,要靠人类的眼睛自己。结果人们在看电视的时候,就与看实物的时候大为不同。在看实物的时候,对象是固定、静止、完全地呈现在眼前的,而电视却因为扫描的时间差的存在,不可能有完整的图像,而要靠观看者的大脑把先后闪亮的小点聚集起来,组合成为一幅完整的图像。但是在几百万年的人类进化过程中,人类的眼睛都是用来观察静止的、实在的对象,却从未有过观看以电子速率闪动的对象的经验。何况,电视屏幕不断以每秒30幅映像的速度把讯息打进你的视网膜,但你却只能以每秒10次的速度,把讯息接收到脑部。最终,不但要忙于看,而且要忙于迅速地看,眼睛成了一味接收的工具,根本无法对接收的对象稍加处理。长此以往,为审美活动所必需的创造性、主动性、选择性,就被人们慢慢地放弃了,人们听任各种杂乱的信息纷至沓来,在脑海里跑马,甚至进入感觉记忆中的"阈下意识"。有人打了一个比方,在黑暗的屋子里,眼睛静止地注视着一个光源,全神贯注地注视着一团不规则闪动的光线,恰似催眠师屏除外界的一切干扰和刺激,然后再制造一种完全可以吸引人注意的单纯刺激,以便使人进入一种睡眠状态,从而放弃判断能力被动地按照要求动作。人类看电视就正是类似这样的催眠。

而电视造就的环境也只是一种人工环境,人们历来说是"眼见为实",但现在眼睛看到的却仍旧是虚假的。过去我们看到危险就马上逃走,这是几百万年以来形成的本能,但现在看到危险时却仍然津津有味地观看,结果人类的神经系统难免不发生紊乱。真假不分,也无法去分。另外,由于电视只注重人类的眼睛的使用,长此以往,人类的五官除视觉之外,其余的诸如触觉、嗅觉、味觉……都长期被搁置了,结果强化了现代人的疏离感,使人进一步与大自然脱离开来。至于人类长期以来形成的审美能力,就难免也逐渐丧失掉了。

从电视传播的方式的角度看,问题就更大了。

我们知道,电视冲击波实际上是技术的冲击和文化的冲击。20世纪50年代兴起的世界新技术革命是人类进入信息时代的大杠杆和大动力。信息同物质、能源一起,成为现代文明社会的支柱。而大众传媒的发展,则使信息多样化、信息大众化、信息产业化,造成了社会的组织化。其中,电视作为组织化的技术手段和文化工具,极大地推动了社会的大众化、制度化、规范化,强化了社会的开放性(一个有趣的现象是,凡是大众传媒发展的社会,政治体系都比较稳定,凡是政治体系不稳定的社会,大众传媒都不发达)。然而,也出现了一系列的问题:

电视强化了当代工业社会的社会引导型文化。电视以它那立体化的视听系统,操纵着人们的无意识。它具有权威性,但又只是一种单一化的权威性。托尼·施瓦茨曾经把它比喻为"第二个上帝"。确实,无所不在的电视电波犹如上帝一样,向全世界的信徒同时布施着某种价值观。它巧妙地利用"地域接近""利害接近""感情接近"之类捷径展开的轮番轰炸造成了人们的趋同感,导致了人们的竞相模仿。观众事先可以认为对电视上宣传的东西要加以分辨,但实际上根本没有办法去分辨。因为那个图像你已经留在了脑子里,已经绕过了你的封锁线,成为你的意识的一部分。假设有人甚至谎造舆论来欺骗大众,造成个人与组织目标完全一致的幻觉,那电视的作用就更加不可设想。

电视强化了人类的依赖性。作为被成功地纳入工业化的流水线生产和自动化操作的电视,以其无所不在的自动化、标准化吞噬着人类的内在尺度和文化个性。人类的心理与行为被无情地同化到技术尺度和制度尺度上。人们都成为"沙发土豆"。从表面上看,电视辐射着相对性、多元化的特点,但事实上它的多元选择完全是事先有预谋地炮制出来的,因此,对于观众来说,多元选择等于不选择,不选择等于选择。更何况,它是只此一家,因此不看也得看,一种人类通过主动的方式得到的依赖性由此而生:"在都市社会或工业社会中,人对于大众媒介信源的依赖性变得越来越大。这些依赖性所争取的是满足某些需要的形式,如由都市环境压力所带来的'幻想逃避'的需要和理解一个人的社会环境的需要等等。随着依赖性的不断增大,大众传播媒介所提供的信息改变各种态度和信念的可能性亦将愈来愈大。"①

电视强化了人类的盲目性。它使人类的盲从从"印刷物逻辑"转向"显像管逻辑"。"虽然征服时间和空间的新胜利意味着感觉世界的内容变得更丰富,但它同时也助长了对感官刺激的盲目追求,而这正是我们时代对待文化的态度的特征。……一方面使人们心目中的世界的形象远比过去完整和准确,而另一方面却也限制了语言和文字的活动领域,从而也限制了思想的活动领域。我们所掌握的直接经验的工具越完备,我们就越容易陷入一种危险的错觉,即以为看到就等于知道和理解。"②据统计,美国的青年学生在高中毕业前用于看电视的时间累计 24000 小时,而他们在学校上课的时间

---

① 克特·W.巴克主编:《社会心理学》,南开大学社会学系译,南开大学出版社 1984 年版,第 312 页。
② 鲁道夫·阿恩海姆:《电影作为艺术》,扬跃译,中国电影出版社 1988 年版,第 160、161 页。

却只有12000小时。普通人每天平均看7个小时,每周为49小时,每月196小时,每年2536小时,到55岁,每人平均看了11.5万—12万小时,大约14年时间,相当一生的有效时间的一半。这种长时间的电视轰炸,造成了人们的附庸感、工具感、自我丧失感、生活单调感、认知趋同感、信念迷惑感、认知优越感。就以美国人为例,"美国人像大多数人一样,从报纸、杂志、广播、电视、书籍以及电影里获得对世界的印象。大众传播媒介在任何时刻都成了判断真与假、现实与虚幻、重要与琐细的权威。在形成公众观念上,没有比这更强大的力量了;甚至残暴的力量也只有通过创造一种接受残暴者的态度才能获得胜利。"[1]在这个意义上,有人甚至把电视称为"追风的魔盒",有人甚至认定:"所有的电视都是教育的电视,唯一的差别是它在教什么。"

电视强化了交流的媒介性质。电视成为人与人之间的中介。以家庭为例,父—子之间的二元模式就变为父—电视—子的三元模式。父母对儿童的信息过滤、垄断的权力被迫解体。家长的权威地位大大贬值。结果远的虽然变近了,但近的也变远了,过去难以触及的世界涌入了家庭,但家庭反而又成为一个"世界"。电视虽然把人们拉回到家庭,但人们相互间只与电视交流,真正的沟通反而极为少见了。齐聚一室的家庭成为一个虚假的群体。与看电影不同,看电影是特定的选择的结果,但是看电视却只是看"媒介本身",是一种仪式化的行为,内容是什么却无所谓。这是由于反复刺激所造成的。

电视强化了视觉形象的复制化。人们往往以为电视是对于真实的传达,实际并不尽然,电视并不仅仅传达真实,电视就是真实。一方面,"电视改变了我们对现实的态度。它使我们更好地了解世界,特别是使我们感觉到同一时间内在不同地点所发生的事件的多样性。在人类追求知识的历史上,这是第一次能够亲身经历同时性,而不再是仅仅把同时发生的事情事后

---

[1] 本·巴格迪坎:《传播媒介的垄断》,林珊等译,新华出版社1986年版,第2—3页。

加以并列。我们的行动迟缓的身体和近视的眼睛不再是我们的一个障碍。我们开始认识到我们所在的地方只是许多地方之一:我们变得更加谦虚,较少以自我为中心了"。但另一方面视觉形象的复制化又会使人丧失真实感。原来,语言文字媒介所强调的"真实"是有文本的,它利用语言文字的共时性来描述现实,但电视不同了,它的形象不是用语言,而是由屏幕亮点赋形的活动图像,它的制作过程已带有强烈的非个性化的工厂式的生产的特征,例如在电视中出现的玫瑰尽管与现实生活中的玫瑰毫无区别,但却就只是一个类像。怀特说:"电视将极大地开扩人们的视野。就像无线电广播一样,将会宣扬一个虚幻的境界,从声带上传来关门的声音,在闪光的银屏上看到一张变形的脸(这些形象会被展现得真实、逼真),而当我们关上自己陋室的门或看到另一张面孔时,这些印象反倒成为虚假的东西了。"①

电视使观众与现实的真实关系变为景观欣赏关系。电视是一种平面的时间性的存在,电视的传播方式决定了它的节目无法反复观看、挑选、咀嚼,观看者实际处于无法自主的地位,批评者则根本无法存在。文学作品具有历时的叠加式接受的特征,这个不同时性的特征使它可以借助高水平者起到引导的作用、推荐作用,读者在阅读中也可以保持一种距离,一种作品的"他性";而电视以共时的接受为特征,接受中的差别被抹平了,真正体现了一种民主精神,距离消失了,他性也消失了。它是一种意义的阻滞、语言的悬搁。就其美学本性而言,它蕴含着终止话语的危险。因此,假如制作者注目于美学效果而轻历史事实,观众就会不再期望历史事实,而去期望审美历史,把"知"的欲望变成了"看"的欲望。结果,人们甚至对于生活中的暴力也养成了一种欣赏的心态。

电视还使观看行为成为一种"日常的仪式"。电视是生活化电视,生活是电视化生活。大凡作品都有一个"原本",而电视中的生活融入了家庭之

---

① 转引自格林菲尔德:《电视对美国的冲击》,载《世界电影》1988年第1期。

中,就像隔着玻璃看到的真实生活,几乎自己就是一个独特的"原本",因此,电视只是意味着另外一重生活,是在无原本参照的基础上构成的新的屏幕内的生活,是一个话语世界。电视内外的生活事实上只是一种互文,电视在反映生活,生活似乎也在模仿电视。这一点与电影有所不同,电影作为一种神圣的仪式,具有寓意、象征、假定的意味,但电视完全是生活本身。

从电视所传播的内容的角度看,也存在着不少问题。例如,有专家发现,适合于电视的内容本身就是反传统审美的。适合于电视的内容是什么呢?战争、暴力、死亡;客观事件;轮廓简单突出的事物;有魅力的政治领袖;简单肤浅的意见表述;愤怒、妒忌、性爱、占有欲;竞争、怪异;物质、野心;大物体、近距离、局促环境;直线发挥的事件。那么,不适合于电视的内容是什么呢?和平、非暴力、生命;主观情绪;细小柔弱画面;空泛的政治纲领;复杂深刻的理论;平和、宽厚、友爱、满足感;合作、平凡;灵性、修养;小物件、远距离、广阔视野;复杂暧昧的事件。[①] 而且电视的内容与电影也不尽相同,例如,屏幕的幻觉感、神圣感远不如银幕。这当然与电视在传播技术、传播方式上的变化相关,同时,电视的观看环境的改变,应该说也是重要原因之一。在看电视时,那个造成人们心理的安全感的黑暗环境不存在了,光线比剧场里还要明亮,投射的心理欲望自然无从产生,再加上周围的一切都是自己熟悉的,仪式感、神秘感都不复存在了,又往往是几个人坐在那里,而且彼此非常熟悉,"他律"犹如高悬于头顶的利剑,心理退化不可能再发生,"窥淫"的心理也成为不合理的举止,而且,在家里可以随时改变看电视的位置,时看时止,意识在活动,身体也在活动,这样,"超我"就不但没有完全丧失作用,而且反而起着一种"间离"作用,时时提醒着规范的存在,故电视的认同方式是想象的,而不是梦幻的,是参与的,不是被动的。麦克卢汉把电视归纳在"冷媒介"的范围,即低清晰度和高参与性,是有道理的。日本的一份受众调

[①] 转引自朱增朴:《声像传播论》,中国广播电视出版社1993年版,第111页。

查发现,在受众心目中,"电影上的人自己说话,而电视里的人是和我们说话"。不过,就电视是对于眼睛的快感的满足来看,电视又有其与电影相同的一面,这就是它仍旧是一种"看",而不是"读"。这样,电视的内容就更为生活化,其中娱乐的内容也要远远大于思想的内容。

以肥皂剧为例,这是一种源于美国的以家庭问题为题材的电视连续剧,因为在美国这种连续剧的主要赞助者是肥皂和洗涤剂的生产厂家,故称之为肥皂剧。美国的三大电视巨片《豪门恩怨》《鹰冠庄园》《达拉斯》堪称典范,其中的背景往往是中上层家庭,其成员不断受到坏人的干扰,主人公则往往腰缠万贯、有权有势、挥霍无度、性欲超常,充满了贪欲、淫情、暴力……稍加剖析,就可发现,它充其量提供的也就是一些肤浅的内容,但为什么人们却对此如此痴迷?奥秘就在于对于叙事终止的绝对阻抗,次要情节可以得到解决,但肥皂剧本身的故事却可以不断地编下去。其目的则是在于在最短时间单位内与广大观众高度同一。这种建立在丧失个性审美价值的基础之上的美学观念确实与传统美学大不相同。只要看看它是怎样成功的,就一目了然了。首先,对必然的绝对超越。只要是观众下意识中想看到的,它就会让它实现,绝对不会与观众的幻想有丝毫的冲突。其次,人物的美丑分明,不会过于复杂、过于含混,而是简单化、类型化,人性深度、伦理深度这些其他类型中不可少的,在这里都要放弃。甚至不去考虑他或她的好坏,只要把他或她放在危机状态之中就可以了。只要主人公生死莫测,观众的趣味就被调动起来了,若是女性更是如此,她的柔弱状态会使观众关心备至。男性关心谁能得到她和谁能解救她,女性关心她能得到谁和被谁解救。美国学者海尔曼指出:在传统的崇高中分裂的是人,人物的价值在纷纭复杂的冲突中树立起来,但在当代的美中,分裂的是世界,人物是非常简单的功能类型。肥皂剧追求的是后者,它通过把主人公塑造为一个观众无意识欲望投射的对象,一个观众心理上的悬念中轴线,使观众的心理归属期待十分明确,在价值判断上有其明确的立场,从而集中精力去享受做白日梦的愉悦。其三,艺术形式的高度透明。罗兰·巴尔特曾提出"可读的文本"与"可写的文本","读者的文学"与"作家的文学"这样两种类型。前者是从能指到所指的道路都是清晰、易懂的,属于不同于"极乐"的"快乐",一种令人舒适的阅读,后者是需要下功夫的阅读,费解、吃力,令人迷惑疑虑。肥皂剧无疑属于前者。所以有人打比方说,在古典小说中,到了第 105 页才接吻,在现代小说中到了第 8 页已经有了私生子;在古典小说中,到第 150 页才拔出剑来,现在是到了第 3 页已经尸横屏幕了。其四,情节大起大伏。它的快感完全来自过程,失去、得到、期待、实现、追求、失败、起点、终点、低潮、高潮⋯⋯结果期待强度不断增加,期待满足的强度也就不断增加。在这里,我们不妨把"故事"与"情节"作个简单的区别:"故事(story)是按其时序叙述一些事件,情节(plot)同样是叙述的这些事件,但着重点落在因果关系上。'国王死了,后来王后死于悲痛'则是个情节。时序依然保留着但是其中因果关系更为强烈⋯⋯如果是个故事,我们问:'然后呢?'如果是个情节,我们就问:'为什么呢?'这是小说中故事与情节的基本差异。"①换言之,它们的差异可以理解为"逻辑顺序"与"时间顺序"之间的差异:"逻辑顺序在读者的眼里比时间顺序强大得多。如果两者并存的话,读者只看到逻辑顺序"(托多罗夫)。在这里,"逻辑顺序"成为中心。观众的兴趣从组合轴转移到聚合轴上,情绪虽然无法在深度上发泄,但却可以分散在各个情节线上,沉浸在原因与结果、为什么与后来怎么样这样的双重期待之中和广泛的覆盖面上。而且,它的"时间顺序"可以不断地延长,使叙事链条不断延续,使上下文之间不断插入新的情节,在行动上不断增加难度和时延,在因和果之间不断插入"遭遇""危险""获救",并且最大限度地加以强化,于是线性的、习以为常的时间链条被打破了。在日常生活中,日常意识通过记忆在人的意识结构中延续,并以它的惯性控制着人的意识,而现在,打击突然而来,切断了记忆,切断了时

---

① 福斯特:《小说面面观》,苏炳文译,花城出版社 1984 年版,第 75 页。

间之流,瓦解了日常意识对于人们的控制,日常意识"震惊""休克"了,意识暂时丧失,成为一个封闭的因果网络。结果,全部内容始终是对一个核心句子("某某是一个英雄")的扩展,而且是不断从平衡走向动荡,再从动荡走向平衡,然后再从平衡走向动荡……循环不已。总之,在时间顺序上是山重水复,在逻辑顺序上是柳暗花明。其五,有一个明确的结果。恶有恶报,善有善报,这是观众希望在电视上看到的东西,否则不可能得到心灵的安慰和满足。当然,这里没有深度的要求,是以平面的方式拆除着观众的痛苦,叙事文本与社会文本很难分开,叙事主题与社会主题相互吻合,因此,只是一种虚幻的解决。种种社会问题都在叙事文本中成为一种"欲望对象",但又转化为一种虚拟的语言游戏,没有真正的毁灭、真正的悲剧、真正的现实感。平衡从失衡后再回到平衡,如此而已。达扬发现电影的意识形态有两种,其一是故事层次的意识形态,这是假的,其二是陈述层次的意识形态,这是真正起作用的东西:"电影话语过程是使观众接受电影的系统,这是一个说故事的系统,它不是中立地传达着故事层次上的意识形态,而是掩盖着它自己即电影陈述的意识形态性质与根源,因此,它是一个缝合系统,基本上起着引导代码的作用。"(见李幼蒸编《结构主义和符号学》中达扬的文章)电视似乎也是如此。

　　再如,在电视的时间、空间表现中,也不难看到浓重的虚幻色彩。在电视中时间往往被幻化,从而实际上被抹去了。儿童动画片、枪战片、广告中这一点表现得最为明显。从表面上看是通过技术把人从时间的压迫中拯救出来,但却并非如此,不但不是技术对人的许诺,而且反而是人在技术名义下的逃避。在这背后的,是时间终止的幽灵。那句著名的广告词,"今年二十,明年十八",呈现出来的正是时间的倒流,它意味着逃出时间链条的努力的失败。这与传统的时间观已经大不相同。过去可以寄希望于下一次,"二十年后,又是一条好汉",但现代人却不会如此了,只有制造时间错乱的感觉。在电视中空间也如此。电视中的许多内容,从表面看是开拓,但实际上却是对无形空间的恐惧的呈现。我们看到的是,理性的力量无法消除空间带来的恐惧,但却可以用理性的力量来封闭空间,通过赋予意义的办法使人同化到这一空间之中。在传统艺术中,空间再开阔,也是一个封闭的盒子。电视却只是一个主观空间。它构成了观看中的上下文背景,离开了这一背景,电视也就失去了意义。因此,作为给人以从无意义的日常生活中逃避而出的一种机会,电视的幻觉空间与生活的现实空间之间,形成一个鲜明的对比。而不论是时间还是空间的逃避,都使我们意外地看到:在电视的切近生活的表象之下,隐含着的是电视对于现实生活的一种逃避。不过,它逃避的不是现实问题的表面,而是现实问题的实质。

因此,我才会把电视称为新时代的特洛伊木马!

第五节　广告形象的魅力[①]

我们的时代在急剧地变化,一切都在变化,唯一不变的只是这急剧的变化本身。

而广告则可以看作这个急剧变化的时代的典型例证。迄至今日,几乎没有人还会怀疑,广告已经成为这个时代的骄子。毫不夸张地说,广告已经渗透到当代社会的每一个角落。广告在当代社会的狂轰滥炸,也已经完全称得上"惊天地,泣鬼神"的壮举了。也许正是有鉴于此,丹尼尔·贝尔才会有如此耸人听闻的疾呼:在当代社会,"汽车、电影和无线电本是技术上的发明。而广告术、一次性丢弃商品和信用赊买才是社会学上的创新。戴维·M.波特评论说,不懂广告术就别指望理解现代通俗作家,这就好比不懂骑士崇拜就无法理解中世纪的吟游诗人,或者像不懂基督教就无法理解19世纪

---

① 本节系与林玮女士合作。

的宗教复兴一样。""广告在我们的文明的门面上打上'烙印'。"①

也正是因此,对于广告的研究才会成为当今学界的一大热门。不过,人们却又往往有意无意地疏忽了对其中最为深层、最为核心的问题的研究,这就是对"广告形象"的研究。但实际上,广告形象是一个非常重要的课题,西方学者甚至称其为当代文化的中心。可以说,要弄清广告的深刻内涵,不能不先弄清广告形象的深刻内涵;要弄清广告对当代文化的深刻意义,也不能不首先弄清广告形象的深刻意义。

所谓广告形象,完全不同于我们常说的"文学形象""人物形象"……它是文化工业的产物。从文化工业的角度看,广告形象指的是一种"类像"。法国学者福柯曾提出一个很有名的概念:"摹本"。"摹本"(copy)与"类像"(simulacrum)的概念相对,前者是对原作的摹仿,而且永远被标记为"摹本"。至于后者则是法国人首先使用的,指那些没有原本之物的伪摹本。它的特点是消灭掉了个人创作的痕记。人们往往强调它是不忠于原作的,但马尔罗指出,大规模的复制恰恰揭示了被人们忽视的一些方面:细部,或新的角度。瑞士现代艺术评论家伯尔热指出:"我们最有力的观念已失去了它们的支撑物。复制不再像人们所相信的那样(他们从语言学或习惯汲取原则),单纯是一种重复现象;它相应于一组操作,它们像它所使用的技术一样错综复杂,它所追求的目的,它所提供的功能像它们一样多,它们使它成为一种生产……其重要性不仅在于它不一定要参照原件,而且取消了这种认为原件可能存在的观念。这样,这个样本都在其单一性中包括参照其他样本,独特性与多样性不再对立,正如'创造'和'复制'不再背反。"②可见,所谓"类像"意味着一种现实的非现实化,一种现实的虚无化。它不仅仅是一种音像

---

① 丹尼尔·贝尔:《资本主义文化矛盾》,赵一凡等译,三联书店1989年版,第115—116页。
② 转引自米凯尔·迪弗雷纳:《现今艺术的现状》,载《外国文学报道》1985年第5期。

制品,一组视听符号,它还代表着一种观念和意识对人的有意识或无意识的冲击。以驰名世界的"万宝路"香烟为例:四十年前,"万宝路"只是一种一般香烟,并且是女士烟。"像五月的天气一样温和",就是它的广告词。后来,为了提高销售量,决定把它改为男士烟,并重新选用马车夫、潜水员、农夫为它做广告,但效果不是太理想。后来,改用了一个西部牛仔的形象:目光深沉,皮肤粗糙,袖管高高举起,露出多毛的手臂,手指中夹一支冉冉冒烟的"万宝路",浑身散发着粗犷、豪迈的气概。结果,香烟的销售量直线上升。到现在,全世界每四支烟中就有一支是"万宝路"。人们甚至说:要想欧洲化,需要买一辆本茨汽车;要想美国化,则要穿牛仔裤、抽"万宝路"。现在,仅"万宝路"的牌子就值 300 亿美元。值得注意的是,"万宝路"的内涵并没有变,被改变了的只是它的广告形象。

广告形象的出现,有其深刻的社会、文化背景。人类社会在走向市场经济社会的时候,存在着一个普遍规律,这就是:社会从实体化走向媒介(传播媒介)化。而社会向媒介化的转型,又必然导致人的空心化。结果,被人类创造出来的但偏偏又反过来控制了人类的媒介,加上曾经创造了媒介但最终却被媒介所控制的人,毫无疑问就必然导致文化的形象化。西方学者有一句名言:商品的最后阶段是形象。正是指的这一特定的现象。"在美国只要你和任何人交谈,最终都会碰到这样一个词,例如说某某的'形象',里根的形象等,但这并不是说他长得怎么样,不是物质的,而是具有某种象征意味。说里根的形象,并不是说他的照片,也不光是电视上出现的他的形象,而是那些和他有关的东西。例如,他给人的感觉是否舒服,是否有政治家的魄力,是否给人安全感等。"[①]在这里,文化产生了一个根本的大转型,历史上的四种模式统统被冲破了:从本质回到现象、从深层回到表层、从真实回到

---

① 杰姆逊:《后现代主义与文化理论》,唐小兵译,陕西师范大学出版社 1986 年版,第 190 页。

非真实、从所指回到能指。不再是一种深度模式，而成为一种平面模式；不再是"他性"的，而成为"自性"的；不再是"本文"的，而成为"互文"的；不再是"反映"的，而成为"反应"的。总之，人类文化不再是"内容"的，而成为"外观"的。记得早在两千年前柏拉图曾一再表示对艺术的憎恶，其中一个最重要的原因就是：怕艺术会成为类像，真正的现实反而因此而不复存在了，幻觉和现实因此而混淆起来，人类从此再也无法确证自己的实际位置。生活从哪里开始，从哪里结束，会成为一个谁也说不清的问题。令人不堪的是，柏拉图的这一千古忧患在今天竟成为现实。

不难想象，在上述社会文化背景下，人们的消费心理也会从商品消费转向形象消费。原因很简单，在市场经济的社会中，商品已经不仅仅是商品，更是某种形象的象征。你买进一个商品的时候，也就同时买进了一种形象，犹如你买"万宝路"的同时也就买进了你的美国人的"身份"。我们知道，在消费过程中，存在着经济成本和心理成本两个方面。经济成本是一个定量（"乱涨价"除外），而心理成本则是一个变量。只要某一商品的形象是被社会认同了的（比如认定它是某种身份的象征），那么，不管它的经济成本是高还是低，你在购买它时花费的心理成本都是低的（不存在社会的"拒绝心理"）。反之，你所花费的心理成本则会很高。在商品消费的时代，人们侧重的是经济成本；而在形象消费的时代，人们的消费心理则必然从侧重经济成本转向侧重心理成本。值此之际，人们衡量一个商品的价值的标准已经不是花钱的多少，而是花费心理成本的多少了。人们对商品的选择也不再是简单的消费活动，而成为一种生存活动，一种对于自身的生存方式、身份地位、社会形象的选择了。每个人都通过消费选择的方式来塑造自己的生命形象，从而将自己生命中的潜在的可能性予以实现。购买活动成为一种自我定性的神圣"仪式"，成为人与世界、人与人之间的唯一联系。

广告形象正是因此而应运诞生。广告是一个古已有之的商品宣传方式。但那时的诉求点是产品诉求，立足点则是硬推销。现代广告则完全不同了。众所周知,它的诉求点从产品诉求转向情感诉求,立足点也从硬推销转向软推销。但为人们所不知的是,导致这一切变化的,除了外在的社会文化背景之外,还有一个内在的原因,这就是:从广告向广告形象的变化。它意味着,广告中出现的内容,不再是一种语义信息,而转变为一种符号信息。过去是人——商品,而现在是转向人——符号——商品。在人与商品之间,加入了被人为制造出来的视觉经验,"看"发生了扰动,出现了偏移。人类也进入了一种"疑似环境"。所谓"疑似环境",即 Psendo,希腊语谓虚假环境的意思,指人类不是直接认识自身所处的感性世界,而是在两者之间插入疑似环境,使人们通过它来认识环境。广告形象宣扬的正是这样的疑似环境。现代人在广告宣扬的疑似环境中生活,犹如在一个世界的"副本"中生活。人与物的关系要靠广告来沟通。假如没有广告,所有的物对人来说就都是陌生的。因为人们只认识它本身,却不认识它的形象。而在广告中,此时此地变成了彼时彼地,通过解读符号,人们得到了商品之外的信息,把握到了商品的形象。然而,广告中所宣扬的商品的形象以及所沟通的人与物的关系,又毕竟并非真实。因为在这里,符号自身与实物无关,只是一种人为的、虚拟的意义陈述单位。商品与商品形象的关系也并非被反映与反映的关系,而是被包装与包装的关系、被制造与制造的关系。展现在人们面前的完全是一个虚假的世界。

那么,广告形象能够巧妙地为商品包装和制造形象的根据何在呢?我们知道,商品消费是每一个人的本能,它趋向于越多越好,但出于现实的考虑,人们的实际消费又不能不受理性自我的控制。另一方面,人们的消费又受到花费心理成本的多少的制约。"心理成本"的多少由社会集团的"拒绝心理"加以控制,做大家都做的事,心理成本低,否则便高。广告形象着眼的正是这两个方面。它有意为消费者的奢侈消费制造理由,让消费者从社会集团的认同中找到说服理性自我的借口(实际上是绕过理性自我的控制),把商品从不需要变成必需,从奢侈消费变成一般消费,从而心甘情愿地加入到奢侈消费的队伍中来。"大众传播工具,如电视,已经从社会科学家们对人类行为的研究中得到好处。电视商业广告力图将其宣传的商品与大多数人所欣赏的或想望的事物联系在一起,这并不是偶然的。如果电视广告能使得我们将某一种牌子的香烟与西部古时候纵马放牧的牧人的雄伟气概联系在一起,那么我们也就会被条件作用引诱得不仅要抽烟,而且要购买那特定牌子的香烟了。如果要让这个牧人把他的香烟给一位漂亮的女人递上一支,那效果就更大了。这样一来,广告就具有号召力,既打中了男性想要做昂扬有丈夫气的男子汉的愿望,也打中了女性想要使自己显得温柔而漂亮的要求。广告设计极力猜度人们最喜欢什么,然后就想尽办法,将广告户的商品与人的这些要求联系起来。这些条件作用的程序的成功程度,你们任何人都能给以断定。"①

也正是因此,广告形象总是把自己包装成一种超前的文化形象。这超前的文化形象从内容的角度,总是向人们展示一个新世界,并且是一个可以通过购买获得的新世界。在广告中我们经常听到:"某某是你的最佳选择。"又是"最佳",又是"选择",貌似客观,但实际上,广告形象所关注的从来就不是"最佳",而只是"选择",也从来就不是为消费者提供最佳的产品,而是为消费者提供最佳的理由。例如"雀巢"咖啡。中国人从来就不喝咖啡,而只喝茶,但"雀巢"咖啡却敢于打进来,并且一举成功。原因何在?从广告宣传的角度,应该承认,"味道好极了"这句话以及它的广告画面是一个非常成功的广告形象:喝"雀巢"是一种高品位、高档次的象征。这超前的文化形象从视觉的角度,则总是利用"图底关系",把要宣传的东西突出出来。而且,因为广告往往利用摄影、电视等大众传播媒介,它们往往会给人造成一种身临其境之感,这种身临其境之感往往会被消费者误认为身同其境,使人误以为自己就是广告中那个手捧商品、暗送秋波的美貌女子的意中人,或者只要买

---

① 宾克莱:《理想的冲突》,马元德等译,商务印书馆1984年版,第15页。

了某一商品,就会像广告中宣传的那样,为爱情添上一份温馨……这超前的文化形象从接受的角度,则刻意渲染理想体验与现实体验之间的差异,使广告中的无所不见导致消费者的无所不求,使消费者自觉否定手头的商品并转而认同广告中宣传的商品,自觉否定现实的消费体验并转而认同广告中宣传的理想的消费体验。要知道,在广告为消费者制造各种理由的时候,消费者也在为自己对广告的信任制造各种理由。结果就使消费者产生一种欲壑难填的心理并且造成了一种恶性循环:手头的商品总是不好的,广告中的则不然,要远比手中的商品更美好。殊不料广告中的商品形象只是外观,一到手便无意义了,就又变得索然无味了。就是这样,广告形象不断地制造着一种匮乏感、一种让人们因为视野扩大而痛感被排除在外并因此而产生的匮乏感,又不断推出消解匮乏的对象,使人们去按照广告形象的指示购买,以缓解匮乏的焦虑。如是,生活总给人以匮乏感,故人们不得不逃向广告形象,但广告形象的浮夸宣传虽能吊起人们的胃口但却毕竟虚幻,结果在生活中再次失落……这种平面推进的循环,就是广告形象在商品宣传中频频得手的最为深层的秘密。

在这个意义上,确实有充分的理由认为:广告借助广告形象为人类创造了一个"奇迹",它通过广告形象统辖着人类。它为人类创造了一个新上帝。这个新上帝不同于昔日的上帝:不再是禁欲的,而是纵欲的。人们按照广告形象去判断世界,也通过广告形象所提供给人们的认同集体的机会去融解于集体之中。在"上帝已死"的时代,这无疑是一件好事,可是,是不是同样有充分的理由去反诘:广告是否同时又为人类创造了某种"失误"呢?试想:在人与自然之间插入了人工的制造物,又在人与人工制造物之间插入了广告,结果,人与自然等于隔了两层。那么,这个世界还可能是真实的吗?广告把人工制造物高举在人之上,这究竟是在抬高人还是在贬低人呢?广告形象使原来高雅的事物大众化了,又使原来大众化的事物高雅化了。这究竟是美的获得还是美的沦落呢?假如人类一意孤行,一味从倾销商品的角度去利用广告形象,这对人类来说究竟是喜剧还是悲剧呢？对广告形象的抱怨就是对商品对人性的广泛渗透的抱怨。它使人忧患着人性的肆无忌惮的贬值,忧患着人类的虚无主义时代的悄然降临。"人们啊,你们要警惕！"

第六节　MTV：当代人的"视觉快餐"

MTV正在悄悄地进入着我们的生活。然而,它是美学的歧途,还是美学的大道？每一个美学工作者都无法回避这一突如其来的困惑。有学者认为,它象征着意识形态的解体,道德规范和美学原则的消解,产生的是一种负面效应。有学者为之欢欣鼓舞,认为它体现了现代美学的转进和影像文化的全线胜利。但无论如何,作为现代审美流行文化的枢纽,MTV在潜移默化地影响着我们的意识形态和审美观念,改变着我们的感知经验,却是不争的事实。作为第一次不以叙事为主导形式出现的电视节目,它无疑已是一种后现代现象,是一个阐释当代审美文化的典范文本。

MTV诞生于20世纪80年代的西方世界。

70年代末,华纳-阿迈克斯公司在对一次市场调查报告的分析中发现,在市场上有一群人的消费能力很大,但广告商却很难招揽他们,因为他们的口味十分特别。有位广告商曾大发感叹："我们无法把广告片灌入他们买的唱片,而他们也不太看一般的电视节目。"[①]那么,怎样才能吸引这样一批飘忽不定的消费人群呢？该公司发现:这批人是在现代社会的历史文化背景下成长起来的,现代社会的生活节奏加快了,人与人之间的关系从立体结构转向了平面结构,人们关注的重点也从深度转向了平面,人们不再长时期地注视一件事物,耐久力淡漠、注意力不集中,变得异常地浮躁。文字阅读成为一种奢侈,视觉画面的欣赏却备受青睐。由此,该公司设想,假如推出画

---

① 转引自:《今日美国》,1984年12月24日。

面集锦,把思想的深度转化为视觉的平面,岂不可以一举吸引他们的注意力吗？1981年8月1日,华纳-阿迈克斯公司联合了300家区域有线电视网,对250万户观众输出一种全天候24小时播放的音乐影片,这就是后来轰动世界的MTV。

MTV是以一首歌曲的长度为标准的影带。作为工业与电视、流行音乐的一次出人意外的合作,MTV体现了一种正在建构着的新美学。它的最为成功之处就是:为流行音乐增加了一个新的维度——画面。音乐与其他艺术门类的结合,似乎是一个引人注目的趋势。文字(歌词)对于音乐来说,或许一开始也被看作一种奢侈的浪费,但最终却令人刮目相看地创造了一种新的辉煌——歌曲。今天,画面再度与音乐的联姻,谁能说不是又一次历史性的契机呢？

事实也确实如此。迄至20世纪,文字阅读已经不再是一种主要的接受方式了(我们知道,人类文化是从口语文化——到印刷文化——到电子文化,不断发展演变而来的。详见下章)。电子文化异军突起,颠覆了文字的霸权,使文字沦为影像的附庸。人与现实的关系,也从语言转向了图像。这无疑会使人类的交流途径更加简捷明快。有学者把语言符号称为"论辩形式",把电视图像称为"显示形式"。这意味着,语言把四维性的生活图像变成一维性的语言符号,再在想象中把它还原为生动的形象,不但费力而且会丢三落四。何况,文学语言还有"实指"与"能指"、"表意性"与"表情性"等多种层次,这就更其增加了难度。而电子文化却直来直去,甚至不惜把自己的速度强加给观众,当然更能迎合人也更能吸引人。而且,由于强调的是形象而不是语言,导致的也就不再是间接性交流,而是直接性交流。人类再一次获得了一种空前的"轻松"。对于他们来说,阅读已经远不是时代的象征和标志了。那么,当今时代的象征和标志是什么呢？是观看。

不过,这里的"观看"又不是一般意义上的,而是现代意义上的。一般意义上的"观看"是为把握本质而看(服从于间接性交流);现代意义上的"观看"则是为看而看(直接性交流)。例如摄影,作为最早的现代审美文化的标志,摄影的特点就是为看而看。与绘画不同,它只需要看,不需要想。这使我们联想到,人们为什么要摆一个姿势照相?原来,大众摄影的普及竟然使大众隐秘的超越性心理需要也被形象化了。再如,风靡一时的摇滚为什么不但要狂歌,而且要劲舞?席卷世界的流行音乐为什么不但要载歌而且要载舞?还有卡拉 OK 的形象化,古典音乐的形象化,以及不惜"开肠破肚"把功能性的东西(如电梯、管道)都显露出来让你看的现代建筑(古典建筑追求雕梁画栋、繁缛装饰,似乎从表面上看是对看的某种鼓励,其实不然。它是借复杂化来掩饰自己,让你根本无法穷尽其中的奥秘,是对看的巧妙拒绝)。精雕细刻的工艺菜肴也如此。最终,这种为看而看的潮流也渗透到了人们的日常生活之中。看电视、电影,穿名牌,饮可口可乐,唱卡拉 OK,听流行歌曲,交谈用电话,联络用 call 机,写论文用电脑,消遣上舞厅,豪华型防盗门、豪华型书籍、豪华型马桶……

也正是因此,历时近千年的人类社会文字的异化现象得到了揭露,据统计,人与人之间的交流,语言文字只占 7%,行为语言却占了 93%。然而人类却只重文字不重行为语言。文字不再是生活方式,而只是谋生手段了。最为接近人的天性的视、听活动又一次回到了人本身(文字离它何其远),人类第一次实现了自己"以正视听"的诺言。人类又一次成为"可视的"。而在美学上,由于 MTV 满足的是人类最为审美的两大感官之一——视觉的审美需要,为人类提供了一席外表诱人的"视觉快餐",而且这种满足的程度可以说不论在广度上还是在深度上都是空前的。仅此一点,就应该说,MTV 的贡献是有其历史意义的。何况,MTV 以画面的形式出现,也会进一步使艺术大众化,使它体现一种对他人开放的介入意识。音乐从古典的无标题到现代的有标题,到抛弃纯音乐而选择了歌曲作为最大众化的一种活动,再到现在以画面来表现歌曲的内容,其中体现了一种推动他人介入的努力,应该说,MTV 是这种努力中最有成效的一次探索。

但另一方面,也应该看到:恰似文字对于"文本"的颠覆,电子文化干脆颠覆了现实与形象的关系。形象不再是现实的反映,它创造现实,驾驭现实,比"现实"更"现实"。而且,因为电子文化作为一种媒介,是一种无法反映内容的媒介——它的内容就是另外一种媒介。因此塑造媒介的力量正是媒介自身。过去,文字所建构出来的现实,只是对于现实的再现;现在,电子文化所建构出来的现实,却是介于文字与现实之间的影像对现实的建构的再建构。结果,人们的生活沦落为无数"媒介中介"多重限制和分隔的存在,文字与现实日益疏远、割裂。"所指"已死,"能指"自然也就无所依附。这样,对于 MTV 所引发的人类的"视觉快餐"以及对视觉器官的满足,就切记不可掉以轻心。斯特拉文斯基在 1939 年就批评说:"当年巴赫走几百里路去听布克斯特胡德的时代一去不复返了,在我们的世代,听音乐已经简化成了转转电台旋钮的活动,这就大大地败坏了音乐的胃口。"但令他所未曾料及的是,现在音乐竟然可以"看"了。

例如,作为强调视觉的艺术,MTV 转而成为一种平面的艺术。结果,过去我们是以耳听之,每个人对于一首歌的经验都是非常具体的、个别的经历、个别的情感、个别的感受都与歌曲糅合在一起了。审美欣赏的过程还是完全开放的。MTV 的出现,则完全改变了这一切。它故意把它和许多互不相干的东西拼贴在一起,尽管这种拼贴并非毫无道理。因为过去的艺术总习惯于在协调形式中构成统一性,但实际上,在不协调的形式中发现联系,达成某种组合,同样富于表现力。可是,人们往往忘记了:MTV 画面的漫不经心的解释有可能使任何思想、意义之类深度的东西顷刻消解,只剩下一种情调、一种心绪。它的转瞬即逝、无迹可求,既美丽又虚幻,充满了我们的视野,给这个世界以新的界定,给我们制造了一个重新拼贴起来的世界高频度的刺激;它的高强度的画面集锦的狂轰滥炸,以刺激感官为主的类像来冲击人们心中的理性堡垒,用快速而且暧昧的剪辑,刻意不让画面清晰可辨,刻意避免故事化,由此来消除人们的意识,使人们的心灵成为不设防的领域,毋须思考,也无暇思考,任凭MTV类像的侵袭,从而把思想的深度转化为视觉的平面感。无所顾忌的拼贴方式,使人们变得听任摆布,变得容易相信一些根本不可能发生的事情了,甚至误以为到处都是奇迹。同样是"拼贴",MTV就没有体现现代美学的神韵。请看斯特林堡的"拼贴"。他在回顾写《朱丽小姐》时说:"作为生活在一个过渡时期的现代性格——至少比以前一个时期更加异乎寻常——我把我的人物塑造得比较动摇、破碎、新旧混杂;……我描写的灵魂(性格)是过去的文明和现在的文明、书籍和报刊上的只言片语、人体上的某些部分、节日盛装上撕下的破布的堆砌,完全像一个人的灵魂一样是七拼八凑而成的。"①朱丽小姐代表的正是西方"乍暖还寒时候,最难将息"的悲剧心态,"暖"与"寒"之间的"拼贴",正是一种审美眼光才能看出的意蕴。此乃MTV所不及。"对于打从娘胎出来,就没有与电视脱离的新生代来说,MTV是再完美不过了,因为它的影带包容的既是幻想也是实体,二者之间少有灰色地带。性的幻觉,掺杂着闲谈,扯些并不存在的摇滚社群,因为十多年前它就已经消散解体了。这也并不打紧。在MTV里面,你看不到反调的意见,你也别无其他观点可以参考。为了要赚取利润,电视创造了一个不真实的环境,让人们陷入了俗称'消费符码'的东西:MTV只不过是这些符码赖以存在的环境。它是一种思考的方式,是一种生活的方式。到头来,它代表了垃圾文化的胜利。MTV以精致的手法,想要触动Woodstock这一代人的潜在欲望。而这些东西是一般厂商无法达到的……连续看了几小时几天的MTV,得到的结论,如果不是叛逆的摇滚乐已被商业广告片取代了,还能是什么呢?"②列维指出:"(MTV)诱惑某部分的美国人,撩拨起他们的热情,惹起他们心理上的反应——让这部分年轻有钱的美国人,掏出荷包买些东西,如唱片、电子游戏带、啤酒、糖果与面包、去除霜等

---

① 《斯特林堡选集·戏剧选》,人民文学出版社1981年版,第217—218页。
② 加力:《广告的符码》,冯建三译,台湾远流出版事业股份有限公司1981年版,第151页。

商品。MTV压根儿不是要提供最好或最具挑战性的音乐。"[1]结果,导致了MTV迷的反应敏捷但内涵贫乏、聪明机智但意境浅薄、表达欲强但无话可说、幽默风趣但虚假苍白、心比天高但命比纸薄……艺术家也变成了一个连环画家。有人说:"有时候,我写作歌曲,心中却想着视觉效果。"还有人说:他"在创作歌曲之时,是把MTV的效果考虑在内的"。也有人说:"现在,成功与否,很大部分都要靠视觉上的形象是否成气候,但这样一来,演艺创作者也割舍了他对讯息的大量控制权……如此的割舍如果持续不变,那么,引进影带的结果,应当可以看作是表达自由与'潜在'反抗精神的消失,得利的则是企业财团的商品化行径。"[2]这或许并不是我们愿意看到的情景吧?难怪哈贝马斯会感叹:今天,不但阿多诺对工业文化的批判要改写,而且必须大大加以补充。证之以MTV,不能不承认,这种感叹是很有道理的。

再如,MTV确实是对音乐的一种有助于听众理解、参与的阐释,但还应该强调,在这种阐释的背后又隐含着一种破坏性的解构。具体而言,MTV从表面上是借助画面对音乐主题加以解释,可实际在借助画面解释音乐的主题的时候往往也就消解了音乐的主题。这与电视这一特殊的画面媒介有关。电视是一种空间性的传播媒介。它不但反时间,而且反阐释。例如,通过电视去了解古典作品,是当代一大时髦。可是人们注意到,一旦这样去做,古典作品便不复存在了。原来,经电视改编过的作品的核心不再是完整的画面,而是断裂无序的画面的造型。本来,作家对人生的洞察是作品的构成力量,通过它,零碎的人、事件、场景被连贯起来,读者通过它去领悟整体构成、空间造型,透视在背后隐含着的悲剧观念。但假如作家只关心画面的顺序,读者就只能看到一个不幸的故事。作品被改编为电视片,因为电视只

---

[1] 加力:《广告的符码》,冯建三译,台湾远流出版事业股份有限公司1981年版,第149页。

[2] 加力:《广告的符码》,冯建三译,台湾远流出版事业股份有限公司1981年版,第153页。

能提供一个断裂无序的画面,是反解释的,只能观看无暇思考,这样就必然瓦解掉原作的深层结构,把空间意识变成时间意识,把立体的作品变为平面的连环画。电视新闻也是如此,它在强调人类的灾难和悲剧时,引起的不是净化和理解,而是戏剧化的浮泛情感和莫名怜悯,并且很快就被耗尽的兴趣和一种自以为身临其境的心态演变为一种虚假的仪式,长此以往,观众就会变得矫揉造作或厌倦透顶。MTV也是如此。一旦付诸画面,电视就会主使这些画面自行其是。它把历史、现实统统捣碎转化为五颜六色的碎片和片断,装入一个瞬间的平面。结果观众就只能被动地看,却无法主动地去想象,更无暇去积极地思考,审美能力被严重地钝化了,想象力也遭到了摧残。

不仅仅如此,MTV还是一种单方面的传播,它使观众完全成为一个耳提面命的对象。这也会使它自身反而被解构掉。我们知道,不借助形象的音乐自身,隐含着大量的深刻思想。黑格尔在《美学》一书中讲过:面对音乐,听者往往立刻产生填充这种看来毫无意义的音乐的运动的愿望,想找出理解乐曲进一步发展的精神支点、找出更为清晰的印象和他所熟悉的内容,以便心中产生共鸣。这样音乐对他来说便成为一种象征。因为,在力求捕捉它的思想时,他面临的是许多飞驰而过并充满难解之秘的问题,这些问题他往往不能立刻找到答案,而且它们往往能用多种办法来解决。汉斯立克在描述音乐的魅力时也说:"我们见到一些弧形曲线,有时轻悠下降,有时陡然上升,时而遇合,时而分离,这些大大小小的弧线相互呼应,好像不能融合,但又构造匀称,处处遇到相对或相辅的形态,是各种微小细节的集合……强劲细致的线条相互追逐,从微小的转折上升到卓越的高度,却又下降,伸展开来,回缩过去,平静和紧张的状态之间巧妙的交替使观者不断地感到惊讶。"①而在MTV中却是恰恰相反,多种答案简化为一种答案,多种解释简化为一种解释。尽管得到了指向明确、通俗易懂的效果,但却丧失了

---

① 汉斯立克:《论音乐的美》,杜业治译,人民音乐出版社1980年版,第50页。

音乐的根本精神。因为它是以视觉的经验来阐释歌曲,欣赏者的感受被限定、固定化了。它使歌词更为清晰,却使音乐的神秘性一下子消失了。这种将音乐的神秘冲击力托付给视觉的办法很难说它就是不好,但它确实是使音乐的性质从根本上发生了改变。汉斯立克肯定地说:"(音乐)没有现存的范本,没有使作品有所凭依的素材。"[①]自然界并没有旋律与和声这音乐的两大要素,犹如自然界并没有书法中的点画线条,因此借助音乐也不可能明确地表现什么,更不能以现实为范本,这正是它成为艺术的根本之所在。现在的 MTV 以一个人所欣赏到的东西,附会于作品,再让所有的人欣赏它的欣赏,就不能不导致音乐之美本身的淡化。何况,审美感情并非只是一种,而是"具体审美情感"与"抽象审美情感"两种。《艺术哲学新论》一书的作者杜卡斯就曾说:情感领域是一个浩大丰富的世界,不仅包括怨、怒之类可以明确觉察的,而且也包括其他无名但却实在的情感体验。音乐显然属于抽象审美情感。其审美特点不同于具体审美情感。屈尔佩针对这种情况,提出了"具体移情"与"抽象移情"的概念。在观看海洋、铁塔、柳树、风等具体事物时,人们往往采取一种人格化的移情态度,联想到人的具体的情感,并认为对象也有了这种情感。面对几何装饰、建筑、音乐作品时,人们并不感到像人一样的叹息、呻吟等具体情感。在同这样一些对象发生移情时,我们就把它们看成好像是一些符号,通过这些符号交流感情,在这种移情中,我们同旋律、节奏、和声等紧密结合在一起。这就是"抽象移情"。音乐所追求的正是一种"抽象移情"。遗憾的是,MTV 的创作者却误以为音乐追求的是"具体移情"。结果,它确实是提供了一种空间、一种理解,但同时也破坏掉了更多的空间、更多的理解。这就最终导致它的外在于创作者和听众。它使自身成为在两者之外进行的一个对于经验实体的简单模仿或复制过程,音乐中的最为深邃、最为活泼、最富有生机的魅力不见了。

[①]　汉斯立克:《论音乐的美》,杜业治译,人民音乐出版社 1980 年版,第 104 页。

这种局面,对于MTV的创作者来说,应该说,是十分尴尬的。因为创作成了"命题作画"。创作者在这个创作过程中完全处于被动和服从境地。他只是一个局外人和操纵者。他的工作就是使音乐获得相应的形状。而且,这种努力只能在极其有限的局部内有效,因为其中的大部分内容是无法通过这种尴尬的图形表现出来的——这些部分可以说是只为音乐而存在。对于MTV的听众来说,也同样尴尬。听众与MTV的接触,使听众不得不接受一种与审美活动的本义恰恰相反的强制性认同,成了对于特定的指意符号的识别。听众还必须学会对于画面的欣赏,否则就无法欣赏音乐,这可以说是"看图听声"。值得注意的是,它使音乐脱离听众的欣赏体验而存在,成为一种先于个人审美体验的东西,在任何人的心中唤起的都是同一种完全没有差别的审美体验,因而这种体验也就不可能深入听众的灵魂成为一种深层的体验。况且,它最终把听众引向一种固定的视觉图形,事实上也就剥夺了听众进行再创造再想象的自由。这种非常具体的画面还使听众陷入一场欺骗:当听众在画面面前轻而易举地把握了其中的对应关系因而自以为掌握了其中的深奥秘密时,有谁知道他已经陷入了一种肤浅?这无疑是一种"推理"的失误。柏格森说:"推理的实质就是把我们关闭在已知的事物的圈子里面。但是行动打破了这个圈子。如果我们从来不曾见过一个人游泳,我们可能说游泳是一件不可能的事情。因为,要学习游泳,我们必须从使自己在水中漂起来开始,因而是已经知道了如何游泳。事实上,推理总是把我们钉在实在的根据点上。然而,十分简单,如果我毫无畏惧地纵身投入水中,我起初只凭挣扎可能相当成功地使自己浮在水上,并使自己逐渐适应于这种新的环境,这样我们将会学会游泳。可见,从理论上讲,企图不凭借理智而去认识是一件荒谬的事情,但是,如果坦然地承认其危险性,行动也许可以打开推理所结下而又不肯放松的那个死结。"[①]MTV尚未出现之前,

---

[①] 转引自怀特编著:《分析的时代》,杜任之主译,商务印书馆1987年版,第70—71页。

人们习惯于在音乐中建构自己的奇思妙想,并以自己的种种想象来丰富作品的意义,虽然有时用文字来形容音乐,但文字本身毕竟还要经过想象才能转化为现实。电视画面就不然了,可以直接成为固定的画面。现在一切都改变了,大量的形象排队而入,我们只能坐享其成了。更有甚者,有些形象的选择根本就与歌曲完全脱钩,毫不相干。在 MTV 制作者看来,只要能够把歌曲推销出去,就是成功的形象。美女、青春、财富、艳遇、高跟鞋、摩天大厦、高档服装、影视明星、异国情调……纷至沓来。它将听众置于永远不被满足的欲望的层次上。热衷于表现人的脸,常常出现歌手脸部的特写及其连续的叠化。或是热衷表现歌手的身体,男性的身体被有意识地表现为欲望的物体,变焦镜头色情般地推向男性的裸露胸脯。摄影机常与身体一起摇摆,女歌手更是把自己的身体开发到了极点,充分表现了女性作为男性欲望的被动对象而存在。歌与画面的融会贯通达到了令人震惊的地步。我已经强调,人类的视觉享受还从未达到如此之高的程度,但同时 MTV 这种人类历史上堪称空前的"视觉快餐"又把音乐从无限转化为有限,结果音乐成为一种浮浅的社会参与方式,尤其是作为权威的大众传播媒介竟这样卖力地公开宣扬青年偶像,必然给在成人世界感到十分孤单的青少年产生一种公开做梦的快感、一种实现反叛的愉悦,使他们在电视上意外地看到自己的白日梦:那些出格的发型、服饰、舞蹈、行为……公开说出了尚未被完全社会化,也不愿被社会化的青少年的潜藏于心的抵触和不满,成为青年文化中的叛逆性的宣泄渠道。

更为值得注意的是 MTV 的"商品"属性。我们在讨论 MTV 时,往往只在美学的领域里涉足,但这似乎过于天真了。实际上,MTV 的内在动力正是人们往往讳莫如深的"商品"属性。对此最为敏感的倒是商人,他们抓住 MTV 大做文章,着力发展的是与音乐毫不相关的视像,追求一种表面的效应。结果使 MTV 在商业的泥潭中越陷越深,最终必然远离音乐之所以成为音乐的生命根源。在这个意义上,我认为,MTV 使我们看到的不是艺术而是工业,不是文化而是商品。如同形形色色的垃圾文化:静物照、金属画、插花、机织壁挂、电脑工艺品、贺卡、音乐喷泉……以音乐喷泉为例,它企图赋予音乐以空间知觉,赋予彩色以音响效果,但要找到两者在审美心理中的联系规律,却也并非易事。马蒂斯就曾发现:七色光谱和七声音阶似乎有着某种对应关系,一种蓝色,再伴随着它的补色的微微闪光,对感情所起的作用就会像在一面铜锣上猛然一击那样有力,但这充其量也只是一种类比,它们之间的关系毕竟是附加的,是对于音乐和美术的特性的同时并置。西方人就公开承认:MTV并不是一种艺术形式,而是艺术形式的行销品。或者,MTV是一种小型的广告片,制作者干的是行销工具的制作,是让艺术品有一个好看的包装。但巧妙之处在于,广告片的"商品"属性是在观看之前就知道的,但甚至在看完MTV之后,却无人意识到它的"商品"属性,无人意识到它是广告。列维说:"最让人惊讶的是,摇滚乐与媒介结合的情形,相对来说,本来还算是不发达的,但在MTV的驯服下,摇滚乐已经变成极度商业化的音带产业,在带子里,商品就是商品,再没有其他身份,而娱乐与促销广告的差别也无复可认。"[①]不妨再看音乐电视台的开办,香港卫视在筹划开播之时,已经花费了3亿美元,蓝天卫星频道在开播后的一年半中,则花费了9.35亿美元。若无好处,有谁肯下这么大的赌注呢?人们在调查中还发现,唱片卖得快的行销曲线和MTV影带卖得快的行销曲线是完全重合的。1982年,迈克尔·杰克逊在推出他的有史以来最畅销的唱片《恐怖之夜》不久,又出人意外地发行了一张MTV片。结果,唱片发行的数量不断增长。在他的自传中,他曾这样介绍说:"(录像发行后)整个唱片集的销售量开始剧增,据统计,在六个月的时间里,《恐怖之夜》的电影、小唱片、唱片集与磁带的销售数字为1400万。到了1984年,我们一周就卖出了100万。"而最终这张唱片

---

① 加力:《广告的符码》,冯建三译,台湾远流出版事业股份有限公司1981年版,第151页。

的发行量总共竟高达4000万。看来,音乐本身已经不能决定成败,决定成败的反而是MTV对它的改头换面的制作。这实际是"广告娱乐"的巨大胜利。MTV播出的每一则音乐带都只不过是MTV中的一个部分,一个表演因素而已,只有作为整体的MTV本身才是一个完整的节目。于是它展现为一条几乎连续的广告,一条被断裂为若干小广告的大广告,不仅是唱片工业推销艺术家,而且是广告商推销产品的广告,不仅是在销售唱片,而且是在推销MTV本身。因此它对于广告商才尤其是一个福音。我们不能不扪心自问,这究竟是一幕喜剧,还是一幕悲剧?

第七节　游戏机:"心理镜像"的幻影

在当代审美文化中,游戏机是一个最为典范同时又最为人们所忽视的"文本"。

当我们看到青少年们沉浸在《魂斗罗》《西部小子》《辛伯达》《荒野大镖客》之类的内容之中的时候,千万不要忘记,游戏机的魅力正是当代审美文化的典范表现。要破译游戏机的美学奥秘,必须借助于拉康所发现的"镜像"。在拉康看来,自我这个概念不是与生俱来的,而是来源于身体机能的协调,尤其是身体表面的整体感,弗洛伊德称此为"身体表面的心灵投影"。在一个人的幼年时期,因为无法站立,自然也无法形成身体的统一感和自我,可幼儿在6—18个月的时候,一旦在镜子里看到完整统一的自我形象,并且能够自主支配这一形象,无疑给身体尚未发展成熟的幼儿以极大的快感。这种对于身体的想象性的支配,会产生一种"自主性的幻觉"。这就是所谓"一次同化"。一个异化的自我由此形成。这是一个自恋的自我:它把身体变为形象。但这只是一个幻象、一个假象。其具体表现为:主体把镜中自我的映象,作为完整无缺的自我形象的同一物;主体与外在世界构成了以错误的视觉心理感知为基础的虚构关系;主体的心理、生理及人格受"幻想逻辑"的支配,与真实的客观世界产生分裂、扭曲;主体通过视觉映象所引起的想象,建立了一个完善、惬意的自我映象,并在这种镜像体验中得到一种令人愉快的完整与统一的幻觉感;主体的视觉世界与想象世界在此完全合一;主体在想象中完成了自我中心的形成过程,即错误的自恋过程,并在相当时期中不可避免地、不断地重复之……拉康指出:正是镜像,打开了儿童的"想象界"的大门。幼儿只有通过这样建立起来的一种幻觉性的关系,才可能完成他与一切"他者"的相互关系。在这个意义上,可以说,这种相互关系的完成,是幼儿精神的"命名仪式"的完成。但另一方面,这又毕竟不是一种真正的、成熟的心态,因此,随着时间的发展,长大后还要通过主动放弃这种心态,才能走向真正的、成熟的心态。

游戏机所展现的恰恰是这样的镜像。在游戏机中,人们通过操纵身体所获得的快感与幼儿在镜子中操纵身体所获得的快感是相同的,都是在想象中获得的自主的幻觉。详加分析,不难得出下述几点看法。

其一,当代人对于游戏机的迷恋,是从人类镜像心理出发,对于眼睛和身体的审美愉悦的满足。这可以在一定意义上理解为人类通过远离理性结构向感性形态的复归。但在另外一个方面,同样也不难意识到:如果一味如此,又难免导致镜像时期的人为延长和无限制地蔓延,从而走向极度的自恋与异化。在游戏机中经常出现的英雄、美女、凶杀、枪战……恰恰是这两个方面的反映,可以看作是自我被投射到想象空间,认同一个非我的对象的结果。

而在当代审美文化当中,也不难发现同样的特征。一方面,是对于眼睛与身体的强调。例如,叙事话语的视觉化就是一个突出的例子。像电影、电视、MTV,都是已经分析过的例子。再如古典音乐,一旦进入当代审美文化,它也被视觉化了,最典型的就是把音乐画面化,如把贝多芬的《第五交响曲》第一乐章画面化为"命运的敲门声",音乐因此而不再是流动的建筑了,成为音乐连环画。三联书店推出的蔡志忠的古典漫画系列《老子说》《庄子说》等

25种,就更为典型了,这个古典漫画系列风靡大陆,累计印行了700多万册。而1990年有八家大陆出版社急起直追,也出版了《世界历史五千年》《三国志》等11种大型连环画册,更可以使我们看到叙事话语的视觉嬗变。至于街道上五彩缤纷、形象纷呈的广告画面,则是意味着我们所置身的世界已经成为一个眼睛和身体的世界的活的标本了。鲁迅的《故事新编》,从美学的角度,我们把它看作一种话语的重新阐释。当代审美文化的叙事话语的视觉化,我们不妨也把它看作是传统美学话语的"故事新编"。再如对于理性结构的消解。在当代审美文化中,婚姻总是被塑造为束缚人性的坟墓,也与对于理性秩序的冲击有关。作家们很喜欢写性的不和谐造成的婚姻悲剧。当代西方的作品中更是经常出现性格怪僻,甚至心理失常的人物,这与传统的典型性格是不同的,前者追求的是一种秩序的体验,更为理性化,后者追求的是一种超越秩序的体验,更为感性化。至于作品中的人物,男性是从神祇到英雄再到反英雄,女性是从母亲到美人再到女人。而邪恶的坏人也不再是绝对处于好人之外,而是就在好人之中了,是好人的一念之差。另一方面,人类的进化使得自身越来越远离物质世界,并且在人类与物质之间插入了一个中介,这就是:形象。形象是一个以理性结构为基础的完整的话语系统的产物。通过它,人类得以与自己的生存状态相互比较。生活中的失落,可以通过形象的组织,回到权力系统,从而找到自己生活的意义、价值、理想。它无疑是通过束缚人来达到目的的,但也确实能够给人以极大的稳定感。例如空间,对于未知的空间的恐惧是原始人的心理困惑。沃林格因此在《抽象与移情》中提出:人类都有"广场恐惧症"。而传统美学的解决方法就是把空间观念塑造为一个扣在空中的"空盒子",而人被罩在下面,因为都有其系统的归宿,空间被塞得满满的,因而获得一种安全感(例如中国的意境就提供了这样的安全感)。其中最典型的是埃及建筑外面的那些明显无用的支柱。沃林格解释说:"人们用那些没有一根是出于构造需要的无数支柱,打破了观赏者对自由空间的印象,并且用这些支柱给茫然不知所措的眼神以支撑的慰藉。"①至于它塑造的环境就更是井然有序的。因此有人强调，在第一幕若在墙上挂了一支枪，到最后一幕就一定要让它打响。甚至黑格尔的哲学也是如此。它不惜以一种理论逻辑来征服外在世界，以致罗素在《西方哲学史》中讽刺云：宇宙也在逐渐学习黑格尔的哲学。再如时间。井然有序的时间也是在理性基础上的完整的话语体系的重要组成部分，可以有效地消解人们的心理恐惧。而现在的镜像却不再是一个以理性结构为基础的完整的话语系统的产物，而是对这一切加以解构的产物。或许是由于开放的外在世界的复杂性远远地超越了过去，人们的心理恐惧再也无法通过在理性主义基础上的完整的话语系统来解决了，于是就不得不回到原始的镜像。这个镜像不再是映照现实，而是虚拟幻想。这幻想禀赋着浓重的原始痕迹。例如武打片中的神奇功能，演唱流行歌曲的偶像，流行小说中对于性能力、性虐待的强调（由于忽视了性的和谐从根本上说还是心理的要求、心理的和谐，因此依旧是虚幻的），甚至广告中也总是上演着这种生活幻想的最后乐章，似乎只要一旦使用了产品，世界就会美好起来。而且，这幻想还无非是对于理性结构的逃避。我们在科学幻想作品中看到的就是这样的场景：它对未来时间的征服，实际是一种超越时间的渴望，是对于现实时间的困惑。而在更多的作品中我们看到的则是为了走出时间之劫，甚至不惜用抹去时间、打乱时间的办法去逃避时间。这种根本没有确定时间的艺术，表现为一种无机的生命节奏，情节是单纯的重复，就恰似根本没有确定时间而且可以随时"开"或者"关"（切断或进入时间）的游戏机的游戏。试想，在那句广告词"今年二十，明年十八"之中，你可以感觉到什么？我们在《渴望》中看到的则是对于空间的逃避。它的全部场景都封闭在一室之内，不论外面的环境如何改变，它却始终不变。这个小小的幻觉空间，就成为人们的一个精神家园。

---

① 沃林格：《抽象与移情》，王才勇译，辽宁人民出版社1987年版，第140页。

其二，游戏机中的能够给人以极大的快感的镜像，往往是一种集体话语。它无疑会给人以一种慰藉，堪称一种人类集体文化心理的表现和仪式化的活动。这很有点与原始文化相类似。面对的不再是一个欣赏对象，而是一个像神话一样的社会精神实体。列维-斯特劳斯就曾把巫医用神话给病人看病的方法称作使病人与神相联系的一种能力，指出巫医给患病的妇女一种语言，依靠它，无法表达的，以及用其他手段不可表达的心理状态可以一下子表达出来。游戏机呈现的镜像，正是这种神话。不过，也要注意到，这里所提供的一切又都是事先安排好的，人们只能无条件地接受之。共时性的语码结构要先于历时性的叙事过程。游戏者实际上是被构成、被决定的对象。他的一切快感也都是事先安排好的。电脑的程序决定了：他只能是一个在封闭的空间中的被构成的主体。

这一点在以他人引导为主的当代审美文化中表现得同样十分突出。就后者而言，当代不论哪一种艺术类型，他人引导的痕迹都十分严重。就以前面的例子为例，从表面上看是叙述话语的视觉化，是走向真实，但实际由于是被组织起来的话语，因此反而体现了对于认识世界的活动的异化。而且，作为组织者，当他把作为话语所需要的素材组织起来的时候，也是按照一定的叙述兴趣进行的，因此，其中的叙述话语就实际只是重构人的经验的话语图式。当代审美文化中的作为话语的"时间""空间""现实""历史""男性""女性""情爱""邪恶""灾难""性""中国""家园""复仇""理想""死亡""命运"……事实上，都充满了意识形态的痕迹，它使人类的审美经验集体化了，又反过来影响了人们用一种特殊的方式去看待世界。因而不是对于生活的实录，而是对于生活的改写和诠释。

最典型的是卡拉OK，它以简单、轻松著称，比读小说是简单多了。在孤独、空虚的当代社会，人们之间的情绪更需要沟通，卡拉OK正是一个最佳的沟通形式。另外，人们也不再希望把任何人当作上帝，而是希望自己被承认、尊重，卡拉OK正是一个展现自我的方式。它圆了很多人的遥不可及的明星梦。但卡拉并不永远OK。且不说很多人的演唱都是"把自己的欢乐建立在别人的痛苦之上",也且不说其中的歌曲十分有限,真正高水平的歌曲,由于难度大,在卡拉OK之中往往毫无地位。即便是它所导致的艺术的泛化,使歌曲步下歌坛,融入大众社会的媒介(以质量的下降为代价),就够令人忧患的了。何况,它给人们以表面上的积极姿态,使人们大受诱惑。但事实上,它只是艺术品的一种促销措施,是一个二度创作的东西,唱者只是一个批量生产者,是一种自欺欺人。它制造了一种强调个人的假象,用自娱、自乐、自我表现来诱惑歌者,人们往往为敢于突出自己而自豪,但机械化的电子设备,已经预先肯定了你所要肯定的一切,对银幕透出的声音和画面的暗自模仿更被自我欣赏所掩盖。似乎每个人都可以平等消费,都是一个潜在的消费者。但每个人在多大程度上追求的是他自己?无非只是一群表演着的自我。原来的集体的宣泄变成了个人自娱的宣泄,精英式的精神折磨或文化悲剧式的深度体验转化为一种非常愉快的幻想体验,这是一种十分愉快的控制。文化园地变成了文化市场。因此,如果流行歌曲是一种公共"艺术",卡拉OK就是一种"公共"艺术。

其三,游戏机一方面是高难度的身体操作,一方面是更为复杂的形象运动。行动与叙事同一。叙事本来是对行动的阐释,行动是叙事的对象,现在却是叙事就是行动的完成,使得它具备了一种连电影、电视都不具备的直接的参与性。正如我已经一再强调的,这正是当代审美文化的根本特点。甚至比后现代主义的叙事的开放性以及观众的参与更远为彻底。它与当代把结构完整的作品中的片断情节抽出来,例如搞一个"三国城""大观园",主动把作品切碎,是一致的。读者可以任意挑选。但另一方面,身体运动本来应该通向生活世界,现在却反过来通向自我封闭的想象世界,结果成为一个平面的精神事件、一个去身体化的过程,成为一个从身体的深度上升到表面的活动。它实际上否定了深度的身体经验,僵滞在表面上,身体活动变成为平面的形象游戏,不断的重复,封闭循环,因此也就根本没有身体操作的存在。

弗·沃尔夫的诗剧《镜中人》曾展示云:真实的自己一旦脱离了镜中的自己,镜中的影像就使他恶心,以至于一再疾呼:"我不要这填得丰满的面具!"

这个特点,在当代审美文化中也不难看到。例如我已一再提到的,在当代通俗文学中可以看到一种"性虐待"的热衷,在电影、电视、畅销书中反复看到,就是一种虚幻的身体自由。当代人通过这种方式来寻求自由,但是因为对象已经是虚幻的了,故自由也是虚幻的。不过,更为典型的例子还要数目前大受欢迎的武打片、侦探片和体育文化。

先看目前大受欢迎的武打片、侦探片。它们都是最为身体化的艺术,这一点与游戏机十分相像,但是值得注意的是,它们也是最为虚幻的艺术。例如武打片,在传统社会,武侠是一个真实的存在,他之进入艺术,是对于生活加以反映的结果,现在却不然,满社会找不到一个武侠,但在电视、电影、录像中却到处全是武侠。其中的人物是功能化的,情节则是一种无机的循环。为打而打,而且总是打不死,正常的时间意识完全被破坏了,始终展现出一种无终止、无高潮的叙事,因此不再具备传统艺术的那种深深地打动读者内心深处的生命意识的魅力,而只是对不可逆的展开过程的否定,对人的时间感的否定,读者在其中被迫进入催眠状态,机械地追随虚幻。一个十分典型的例子是传统的故事具有一种正面的力量,一种崇高感,在结尾总是要告诉世人,丑恶的东西已经被消灭,美好的生活来到了,而现在这个结尾却不复出现。人物的被杀害也从传统的"牺牲"转向了当代的"死亡"这样的中性观念。就是这使我们意识到:武打片越是盛行,当代人就越是软弱、虚无。侦探片也是如此。传统的侦探艺术是对生活的真实反映,重点突出的是道德的力量、社会的力量。现在不然,一味虚构,突出的是犯罪活动,以致在犯罪——伪装——侦缉——审判中独尊前两个环节(假如有100集的话,可以有98集是犯罪与伪装),不难看出,这显然是对于身体的暴力的原始追求的表现,是对于人类的恐惧感的满足。从开始打到结束,不断地死人,枪战、车战、飞机战、以暴易暴、追逐与反追逐、犯罪与反犯罪……结果,美学评价转化为彻底的虚无,身体的崇拜转化为身体的懒惰。从来不会一招一式却一样可以在其中大过英雄瘾;身体瘫软在沙发上,却又可以在其中纵横天下。即便不论武打,就以"情"论,男性在其中看奇遇和艳遇,女性在其中看痴情与绝情,也还是因为在生活中缺乏这种勇敢的实践。从中,透过当代人的幻想的实现,显示出的正是当代社会的"去身体化"特征。武打中的"寻宝"故事最为典型。只是为了寻宝,连人格理想的追求也无所谓了,不惜向更为原始的欲望后退。

再看当代的体育文化。体育是一种身体艺术,这一点我们在传统的"奥林匹克"精神中可以看到。这是一种"力与美的统一"。在古希腊,体育是每一个人所热爱的,它的体育盛会、裸体竞技、角力等,表现的是全民体育的结晶,也是他们在现实生活中的欢愉。在他们看来,体育运动本身表现的是生活活动和竞技活动的统一性。而且,在当时的情况下,人们无法把握那些真正精彩的动作的奥秘。射门、冲刺、跨越……都是一闪即逝,都是一次性的,它造成了传统体育的特殊的魅力,不可逆转的生命对于极限的冲击,使人类产生一种对于生命的崇拜,也使人类看到了自身力量的伟大。这是一种崇高的体验,一种不断打破平衡、破坏协调运动的努力。传统的体育运动,可以说是一首身体之诗。我们在著名作品《掷铁饼者》《马拉松选手》中所看到的激烈运动中的相对静止的瞬间,那种"高贵的单纯和静穆的伟大",正是这样的身体之诗。

在当代,这一点却逐渐消失了,电视把每一个瞬间反复播放出来,体育不再与一次性、不可逆性、瞬间性密切相关了,而变成了人类可以反复操纵的一种活动,反复、慢镜头、倒退……这是一种电视幻象,身体的完美瞬间状态被电视图像固定下来,以便人类反复观看,结果人类对运动本身反而没有兴趣了。另外,现代运动也被迫与数字联系在一起,瞬间的魅力让位给数字符号,它脱离了造就了体育运动的魅力的时间性,人们最关心的不再是经过时间过程而达到的目的,而是过程本身,结果体育的本来涵义完全丧失了,成为一种表演性质的活动,就像武打片、侦探片中的身体表演一样。更为重要的是,全民体育已经不复存在,观众成为观看者,运动员成为被观看者,观看与被观看的分裂已是当代人所无法避免的厄运,各种体育组织、俱乐部、经纪人、广告商,甚至赌博集团等等,站在观看与被观看之间,垄断了体育。结果,作为运动员的一方,是将人类的体能发挥到淋漓尽致的地步,甚至为此无所不用其极,例如为了向生命极限冲刺,不惜借助一切手段去获胜,从最初祭祀用的含有兴奋作用的神水,到今天的最普通的胆固醇,直至发展到连尿检也无法查获的药物(有的甚至连最先进的血检也不能截获)。再如普遍采用的怀孕法(使运动员处于怀孕状态后其体内各种成分激素发生改变,从而提高运动成绩)、血液回输法等等,虽然使运动员成绩提高了,但运动员为此却必须付出惨重乃至毕生的代价:有的变态,有的残疾,更有的付出了生命的代价。在现代体育中,欢乐、愉快之类的词汇已经消失,英国生理学家、诺贝尔奖获得者希尔斯说:"以打破极限的训练方式来导致人体发生巨大的变化,建立在这一基础上的体育竞技很难令人欣赏。"甚至就是运动员身上所发生的女性的身体男性化,男性的身体极端化,也是违背人类体育运动的初衷的。单纯对身体加以炫耀,古希腊不存在这种情况,黑格尔称之为"弄姿作态",《拉奥孔》表现的是:"人们在从纯朴自然的伟大的艺术到弄姿作态的艺术的转变过程中已迈出了一步"。古希腊时期,不是为了展示身体而展示身体。当时的胜利者都会被塑造塑像,可见对他们的形体美的重视,但现在却转而重视被夸张了的肌肉、肢体、技能。作为观看者的一方,则一味沉浸于观看,被动接受种种事实,只有喝彩的权利,体能却退化到瘫痪的程度,小姐的纤足从未碰过足球,却可以狂热地爱好足球,男士的两拳在坏人面前吓得发抖,却可以成为一个真正的拳击比赛迷。从爱好体育到爱好观看体育,肉体上的萎靡不振伴随着精神上的狂妄自大,这便是当代人的体育。在古代,运动是不可缺少的一个部分,它来源于社会生活本身。骑马、击剑、射箭,是战争能够取得胜利的关键;游泳、跳远是登山、涉水的生活部分,在游戏中对此加以训练,也是为了实际生活的需要。此后随着物质生活的提高,各种活动的实际意义、迫切性开始降低,而游戏的意义开始增强,像中世纪的马上比武大会,就丧失了战争的意义,成为节目和玩耍。美国的骑牛大会,本来也是牛仔生活的一部分,现在成为一种游戏。它本身就是一种乐趣,不再是实际的活动。至于网球、足球、高尔夫球的出现则完全是一种创造。但无论如何,它们都是实际的身体运动。

其四,总之,游戏机与当代审美文化一样,可以称之为一种象征活动,它既是理想的,又是虚无的。因此,它实际是一种与社会异化疏远的自我想象活动,一种变形的自恋。它的主人公不是现实的人物,也不是现代的内心焦虑的个体,而是非社会化的自恋对象。它闭目不看混乱的社会秩序、现实的人生困境,而只是追求通过简单的形象叙事的不断重复,在一个镜像的完形中达到暂时的自我认同,以一个梦想症式的镜像自我来克服精神分裂的主体崩溃倾向,从而达到一种虚幻的境界。因此,我把它称之为心理镜像的乌托邦,那么,在一定的意义上,当代审美文化,是否也可以称为心理镜像的乌托邦呢? 我想,也是可以的。

第八节　涂鸦:另类的青春话语[①]

城市就像一本生活的笔记,五味俱全,声色并茂。"涂鸦",就是这本笔记里一页另类的插画。

涂鸦(Graffiti),是指在墙壁上涂写的图像或文字。一般认为,它最早出现于20世纪60年代的美国,与奇装异服、街舞、HIP&HOP(街头说唱)、MC(唱白)、滑板、街头篮球等并列为"街头文化"的几大元素。而其中,涂鸦又尤为特别:它诞生于城市社会边缘青年之手,经过多年的发展,竟然走出了

---

① 本节为本次出版"潘知常生命美学系列"时新补,特此说明。

名不见经传的街头巷尾,不仅开始逐渐摆脱它游荡于法律边缘的"地下"身份,而且登堂入室地进入了公共社会的视野,开始跻身于拍卖行和艺术画廊,甚至走向世界,成为一种先锋艺术的形式,为越来越多的人们所了解,所接受。

在涂鸦文化蓬勃发展的近几十年中,最负盛名的作品当数柏林墙涂鸦了。"柏林墙"本是上世纪东西方"冷战"关系的政治产物,但同时,它还见证了一段璀璨多姿的涂鸦艺术史。因为柏林墙建成后,墙外的东德居民被严禁靠近它,墙内的西德政府却毫不设防,西德公民与外国观光客却可以任意与之"亲密接触"。于是,当这一面交织着压抑与渴望,承载着历史与未来的长墙静穆地肃立在世人面前时,就自然而然地会激发起人们心中关于自由、民主、和平、尊严与爱的思考,因而,在"柏林墙"伫立的几十年里,来自世界各地的人们将自己的种种美好愿景投射在这面一度堪称"世界之最"的长墙上,他们之中既有国际知名的涂鸦大师,也有笔迹青涩的青年学生,还有更多置身墙外却心系墙里的普通市民。经年累月,在冰冷的高墙上竟辐射出了一幅绚丽多彩的大众艺术风情画,成为了20世纪现代艺术的代表作。而涂鸦艺术正式成为现代艺术表现形式之一,其中,柏林墙涂鸦也功不可没。

最终,钢筋混凝土修筑的柏林墙没能成为某些人以为的钢铁防线,在历史滚滚的车轮面前,作为政治壁垒的"柏林墙"倒掉了,可是,作为涂鸦艺术里程碑的柏林墙却是永恒的。

即便如此,长久以来,关于"涂鸦是不是艺术"的争论却从未停息过。其实,这与人们对"涂鸦"现象的文化定位不够明朗有关。严格来说,"涂鸦"所代表的,是一种特殊意义上的文化;涂鸦文化是一种青年亚文化现象。所谓亚文化,是指一种反叛或背离主流文化的文化。它的最大特征就在于:并不全盘否定主流文化,或者说,它并不去实际地反抗主流文化,只是在符号象征的层面上夸张它与主流文化的差异;并且蓄意让这种夸张通过故意忽略主流文化的某些方面同时又刻意突出另一些方面的方式去完成。其结果往往是对社会主流文化采取一种虚拟反叛的立场,但又不是实际反抗的立场。无疑,"涂鸦"就是这类青年亚文化"反叛"但不"反抗"行为的典范。

而"涂鸦"作为青年人另类的"反叛"表达方式,它最重要的特征则可以概括为:与城市争空间和与主流文化争夺话语权。

所谓与城市争空间,也就是说它无所不用其极地抢占着最典型也最廉价的城市空间——无所不在的"墙"。最初的涂鸦,只出没于偏僻的街巷和废弃房屋的断壁残垣上;后来,发展到一切城市建筑物的墙体;再后来,"涂鸦"深入到了城市的各个角落,各种正式的与隐形的"墙"都成为了"涂鸦"的乐土,比如地铁车厢,比如汽车内壁,甚至高档轿车的车体、车窗,等等。而这也恰恰是"涂鸦"最过激以及招致公共社会最激烈否定声音的地方。其实,自从"涂鸦"诞生的那一天起,关于"涂鸦是不是污染"的争论就和它是不是"艺术"一样备受关注。美国报界曾经形容纽约的涂鸦密集地带布朗克斯"就像原始人的聚居地";英国国会曾在2003年通过一项反社会行为法案以对付"涂鸦";而至今在许多国家和地区,未经墙体所有人批准的"涂鸦"行为,仍然是不被法律所宽待的。不过,即便如此,"涂鸦"仍然是城市青少年乐此不疲的表达方式,那么,为什么城市的青少年非如此"另类"地表达不可呢?

事实上,"涂鸦"与城市争夺空间的本质就是青年向社会争取话语权。在城市中,青年往往因为自己在政治、经济或在公共权利上的暂居弱势感到压抑或焦虑,快节奏、高效能、模式化运作的城市对于困惑越来越多、被关注却越来越少的青年人来说,是太冷漠了。而这,也就是城市青年不惜徘徊在社会法律与道德边缘也要铤而走险,把"涂鸦"进行到底的原动力。空间就是权力。这些富于表达欲望,急切期待被倾听和被关注的年轻人或年轻的艺术家,正是希望借助"涂鸦"这种与城市激烈争夺空间的极端表达方式,发出属于自己的声音,表达自己对社会的看法,并且,宣泄自己压抑已久的情绪。因此,对于"涂鸦"爱好者来说,"墙=话语权"。

由此看来,武断地将"涂鸦"判定为城市污染或者精神垃圾,毫不客气地宣布"是垃圾就必须清除"的观点实际上是一种成人社会的自私偏见,在这一点上,如何在不影响市容的情况下,给予涂鸦爱好者以适当的张扬个性,表达美好理想或愿景的空间,才是城市的管理者应该重视和认真思考的问题。

此外,"涂鸦"文化的另一大特征就是与主流文化争出位。与各国政府对"涂鸦"管束严格形成鲜明对比的是,"涂鸦"文化不仅没有从此在人类的文化中销声匿迹,反而愈挫愈勇,漂洋过海,乃至风行全球。不可否认的事实是:涂鸦,已经成为了城市青年追逐的时尚焦点。它张扬,张扬得甚至有一点儿放肆;它叛逆,叛逆得敢于当面嘲笑主流文化;它躁动,所有的"涂鸦"无一例外地告诉你它是多么地不安于壁,跃跃欲出;它奔放,每每你看到墙有多大,字就有多大的炫目。"涂鸦"时,你会觉得,画它的那颗心,一定比墙更大,比色彩更热烈。虽然"涂鸦"的形式是安静的,可是"涂鸦"的表现绝不安静,那些夸张的、变形的、炫目的、怪诞的图像与字母无一不在声嘶力竭地呐喊,虽然你可能看不懂它画的是什么,虽然你可能听不清它究竟在喊些什么,可是,你一定懂得它的情绪,焦躁的、愤怒的、忧郁的、百无聊赖的、无可奈何的、激情飞扬的、狂飙突进的……而且,你一定会被"涂鸦"的情绪所感染。而事实上,涂鸦就是这样的一种东西:它代表青春的声音,传递青春的情绪;它并不准确,甚至指向不明;它并不高深,甚至流于浅薄;就像男孩子暧昧的口哨,就像女孩子怪异的尖叫。可是,其实它们并不想告诉你什么,而只想用这种与成人的、成熟的主流文化截然相反直至挑衅权威的方式来宣喻自己青春生命的真实存在。显然,"涂鸦"是青年的自我展现,它们展现的不是能力,也不是思想,而是肆无忌惮的青春本身。

因此,在城市这本生活的笔记里,在它庄重简单的底色上,每一天都会记满许多故事,长短不一,笔迹各异,有的细密齐整,有的信手拈来,而"涂鸦"则是笔记中一帧另类的插画。而在我看来,开放的现代城市就应该是这样一本"笔记",也应该宽容不同风格、鼓励公众参与,兼容并包,兼收并蓄,致力于打造文化表达和情感沟通的最佳公共空间。也因此,如何把"争议"变成"创意",让"涂鸦"成为风景,这对于现代城市的管理者来说,是课题,也是机遇。

读城亦如读书,惟有精彩不止一处,美丽不止一页,才能令人常读常新,百读不厌。仔细想想,在"涂鸦"的背后所蕴含的,难道不应该是这个道理?

第九节　人体之美:辉煌的复归与错位的游戏

一切美的事物,都令人深深地慕悦和爱恋。

泰山之伟、华山之奇、三峡之秀,皆是天赐之美——这是自然的美。

李白的诗篇、贝多芬的乐曲、梵高的绘画,皆为人造之美——这是艺术的美。

不过,美学家一致认为,在一切美的事物中,最美的还是人类自身。作为大自然亿万年来生物进化的结晶,作为物质世界的优胜者,人,堪称"万物之灵";人体,堪称"造化之巅";人体美,堪称"美中之美"。

"人,是上帝最美的创造。"泰戈尔曾经惊叹。

不过,对于人体的审美,在不同的时代,又有截然不同的表现。过去,人们经常说:在历史上只要禁欲主义盛行以及人们的欲望受到压抑,女人的头发就会无精打采地低垂下来,男人的头发也会越剃越短,而一旦遇到开放的年代,人类的头发也像敏感的神经末梢,最先兴奋起来、蓬松起来。现在,人们也说:"股票的价位越高,女人的裙子越短。"确实,一个社会的开放程度,可以以穿衣服的多少来衡量。法国时装学者发现:1880年欧洲妇人的正装由25块单独的部分披挂而成,约50年中却只剩下4块缠在身上(它们是外衣、亵衣、两只袜子),不到50年的时间,脱掉了20件衣服,每两年减去一件。过去一个女性穿衣服要30分钟,脱衣服要10分钟,现在,穿要1分钟,脱要20秒钟就够了。为此,有人开玩笑地说:裸体的产生,是20世纪最美丽的风景,20世纪的人也是看见裸女而心跳的最后一代人。

这样说当然不是鼓励"有伤风化"的"裸体",而是说,人类的身体在当代受到了前所未有的关注。原始文化时期也十分注意人类的身体,但那时对于身体的理解与现在根本不同。须知,衣服以前没有裸体,裸体是衣服出现以后的人类发明的。是衣服产生了羞耻,而不是羞耻产生了衣服。衣服是文明的象征。人类对于裸体的美感,是和衣服一同产生的。马雅可夫斯基说:"世界上没有任何一件衣衫,能比健康的皮肤和发达的肌肉更美丽。"衣服只是对于文明社会的人类才有意义。不过,角度又与过去不同。在过去,人体是作为人类进化的确证而进入审美活动的视界的。试想,还有什么能够比人类的身体更直观地体现出人类从自然向人的生成呢?人体是人类进化的一面镜子。亚当和夏娃正是因为看到了这一成果而为之怦然心动:"我变了,我不再是动物而是人了!"由此出现了热爱自己的身体的意识,以及相应的对原始祖先的容貌的一种本能的反感。人类可以把猫、狗、虎、豹、蝴蝶、金鱼、天鹅甚至狐狸当作审美对象,但却不愿把猴子当作审美对象,而宁肯把它当作丑角,竭尽耍弄、嘲笑、鄙视之能事,正是出于人类的这种源远流长的审美意识:对原始容貌的反感。难怪赫拉克利特要宣布:"最美的猴子与人类比起来也是丑陋的!"

因此,在过去的人体审美之中,喜欢的尺度与厌恶的尺度都出自对于人类进化的憧憬。"长毛人之所以不美,蓬头垢面之所以不美,因为那是祖先的遗痕;短小的罗圈腿之所以不美,驼背之所以不美,大头短颈之所以不美,因为它与进化逆向;颌部大而外突之所以不美,塌鼻梁之所以不美,前额过短、颧骨过大之所以不美,四肢过短之所以不美……因为太像他的猿类祖先。《巴黎圣母院》中的卡西莫多之所以被视为极端丑陋的人而荣获选丑冠军,是因为他酷似一只大猿。撇开社会原因造成的种种差异不谈,历代文艺作品中所宣扬的美人,又有哪些值得注意的特征呢?他们体表无毛,光洁程度远在人类皮肤光洁程度平均数之上,甚至是超常态的;他们的眼睛略大于常态,胸部略高于常态,女性的乳房像两个半球而没有下坠之状,这在有地心引力的世间简直是不可能的;他们的直立状态如常人,没有什么特殊,但两腿挺拔而略长于常态……"①以人类的头部为例,人们在比较动物的头部时发现,越是低级的动物,其头部就越接近于稳定的几何形状。蚯蚓的头和身体几乎融为一体,鱼类的头部大体上是稳定的三角形,猎犬的头就复杂得多了,大体上是由一个长方形(嘴、鼻子)和椭圆形(头)联结起来的,但随着猎犬的追逐、觅食、撕咬、瞌睡,头部又时时打破这种简单的几何形状,由覆盖头部的肌肉、神经和皮毛,呈现出种种微妙的过渡、转折和变化,表现着猎犬特有的非几何美,至于猴子、猿、黑猩猩身上的几何形与非几何形的对立和互补,就更为复杂了。到了人体,几何形与非几何形背道而驰的对立和互补则更为复杂了。这复杂,就成为人类的审美对象。再如人们之所以崇尚"希腊式的鼻子",也由于它是人类进化的确证。在动物的面部,最重要的是嘴,其他器官则服从于嘴。人的面部,最重要的则是额头、眼睛,因为它是理性的象征。其他器官通通处于辅助的地位。也正是因此,作为联结面孔上下部的桥梁,鼻子的重要性就无法忽视。塌鼻梁之所以丑,是因为从外观上看它中断了与额头的联结,使鼻子更多地属于嘴巴的进食功能,令人产生肉欲、粗俗的联想。"希腊式的鼻子"之所以美,则因为它与额头的联系更为明显。人类对身高的审美,对白嫩、细腻的皮肤的审美,也是出于这一原因。

  不过,人体也并非只能以上述的视界进入审美活动,并非只能作为人类克服自己与外在世界的疏远感,以及不断改变外在世界的确证。以"文身"为例,原始人的"文身"发生在"成年仪式"上,在此之前,他还只是一个非正式成员,"文身"则使他成为一个正式成员。可见,这是灵魂对肉体的认可,自我对于外在身体的认可,总之,是一种人之为人的确证。至于进入文明时代后不再"文身",则是因为找到了更好的确证方式。对此,可以在原始时期

---

① 刘骁纯:《从动物快感到人的快感》,山东文艺出版社1986年版,第62页。

地位高的人反而不再文身受到启发。普列汉诺夫就发现:因为所有的人都文身,"由于对立的原理,地位最高的人就停止文身"①。停止"文身"反倒成为确证自己的特殊方式。可见,一旦有了更好的确证方式,"文身"就会退出美学舞台。而从宏观的角度看,进入当代社会,区别于传统的人体美的全新的美的出现,也应该从更好的确证方式的出现的角度加以解释。简单地说,这个更好的确证方式,即人类从文明回到自然的确证。

以舞蹈为例。西方古典舞蹈的典范是芭蕾。ballet来源于拉丁文的ballo,意为"跳跃"。舞者为了高扬自身的超越理想,竭力把身体向上升举,通过翱翔空中和足尖跳舞,去向地心引力挑战,其中蕴含着以艺术超越生活,渴望从变化不居的过程中把握住恒定的东西,渴望栖居于一个另外的世界的美学理想。它是天上的神的舞蹈,动作的指向性是永远朝上的,动作的质感是飘飘欲仙的,"开""绷""立""直"的美学规范使得人体时时保持一种优美的空中形态,保持一种作为面的核心的曲线美,从中不难看出它对"高贵的单纯、静穆的伟大"的希腊雕塑效果的追求。同时,它还固执地追求四肢运动的空间轨迹,这体现在对连续动作的终端所形成的视觉动态造型的追求上。人们常说:一位好的芭蕾舞演员应该永远是雕塑家和画家的模特。人们也往往看到,在芭蕾舞的排练场四周总是镶嵌着大镜子,道理就在这里。所以格罗塞断言:"现代的舞蹈(指近代的舞蹈——引者)不过是一种退步了的审美的和社会的遗物罢了,原始的舞蹈才真是原始的审美感情的最直率、最完美,却又最有力的表现。"②而对观赏者的要求也主要限于视觉和听觉。注意的是某些固定的动作规范,如两腿相击的次数,旋转的次数,跳跃的难度和高度,速度的快慢,平衡的把握,高速旋转后停止时的稳定,跳跃后落地的轻柔,上下脚尖时的流畅,方向变换的准确,跃入空中后的悬浮幻

---

① 普列汉诺夫:《论艺术》,曹葆华译,三联书店1973年版,第116页。
② 格罗塞:《艺术的起源》,蔡慕晖译,商务印书馆1987年版,第156页。

象,身体线条的优美,单脚尖上的平衡时间长短……进入当代,以黑人舞蹈的渗透为端倪,从早期的拉格泰姆、爵士乐到50年代的摇滚、70年代的迪斯科,舞蹈的美学观念被注入了一股新鲜的气息。其中的代表是霹雳舞。与"用脚尖跳舞"形成对照,霹雳舞是"用脑袋跳舞",其美学追求完全相反。在它看来,平衡并不是运动的本质,而只是运动的出发点、归宿和参照标志,只是审美活动中的一个不怎么重要的方面,运动的本质是对生命力量的平衡的破坏。其动作以借事物的联想来强化各肢体动作之间的关系即力的样式为主,以追求一种作为对面和曲线美的全面否定的直线美为主,因此不再注重运动阶段中的短暂平衡、空中形态、视觉动态造型之类,而是去注重运动阶段的过程本身,尽量减少开始、顶点之类的亮相式的静止因素,增加活动展开过程中的连续动作和节奏,展现出来的不再是贵族气味,而是一种平民气味,不再是一种优美的四肢外部形态,而是驱动四肢运动的生命活力本身。它是地上的人体的舞蹈,动作的指向性是朝下的,动作的质感是逐渐下沉的,也不再反映现实,所谓"舞蹈无法表现岳母"。

"选美"的出现也是如此。人们往往喜欢用道德美来理解"选美",但实际是逃避在人体美的理解方面的新困惑。苏联改革后开始出现"选美",但是,其标准却令人诧异:魅力+智力+语言表达能力,结果在决赛的人选中,竟然有70人超重,30%的人有肥胖病,中国也逃避这一困惑,搞成"礼仪小姐""月季小姐""青春小姐"……实际上,其中的关键是深刻地理解当代人心目中的人体美。

作为人体审美的一种,"选美"与以人体为主题却不受真人限制所进行的人体审美——凡是观照对象借助物质媒介构造的人体美都可以归入这一类,如舞蹈、体育、健美、时装表演——不同,是对人体的直接观照,例如竞技体育侧重人类肌体的某些能力,而不是肌体本身,并着重开发这种能力;演艺活动是借助演艺技能塑造人物;舞蹈是借助人体表现形式化的线条韵律,选美则更多地注重身体的自然形态。它在当代之所以可能,与当代审美活动的特定视界密切相关。在传统美学,由于深受印刷文化的影响,美从口头文化时期的直接的形态,转变为间接的形态。我们所熟悉的在人体审美中对于内在美、道德美、灵魂美的强调,就是在印刷文化背景基础上产生的。在我看来,雨果的《巴黎圣母院》,就是这样一种人体审美的宣言。其中的"钟楼怪人"卡西莫多就体现着一种新的审美观,外表不美但心灵却是美的,美学上仍然可以称之为美,那个卫队长外表很美但内心不美,美学上就称之为丑。不难看出,人的形体本身,在审美中处于一种无足轻重的地位。到了当代社会,印刷文化被电子文化所取代,美又从间接的形态回到了直接的形态,人体本身的美再次也就受到了广泛的注意。选美的出现,道理正在于此。西方比中国更早注意到这个问题。西方自古重视灵与肉的冲突;中国自古重视形与神的和谐,因而更重抽象化、形式化、诗化的人体。像中国服装就重视抽象化,而西方重视自然化。因此,中国的人体审美是病态的。当然,中国无身体审美的地位,并不意味着对它不感兴趣,而是转入了俗文化,形成一种病态的审美,一方面通过越轨行为造成一种刺激和满足,一方面把身体同性刺激绑在一起,使注意力无法停滞在身体上,而成为导向性器官的媒介。

因此,事实上,人的形体在当代的审美活动中已经成为平面的文本。人体审美的纵向延伸被斩断了。当然,这也使得人体审美反过来横向地无限延伸,选美的商业化就是典型的例子。像三围,西方开始是注重四点,即双乳、肚脐、阴部四点之间的关系。双乳间的距离、双乳水平线到肚脐的距离、肚脐到阴阜的距离是相等的,这是合乎自然的。当代的三围则是反自然的(中国缺乏对于身体的兴趣,故较少去着眼如何改造自己的身体。西方的四点是按照理想的自然状态改造自身,如男性通过锻炼使胸廓扩张、肌肉发达而脂肪减少,形成宽肩细腰的倒三角形。相比之下,中国的"虎背熊腰"显然过分粗笨了。而女性的"肩若削成,腰如约素"则无曲线。从西方的标准看,胸部不够丰满,乳房过大或过小,腰肢没有形成哑铃形的中部曲线,尤其是同胸部曲线连接成的弧过于平缓,臀部不够圆),服从于商业社会中的男性目光。还有社会的原因,一切都成为商品,人体自然不能例外。企业对此的兴趣就是这样产生的。现代选美还是丑小鸭一夜成名的童话。文化工业是以市场的需求去阐释消费者的经验,人物往往被包装成为某种特定类型,往日的童话是全社会的经验,现在的童话是少数人的需要,他们将幻想工具化,不再属于大众,大众沦为被动的消费者。选美看似对大众开放,实际却是推销一种有市场需要的商品,是一种心理魔术。若要成功,先向社会的模式低头,某些集团正是利用这一童话获利。

从选美我们不难联想到女性在当代审美活动中的特殊作用。选美与选女性相互对应,这本身就是一个谜团。"为什么只选女性?"这几乎是所有的女性都为之愤愤不平的问题。这种愤慨对于问题的解决是无济于事的。因为男性在文明社会承担的压力要大得多,难道他们也向女性去呼吁:为什么我们就要吃苦耐劳?甚至他们会呼吁:拳击场上都是男性在表演,为什么就该男性在台上挨拳头?然而,她们可能没有想到的是,其中蕴含着的正是当代审美文化最为内在的秘密。美学家往往用人体美是最高形态的自然,女性的人体美则是人体美的巅峰来解释,但事实上这是非常不够的。更为深刻的解释应该从男权社会开始。从社会因素讲,在人类历史上,男性与女性谁占上风是反复较量的结果。一性占优势——两性平权——另一性占优势,一方占优势时,另一方就成为被欣赏的对象。图林的纸草画就产生于古埃及女子专制的时代,画上的男子就是一丝不挂,而女子则穿着衣服。在男性专制的时代,罗丹的《青铜时代》中的裸男则大受谴责。在我看来,男子的占有欲、观看欲和女子的被占有欲、性炫耀是互为因果地存在于父权社会的,这造就了人体审美中的一种奇特的心理不对称现象:男性喜欢欣赏女性人体,女性也喜欢女性人体。女性人体是被欣赏的对象,是公共财产,而男性的人体则是男性自我欣赏的对象。雅典奥运会就曾长期拒绝女性参加。而女性想反抗男性文化,却或者被男权社会同化,例如女性故意穿牛仔裤、晒黑皮肤,却反而被认为是性感的象征,或者被男权社会排斥,如乳房和臀部脂肪被肌肉吸收掉的女性,就往往不被认可。格罗塞说:在母系社会是没有老处女的。同样在男性社会是没有老处男的。希罗多德讲过一个康道尔王后的故事。康道尔是公元前7世纪小亚细亚里底亚的国王,妻子十分美丽。一次,他让卫士基格斯偷看她洗澡,妻子发现之后,就找到基格斯对他说:你或者娶我为妻,杀死国王,继承王位;或者被处死。于是,基格斯选择了第一条路。显然,在这里女性的被欣赏和被占有是一致的。美国的《纽约时报》对1654名成年人作了抽样调查,关于短裙问题,70%的男性喜欢看到女性穿在膝盖以上的短裙,未婚的女性中穿短裙的也在56%。这也是一例。

反过来,也可以从男性之所以不被作为选美的对象,来看上述谜团。男性为什么不能选美呢?据我所知,西方有不少人多次设想为女性办一个色情杂志,却没有成功的。因为她们对男性并没有兴趣。似乎男性天生多恋,而女性则独恋;女性天生重情,男性天生重欲。为什么呢?关键在于从女性的角度看,男性的人体存在着两重魅力。一方面,男性的大量活动导致肺活量的增加,使得胸部大大扩展,再加上三角肌的发达使两肩外凸,形成了男性特有的宽阔的呈倒三角的上半身,成为女性的依靠,因此在女性的眼睛里男性成为保护者的形象,但另一方面,这种强健又导致男性对于女性的侵犯、凌辱,这种形象在女性的眼睛里又形成了侵犯者的形象。在社交场合,被仪表、风度包裹起来的男性让女子看到的是前者,但在选美的场合,半裸的男子让女性看到的则是后者。这样,我们不难从反面看到当代社会对于女性的特殊关注的奥秘之所在。

进而言之,西方学者指出:女性之所以在当代社会受到特殊的关注,与当代社会的美感被人为地分裂为看与被看、主动的男性与被动的女性密切相关。在当代社会,女性形象无处不在,占据了视觉的中心位置,以致有人半开玩笑地说:当代社会的人们,艳福超过口福,为怕发胖不敢多吃,但却可以多看。也正是在这别具深意的"看"中,女性生成为女性。"女性不是天生的,而是生成的。"这实在是精辟之见。因此女性虽然走出了封闭的世界,却走不出男性的目光——无非是使自己在更多的场合都成为被男性目光凝视的"奇观",成为被窥视的对象。女性只有成功地被人观看,才有价值,是男性的目光的认可,她们才有了成功感觉,所谓女性的自由自主也只是依赖于他人的存在,并非一个主动的主体,而是一个主动的客体,一个没有所指的能指,其主要的功能就是作为男性欲望的承载者。真实的女性身份就这样被篡改了。嘉宝所塑造的"怪僻女性"、赫本所塑造的"睿智女性"、褒曼所塑造的"政治女性",都是这类角色,所谓大众(男性目光)情人。《北京人在纽约》中的郭燕也如此,王启明可以拿她作砝码,甚至可以再去找别的女性,但她失落之后却只是躲在屋里喝闷酒。至于阿春,更是一个欲望客体,一个集母亲、妻子、情人于一身的充满魅力的性感符号。爱情、家庭就这样成为女性不得不接受的宗教,即便是塑造的若干成功女性的形象,也不例外。如电影《画魂》中的潘玉良,既野性、反抗,禀赋着悲剧的冲动,如为生而挣扎的夏娃,又温婉、贤淑,充盈了爱的情愫,恰似为爱而牺牲的圣母。但她的性格,因此也出现某种怪异:从男性立场看,固然是反传统的,但从女性立场看,却偏偏是传统的,似乎应该意识到,潘氏"无法为妾"的悲剧早在无法为女人的时候已经开始了。实际上,一个作为女人的女人,一个在生命意义上可以称为女人的女人,不应像男性那样以女性为媒介,而应从自己的性别出发,去阐释其中的人性内涵。否则,会陷入一种堂皇(男性)叙事,女人的生命体验就会简化为女人间的故事,爱情的故事就会变成权力的故事以及在男权中心里争夺生存空间的故事。女性目前当然还不可能走出性别的困境,但却不能让困境扭曲自己的精神。有女性,但无女性意识。这正是即便在当代的美学家、艺术家笔下也经常发生的一幕。

与此相应,咄咄逼人的男性叙事,使得男性的美感也发生了某种怪异:既然权力的发射中心是男性,那么,在男性中心的社会里,男性的焦虑就往往被转化为全社会的焦虑,如上所述,女性正是缓解焦虑的代用品,焦虑在女性的魅力无穷的莞尔一笑中化解消融。但我们还可以做出更为深层的说明。阿尔图塞说:"意识形态是个表象体系,但这些表象在大多数情况下和'意识'毫无关系;它们在多数情况下是形象,有时是概念。它们首先作为结构而强加于绝大多数人,因而不通过人们的'意识'。它们作为被感知、被接受和被忍受的文化客体,通过一个为人们所不知道的过程而作用于人。"[1]在女性身上也隐藏着意识形态的经典编码。在当代社会,人们丧失了个性,但人们又倾向于自认自己是充满个性的,这种"自认"只好通过"镜像误认"的办法来完成。例如在电影中,在现实中发现自己无用的个人,在银幕的镜像中又使自我认为自己有用,可以像主人公一样潇洒。通过什么呢?女性。女性既是画面中男性"惊鸿一瞥"的欲望对象,又是画面外男性"目不转睛"的欲望对象。女性是男性百看不厌、秀色可餐的观看对象。在女性文本的制作中,信息与欲望代码天衣无缝地结合起来,"信息本身必定显得安全、前后一致和可充分理解,为此,(电影)信息必定在自身范围内来涉及它试图加以掩饰的代码诸成分:镜头的变化,尤其是这些变化背后的东西,以及如下一些问题:谁在看它?谁在安排这些类像?以及,为了什么目的要这样做?这样,观众的注意将被限制在信息本身,他们就不会注意代码了。"[2]而通过这样一种特定的"看",就使得男性命运中兼具的两种角色得以融合。我们知道,男性一方面禀赋着看的主导权力,另一方面自身同样存在着局限与被动。男性的观看,从深层的角度看,正是来自心中挥之不去的"去势"感和平衡的需要。"去势"——"菲勒斯"(Phallus,父权象征)的失去是每一个男性的隐忧。这种阉割恐惧,只有在面对一个逼真到虚幻的对象时才可能获得满足的经验。美女正是一方面代表了去势男性的欲望,一方面代表了男性拒绝承担的一种成分:她已被阉割的身份,暗示了阉割的存在,每当这时,男性的潜意识就通过两种方法来消除忧虑。一是重演这项原始的创伤(考察

---

[1] 转引自佛克马等:《20世纪文学理论》,林书武等译,三联书店1988年版,第45页。
[2] T.霍克思:《结构主义和符号学》,英文版,加利福尼亚大学出版社,1977年版,第18页。

银幕上的这个女人,解除她的神秘性),并且同时惩罚或者挽救这个犯罪的对象;一是寻求一个可供迷恋的对象或者将这个女性转化为一个安全而不是危险的恋物,以此来抵消阉割的威胁(这是女性崇拜的由来)。因此,"看"就通过对女性的剥夺,达到了对男性的拯救。

就以电影艺术中对于女性形象的消费为例。传统好莱坞电影意味着一种父权秩序的无意识代码结构。"在一个由性的不平衡所安排的世界中,看的快感分裂为主动的、男性,和被动的、女性。起决定作用的男性的眼光把他的幻想投射到照此风格化的女人的形体上。女人在她们那传统裸露的角色中被人看和展示,她们的外貌被编码成强烈的视觉和色情感染力,从而能够把她们说成是具有被看性的内涵……她承受视线,她迎合男性的欲望,指责他的欲望。"①主动与被动的异性分工也控制着叙事结构,奇观与叙事之间的分裂,男性的欲望及其实践,是叙事的动力。女性只能作为一种客体而存在,只能承担意义,不能创造意义,只能被交换却不能左右交换行为,只能作为一个男性的能指,其意义来自男性文化的象征秩序,电影丰富发展了男性文化的对于女性的观看方式,把色情编码到电影语言之中,表现出对权力的潜意识分配,一种虚拟的男性眼光使剧中的男性观众一起分享对女性的观看。法国导演雷诺阿描述说:最使他着迷的是特写镜头,尤其是女人的特写镜头。这个爱好他一生未变。一部影片不管如何乏味,只要给他一个他喜欢的女演员的特写镜头,他就能从头看到末尾。他喜欢特写镜头到了这样的程度,有时纯粹为了能拍一个漂亮的特写镜头,竟会在他的影片中插入若干与情节毫不相干的片断。在这里,审美是对于女性的观赏的过程的充分延宕,始终不进入实质性的阶段,只是彻头彻尾的媒体、媒介的媒介,既是女性进入现代的确证,也是女性尊严受到嘲讽的确证。只是因为需要作为一种"奇观"(spectacle)被凝视,靠他人的眼光才获得了自身的价值,依赖他人

---

① 劳拉·穆尔维:《视觉快感和叙事性电影》,载《影视文化》1989年第1期,第231页。

的目光而存在是一个没有所指的能指,承载的是社会的欲望,更严重的是,她还是机械复制时代的产物,像"原本"的消失一样,"真实的女性"也消失了。这是一种"篡改",成为一种无所不在的物、一种无孔不入的社会背景,女性最先被"商品化",男性"阉割"的焦虑,匮乏的补偿,使女性的天生丽质被编码成强烈的视觉的诱惑符号、欲望符码。

人体审美在当代的走红,必然使"性"的问题受到世人的瞩目。"性"在当代再一次成为关注的焦点,无法排除其中确实隐含着隐蔽的动机,不合法的动机隐藏在合法的动机的背后,欲望化的观赏转化为社会性的评价,个人的欲望装扮成公众的欲望,这确实是当代社会的一个令人争议的奇观。但因此把性排除在美之外,也是不妥的。从根本上说,性与美应该是一致的,美的内涵就是性的内涵。这可以从人类的进化历史得到解释。就进化规律而言,个体的生存都是为了种族的繁衍,它通过否定自己来肯定种族的延续。美感正是为了完成这一使命而由大自然专设的奖励机制或曰诱惑,目的一旦达到,大自然就把这美感无情地收回,就像人一旦吃饱,进食的快感也就没有了。女性的美就是大自然为使异性能够接受她从而完成种族的繁衍而设置的奖励机制或诱惑,随着目的的实现美感也就被无情地收回了。罗丹在谈到女性的美变化很快时说:"我并不是说女人好像黄昏的风景,随着太阳的沉没而不断改变,但这个比喻几乎是对的。真正的青春,贞洁的妙龄的青春,周身充满了新的血液,体态轻盈而不可侵犯的青春,这个时期只有几个月。怀孕期内身体的变化不必说,那欲念引起的疲乏和欲情的狂热,使一个女人的肌肉组织和线条很快地松弛了。少女变为妇人:这是另一种美,还是值得赞美的,但是比较不纯粹了。"[①]在这个意义上,不难看出:就人体审美而言,美在很大程度上只是性的一次有预谋的演出,只是性的浪漫化,或者说,是性的羞耻化、神秘化的幻化。因此,承认性在审美活动中的正

---

① 罗丹:《罗丹艺术论》,沈琪译,人民美术出版社 1978 年版,第 59—60 页。

当地位,正是当代审美文化的一大功绩。而且人们还会有意识地利用"性",去消解传统的美。例如麦当娜的裸舞,就可以从这个角度去理解。1992年10月,她的《性·幻想·写真集》与唱片专辑《性爱宝典》同步发行。这天是星期二,人们听到这个消息,就像当年听到珍珠港事件的发生一样震惊。麦当娜自称:她这样做是为了改变人们对性的错误态度。还自称自己是一个性革命者,只有脱光衣服才感到自在。我们可以把她的初衷理解为对当代虚伪的审美文化现状的反叛。哈佛大学、加里福尼亚大学、纽约州立大学、佛罗里达州立大学等十几所大学,都曾经为此开设了专题课。这种做法颇值得中国的高校和学术界注意。

但另一方面,也有必要指出,美不但有与性相同的一面(过去,这一面被忽视了),而且有与性不同的一面,或者说,有超出于性的一面。人类为自己所设立的美显然要高于性的美。而且,人类真正的美不是在完成自然的美的时刻,而是在完成价值的美的时刻。这就是少女的美和母亲的美的根本区别。人们往往以少女为美的典范(请回顾一下当代的挂历、选美、公关小姐、时装模特的泛滥),其背后隐含的正是对于性的渴慕。它是对于人类的审美活动的历程的逆向推演,是一种美学的倒退。事实上,真正的美应以母亲为代表。弗洛伊德把"恋母情结"应用到审美活动的分析中,堪称歪打正着。王尔德在著名的喜剧《认真的重要性》中讲:现代文化的一多半,取决于我们不可说的东西。人与动物的区别之一就是人一年四季都可以谈恋爱。这意味着,从生理上人可以爱不止一个人,但从文化的角度无法接受。为什么呢?就因为人类已经使性从生理进入文化,从文化的角度讲,爱得越多,爱就可能越肤浅。像用剪刀剪一张纸,剪了一次,固然可以重新来过,但毕竟天地狭窄多了,正因为如此,人类的性的内涵应该是两重的,而且以其中文化的内涵更为根本。还以麦当娜的做法为例,我虽然对她的做法表示理解,但我还要强调:发人深思的是,为什么她要以如此惊世骇俗的姿态出现在当代社会?看来是一种犬儒精神在作怪。所谓犬儒主义,是指以高姿态来掩饰自己的虚无的自恋狂。在价值虚无的社会,以抗拒虚无的方式来掩饰自己的一无所有,发展到自己也认为自己真是在抗拒虚无,以致达到一种自恋狂的境地,就其实质来说,"自恋"与"偶像崇拜"是同一欲望的相互转换,也是当代大众文化的两种形式,其中自恋更为基本一些。偶像崇拜也是自恋的一种形式,是把自己的想象中的理想形象投射到对象身上,把偶像看作自己的镜像,但自恋也可以看作一种对于自我的一种偶像崇拜,自己与自己之间也形成一种异化的关系,自我成为一个"顾影自恋"的镜像,可见,两者"同出而异名"。这就是我在麦当娜事件背后所看到的东西。因此,她要求观众从审美的角度来看她的裸体,只是为了掩饰自己的一无所有状态,以此为审美,也只是掩饰美在她的身上早已不存在这样一个事实。为艺术献身的背后,恰恰是艺术已死这样一个事实,恰如艺术家的作品在拍卖,恰恰说明艺术在日常生活中已不复存在。这种出奇制胜的心态是一种对着干的心态,故意把自己定位在正面价值负面的"镜像空间",其反抗意识本质上是自恋的,但其价值要靠正面的价值体系来定位,是正面的价值体系的负面形象。就像你说抽烟是坏孩子,那我就偏要抽给你看,是一种"俄狄浦斯情结"。但无论如何,这种反抗毕竟是无主体的,把正面价值的负面形象投射为自己的理想主体,当作自恋的镜像,无非是以破坏为建设,只破坏不建设,最终只能陷入一种永远不可能成功的异化命运,而实际上却未越雷池半步,充其量是虽然证明了正面价值的失败,但同时不也证明了正面价值的成功?因为你仍未跳出它的手掌心!

第三章

社会省思:千年未遇之历史巨变[1]

---

[1] 本章为本次出版"潘知常生命美学系列"时新补,特此说明。

第一节　市场化与当代审美文化

一

市场经济对于当代审美文化的影响同样不能忽视。

这不仅仅因为当代审美文化与市场经济有着密切的联系，——现代社会既是一个为当代审美文化提供特殊载体的自然人化的过程（以符号交流的信息世界取代实体交流的自然世界），也是一个为当代审美文化提供特殊内容的个体社会化的过程（以等价交换原则实现人的全部社会关系），在这当中，当代审美文化的能力被技术化加以转换，当代审美文化的本源被市场化加以转换，而且因为作为当代审美文化乃至大众传媒的源头的现代技术本身也同样要受市场经济的制约。例如，科学技术对于自然的大肆征服就来源于市场经济所奉行的物质财富的增长优先于人本身的发展的原则；再如，科学技术本身的积极意义也只有通过对于它们在市场经济中的异化性质的否定才有可能得以实现，等等。

当代审美文化的出现与市场经济的"物的依赖关系"密切相关。

传统的文化、审美活动无疑都是非市场经济的"人的依赖关系"的产物。当然，这并不是说，传统的文化、审美活动就不具有商品属性，事实上，就像文化属性、历史属性、伦理属性乃至民族属性在传统的文化、审美活动身上都程度不同地存在着一样，商品属性在传统的文化、审美活动身上也同样是存在着的，值得注意的只是它并没有充分地显示出来。至于其中的原因，则主要取决于文化、审美活动本身的物质基础。

具体来说，首先，它取决于文化、审美活动的精神性需求与物质性需求之间矛盾的解决方式。由于分工的出现,文化、审美活动的精神性需求与物质性需求之间始终存在着某种矛盾。当这一矛盾能够在文化、审美活动之外得以基本甚至完全解决之时,审美活动的商品属性就只能是一种隐性的存在。然而当这一矛盾不能够在审美活动之外得到基本解决之时,审美活动的商品属性必然会表现出来。因为只有将审美活动的成果卖掉,才能换取进行审美活动所必需的物质材料。在传统社会,我们所看到的正是前者。统治者在审美活动之外占有了绝大多数审美活动所必需的物质材料,也占有了绝大多数审美活动的成果——这成果他们不会拿去卖掉,而只是供自己享受。因此,值得注意的是,没有被商品、金钱玷污过的审美活动倒是只有在统治者那里才存在。只有这时的审美活动才是纯洁的,没有铜臭味——当然从根本上说,还是建立在从劳动者那里掠取的血汗上[1]。汉代乐府的乐师,唐代的梨园弟子,宋代的翰林国画院的画家,都是依赖于宫廷的。

---

[1] 早在公元 11 世纪,中国就已发明了活字印刷,但在相当的时间里这一技术没有很大的进展。直至清朝,印刷用的字还是一个一个地刻出来的,既费工又费时。刻字用的材料主要是木材,其耐磨系数低而膨胀系数却很高,使用五六百次后就得全部或大部更换;印刷用的设备即档、板、槽,也是木制的,既不经久耐用,也不能大张印刷;印刷工艺系手工操作,两个人一次最多只能印四叶(页),装订("线装")也全部以手工操作,打眼穿线速度极慢,书的厚度也受制约,线装书的所谓"卷",实际字数也就在两三万字之间。如此的印刷和制作方法,使书籍的印刷成本非常高昂,不仅百姓承受不起,有时即使朝廷也难以承担。清乾隆年间准备出版《四库全书》,主管印制事的大臣金简受命后,给乾隆上了一份奏折说:如果雕版印刷,仅 119 万余字的《史记》,光刻字费就需银 1400 余两。按此推算,上万万字的《四库全书》耗费将非国力所能承担。金简因此建议用活字印刷,这样印《史记》,包括重复字在内,只需刻 25 万余字便已足够。这 25 万余字,包括印制用的档、板、槽,虽然工本费要贵一些,约需银 2000 多两(实用 2300 多两),但这些字模和档板槽,却既可以印《史记》又可以印其他著作。金简的奏折显然提供了一个清乾隆年间出书究竟需要多少钱的数据。《红楼梦》若用活字印刷 1000 套,印刷费约需 2000 两银子,相当于乾隆年间 1300 担(13 万斤)大米的价格,300 亩土地的产量。如果加上销售成本以及税费等,一部《红楼梦》的售价为 4 两银子,相当于 260 斤大米的价格。(参见陈立旭《市场经济与文化发展》,浙江人民出版社 1999 年版,第 146—147 页。)

至于流浪艺人倒是直接与商品活动打交道,但是却反而被歧视为下九流。在这个意义上,审美活动还是等级社会的象征,因此审美活动也就压抑了它的商品属性的一面。换言之,是通过拒绝商品属性、拒绝功利性,并且通过隐瞒彼此之间的内在联系来维持审美活动。在古代社会,我们看到的审美活动并不与商品发生过多的联系,而是与宗教、道德发生种种错综复杂的纠缠,原因就在这里。① 至于中国的计划经济,则与古代社会有其共同之处。在计划经济体制中,国家的管理机制采取的是全部包下来的方法,结果同样造成了一种人身依赖,审美活动的精神性需求与物质性需求之间的矛盾可以在审美活动之外获得基本甚至完全解决,因此,审美活动的商品属性同样没有表现出来。而在现代社会,我们看到的正是后者。审美活动的精神性需求与物质性需求之间的矛盾无法在审美活动之外得到基本解决,只有将审美活动的成果卖掉,才能换取进行审美活动所必需的物质材料,这样,审美活动的商品属性就必然会表现出来。

　　进而言之,更为重要的是,审美活动的商品属性是否能够充分加以展现,还取决于经济活动所决定的活动目的的差异。在古代社会,属于自然经济,突出的是"人的依赖性""人对人的依附性",以经济生活的禁欲主义、政治生活的专制主义、文化生活的蒙昧主义为主要内容。它尽管十分狭隘,然而在其中人"毕竟始终表现为生产的目的",而且在限定的范围内,个人"可能有很大的发展","可能表现为伟大的人物"。因此它"确实较为崇高",或者,假若拿"古代的观点和现代世界相比,就显得崇高得多"。在它的影响下,审美活动的商品属性自然也就不会表现出来。

---

① 颇有意思的是,不少学者喜欢以曹雪芹不要稿费来说明审美活动可以完全拒绝商品属性,然而,这实在是一种误导。曹雪芹不要稿费,是因为那时根本就没有稿费、版权、稿费、作者权益、作者署名等做法,都是市场机制运作的结果。曹雪芹不可能有先知先觉。何况,曹雪芹也并没有穷到"吃了上顿没下顿"的地步,张中行先生就开玩笑说"举家食粥酒常赊"实在是一种夸张,实际上他在食粥之余,也能吃点炒肉丝之类。因此,写作在他来说,还是一种"体外循环"。

显然,传统文化、审美的商品属性的没有充分显示出来,意义实在非同一般。它使我们意识到:传统文化、审美无疑都是非市场经济的"人的依赖关系"的产物。由于"自然经济"迫切需要构造某种理想的、本质的、必然的、普遍的东西去为自己辩护并保证自己的实现,这就顺理成章地在内涵方面导致了传统文化、审美的一系列的为我们所熟知的诸如原创性、超越性、精英性、批判性、非功利性等根本特征的出现。同时,由于在"自然经济"中人们在经济生活、政治生活、文化生活中都只能生存在一种封闭、割裂的二元对立的状态,因此,就顺理成章地在外延方面导致了传统文化、审美的一系列为我们所熟知的诸如强调地域、民族、阶级、阶层、血缘、性别差异等根本特征的出现。

不过,需要指出的是,传统文化、审美活动的采取"体外循环"的方式,毕竟意味着一切都是在市场之外培育、发展起来的。这,固然造就了为我们所十分熟悉的传统文化、审美活动的一系列优越之处,但是同时也确实造就了传统文化、审美活动的一系列根本缺憾。例如,在传统文化、审美活动,对于传统文化、审美活动的资源、资本、资格的掌握、支配、授予权都被某个阶层、某些人所完全控制、操纵。从表面看这种控制、操纵有利于根据传统文化、审美活动的供给能力、需要状况、变化趋势来合理地配置传统文化、审美活动资源,以便最大效益地发挥传统文化、审美活动的作用(甚至连回报也是通过权力系统以扭曲的方式间接实现的,例如荣誉、特权、较好的待遇,等等),然而,遗憾的是,就其实质而言,这根本就无法做到。人类的审美追求、文化趣味都是千变万化的,充满了种种偶然性,而作为控制、操纵者的完全理性以及信息的完全把握,事实上都是不可能的,因此,一定要人为地完全加以控制、操纵,就会导致人类的传统文化、审美活动的走向被动,而且会造成人性本身的压抑。这一点在中国最为明显。所谓计划经济,应该说是一种理想化的经济制度。它建立在三个假设的基础之上。其一是信息必须是完全的,其二是按劳分配必须是完全可以行得通的,其三是供给与需求必须是完全对应的。在此背后,则又包含着两个关于人性本身的假设:其一是计划者必须具有完全的理性,其二是经济行为的主体必须是完全的道德人。可惜的是,这一切事实上是无法做到的,只是一种美好的幻想。其结果,就是不但会导致一种被动的传统文化、审美活动,而且会导致一种畸形的传统文化、审美活动。例如,在改革开放以前,中国的传统文化、审美活动片面地强调改造人性,突出大公无私与人之常情的对立以及阶级性与人性的紧张,重国家轻社会,重行政性整合轻契约性整合,重集体生存轻个体生存,重教化轻娱乐,并且有意忽视以夫妻为核心的横向两性关系、以父母与儿女为核心的纵向血缘关系,就显然是一种计划经济时代资源极为短缺情况下的必然选择[1]。

市场经济社会的来临,使得情况出现了根本的转换。在市场经济社会,"生产表现为人的目的,而财富则表现为生产的目的",人之为人"表现为完全的空虚","表现为全面的异化,而一切既定的片面目的的废弃,则表现为了某种纯粹外在的目的而牺牲自己的目的本身。"[2]简言之,从"人的依赖关系"转向了"物的依赖关系",这样一来,文化、审美活动的精神性需求与物质性需求之间始终存在着的某种矛盾已经不能够在文化、审美活动之外得到基本解决,因此,文化、审美活动的商品属性也就必然会充分表现出来。问题很简单,只有将文化、审美活动的成果卖掉,才能换取进行文化、审美活动所必需的物质材料。与此相应,传统文化、审美也开始出现根本的转换。

不过,这根本的转换在市场经济社会又有其演变过程。

我们知道,自近代社会开始,逐渐从"自然经济"转向"市场经济",后者意味着从"人的依赖性"走向"以物的依赖性为基础的人的独立性","人的依

---

[1] 中国的经济、政治革命往往从传统文化、审美的革命开始,20世纪中国的传统文化、审美领域的"革命"竟然如此频繁,道理就在于此。
[2] 《马克思恩格斯全集》第46卷(上),人民出版社1976年版,第486页。

赖关系"为"物的依赖关系"所取代。这，无疑是一种进步，但是，同时又暴露了许多新的问题。就前者而言，它体现了对于以"人的依赖性"为特征的文明发展中的自然局限性的突破。马克思称之为"资本的伟大的文明作用"①，在市场经济时代，"由文明创造的生产工具"的作用取代了"自然形成的生产工具"的作用。人类活动的社会性质开始被赋予普遍性的形式。"以资本为基础的生产，一方面创造出一个普遍的劳动体系——即剩余劳动，创造价值的劳动"，"另一方面也创造出一个普遍利用自然属性和人的属性的体系"。在这里，所谓普遍利用"人的属性"，是指对内要培养"具有高度文明的人"："培养社会的人的一切属性，并且把他作为具有尽可能丰富的属性和联系的人，因而具有尽可能广泛需要的人生产出来——把他作为尽可能完整的和全面的社会产品生产出来，……这同样是以资本为基础的生产的一个条件。"②所谓普遍利用"自然的属性"，则是指对外要克服对于自然的崇拜、狭隘的地域性，不再依赖自然，而是征服自然："资本主义生产方式以人对自然的支配为前提。""社会地控制自然力以便经济地加以利用，用人力兴建大规模的工程以便占有或征服自然力……"③就后者而言，市场经济所暴露出来的新问题主要体现为文明发展中的社会局限性。然而，由于那个时代人们主要还是关心于从前现代化到现代化的问题，诸如市场经济、现代科技、工业化以及人的尊严、民主、自由，等等，意在改变传统的人身依附，使个人获得前所未有的独立，因此，在市场经济的巨大魅力得以充分展示之际，"资本的伟大的文明作用"所导致的文明发展中的社会局限性这一根本缺憾并没

---

① 这里，我们要注意一个问题，这就是"资本创造文化"的问题。马克思指出："正是因为资本强迫社会的相当一部分人从事这种超过他们的直接需要的劳动，所以资本创造文化，执行一定的历史的社会的职能。"因为"这种剩余劳动一方面是社会的自由时间的基础，从而另一方面是整个社会发展和全部文化的物质基础"。(《马克思恩格斯全集》第47卷，人民出版社1979年版，第215、257页)
② 《马克思恩格斯全集》第46卷(上)，人民出版社1976年版，第392页。
③ 马克思:《资本论》第1卷，第561页。

有真正、完全暴露出来。那么,"资本的伟大的文明作用"在传统文化、审美领域的表现是什么呢?无疑就暂时还是推动着传统文化、审美继续走向成熟。

自 20 世纪始,随着市场经济的高度发展,其中的巨大魅力得以更加充分地展示,同时,其中的根本缺憾也真正、完全暴露了出来。这就是:文明发展中的社会局限性(正是它,使得"资本的伟大的文明作用"无法真正、全面地得以实现)。所谓文明发展中的社会局限性,是指在资本主义条件下,市场经济只能奉行物质财富的增长优先于人本身的发展的原则。它表现为:"文明的一切进步,或者换句话说,社会生产力(也可以说劳动的本身的生产力)的任何增长,——科学、发明、劳动的分工和结合、交通工具的改善、世界市场的开辟、机器等等,——都不会使工人致富,而只会使资本致富,也就是只会使支配劳动的权力更加增大,只会使资本的生产力增长。""资本在具有无限度地提高生产力趋向的同时",又"使主要生产力,即人本身片面化,受到限制",[1]随着"劳动者方面的贫穷和愚昧","非劳动者方面的财富和文化也发展起来"。[2] 具体来看,它包括,人与自然之间关系的异化:这主要体现为自然中的"人化"与全球问题的矛盾。人与社会之间关系的异化:这主要体现为社会中的"人化"与"物化"的矛盾,例如社会对人的发展的扭曲,人与人之间关系的异化,等等。在这里,人与人之间的关系被异化为金钱的关系。金钱成为万能的。人的全部社会关系被以等价交换原则来实现,所谓量的关系抹杀了质的关系。正如马克思所指出的:"在这里,可以在本来意义上使用'货币没有臭味'这句话。某人手头的一个塔勒,是实现大粪的价格还是绸缎的价格,从它身上是根本看不出来的,只要这个塔勒是执行塔勒的职能,在它的所有者手里,一切个人差别都消失了。"[3]人与自我之间关系

---

[1] 《马克思恩格斯全集》第 46 卷(上),人民出版社 1976 年版,第 268、410 页。
[2] 《马克思恩格斯全集》第 19 卷,第 17 页。
[3] 《马克思恩格斯全集》第 46 卷(上),人民出版社 1976 年版,第 475 页。

发生异化:自我失落了。更为重要的是,过去,这种异化还主要是表现在物质领域,是狭义的商品异化所致。人类最为神圣的两个领域——大自然和审美活动还被严格地排除在外。然而现在这种异化却渗透到文化、文明的领域,从商品的异化转向了文化、文明的异化(从卢卡契发端,直到法兰克福学派,所密切关注的正是这个世纪性的重大问题)。人类最为神圣的两个领域即大自然和审美活动也被挟裹于其中,失去了神圣的纯洁。精神产品普遍成为商品。审美活动也作为商品直接进行交换。伊格尔顿承认:"我们说社会现象已经普遍商品化,也就是说它已经是'审美的'了——构造化了、包装化了、偶像化了、性欲化了。""什么是经济的也就是审美的。"[①]里斯曼也说:"流行文化实质上是消费的导师,它教给他人引导如何消费政治,即把政治消息和政治态度当作消费品,政治是一种商品、一种比赛、一种娱乐和一种消遣,而人们则是购买者、游玩者或业余的观察者。"[②]乔治·史密尔甚至不无夸张地说:在当代社会,"物品不是先生产出来而变成时兴的,物品被生产出来是为了创造一种时兴"[③]。由此,由于文明发展中的社会局限性所导致的从现代化到后现代化的问题,诸如全球问题、人的物化问题,就深刻地暴露了出来(对于中国当代社会来说,学术界一般认为是"历时问题的共时呈现",即同时面对着从前现代化到现代化和从现代化到后现代化这样两个截然相反的问题)。

显然,市场经济使得人类的文化、审美活动回到"体内循环"的正确道路的意义,只有由此入手,才能够深刻地加以把握。首先,这意味着,对于人类的文化、审美活动而言,人类的文化、审美活动开始在市场之内加以培育、发展;某个阶层、某些人对于文化、审美活动资源、资本、资格的控制、操纵不再

---

① 伊格尔顿。转引自《上海文论》1987年4期,第73页。
② 里斯曼:《孤独的人群》,刘翔平译,辽宁人民出版社1989年版,第197页。
③ 乔治·史密尔:《哲学的文化》,转引自阿诺德·豪泽尔《艺术史的哲学》,中国社会科学出版社1992年版,第326页。

成为可能;市场作为看不见的手,主宰着文化、审美活动资源、文化、审美活动资格本身;文化、审美活动有了独立的自主权;非人格化的文化、审美活动市场出现了;人类的文化、审美活动从被动转向主动,人性本身也不再处于压抑状态,这一切都无疑十分重要。例如,在人类文化、审美活动的需要方面,市场经济就起到了特殊的作用。正如马克思所指出的:它"第一,要求扩大现有的消费量;第二,要求把现有的消费推广到更大的范围,以便造成新的需要;第三,要求生产出新的需要,发现和创造出新的使用价值"。① 与此相关,"个性因而是人类整个发展中的一环,同时又使个人能够以自己特殊活动为媒介而享受一般的生产,参与全面的社会享受",因此,市场经济"是对个人自由的肯定"。② 这意味着:"自由"是个人参与全人类的创造性生产和享受的必然派生物,是通过市场交换充分满足自己对各种使用价值的需要的必然结果,因此"自由"首先就与人的物质享受有关。这无疑是对"享受"的正面意义的肯定。然而在有"洁癖"的传统文化、审美活动看来,"享受"只能是被无条件地加以贬斥的。由此,市场经济在拓展文化、审美活动的需要方面的积极意义不难看到。再如,在文化、审美活动的主体方面,"商品是天生的平等派",③商品属性的拓展使得文化、审美活动者摆脱了自然经济的"人的依赖关系",成为人格独立的自由生产者,正如马克思所说:市场经济"培养社会的人的一切属性,并且把这作为具有尽可能丰富的属性和联系的人,因而具有尽可能广泛需要的人生产出来——把他作为尽可能完整和全面的社会产品生产出来",而这正是"个性在社会生产过程的一定阶段上的必然表现"。④ 而且,商品属性的拓展也造成了"工人"与"奴隶"之间的一个重大区别,这就是前者得以"分享文明"。这一切,必然导致传统文化、

---

① 马克思:《政治经济学批判》,人民出版社 1976 年版,第 78 页。
② 《马克思恩格斯全集》第 46 卷下,人民出版社 1980 年版,第 473 页。
③ 《马克思恩格斯全集》第 23 卷,人民出版社 1972 年版,第 103 页。
④ 《马克思恩格斯选集》第 4 卷,人民出版社 1972 年版,第 500 页。

审美所竭力维护的"文化、审美的特权地位"和文化与非文化活动、审美与非审美活动之间的区分不再合法,同时也导致传统文化、美学在19世纪最终论证完成的审美无功利性与审美活动的自律性不再合法,于是,文化与非文化活动、审美与非审美活动之间的交融,就构成了当代文化、审美活动的特定景观。这是文化、审美活动的"堕落",但更是文化、审美活动的"新生"。正是在"堕落"中文化、审美活动才得以不仅仅固守于传统的在当代已经显得非常做作了的"类"的、人道主义的、抽象的、堂皇叙事的"自古华山一条道",正是在"新生"中文化、审美活动才得以获得广泛的自由度,得以相对于过去远为充分地施展自身的文化、审美潜能。在这个意义上,说人类的文化、审美不再绝对独立于市场经济之外,是人类文化、审美的一种进步、一种解放,是不为过分的。当然,也正是在这个意义上,说也正是由于市场经济的影响,人类的文化、审美反而又无法相对独立于市场经济之外,这,又不能不是人类文化、审美的一大退步,又不能不是人类文化、审美活动所面临的新的一大困境,也是不为过分的!

其次,市场经济使得人类的文化、审美活动回到"体内循环"的正确道路,意味着传统文化、审美的根本转型。在这当中,有精英文化、审美活动的出于某种特定历史原因的对于文化、审美的纯粹性的维护以及对于文化、审美与商品之间联系的顽强拒斥,也有应运而生的大众文化的出于某种特定历史原因的对于文化、审美的世俗性的提倡以及对于文化、审美与商品之间联系的热烈提倡。就后者而言,不难看出,正是因为文明发展中的社会局限性的全面暴露,"一切固定的僵化的关系以及与之相适应的素被尊崇的观念和见解都被消除了,一切新形成的关系等不到固定下来就陈旧了。一切等级的和固定的东西都烟消云散了,一切神圣的东西都被亵渎了"①。传统的、理想的、本质的、必然的、普遍的东西正式退出了历史舞台,"现代性的酸"使

---

① 《马克思恩格斯选集》第1卷,人民出版社1972年版,第275页。

得一切"尺度""标准""原则""价值""规范""约束"都失去了存在的可能,"生命中不可承受之重"为"生命中不可承受之轻"所取代,才顺理成章地在内涵方面导致了大众文化的一系列的为我们所熟知的诸如平面、感性、印象、刺激、放纵、游戏等根本特征的出现。同时,由于市场经济导致的经济生活、政治生活、文化生活中的二元消解,在思维模式上必然出现从二元到中介以及从对抗到对话、从对立到合作、从对立到融合、从对峙到沟通等等全新的特征,也才顺理成章地在外延方面导致了大众文化的一系列为我们所熟知的诸如强调地域、民族、阶级、阶层、血缘、性别同一等根本特征的出现。

二

由此我们看到,如果说当代文化、审美是市场经济的间接产物的话,那么当代审美文化就是市场经济的直接产物,或者,就是市场经济的文化体现。

当代审美文化之为当代审美文化,就意味着文化与工业的联姻,意味着开辟文化市场,以文化、审美去获取最大利润这一全新特征。文化与审美竟然可以在买和卖中实现自己,这实在是20世纪的一大文化发明。它彻底改变了文化、审美与社会,文化、审美与经济的关系。从此文化、审美与市场、商品已经无法分开了,而市场、商品也找到了一个入侵文化、审美的有效方法,从而可以按照自己的形象对文化、审美予以改造。这也实在是20世纪的一大商业发明。具体来说,市场经济的最大奥秘就在于:从物的消费这一经济行为转向了物的形象的消费这一文化的行为。西方学者有一句名言:商品拜物教的最后阶段是将商品转化为商品的形象,将物转化为物的形象,所揭示的正是这一现状。确实如此。在市场经济社会,"人已经创造了一个前所未有的人造物的世界"(弗洛姆),它已经远远地超出了人类的消费需要,为了使这过剩的"人造物"能够被推销出去,就只有通过无限地"撑大"人类的消费需要的胃口的途径来解决——这就是物的形象、商品的形象出现的原因之所在①。例如在广告中的商品的形象就并非反映需要,而是构成需要,是把顾客的幻想包装起来,然后再卖给顾客(其中极端的情形是先把商品的真实意义掏空,然后让商品的形象乘虚而入)。更为重要的是,市场经济的突飞猛进的发展,已经使得人们的实际消费能力根本无法达到或者起码是无法全部达到了。于是,人们转而以幻想的方式去占有之。既然追求不到"幸福的感觉",那么干脆就去追求"感觉的幸福"。人们以无法获得的欲望的获得为满足,以虚拟的形象来满足人类的无穷的幻想。在此意义上,我们应该说,对于虚拟的形象的崇拜是所谓拜物教的深化和当代转换②。在商品面前,人的劳动的社会属性被异化为物的自然属性,人与人的关系被异化为人与物的关系,从而被展现为马克思所说的那样"一种物品关系的幻想形式"。结果商品本来是人创造的,现在却反过来支配着人。于是在对商品的主观幻觉中,一切都成为幻觉,人的野蛮状态也在其中被复原了。这样,

---

① 这种"消费"与"浪费"的转换非常值得注意。资源的浪费不是在生产过程中,而是在消费过程中。在一定意义上,浪费是为了生产,浪费也确实促进了生产。"浪费"是市场经济中的一个重要现象。为了对付经济的衰退,有记者曾问艾森豪威尔总统应该怎么办。艾森豪威尔总统的回答是:"购买。""购买什么?""随便什么。"所以西方有人甚至喊出这样的口号:"垃圾箱是进步的源泉。"信用卡、街头自动取钱机、分期付款、负债消费,在一定意义上说都是一种鼓励浪费的方法。制造商人为地限制商品的消费寿命,人为地使一件商品使用一次就扔掉了。人为地使一件产品迅速过时,让消费者讨厌它、扔掉它,再去买一个新的,在一定意义上说也是一种鼓励浪费的方法。这就是所谓的"超前消费"。其实,大众文化也是一种"超前消费"——欲望的、情感的、心理的"超前消费"。
② "资本主义的生产力有能力通过像军费开支这样的多余生产来创造如此巨大的财富,以至于可以创造和满足'各种虚假的需要'。民众因而可能无意识地与资本主义制度和解,确保其稳定性和持久性。""虚假需求最终要被附加到或者被置于真实需求之上。各种虚假需求的作用是否定和压制各种真实或现实的需求。被创造并得到维系的虚假需求在实际上能够得到满足,如被消费主义诱发的各种欲望,但仅仅是以牺牲未被满足的真实需求为代价。""这种情况的出现,是因为民众没有认识到自己未得到满足的现实需求。"(多米尼克·斯特里纳蒂:《通俗文化理论导论》,阎嘉译,商务印书馆2001年版,第70页)

不但出现"把东西当人看待这虚幻、寓意的行为",而且出现把人的意识转移到某种物品自身上以致消解了崇拜者自身的人性而去盲目地服从物这一行为（所谓交换的倒错性）。人与人的关系被异化为物（商品）与物（金钱）的关系。这种对物的五体投地,最终导致了商品的成为"物神"。进而言之,由于在看待世界时,人们实际上始终只是在寻找一种能够满足自己的快感的替代物,但是这显然并非一种真实的体验,因此只有转而去寻找一种替代的快感的形式,这当然就是当代审美文化。另一方面,对应于这种快感的,并非商品自身的实在性,而只是更为诱惑人的商品的外观,只是这外观才反过来使消费的欲望反馈到需求的结构中,重新激起消费的欲望去买自己永远也不具有的东西,并且宁愿花钱买这种自己永远也不具有的东西。于是,商品的现实性悄然退场,让位于自身的虚幻性即形象。一切东西假如需要引起他人的注意,就一定要设法让人能够看到。因为人们只有看见才会愉快（所以某电视台的导购节目的开场白就是:天天流行看得见）。这,就是所谓将商品转化为商品的形象,将物转化为物的形象。于是,虚拟的形象就成为新的物神。这当然也就是大众文化。在此意义上,我们可以简单地说,当代审美文化是一个针对市民社会而创造的想象的社区,是一种梦想类的商品文化（其中最为典型的例子,是好莱坞）。

在此,有若干问题需要加以注意：

其一,某些学者往往对精神产品的商品属性的存在大为恼火,尤其是对当代审美文化中的商品属性的存在,在他们看来,当代审美文化中的商品属性的存在必然以贬低精神性为代价。其实不然。必须看到,商品性作为当代审美文化的前提无疑是对于传统文化、审美观念的狭隘性、封闭性、贵族性等局限的某种突破。原因很简单,所谓商品并非只是纯粹的物质的东西,它还是一种社会关系,并且还存在于流通领域之中。对于消费商品的人们来说,其中无疑包含着欲望、观念、情感等精神性的成分,那么,对于消费文化和美的人来说,其中难道就不包含物的、商品的成分吗？因此,精神产品的商品属性的存在并不必然以贬低精神性为代价。也因此,当代审美文化转向与商品联姻也并不必然以贬低当代审美文化所蕴含的文化、审美属性为代价。何况,在人类的文化、审美活动中属性、历史属性、伦理属性,乃至民族属性也是程度不同地存在着的,然而他们并没有因此而贬低其中的文化、审美属性。因此,当代审美文化对于商品属性的密切关注,也并不必然以贬低当代审美文化所蕴含的文化、审美属性为代价。而且,当代审美文化的发展在很大程度上还要归功于商品属性。因此,当我们斥责商品败坏当代审美文化之时,不要忘记也正是商品属性在抬高着当代审美文化。其二,还有一些学者尽管并不完全反对当代审美文化与市场经济的联姻,但是他们却把这一联姻看作一种无可奈何的选择,因此对于当代审美文化就还是不持肯定态度。颇有趣味的是,恰恰就是这些学者,对于传统文化、审美的出于某种特定历史原因的对于文化、审美的纯粹性的维护以及对于文化、审美与商品之间联系的顽强拒斥与当代精英文化、审美的出于某种特定历史原因的对于文化、审美的纯粹性的维护以及对于文化、审美与商品之间联系的顽强拒斥,往往总是混为一谈。在这里,存在着一个对于市场经济本身的理解问题。生产与消费本来是一个统一的过程,但是市场经济的出现却将两者加以区分。道理很简单,只有如此,不断的进步才成为可能。只有在动物那里,生产与消费才是直接统一的。而文明的进步就表现在中介环节的不断增加、扩展,市场经济则是中介环节的最为丰富、最为成功的表现结晶。对它,我们没有任何理由加以拒绝(像传统文化、审美那样),而应该把它作为人类文明的成果来加以接受。并且在此基础上,或者立足人类未来去与之对话(像当代精英文化、审美那样),或者置身其中,作为它的文化、美学的辩护人,与之共存共亡。人之为人,毕竟是依赖于特定中介的,与特定中介同在,这,就是大众文化的选择。考虑到市场经济同样是一种深刻的文化现象,考虑到没有自由、公平这些基本的价值准则,就没有市场经济,考虑到市场经济同样需要把开明的自私、互利互惠、诚实守信、公正平等原则作为价值预期和社会资本储存而肯定下来,当市场经济把当代审美文化作为一种文化预期肯定下来时,应该说,实在并非一件坏事。

其三,还有一些学者认为,正是由于与市场经济的联姻,导致了当代审美文化的粗制滥造。这也是不妥当的。在我们看来,当代审美文化的粗制滥造不是市场导致的,而恰恰是缺乏市场调节的结果。正是由于缺乏市场的调节,由于生产者与消费者的相互脱节,由于因此而产生的盲目性所导致的供非所求和求不得供,才导致了当代审美文化的粗制滥造。

其四,关于当代审美文化的评价,一些学者往往从市场经济所赋予大众文化的商品属性着手,去选择自己的肯定或者否定的态度。事实上这是远远不够的。在我们看来,更为值得注意的,应该是市场经济所导致的交往形态。从"人的依赖性"转向"物的依赖性","才形成普遍的社会物质交换、全面的关系、多方面的需求以及全面能力的体系"。① 在这里,个体与社会的尖锐对立使得人们将交往看作满足个人需要的手段,在这里,一方面,个人完全被孤立起来,"交换就是造成这种孤立化的手段",另一方面,个人彼此之间又要以相互的全面依赖为条件,毫不相干的个人恰恰又要通过交往联系在一起。这无疑是一个十分重要的悖论(人的自由与交往总是以两歧的形式出现,在"物的依赖性"的时代,交往是以否定自由为前提的,而自由则是以否定交往为前提的)。交往既使个人孤立又使个人社会化。交往成为人与人之间的一种纯粹的外在联系,一种丧失了个性特征的外在表现。角色与自我是完全对立的。马克思指出:在资本主义社会,人在私生活中是一个现实的人,但是却偏偏没有现实性,在公共生活中,人具有普遍性和真实性,但是却失去了现实性。② 这实在值得我们认真领会。或许,我们可以将这种情况称为:交往的物化。物与物的交往取代了人与人的交往。而在市场经济基础上形成的当代审美文化就正是一种物与物的交往的文化。不难看

---

① 《马克思恩格斯全集》第46卷(上),人民出版社1979年版,第104页。
② 参见《马克思恩格斯全集》第1卷,第428—430页。

出,当代审美文化所导致的个体的消解以及社会交往的极大丰富,都应由此得到深刻的阐释。所以马克思说:"产生这种孤立个人的观点的时代,正是具有迄今为止最发达的社会关系(从这种观点看来是一般关系)的时代。"①

其五,对于当代审美文化所提供的梦想、幻想,也有一些学者不屑一顾。实际上,这些梦想、幻想的意义,就在于对于大众的心理抚慰功能。它能够在相当程度上缓和大众在现实生活中的高度的心理紧张和内在焦虑,也强化从而加强个体对社会的认同感和安全感。在当代社会,这实在是极为重要的。本雅明曾以电影为例,对当代审美文化的这一功能加以说明:"电影致力于培养人们那种以熟悉机械为条件的新的统觉和反应,这种机械在人们生活中所起的作用与日俱增。使我们时代非凡的技术器械成为人类神经把握的对象——电影,就在为这个历史使命的服务中获得了其真正含义。"这意味着电影的机械化有助于人们适应现实中的机械化,有助于人们在现实中的机械化面前保持人性。不仅演员得以借助机械作为工具去充分地展示自己作为人的形象,借助机械与观众进行沟通,而且观众也得以借电影缓解自身的异化体验,使得白天在高技术环境中的紧张可以在晚上通过电影院中的情感加以宣泄。所以,本雅明说:"在电影的诸社会功能中,最重要的功能就是建立人与机械之间的平衡。"②进而言之,当代审美文化所提供的梦想、幻想所产生的对于大众的心理抚慰功能,还在于在当代它在某种程度上已经成为一种变相的工作形式,或者说,成为工作时间的继续。"所谓'自由'时间实际上可能是由一种秘密工作所支配,这种秘密工作在三个不同的水平上给社会和经济组织带来活力:工作的组织、教育和训练,以及社会关系。""一个人在工作上付出的代价越大,其职业越成功,其闲暇活动量(如果不考虑质量的话)也就越来越增大。这意味着闲暇活动的组织仍然是紧密地依赖于由工作所创造出的社会化的条件……""事实是,娱乐活动根本不

---

① 《马克思恩格斯全集》第46卷(上),人民出版社1979年版,第21页。
② 本雅明:《机械复制时代的艺术作品》,王才勇译,浙江摄影出版社1993年版,第34页。

是无缘无故的——自由时间已经变得像工作时间一样可贵,因为它可以'被搞得能获利',因而必须对其进行投资。"①至于个中的原因,奈斯比特分析得十分清楚:"随着技术无孔不入的侵袭,还有其他的事物也在成长。人们对周围高技术的反应就是发展出一种非常个人化的价值系统,对技术的非个人化性质加以补偿。"②而作为一种工作的继续,一种与高技术相对的高情感即当代的当代审美文化正是因此应运诞生③。

其六,对于当代审美文化所体现的美学追求、文化趣味,一些学者也大不以为然。相对于精英文化的雅趣,他们将大众文化所体现的美学追求、文化趣味称为畸趣,并且以以次驱好的"格雷欣法则"对畸趣加以剖析。其实,这也不无片面之处。与其说精英文化的雅趣与当代审美文化的畸趣之间是价值的差异,不如说是一种特征的差异。一者是强调提升,一者是强调宣泄;一者是强调深度,一者是强调广度;一者是强调反省,一者是强调愉悦;一者是为特定的欣赏者,一者是为所有的受众……这样,大众文化在市场中表现出更大的优势上并无令人诧异之处,更不应成为大加讨伐的理由。何况,如果说在传统社会将某一种趣味钦定为正当同时将其他趣味打入冷宫的做法尚可理解的话,那么在现代社会这种做法就一无可取之处了,只是一种偏见、特权、排他性使然。诚如波德埃所指出的,整个历史之中都贯穿着不同社会阶级对"正当趣味"的争夺,"趣味(表露的嗜好)是对无法避免的差别的确认。毫不奇怪,趣味要从反面否定其他趣味才能确立自己。趣味比任何其他的东西都更需要在否定中获取确立性。趣味也许首先就是一种

---

① 古尔内:《信息社会的闲暇活动和文化活动》,见班农等主编:《信息社会》,张新华译,上海译文出版社1991年版,第228、233、242页。
② 奈斯比特:《大趋势》,梅艳译,中国社会科学出版社1984年版,第38页。
③ 当然,当代审美文化在这方面也有严重不足。它提供各种虚假的需求和对于虚假的需求的解决,而并不提供现实的需求和对现实的需求的解决;它仅仅在表面上解决问题,而不是在实质上解决问题;它提供解决问题的伪装,而不提供解决问题的能力。

'厌恶',一种出于对他人趣味的恐惧和出自肺腑的不宽容(恶心)所引起的厌恶。……每种趣味都觉得只有自己才是自然的,于是便将其他的趣味斥为不自然和邪恶乖张。审美的不宽容可以是充满暴力的。对不同方式的反感可以说是阶级之间的最顽固的壁障。……艺术家、美学家的(学术)游戏和他们所争的对正当艺术的垄断权其实并不那么单纯。艺术之争的关键是把某种生活的艺术强加于人,也就是说,把一己的装扮成正当的,然后再把别人说成是一己的。"①

最后,在对当代审美文化与市场经济的关系加以讨论之时,乐观主义的态度固然失之于片面,悲观主义的态度则尤其有害。因为它所导致的必将是对于当代审美文化的全盘否定。众所周知,悲观主义的理论源头是西方的法兰克福学派。法兰克福学派对于技术性的史无前例的介入所导致的技术文化的出现(尤其是媒介性的介入,导致了媒介文化的出现)以及商品性的史无前例的介入所导致的消费文化的批判,尤其是对于技术文化与消费文化的结合——当代审美文化的批判,是极为激烈的。这无疑是出之于一种对当代的文化现状的高度关注,但也是出之于一种乌托邦态度②。其中的根本缺憾,就是缺乏真正现代的世界观与方法论的支持。因此他们无法真正深刻地揭露商品社会存在的内在矛盾,并正确地指出超越"物的依赖关系"的真正方向,即走向"建立在个人全面发展和他们共同的社会生产能力

---

① 转引自徐贲:《走向后现代与后殖民》,中国社会科学出版社 1996 年版,第 289 页。
② 这一思路十分重要,其实,在卢梭、席勒、黑格尔、马克思身上就已经依稀看到。例如席勒所关注的感性冲动与形式冲动的对立、素朴的诗与感伤的诗的对立,以及关于游戏冲动的解决方案,黑格尔的"散文的时代"与"诗的时代"的对立,马克思的对商品异化的批判,在此之后,是叔本华、尼采、斯宾格勒、齐美尔、韦伯,他们都极为关注西方文化本身的没落。卢卡契更是把马克思的商品异化的思想拓展为物化的思想,使得文明的异化、文化的异化这一在我看来堪称 20 世纪最最重要也最最值得加以发挥的思想首次开始为全社会所关注。在此之后,对于消费文化、技术文化的越位的批判,就成为 20 世纪美学的一大中心(这一点,尤其以法兰克福学派为最)。例如对文化工业的批判,对大众媒介的批判,等等。

成为他们的财富的这一阶段上的自由个性",①也无法真正认识到:"资本不可遏止地追求的普遍性,在资本本身的性质上遇到了界限,这些界限在资本发展到一定阶段时,会使人们认识到资本本身就是这种趋势的最大限制,因而驱使人们利用资本本身消灭资本。"②因此,他们不但没有意识到导致文化、审美活动转型的以人本身为目的还是以交换价值为目的这一问题,是决定于生产方式的性质的;不但没有意识到透过对"人被物化"的异化性质的历史必然性与暂时性的揭露,去揭示那在全面异化形式中被扭曲了的人的全面发展的这一积极内容;不但没有意识到商品社会毕竟为人类克服文明发展的社会局限性提供了物质前提,而从最根本的角度看,他们也没有意识到:人类之所以对商品社会大加批判,并不是要把人类文明一笔抹杀(只是为了摆脱文化危机,人类才不得不牺牲掉人类文明中的那些积极成果),而是要以对于文明发展的社会局限性的文化自觉、美学自觉这样一种特殊的方式,来提供人类克服文明发展的社会局限性的文明前提、美学前提;换言之,只有根除了文明发展中的社会局限性,文化、审美活动才能够获得全面、自由的发展,因此对人的否定,只能是辩证的否定,其中必须还包含着对人的发展的肯定因素——人类的理想虽然暂时只能以否定的形式表现出来,但最终将表现为对这种否定性的扬弃与否定。这样,只注意到人性、心理、文化本身的弊病,片面地把美学看作完全是观念系统的东西,并且过多地陷入了一种文明发展与审美发展的悲观情绪、悲观阐释之中,应该说,是不尽妥当的,也是我们在借鉴西方文化、美学思想时所亟待避免的③。

---

① 《马克思恩格斯全集》第 46 卷(上),人民出版社 1979 年版,第 475 页。
② 《马克思恩格斯全集》第 46 卷(上),人民出版社 1979 年版,第 393—394 页。
③ 例如法兰克福学派的学者在剖析大众的需要时,竟然把对于洗衣机的需要也作为虚幻的需要,所谓"洗衣机是洗衣机的洗衣机"。这未免有点可笑。他们高高在上,以救世主自居,似乎事先就知道人们应该做什么,不应该做什么,以至于先设想什么应该发生,然后再寻找它没有发生的原因。这实在是一种把大众文化幼稚化的方式,事实上是不行的,理论上也是不可取的。

三

当然,从市场经济的角度而言,当代审美文化无疑也有其根本缺憾,这缺憾就表现为:商品交换活动与审美活动之间的界限的越位以及精英文化与大众文化之间的界限的越位。

商品社会是一个潘多拉魔盒,一旦打开,不但会放出天使,而且也会放出魔鬼①。我们知道,追求和实现物质利益是商品活动的目的,这无疑无可非议。然而一旦把这一目的无限夸大,并且无限制地扩展到商品交换之外的一切领域,就会把人与人的关系扭曲为一种物化的关系,甚至迫使人自身也以资本、劳动力商品等商品价值来表现自己。于是,人的特征只能被通过物性化的特征来加以表现,"经济人"成为人的形象。而且,在商品交换中必须以交换价值为基础,判断行为效果的尺度则是获取利润、赚钱。这样,在其中贯穿始终的只能是实用原则,至于同情、情感等非理性原则则无法进入。其结果,或者是导致一种双重人格(这就是我们在一些商人身上往往同时看到慈善与吝啬等两面性的原因),或者是导致一种异化人格。这样,人们刚刚摆脱了自然经济的"人的依赖关系",就难免会又被"物的依赖性"所束缚。人与人的关系变成单纯的功利关系、金钱关系,失去了应有的完整性。大众文化也如此。作为一种"与魔鬼共舞"的文化,其内在的欲望动力一旦发育成熟,逐渐有了自主能力,就有可能试图脱离人类的控制,完全地走向商品化(只注意到对于"人的自我异化的神圣形象"的批判,却忽视了对于"非神圣形象中的自我异化"的批判)。而一旦完全商品化,大众文化就开

---

① 在当代社会,"精神的失落""精神的蜕化""精神的失范",成为最为令人痛心的现象,也是当代美学应该大显身手的所在。在我看来,从精神生产与消费的角度考察20世纪人类的精神困境,以及当代文明中的非文明现象,是一个重大课题,对于中国美学家来说,尤其如此。

始表现出纯粹的商品逻辑,甚至不惜降低姿态去向金钱献媚①,为了引起关注而不惜恶狠狠地亵渎一切曾经被认为有价值的东西,不惜津津有味地咀嚼一切琐碎的生活趣味,甚至把神圣的历史"戏说"为某种既远离真实又俗不堪言的"传奇",不惜与商品为伍并且心甘情愿地卖笑于街头巷尾,并且"心甘情愿地充当迪斯科舞厅的门卫侍者"(罗森堡)。物性的膨胀和神性的萎缩,就是这样同时地出现在完全商品化了的当代审美文化之中。假如任其发展下去,我们的时代就会成为一个灵魂空虚的时代,一个物欲主义的时代,人们只关心如何花钱、如何在当代审美文化中找乐。俗套的表演,脸谱化的形象,快餐式的片断,无限制的趣味,无趣味的猎奇,历史成为招贴画,包装大于内容,形象大于商品,情感的神话……没有精神,没有传奇,没有史诗,没有表达,没有思念,没有期待,没有承诺。甚至整个时代都没有了灵魂,也不再关心灵魂,灵魂只好漂泊。人们再也不会为什么事情而感动,人与人之间没有"信",人与理想之间没有"约",谁也不会对谁负责,谁也不会对自己负责。这实在是真正可怕的局面。文化、审美活动不再是时代的放歌台、传声筒,却反而成为时代的下水道、垃圾箱,不再是时代的一剂解毒药,却转而成为自我的一纸卖身契②。

---

① 阿多诺说:音乐拜物教的对应物是倾听的倒退。动人的音乐已经变成母亲的形象,她说"来,哭吧,我的孩子"。人们更用购物来填补精神的空虚,泰森在咬了霍利菲尔德的当天,就花 25 万美元买了一辆法拉利跑车。1984 年,麦当娜也把自己的作品命名为:物质女孩。"我们生活在物质世界,所以我是物质女孩。"这意味着对物品的依赖过渡到对金钱、名牌的依赖。

② 不能把审美活动与商品价值等同起来,不能"唯"商品属性,这应该说是当代美学思考中的"雷池",一旦肆无忌惮地加以跨越,一味强调当代审美活动的商品价值而不是审美价值,就必然会导致当代审美活动的走向误区。"唯"商品属性必然使得审美活动丧失本身的绝对价值,成为商品消费的有限价值。这无疑正是我们在上面所揭示的当代审美活动中的实际状况。我们在其中所看到的种种误区,在某种意义上,应该说,都不是当代审美活动本身所造成的,而是当代审美活动一旦肆意"越界"、一旦"唯"商品的结果。进而言之,是误以为商品价值可以肆意越过自己的边界吞并审美价值,误以为可以把审美活动完全纳入商品交换的范围之中(在中国,有所谓"文化搭台,经济唱戏"),误以为可以以效益、利润、金钱作为审美活动的核心,误以为可以以商品价值为基准来筛选和建构审美活动的结果。

精英文化与大众文化之间的界限的越位也如此。我们看到,大众文化固然在迎合市场经济社会方面有其积极表现,然而在深刻批判市场经济社会方面却有着根本的缺憾。事实上,面对市场经济社会的不足,真正的自由个性如果要得以表现,往往就要采取否定的形式,也就是以意识到异化并能够与之斗争作为自由个性的特征,以区别于对于异化毫无自觉意识的所谓个性,而人类的审美、文化本身也往往要在与普遍异化关系的对抗中才能得到发展。我们在前面所说的精英文化、审美活动的出于某种特定历史原因的对于文化、审美的纯粹性的维护以及对于文化、审美与商品之间联系的顽强拒斥,原因正在这里。令人遗憾的是,大众文化却正是那种"对于异化毫无自觉意识的所谓个性"的实现。在大众文化中,商品的消费价值从商品的使用价值中分离出来,文化的形式也从内容与形式的统一中分离出来;传统的集体生活转变为公共生活,个人转变为大众,文化也从对于生活的解释转向大众的梦幻,成为大众的集体经验的编码或投射。于是,在大众文化之中,人类被出人意料地抛掷在它所编织的社会梦幻之中。它确实可以给人类以极大的安慰,这显然正是大众文化的美学贡献,但是这安慰又毕竟类似于饮鸩止渴,于是就难免使人在其中越来越感到孤独、陌生,越来越需要寻求庇护和归属。它意味着某种普泛化了的集体仿同和闲暇追逐,是精神的松懈而不是精神的执着。它以其被动接受了懒惰的本质。因此,在大众文化中,这种永无止境的盲目追求,多半不是借此得到什么,而是借此忘掉什么。因此尽管在形式上逐新猎奇,但在实际上却与真正的创新无缘。犹如大众文化宣扬经过组装、供人消费的时尚与时髦,但时尚与时髦偏偏导致不满(得到会不满,得不到也会不满);一切都大有希望,一切又都毫无希望,这,就是大众文化的一体两面。也因此,在一定的范围内对大众文化加以提倡是可以的,但是假如唯大众文化而大众文化,甚至以大众文化"越位"去取代精英文化,当然就是大众文化的悲剧的开始。

而要解决这些问题,除了准确的理论把握之外,在我们看来,重要的不是一味的批判,而是要在"社会要分类、文化要分层"的观念指导下建立起成熟的文化市场。按照西方一位经济学家的划分:在非商品社会的时代,经济、政治与文化之间是一种机械团结,是经济与文化对于政治的服从;在商品社会的时代,经济、政治与文化之间则是一种有机团结,是经济、政治与文化三者之间的相互制约、相互弥补、相互协调。因此,要改变商品交换的特性淹没了审美活动的特性这样一种令人焦虑的现状,关键并不在于回到传统的审美活动的老路,而在于逐步建立、完善一个作为文化、审美活动的保护机制的文化市场。(文化与工业的合作即所谓文化工业,是人类史中的一个奇迹。我们对此研究得十分不够。)它使得文化、审美活动在商品社会的条件下仍然能够正常地发展,使得文化、审美活动的相对独立性在商品社会的条件下仍然能够合法地保持,使得文化、审美活动的不同类型在商品社会条件下仍然能够和谐地存在。它不是要限制文化、审美活动的发展,而是要推动文化、审美活动的发展。因此,有人以为精英文化在商品社会必然会受到歧视,这实际上只是皮相之见。因为商品社会并不会置精英艺术于死地,而只是要罢免千百年来被错误地笼罩在精英艺术身上的"美学特权"。而这种"罢免"所导致的,就正是集精英文化与大众文化于一身的当代审美文化的诞生,也就正是人类历史上前所未有的文化、美学时代的到来。

第二节 全球化与当代审美文化

一

当代审美文化也与全球化密切相关。

现代社会,不但是一个为当代审美文化提供特殊载体的自然人化的过程(以符号交流的信息世界取代实体交流的自然世界),一个为当代审美文化提供特殊内容的个体社会化的过程(以等价交换原则实现人的全部社会关系），还是一个为当代审美文化提供特殊视角的世界大同化的过程（以开放、流动的公共空间取代封闭特定的私人空间与共同空间），而且，在这当中，不但文化、审美的本源被市场化加以转换，文化、审美的能力被技术化加以转换，文化、审美的领域也被全球化加以转换，因此，研究当代审美文化与全球化的关系，就显得极为重要。

众所周知，进入20世纪，由民族国家组成的区域市场经济让位给一种由全球参与者共同构建的世界市场经济。巨型跨国公司的出现、高科技带来的资本配置、信息流通的加速开放性以及资源的流动性、经济的关联性、供求信号的敏感性、经济波动的传导性，这一切都意味着：工业社会转向了信息社会（又可以称之为：后期资本主义、发达的资本主义、非组织的资本主义、跨国资本主义、全球化的资本主义、后福特主义，等等）。

于是，全球化消灭区域性，流动空间取代地域空间。地域被网络取代。没有谁还可以是一座孤岛。联合国《1997年投资报告》中介绍：全世界已经有44000个跨国公司母公司及其280000个子公司和附属企业，它们控制了全球三分之一的生产和三分之二的贸易，掌握了全世界70%的对外直接投资和70%的专利和技术转让。以生产一架波音飞机为例，它需要20多万个零件，由分布在全球十几个国家的6000多家企业、800多万员工生产加工而成。这当然只是一个例子。然而即使是从这里，也已经不难看出：西方闹感冒，东方打喷嚏，西方被蚊咬，东方打摆子，一切都不再对应于任何特定地区、特定政治，全球世界已经开始成为边远地区与大城市、落后国家与先进国家的"和弦"。人类社会的整体化、互联化、依存化时代开始了。那么，长期分裂、割据、封闭的世界何以一朝瓦解？

首先，这无疑与市场经济本身所具有的那种把社会各个独立领域的生活要素转化为普遍有效体系的内在驱力以及突破国家民族地域界限的强烈冲动密切相关。

马克思早就告诫我们：西方的近代社会，就其本质而言，是一个由市场经济统治的社会。全球化的事实再次证明,确实如此。作为一个有生命的东西,市场经济一旦呱呱落地,就立即以无比充沛的生命力闯关夺隘,走向世界。在欲望的驱使下,它与国家彼此合谋,到处扩散,而绝不仅仅集中在一个区域、一个国度。它将社会市场化,社会与市场之间的界限被取消了,甚至,市场自身干脆就变成了社会。它使全球市场化,在全球的任何一个角落,只要能够生产剩余价值,它的身影就会迅速出现[1]。结果,剥削者无处不在,被剥削者也无处不在。韦伯指出:市场经济的本质就是扩张,它"正以不可抗拒的力量决定着降生于这一机制之中的每一个人的生活,而且不仅仅是那些直接参与经济获利的人的生活。也许这种决定性作用会一直持续到人类烧光最后一吨煤的时刻"。它"意味着一种绝弃,一种与追求完整的和美的时代的分离"[2]。马克思恩格斯的剖析虽然不是针对全球化的,但是鉴于对市场经济的本性的把握,因此尤显透彻:"资产阶级除非使生产工具,从而使生产关系,从而使全部社会关系不断地进行革命,否则就不能生存下去。""扩大产品销路的需要,驱使资产阶级奔走于全球各地。它必须到处落户,到处开发,到处建立联系。""古老的民族工业被消灭了,并且每天都还在被消灭。它们被新的工业排挤掉了,新的工业的建立已经成为一切文明民族的生命攸关的问题;这些工业所加工的已经不是本地的原料,而是来自极其遥远的地区的原料;它们的产品不仅供本国消费,而且同时供世界各地消费。旧的、靠本国产品来满足的需要,被新的、要靠极其遥远的国家和地带的产品来满足的需要所代替了。过去那种地方的和民族的自给自足和闭关自守状态,被各民族的各方面的互相往来和各方面的互相依赖所代替了。"

---

[1] 百年来西方国家的对内对外的行为在本质上没有差别,都是出自资本的意志,两次大战使20世纪成为杀人最多的世纪,这显然是以物的极权代替人的极权。物的极权则导致死亡本能的泛滥。原因在于,资本的逻辑是不分族类的。尼采、韦伯甚至都曾经强调过资本统治社会的反文化倾向,道理在此。

[2] 韦伯:《新教伦理与资本主义精神》,于晓、陈维纲等译,三联书店1987年版,第142页。

"一切民族甚至最野蛮的民族都卷到文明中来了。"[1]对此,我们只要看一看市场经济为了解决自身有机构成不断提高和平均利润率不断下降的趋势所做的种种努力,只要看一看市场经济从一国向多国最终朝着无国界方向转变,只要看一看最早进入现代化进程的西欧国家的殖民对象不是亚非拉各国,而是东欧(为了资本的利益,不惜自相残杀),就可以知道。事实上,全球化正是市场经济在欲望的驱使下所必然达到的极致。

其次,全球化又与现代技术(尤其是大众传播媒介)本身所具有的那种把社会各个独立领域的生活要素转化为普遍有效体系的内在驱力以及突破国家民族地域界限的强烈冲动密切相关。

除了以人类的欲望为目的(市场经济)之外,全球化还以技术的疯狂运用作为推行欲望的手段(这两者构成了20世纪最为引人瞩目的"权力意志")。其中,尤以大众传媒为核心。多数学者都承认,大众传媒在全球化过程中起着突出的不可替代的作用。这就因为,大众传媒作为一架欲望机器,像市场经济一样,一旦呱呱落地,就立即以无比充沛的生命力闯关夺隘,走向世界。而且,假如跨国市场所改变的主要是世界的物质层面的话,那么跨国的大众传媒所改造的就主要是世界的精神层面。与之相应的,就是各个国家、各个地域的独特的精神传统的消失。海德格尔揭示得十分深刻:"就形而上的方面来看,俄国与美国两者其实是相同的,即相同的发了狂一般的运作技术……如果有一天技术和经济开发征服了地球上最后一个角落;如果任何一个地方发生的任何一个事件在任何时间内都会迅即为世人所知;如果人们能够同时'体验'法国国王的被刺和东京交响音乐会的情景;作为历史的时间已经从所有民族的所有此在那里消失并且仅仅作为迅即性、瞬间性和同时性而在;如果拳击手被奉为民族英雄;如果成千上万人的群众集会成为一种盛典,那么,就像阎王高踞于小鬼之上一样……"此刻,"大地在

---

[1] 《马克思恩格斯选集》第1卷,人民出版社1972年版,第273页。

精神上的沦落已前进得如此之远,以至于各民族已处于丧失其最后的精神力量的危险之中。"①世界开始在一种全新的被传媒中介过的时空经验中重新聚集起来。传媒增加、塑造、中介、同化着我们的一切经验,而且顺者存,逆者亡。与之相应,世界的全球化就也是必然的。在某种意义上说,它无非是大众传媒在欲望的驱使下所必然达到的极致。

最后,全球化还与市场经济与现代技术所导致的诸多问题有关。

市场经济与现代技术犹如人类欲望的两翼,一旦展翅翱翔于全世界,无疑就会给整个世界带来一系列全新的问题。例如,正是市场经济与现代技术,使得人类真正意识到了"双赢"的奥秘。人们发现:经济活动的蛋糕可以越做越大,因为大家都有足够的互利分割余地,你死我活的争夺则是根本就没有必要的。这正如费孝通先生总结的:"各美其美,美人之美,美美与共。"再如,正是市场经济与现代技术,使得人类真正意识到了民族国家的确立并没有消灭战争、掠夺等种种不公,两次大战更是民族主义登峰造极的表现。历史证明:每当一个民族高扬自身的特殊性之时,往往就同时是给人类带来灾难之日。事实上,人类存在一些共享的文明。自由、民主、市场、法治,就是共同的东西。中国的唐诗、国画,德国的音乐,古希腊的雕塑、建筑,古埃及的金字塔,也应该是人类的共同财富。在市场经济与现代技术展翅翱翔于全世界时所催生的大量区别于传统的、为全人类所共享的文化追求、审美趣味,更应该是人类的共同成果。由此,彼此之间的边界变得越来越没有意义,国家至高无上的观念也受到了挑战。这样,世界日益变小的结果,就是联系的普遍性最终造就了各民族间的共同问题。这些问题包括:从与自然的关系看,是全球问题;从社会角度看,是和平问题即东西问题,还有发展问题即南北问题,等等。这些问题都需要全球范围内的人类采取共同行动才能解决,为此,人类甚至必须各自主动让渡一些主权与国家利益,以服从于

---

① 海德格尔:《形而上学导论》,熊伟、王庆节译,商务印书馆1996年版,第38页。

全球性的事务，以求得共同发展，显然，只有如此，才能够更好地发挥资本机器与媒介机器的神奇作用。

另一方面，市场经济与现代技术所导致的负面问题也推动着世界走向全球化。例如，市场经济中的投资者出于种种考虑，往往会去寻找一些新的投资地域。这些地域的许多资源由于还没有被市场所覆盖，因此不但没有所有权，没有价格，而且占有者自己也对之漠不关心，这无疑就会给投资者带来巨大的利益。但是也正是因为这些资源与己无关，因而在开发时往往也就不会更有效地利用这些资源，而是过度使用，不负责任地将本应由自己支付的成本转嫁给别人，不惜危害邻居，危害子孙。像西方虽然不再靠刺刀、大炮但却靠行贿来掠夺非洲、拉美的资源，而且在把原料运走之后，又把垃圾运回来。再如，所谓全球化还包含着转嫁危机的隐秘动机。在这里，物质生产作为财富的源泉的真相是被掩饰起来的。西方为了自身的危机不得不全球化，诸如金融泡沫的膨胀，全球金融交易的增长是以物质资料生产的衰退为对比的。这是资本主义所无法解决的矛盾。唯一的对策，就是从物质生产中掠取更多的物质资源，以免泡沫破裂。在此意义上，也可以说，全球化是市场经济的当代方式，是市场经济对世界的剩余部分的最后征服。显然，诸如此类的问题是过去所见所未见、闻所未闻的，也都需要全球范围内的人类采取共同行动才能解决。正确的选择也只有一个，这就是：全球化。

二

全球化对于人类文化特别是当代审美文化的影响尤其值得关注。

1492年，哥伦布发现新大陆，但是，它的人文意义究竟是什么，却长期未引起人们的反省。刚刚发明"天赋人权"的西方人，在北美、南美所做的，仍旧是屠杀、屠杀、屠杀。直到今日，我们才意识到：哥伦布的发现实在意义重大。它意味着：东西两半球的两个一度独立发展的文明体系开始遭遇，自古以来的分裂、割据、封闭状态被打破了①。也因此,哥伦布的发现所刷新的不仅是一块新大陆,而且是一个全新的世界,所改变的也不仅是一张世界地图,而且是人类的文化、审美经验。世界因哥伦布的发现而变大,人类的文化、审美也因为全球化的出现而变大。全球化对于人类文化尤其大众文化的影响的重要意义恰恰也在于此。全球化是哥伦布发现新大陆的继续,不同之处仅仅在于:每个人都是哥伦布,每个人都发现了自己的新大陆。这真是一个神奇的时代。无数的思想家也曾经用不同的语言概括了自己的惊

---

① 这就不能不令人想起中国。回首历史进程,分裂、割据、封闭,一直困扰着人类。世界大同却始终只能是一个美丽的梦想。然而,从近代开始,情况有了极大的变化。西方率先越过千年的黑暗,开始穿过高山,越过海洋,跨越地域,走出国门。西方的 5—15 世纪是"黑暗的一千年",那么西方在公元 1000 年之时正是深夜。那时西方只能从丝绸、瓷器等来想象遥远的中央之国的发达与神奇,此时的大宋国力已经达到了登峰造极的地步,拥有最先进的技术(活字印刷、指南针、火药)、最发达的城市(开封)、最发达的商业(清明上河图),然而预料中的末日审判并没有到来,世界在第二个一千年中出现了戏剧化的变化,世界的中心西移,从欧亚大陆的最东端向最西端转移,然后跨越大西洋,落到最西端的北美大陆。中国从先进到落后,西方从落后到先进。是谁给了西方人起死回生的动力?中国人。汤因比在反省文明类型时非常重视道路的形态,而道路的类型与代步的技术密切相关。文明的发展与开辟新路的能力有关。1999 年,美国一家网络公司的总裁发议论云:中国人是最善于修路的民族,例如烽火台、丝绸之路(公元前 1 世纪)。但是中国也善于砌墙,例如长城。墙是防护性的,路是拓展性的。开放是最好的防守,绵延的路是最坚固的长城。这些说明在大陆上中国是胜利者。然而从宋开始,丝绸之路衰落了。因为"海上丝绸之路"出现了。新型的道路预示着:文明的角逐从陆地走向了海洋。指南针、火药使得中国本来有着领先地位。然而中国却败下阵来。西方最后凭着"船坚炮利"打开了中国的大门。其实在中国开出商船的时候,西方本来就只会在地中海上捕鱼捞虾。1405—1433 年的郑和七下西洋,是一个令西方人后怕的壮举,比哥伦布到达美洲早了 87 年。本来当时中国可以轻而易举地获得全世界的制海权,甚至可能独占南北美洲,日不落帝国、美国都是不可能出现的了。西方有人认为:中国在 15 世纪放弃制海权是一个千年之谜。与此同时,是把国都从南方迁到北方,并重修长城。宋朝时的中国是全世界的领头之国。然而世界上最大的海洋在中国人看来,与西南面世界上最高大的山脉一样,无非是上帝赐给中国人的免费长城,而没有想到:这最大的海洋才是一条新的开拓之路。到了西方人打进来,才发现这样一条开拓之路,可惜已经是西方人的路。

奇:维科所提示的"世界历史"、歌德和马克思所呼吁的"世界文学"("一切国家的生产和消费都成为世界性的了")、麦克卢汉所瞩目的"地球村"。世纪初俄罗斯"白银时代"的出现、一战后美国文学的崛起、20世纪60年代拉美的"文学爆炸"也告诉我们:人类的传统文化、审美一旦与全球化的眼光相结合,就一定会出现全新的图景。

当代审美文化的诞生也不例外。任何文化都是人类适应环境的产物。托马斯·哈定等对此作过很好的总结:"对进化的特殊观点包含了一种把文化当作一个开放系统或适应系统的观念。适应包括与自然界的关系和与其他文化系统的关系(除非一个社会完全孤立)。对自然界的适应将造就一种文化的技术并由此造就该文化的社会成分和观念成分。而对其他文化的适应亦会造就社会和观念,后者又反过来影响技术并决定其进一步的发展。适应过程的全部结果就是产生一个有组织的文化整体,一种综合性的技术、社会和观念,它应付着可供选择的自然界和外部文化的双重影响。总之,这就是文化适应的机制。"[①]全球化也如此,它使人类不仅面临着共同的经济难题、技术难题,而且也面临着共同的文化难题。这无疑就必然要求人类必须尽快形成一种全球化的经济适应机制、技术适应机制,也必然要求人类必须尽快形成一种全球化的"文化适应机制",以回应全球化的世界。那么,人类所面临的共同的文化难题是什么呢?就是由于远距离交往而产生的时空压缩。现代化专家吉登斯称之为"疏离机制"。全球化把社会关系从特定的场所疏离出来,把"何时""何地"从"何人""何事"疏离出来,一个最明显的例子是:由于大众传媒的出现,过去所存在着的时间束缚、地理束缚,即何时的新闻、何处的新闻都已经无所谓了,现在关心的就是"何人""何事"。这样一来,传统的以特定空间规定特定时间的方式消失了。空间不再与时间单位

[①] 托马斯·哈定等:《文化与进化》,韩建军、商戈令译,浙江人民出版社1987年版,第39页。

成正比例,时间与空间分离并且被虚无化了,一切界限、藩篱瓦解了,信息脱离了具体的语境,进入全球,成为"浮动的符号",形成一个无他者的世界、同质化的世界、拉平一切的世界,在场与缺场彼此纠缠,远方与附近相互交织,本地的生活可能是全球的生活,全球的生活却影响着本地的生活。不同地域有了共同的生活经历,遥远的事情不像过去那样与己无关了,整个世界会不请自来。我们成为不在场的直接观众,甚至比在场还在场。由此,平均性、同质性、公共性、普适性成为人类共同的新的文化经验。这是一种人类从未有过的远离大地、飘在空中的文化经验,像无根的浮萍,也像断了线的气球。赛曼·杜林发现:"全球化意味着文化形成越来越失去固定空间的限制,并很难集合为整体和传统。"[①]应该说,就与这种新的文化经验有关。更为严重的是,由于任何一个人都无法直接面对如此复杂、如此广阔的世界,唯一的办法,就是共同借助于大众传媒这一中介。因此,任何一个人的文化经验与大众媒介都是彼此不分的,都事实上只是一种已经经过大众传媒中介之后的没有亲身经历的文化经验。结果,传媒不是社会的反映,社会却是传媒的反映。而且,生活中见到的东西似乎比大众传媒中的东西更不真实。吉登斯总结为"现实倒置",实在颇具眼光。也因此,全球化时代人类共同的新的文化经验,就集中体现为:奇观。最为典型的,可以美国迪斯尼公司的动画片《花木兰》、美国的大片《泰坦尼克号》以及中国的《大红灯笼高高挂》为代表。他们都是一种"浮动的符号",也都是一种全球化的想象的产物,尽管并不反映现实,但是却不断地将现实生产出来、塑造出来。这就是所谓"奇观"!

显然,当代审美文化正是因此应运而生。它与人类在被限制在特定地域时所建构的有关这一特定地域的文化共识无关,但是却与人类走向全球世界时所建构的关于全球世界的文化共识有关。这是一种人类在全球化世

[①] 赛曼·杜林。引自《全球化与后殖民批评》,中央编译出版社1998年版。

界中所可以共享的文化、审美成果①,也是在全球化加速了个人与世界的联系的时刻,个人通过大众传媒而加入到全球资本主义的文化逻辑之后,在"疏离机制"的基础上所形成的"现实倒置"所必然造就的一种全球化的想象。

三

围绕着这样一种全球化的想象,不难从一般与特殊的意义上对当代审美文化的方方面面作出深入的阐释。

首先,从一般的意义上,当代审美文化体现的,正是一种在全球化时代所形成的共同的情绪、共同的趣味、共同的感受、共同的经验,也正是一种全球化的想象。这是一种完全正当的审美追求、文化趣味。我们知道,在传统的等级社会中也并非没有某种审美追求、文化趣味,但是人们却往往会以自己的审美追求、文化趣味来否定别人的审美追求、文化趣味(过去所常见的许许多多的"内部观摩""内部读物""内部发行"等等,与所谓是非判断、敌我判断一致,都是意在把人们彼此之间区别开来),这无疑不同于当代审美文化的审美追求、文化趣味。在当代审美文化之中存在着的是一种可以"公享"的审美追求、文化趣味(在当代社会,人与人没有了等级,都是大众,因此高雅与流行的趣味可以被一个人所同时享有)。例如,"流行是什么?流行

---

① 在这方面,一个长期封闭的国家一旦走向开放,竟然对当代审美文化表现出异乎寻常的兴趣,应该给我们以深刻的启迪:"去年(1989年)11月,躁动的人流穿过柏林墙上的缝隙,涌入西柏林,将当地的超级市场与录像制品扫荡无余。仅仅几个小时之内,所有快餐食品与除臭剂便被抢购一空。西柏林商店里原本供应充足的录像带,有时甚至包括黄色录像带在内,也被一扫而光。T恤衫和牛仔裤这些曾在德国统一前为东、西柏林人民相互换购商品充当过货币的商品,也从货架上消失了踪影。无论是否感到惊讶还是早已有所耳闻,年轻人,以及那些已不再年轻的人,都随着重金属与摇滚乐的鼓点纷纷起舞,而这种音乐早已秘密或公开地成为了东欧人民的自由颂歌。第一次电视革命就这样拉开了序幕。"(乔治·斯坦纳。转引自威廉·哈森:《世界新闻多棱镜》,新华出版社2000版,第110页)

是一股世界性的整合力量。刮过之处即宣告占领、宣告同化。同样地,流行音乐是一种世界艺术。我们不要为某位艺术家是美国人或中国人所迷惑,在这个领域里,国家和民族概念已经悄悄地被置换了。节奏布鲁斯不是什么美国音乐,中国摇滚也不是什么中国音乐,不管你乐不乐意承认,世界各地的流行音乐,都是同一个一体化的音乐。说流行音乐是一种世界艺术,还有另外一层含义:流行音乐的听众,恰当地说不是中国人或美国人,一针见血的说法应该是世界人。它所暗示的,是一批世界子民的出现:新人类、新新人类、X一代、N一代、酷一代、网虫、歌迷、新潮消费者……不管生活在中国或美国,这些新人群具有相近的生活内容:听一样的歌,看一样的电影,玩一样的时尚,上网、泡吧、蹦迪、追星、吃麦当劳或肯德基;或者还有一些人,更有着彼此相似的工作内容,比如都在外资企业、星级酒店、外贸单位、跨国集团工作,其知识、文化、环境、管理,有着同样的国际化背景。而在说到城市时尚时,即使不一样的国家消费不一样的文化产品(如中国人听的是张惠妹,不是麦当娜),这不一样里也有着一样的最新世界潮流的骨血。"[①]

在此,必须强调,我们并不反对在传统时代所形成的共同的情绪、共同的趣味、共同的感受、共同的经验,不过我们也必须看到,共同的情绪、共同的趣味、共同的感受、共同的经验中往往蕴涵着一种用鲜血与烈火所铸造的狭隘的审美追求、文化趣味,一种深刻束缚着人本身的不自由。人们在其中所追求的也往往并非最为本质的东西,这就因为,在传统社会,人类的生活方式只是群体的,而并非社会的。对于不同的群体来说,群体的利益高于一切。而且,有什么样的群体就有什么样的利益(这往往都是一些血缘群体,也往往只是血缘利益)。由此,每个人尽管在群体内都是道德的,然而,在群体之外却毫无道德可言,甚至为了群体的私利就不惜滥杀无辜。在全球化

[①] 李皖:《整体的碎片和碎片的整体》,《读书》2000年第9期。

的社会,这些人倘若只为谋求群体利益而进入社会,就会充分暴露出极端的狭隘意识。分敌我,拉帮派,把社会当作一个群体,而且为自己的群体利益而不择手段,而大开杀戒(这无疑比为个人还坏,因为他会以为是在做无私奉献)。希特勒称日尔曼民族是世界上最优秀的人种,法兰西人则是"杂种",犹太人更是"劣种"。日本人把自己称为优秀民族,却把中国称为劣等民族,道理就在这里。而在现代社会,人们开始出入不同群体,生活的群体,工作的群体,游戏的群体,也都不再固定为同一群体,因此,人们不再通过群体去与社会发生关系,而是直接去彼此发生关系,交往的前提不再是血缘、利益,也不是"我们",而是生命的权利,是"我",结果,群体、集团、种族、阶级、性别的差异自然就不存在了。这显然是全球化社会所给予人类的最可珍贵的财富。不难想见,在审美追求、文化趣味方面也是如此。因而,在全球化时代所形成的那种可以"公享"的审美追求、文化趣味正是极大地丰富了人性,极大地扩大了人类的自由,并且,也为人类提供了更适合自身生活的东西①。

具体来说,在全球化时代所形成的那种可以"公享"的审美追求、文化趣味首先不复存在地域界限、社会差别、政治冲突、阶级对立,人人可以共享。主流文化、精英文化的特征都在于地域界限、社会差别、政治冲突、阶级对立的存在,像中国文化、西方文化以及三秦文化、齐鲁文化、吴越文化、岭南文化、湖湘文化,就与地域有关,令人听后"唯恐卧"的先王之古乐与令人听后"不知倦"的郑卫的靡靡之音则与特定的阶级相关。至于《国际歌》《东方红》则当然与政治的冲突一致。《命运交响曲》与《二泉映月》也显然凸现着社会

---

① 尽管大众传媒的历史只有区区一百多年,但是却在改变人类几十万年来所形成的习性。动物学家说,人类这个"裸猿"比较适应的社交圈是一百人以内,可是大众传媒却迫使我们与成千上万人交往。一方面,人们如果没有在大众传媒上看到某一事件,这一事件就等于没有发生过,另一方面,哪怕是遥远国度的某一事件,只要它在大众传媒上出现,就通通与人类相关。

的差异。而在大众文化中,一切都改变了。由于在空间上整个地球都成为一个村落,在时间上整个历史都汇聚到一个焦点,地域界限、社会差别、政治冲突、阶级对立也都相应地被超越了(民歌的消失就是例子)。人与人之间的差距被抹平,个性化变得荡然无存。海关、边界、边防线、国界、海域、高山,这些传统的空中栅栏都不再存在,存在着的就是个人通过大众传媒而加入到全球资本主义的文化逻辑之后在"疏离机制"的基础上所形成的"现实倒置"所必然造就的一种全球化的想象。一位美国社会学者为躲避广告的轰炸而逃入沙漠,但却仍旧发现了路两旁高高矗立着的广告牌。一位东欧国家的文化名人,在20世纪80年代访华时,一觉醒来,发现窗外巨幅的与西方完全相同的可口可乐广告牌,竟然误以为是被绑架回了西方国家。在泰国,因为世界杯决赛的时间是凌晨2:30,教育部长干脆宣布这一天全国的学生通通放假。在中国,为了及时转播中国队冲出亚洲的一场比赛,中共中央甚至决定推迟十三大的专题系列报道。在71届奥斯卡颁奖时,连非洲某个贫困的城市也在广场上架起电视人们争相观看。由列农等四人组成的英国"甲壳虫"乐队在美国大出风头,影星成龙是华人,但是在日本却有数十万人的成龙影迷协会。影星阿兰·德龙是法国人,歌星胡里奥·伊格莱西亚斯是西班牙人,球星马拉多纳是阿根廷人,但是全世界的青年却一视同仁地一同加以崇拜。尽管政治见解不同,但是对于金庸,邓小平、蒋经国却都一样极为欣赏。以致有人甚至不无夸张地说:在20世纪,只有一位作家的作品真正做到了家喻户晓人人皆知,这就是金庸的武侠小说。从诺贝尔奖得主到贩夫走卒,从黄土高原到美利坚,都是如此。

　　第二,在全球化时代所形成的那种可以"公享"的审美追求、文化趣味不复存在审美与生活的对立。在主流文化、精英文化中,尽管也在强调生活的重要性,但是对生活毕竟总是心存恐惧、焦虑,因此生活毕竟只能够成为被改造的对象,毕竟总是暧昧不清的,日常生活中存在着的平庸、琐碎、异质、卑微,根本无法进入审美,结果,在主流文化、精英文化中每每把艺术和生活绝对割裂开来。在当代审美文化中生活却与审美完全交融。不过,这里的"生活"却并非原汁原味的生活,而是被媒介化了的、时尚化了的生活,在全球化的想象中得以形成的生活。所谓审美与生活的完全交融,也只是与被媒介化了的、时尚化了的生活以及全球化的想象中得以形成的生活的完全交融。这意味着:当代审美文化已经不再像传统文化那样或者以满足人类的高级需要为主(审美、艺术因此被独立出来,作为专门的对高级需要的满足的一种文化类型而存在),或者以满足人类的低级需要为主,而是以满足人类被越位了的商品性与技术性(媒介性)刺激起来的超需要(审美、艺术因此而成为空虚的类像、玩心跳的畸趣的体现)为主。

第三,在全球化时代所形成的那种可以"公享"的审美追求、文化趣味不复存在私人话语与共同话语的区分。在主流文化与精英文化中都存在着私人话语与共同话语的区分,而且,一般而言,进入主流文化与精英文化的往往都是共同话语,而且能说什么,不能说什么,也都是被严格规定了的(主要是政府的"鼓舞于上"),至于私人话语,则一般就是被排斥在外的。在当代审美文化中这种情况不复存在。只要大众感兴趣,就可以无所不说,就可以无条件地进入审美与文化的殿堂,在这当中,共同话语的严格规定性被人们的公共"时尚"所取代,能说什么与不能说什么这一规定被完全取消,而且,更重要的是,私人话语的独一无二性,也被大众的公共"时尚"所取代,私人话语同样能够成为大众公共消费的对象。在这方面,最为典型的就是"写实文学"与"隐私文学"的出现,前者通过将领袖人物、重大历史事件"生活化"(诸如写出领袖人物的喜怒哀乐,其实就是通过对于历史的神圣性的解构得到快感)的方式,后者通过将私人经验公开化的方式,将它们转换为为当代审美文化所必需的公共经验。从此,一切都成为某种"奇观",一切都是可以公共消费的。

第四,在全球化时代所形成的那种可以"公享"的审美追求、文化趣味不复存在年龄悬殊、性别差异。在主流文化中,年龄、性别的界限始终存在着,所谓"少不看《三国》,老不读《红楼》",处处界限清楚,处处诸侯割据,不但规则确定,禁忌繁多,而且各自的领域都以排他性作为存在的前提。而在大众文化中这一切都不复存在,都为共享的文化所取代。成年人的所有秘密,例如性的、身体的、社会的,都不复存在。而儿童的兴趣、趣味与成年人也已无差别。至于少女穿高跟鞋、老人穿牛仔裤,就更为普遍。卡通也为所有年龄段的人们所喜欢,漫画更是老少咸宜,在日本,漫画就被称为"成年人的童话",而迪斯尼出品的《狮子王》,干脆把观众的年龄限定为3—80岁。成年人爱看的广告节目,也为儿童所喜闻乐见。总之,只要是时尚、奇观,就老少咸宜。因此,在大众文化中,成年人的节目幼儿化,幼儿的节目成年化,实在是一种普遍的现象。以至于人们往往要为成年人的"返童"和儿童的"早熟"而感叹。性别之间的差异的消失也如此。喇叭裤无论男女都是在腹前开叉,就堪称"颠倒乾坤""男不男,女不女"。还有邓丽君的歌曲。有人说:中国的八十年代是"两邓"的世界,白天是邓小平的世界,晚上是邓丽君的世界。邓丽君的歌曲之所以为男性与女性所共同津津乐道,邓丽君本人之所以被男性视为梦中情人和被女性视为闺中知己,其实,也只是因为她正是某种时尚、奇观的象征。

四

其次,从特殊的意义上,作为置身第三世界的国家,中国在文化影响方面始终处于弱势,因此关于当代审美文化与西方化的猜测也就往往甚嚣尘上,由此而引发的对于当代审美文化的批评更是不绝于耳,因此,很有必要再做讨论。

例如,对于西方当代审美文化在全世界的流行,不少学人就大惑不解,因此会有"文化帝国主义""后殖民主义"等种种看法。然而,这些看法起码在阐释当代审美文化时是无效的。确实,我们看到,西方当代审美文化已经流行于全世界。市场上"卖的不再仅仅是商品。它还卖标识、声音、图像、软件和联系。这不仅仅将房间塞满,而且还统治着想象领域,占据着交流空间"。① 本杰明·R.巴伯称这一世界为"麦克世界"——就像麦金托什和麦当劳一样——这是一个由于各种跨国贸易的集中而使生活方式同质化的虚拟世界。巴伯也说,麦克世界体系的推动力不再是汽车,而是西方迪斯尼乐园、音乐电视、好莱坞电影、软件包。简而言之,既有客观物体,也有观念和思想②。在中国也如此。麦当劳的标志M,成为全球所有城市的最为引人瞩目的标志,中国特色的饼干竟然也宣称:"真正的美国口味,我爱吃!""米老鼠""唐老鸭""芭比娃娃"之类在西方十分流行的时尚也左右着中国人的目光,流行歌曲、摇滚、肥皂剧、好莱坞影片等等让西方人如痴如醉也让中国人乐不思蜀,都是如此③。那么,如何把握这一现象?其实这些与西方的文化

---

① 阿兰·伯努瓦:《面向全球化》,载王列、杨雪冬编译:《全球化与世界》,第10页。
② 阿兰·伯努瓦:《面向全球化》,载王列、杨雪冬编译:《全球化与世界》,第10页。
③ 且看一个全球化的例子:"昨天下午我进了城,一路上,公共汽车上一直都在放已是第二轮播出的电影《热舞》(*Dance Fever*)。就在我到处溜达,想找个地方歇歇脚的时候,我记录下了以下这些商店的名字:'Hey'商店、'Hello'商店、'Easy Rider'旅行社,以及'T.G.I.Friday'餐厅。在我登记入住的小旅馆旁边,一个巨大的小区喇叭正声嘶力竭地播放维瓦尔第的音乐作品。后来我决定出去找顿饭吃,一路上我走过一个比萨饼屋、一个寿司酒吧、一个牛肉排档、一个瑞士餐馆,还有一连串漂亮的墨西哥咖啡屋……吃过饭,我来到邻近的一家咖啡屋,要了一杯cappuccino。在收款台旁,是厚厚一摞过期的*Cosmo*杂志、《新闻周刊》和伦敦出版的《星期日泰晤士报》,多得足以塞满六个大夫的候诊室。在柜台后面,摆放着一套为顾客准备的掷子游戏。几本封面已经褪色的小说,构成了一个家庭图书馆,其中包括埃雷卡·琼(Erica Jong)、肯·佛雷特(Ken Follett),以及亚历山德拉·彭妮(Alexandra Penney)的作品。在街对面惹眼的双层单身汉酒吧'卡萨布兰卡'里,布鲁斯·斯普林斯顿(Bruce Springsteen)正扭动腰肢,唱着'让我们在黑暗中起舞吧'……电影院里正在上映影片《美国狼人在伦敦》(*An American Werewolf in London*),而在临街的磁带店里,'Men at work'乐队的歌不绝于耳。忽然,一阵巨大的摩托声呼啸而来,淹没了店里正在播放的音乐。一辆辆铃木摩托车上,身着豹皮外套的男孩们正随意地游走于车流之中……是的,我确实是在巴厘岛,一个以它的声色、文化和风光闻名的人间天堂。"(皮科·埃耶尔。转引自威廉·哈森:《世界新闻多棱镜》,新华出版社2000版,第110页)

入侵以及中国人的崇洋迷外都关系不大,而是当代审美文化的必然。作为一种"奇观",这一切不在场的事物都恰恰因为符合于人类的全球化的想象而畅通无阻,并且流行于全世界。以法国人为例,有着悠久文化传统的法国人根本看不上美国的当代审美文化,他们讽刺说:美国人从欧洲买下教堂,给每一块石头都标上号,然后拆了运回去再盖起来。意思是说美国人根本就没有文化。也因此,在世界上法国对于美国的当代审美文化的反抗是最为突出的,不但限制好莱坞电影的进口,禁止在广告中使用英语,而且连那个攻击法国麦当劳店的农民(尽管被监禁三个月)也被看作法国人心目中的英雄。然而,这些法国人却在无意中误入歧途。因为他们错误地以自己的审美追求、文化趣味来否定当代审美文化的审美追求、文化趣味,而没有意识到后者实际上是一种新的审美追求、文化趣味。严格说,美国的当代审美文化在法国的流行是结果而并非原因,原因还在于法国人自身对于流行趣味的内在需要,正是美国的当代审美文化让法国人发现了自己的愿望,并从中得到了满足。试想,如果没有内在的需要,美国的当代审美文化又怎么可能对人产生影响?而假如这些内在的需要在法国的文化中无法得到满足,但在美国的当代审美文化中却找到了寄托(其实就是发现了自己的欲望),那么在这全新的选择中人性岂不同时得到更大的丰富?一个人难道就是因为无法选择出生于何种审美追求、文化趣味,因此就不能选择其他审美追求、文化趣味?这样看来,法国人所反对的,正是在他们自身中滋生而出的一种可以"公享"的审美追求、文化趣味(因此,自远方而来的当代审美文化,就不仅是指美国,而且更是指心灵深处)。

再如,人们还发现:不但不在场的东西会不请自来,而且在场的东西还会巧扮而去。对此,最先有所领悟的是张艺谋。他的一系列电影的改编,往往都不如原著深刻,顶多也就是"压抑人性""为生命力唱赞歌"之类,但是,他却刻意在其中加进了许多原著中原本没有的民俗,例如,拦棺四十九次、挂红灯、捶脚板,等等。不少人都说他"土得掉渣",然而,他却偏偏大获成功,频频在国外捧得大奖。原因何在?就在于:在电影中拦棺四十九次、挂红灯、捶脚板等等都已经成为一种"浮动的符号",尽管确实不符合事实,但是却符合于人类的全球化的想象,尤其是符合西方消费者的全球化的想象。因为在传媒化了的文化经验中,中国的形象就是如此。更值得注意的是,一旦"从国外讨个说法","出口转内销",国内竟然也就接受了。这当然不是终于承认它是符合事实的,而是把它当作大众文化来接受的,这就是说,同样也当作"奇观"来接受的。后来的"西北奇观""东南盛景"之所以往往让时间之维指向过去,并且不断地把中国的形象变来变去,无非也是当代审美文化的应有之义,无非也是在以中国的"奇观"去靠近西方消费者的全球化的想象。

因此,困惑也相应出现。人们开始在跨国的文化经验中沉醉,成为无根浮萍。长期形成的区域文化共识日益遭受冲击,使人们难以承受日趋复杂的社会、文化矛盾,不同利益、不同价值之间的冲突也必将产生许多问题。换言之,全球化冲击了社会,把许多人抛弃在世界之外,使得社会失去了有机的活力,社区的共同文化越来越难以保持其形态了,共同生活面临着严重的威胁。现在,我们不能不承认,如何勇敢地回应全球化的挑战,已经成为我们所面临的文化难题,也已经成为我们所面临的当代审美文化的难题!

上述看法无疑都期待着对于当代审美文化的深入思考。具体说来,包括两个方面。首先,必须强调,当代审美文化并非当代所有文化的全部,我们说大众文化是一种全球化的想象,是一种"奇观"的展示,并不意味着所有的文化都是如此,更不是说所有的文化都应如此。其他的文化无疑没有必要这样去做,不但没有必要,而且也可以对此加以批判。但是当代审美文化却只能如此。作为一种对于大众的虚幻梦想的满足的文化,它只能去从事这样一种全球化的想象,只能去展示"奇观"。这无所谓优点,也无所谓缺点,而只是当代审美文化的特点。由此,我们必须要承认,西方的当代审美文化之所以大举进入中国,主要的并非"西化"或者"文化入侵"的问题,而是因为它们同样也是中国人的内在需要。例如好莱坞电影,它之所以在中国大肆流行,关键并非因为它是西方的,而是因为它是世界的。它所代表的,正是全世界的共同的需要。也因此,西方的当代审美文化往往有其两面性。一方面因为西方率先进入全球化,因此对于当代审美文化的挖掘要远远早于我们,也远远深刻于我们。就这一方面而言,我们必须虚心向西方学习。《文化帝国主义》的作者汤林森就曾提问云:为什么现代洁净的水源、高速公路、速食、个人电脑、超级市场就不值得呢?美国梦是怎么周游列国的?《如何解读唐老鸭》一书的作者多夫曼也曾提问云:为什么迪斯尼可以得到如此戏剧性的效果?答案只有一个:"人同此心,心同此理。"另一方面,西方人以自己的全球化想象去制作大众文化,显然会有其自身的出发点。对此,我们没有必要去大加挑剔,甚至怀疑西方有什么"和平演变"的阴谋。哪怕是西方当代审美文化中的中国想象令人遗憾,我们也一定要知道,一切只是"戏说"而已,不必过于认真。何况,由于他们的"他者"角度,出现一些"误差"也是正常的,而且,这正是他们的"误读"的权利。有人以为,凡是他者眼光就是一种原罪。"非我族类,其心必异。"这种冷战思维早已过时了。在当代审美文化之中,中国必须是一个对所有人、所有国家平等开放的文本。再说,我们又凭什么说西方就一定比我们更没有把握认识我们自己?事实已经无数次地证明:西方的中国想象往往会给我们某种惊喜,甚至意外的发现。

其次,也必须强调,当代审美文化并非"魔弹",接受当代审美文化的大众也并非"中弹即倒"。在研究当代审美文化的任何问题之时,这种简单的思维方式都是最最害人的。第一,全世界的当代审美文化并非西方(例如美国)一家。以电视为例,我们就无法忽视加拿大、澳大利亚、新西兰等国家电视节目对全球的影响,也不能忽视西班牙语的墨西哥、巴西、中文的台湾地区香港地区、阿拉伯语的埃及等电视中心的影响。第二,西方当代审美文化即便真的无所不在,也绝对不等于西方的意识形态无所不在。作为受众,非西方的大众从来对之就不会照单全收的。实际的情况是,西方的当代审美文化一般只能影响浅层的东西,深层的东西还是本土的当代审美文化在发生影响。看了美国电影就从此只喝咖啡不喝茶,这是根本不可能的。预言的美国文化的全球化并没有成为现实。第三,在传媒化的共同经验之外,毕竟还存在着实际的生活经验。现代人确实在看电视,但是他们也在干别的事情。西方当代审美文化即便真的无所不在,是否就一定表示确有影响? 也要看媒介经验与亲身经验是如何结合的,以及在不同情况下究竟如何侧重,绝对不是一加一等于二那样一个简单的问题①。何况,从历史上看,强大的经济实力确实会影响到文化传播的方向,但是究竟是否会被接受,还是要看对方是否需要。不需要上帝的人是找不到上帝的。朝鲜被日本统治了几十年,就没有接受日本文化。而肯德基在中国虽然被接受了,但是也大大地被改造了,已经此"鸡"非彼"鸡"了②。

当然,由于西方经济与传媒的强大,我们无法否认西方当代审美文化的事实上的强势。以美国为例,美国是当代审美文化的发源地,美国前国务卿布热津斯基说:罗马贡献给世界的是法律,英国贡献给世界的是议会民主活动,法国贡献给世界的是共和制的民族主义,美国贡献给世界的是科学技术和当代审美文化。西尔斯认为美国是当代审美文化的家园。理查德·莫特比也强调,如果任何一个地方发明现代形式的通俗文化,那么它就是在美国的大城市里,首先是在纽约。几乎没有任何外国的电视节目能够进入美国

---

① 信息传递的同时性,并不意味着它在到达某个区域后所引起的效应就完全相同。就以民主政治为例,在东南亚,就引进了民主政治,总统被民众选出来,或者被民众成功地替换,但是问题却没有被终极解决,麻烦也仍旧层出不穷。像种族清洗这样的事件,出现在一些民选政府的管制之下,这是耐人寻味的。
② 因此,时尚也有其特定的内涵。例如高尔夫球,它象征着绿色、氧气、阳光、步行等时尚运动,是摩登、精英、体面、利益、权势的象征,但是它往往也是特权、腐败、特殊身份的象征以及对于自然资源的掠夺。1993年马来西亚曾成立"全球反高尔夫球联盟",并且把每年的4月29日规定为"全球反高尔夫球日"。英国《经济学家》也认为:只有认识、理解了亚洲的高尔夫球崇拜,才有可能真正理解亚洲金融危机的实质。

的电视节目,美国却凭借着在多媒体、互联网络、卫星电视等方面的强大优势,频频打入他国的文化市场。以加拿大为例,95％的电影、93％的电视剧、75％的英语电视节目、80％的书刊市场都被美国文化产品所控制。弗里思对此作了如下评论:"美国梦成了大众文化幻想无法摆脱的一个部分。用德国电影导演温·文德斯的话来说,'美国人在我们的潜意识中开拓了殖民地……如同在电影和音乐中体验到的一样,美国本身已成了消费对象,成了一种快乐的象征。'"情急之下,法国文化部长甚至称《豪门恩怨》是"美国文化帝国主义的象征"。而迪斯尼也被看作污染法国的文化资源,是"文化的切尔诺贝利"。然而,考虑到当代审美文化事实上无非就是文化工业,在一定意义上就是一部赚钱机器,正如弗朗索瓦·佩鲁所说:"在各种资本主义企业自我确立时,它们正是充分利用了它们在该系统中对于其他成分的优势。随着资本主义企业的发展,它们便把富人和权贵拉进自己的利益范围和势力范围,使它们脱离本国人民,为他们提供赚钱的机会和西方的生活方式。"①因此,应该说,这一切也都是可以理解的。

第三节 孤独的大众与当代审美文化

在市场化、全球化的影响之外,当代审美文化的产生还有其内在的原因,这就是:孤独的大众的出现。

一

所谓"大众",当然应该是"大众社会"的产物。从19世纪末开始,人类社会从彼此之间密切联系的社会转向了彼此之间相互疏远的社会,或者说,从一个"天涯若比邻"的社会转向了一个"比邻若天涯"的社会。这是人类生

---

① 弗朗索瓦·佩鲁:《新发展观》,张宁、丰子义译,华夏出版社1987年版,第29页。

存方式的一次空前的大转型。我们在前面曾把它称作从生产与消费的直接同一向生产与消费的无穷分裂、从无中介的直接交流方式向多中介的间接交流方式的转型。大量的人群被批量化地聚集在城市,聚集在以三维切割取代二维切割的悬空的摩天大厦之中,有"居"而无"家"①,彼此之间以不同的号码相互区别。从特定地理环境中自然而然地生长起来的自然环境被以虚拟的方式想象出来然后再加以建构的人工环境所取代,有机的生命节奏被无机的生命节奏所取代,向心的脚踏实地的生活被离心的好高骛远的生活所取代,天人合一的植物性的生存被天人二分的动物性生存、机器性生存乃至信息性生存所取代,根深叶茂、城乡结合的纵向的树形生态系统被超空间、超时间地汲取生命资源的横向的网络生态系统所取代……这是一个市场的社会,也是一个技术的社会,特尼斯所提示的礼俗社会与法理社会,涂尔干所惊叹的无机社会与有机社会,韦伯所区别的传统权威与官僚权威,格尔茨所洞察的原始关系与现代关系,显然都是对此的总结。

对于大众社会,现有的研究成果一般是从社会的结构和关系两个方面解释。从社会结构的角度看,大众社会是指具有相对高度的城市人口的工业社会或已工业化社会,也就是一个相对于传统社会而言的社会。从社会关系的角度看,大众社会是指个人与周围社会秩序的某种特定关系。"大众

---

① 对家的破坏,是一个重要的标志。我们知道,直到资本主义初期,稳定的家庭(包括社区)还是社会发展所必须依赖的对象,对于从事繁重劳动的工人来说,家庭就是一个休息的港湾。但是随着资本主义的迅速发展,劳动已经不再繁重,稳定的家庭(包括社区)就转而成为进一步发展的障碍。社会要扩张就要完全以利害关系为前提,而不能以情感为前提,这样,家庭的神圣性逐渐消退,于是,利用家用电器把妇女从家务中解放出来,利用性解放、女权主义把妇女从意识形态解放出来,利用司法机构从行政上为离婚提供种种方便,利用社会保障使得老人不再依赖子女……网一样的社会因此完全成为碎片。显然,家庭的破碎是社会转型的最后一步,从此,任何的缓冲区域都不再存在,孤独的人群处于"透明状态",一切暴露在外,家庭(包括社区)解体后出现的空白被大众传媒乘虚而入,物欲和享乐主义则成为唯一的选择。

社会的概念不等于就数量而论的大型社会,世界上有许多社会(如印度)有着巨大数目的人口,然而就其组织而言仍然是传统的社会。大众社会指的是个人与周围社会秩序的关系。"具体特点为:"1. 个人处于心理上与他人隔绝的疏离状态;2. 非人格性在人们的相互作用中盛行;3. 个人比较自由,不受非正式社会义务的束缚。"①因此,不妨以布鲁姆与塞尔兹尼克的总结作为大众社会的定义:"现代社会由大众组成,其意义是'出现了大量隔绝疏远的个人,他们以各种各样的专业方式相互依赖,但缺少中心统一的价值观和目的'。传统联系的消弱,理性的增长以及分工制造了由松散的个人组成的社会。在这个意义上,'大众'一词的含义更接近一个聚合体,而不是一个组织严密的社会群体。"②

而"大众"正是脱胎于上述的大众社会。在传统社会,我们所习惯于面对的是作为社会中心的"精英"。"他生根在他所照料的土地上",他"本身就是植物,把它的根深深地植在'自己的'土壤中"。③ 就如同一朵娇艳欲滴的鲜花,汲取着天地自然的所有养分,绽放出香气四溢的笑容。因此,"精英"是"孤傲"的,他是一个在"元叙事"中形成的绝对主体、一个蒙在神圣的光环中的圣词。并且,尽管在人类理想主义的乐观图景中不断地被改写,但在事实上他却始终是一个大写的"我"即"我们"。然而,进入大众社会之后,一切却发生了根本的变化。我们所面对的只是无数的批量化的倏忽隐现却又面目模糊的人群。犹如无根浮萍,随遇而安,四处飘零,寻求着"机遇"这一大众社会所给予每一个人的唯一馈赠,也犹如一朵朵假可乱真的塑料之花,无根、无脉、无土壤,生长在培养液中,闪烁着技术的光泽,散发着机油的气息。恩格斯曾经这样描述19世纪伦敦社会和伦敦社会的"大众":"像伦敦这样

---

① 德弗勒等:《大众传播学理论》,杜力平译,五南图书出版公司1991年版,第174页。
② 转引自德弗勒等:《大众传播学理论》,杜力平译,五南图书出版公司1991年版,第174—175页。
③ 斯宾格勒:《西方的没落》,齐世荣等译,商务印书馆1963年版,第199页。

的城市,就是逛上几个钟头也看不到它的尽头,而且也遇不到表明快接近开阔的田野的些许征象——这样的城市是一个非常特别的东西。这种大规模的集中,250万人这样聚集在一个地方,使这250万人的力量增加了100倍……在这种街头的拥挤中已经包含着某种丑恶的违反人性的东西,难道这些群集在街头的、代表着各个阶级和各个等级的成千上万的人,不都是具有同样的属性和能力、同样渴求幸福的人吗?难道他们不应当通过同样的方法和途径去寻求自己的幸福吗?可是他们彼此从身旁匆匆走过,好像他们之间没有任何共同的地方。好像他们彼此毫不相干,只在一点上建立了一种默契,就是行人必须在人行道上靠右边行走,以免阻碍迎面走过来的人,同时,谁也没有想到要看谁一眼。所有这些人愈是聚集在一个小小的空间里,每一个人在追逐私人利益时的这种可怕的冷淡,这种不近人情的孤僻就愈是使人难堪,愈是使人可怕。"①谁又能说,这不是一些毫无生气的塑料花朵,而且,"比邻若天涯"甚至"比邻在天涯"?因此,大众不再是"孤傲"的,但却是"孤独"的。

从19世纪开始,许多思想家、美学家、艺术家就敏捷地注意到大众的诞生。尽管在他们不无偏激的笔下,大众往往毫无美感可言。"大众——再也没有什么主题比它更吸引19世纪作家的注目了。"②雨果指出:"在那丑陋骇人的梦中,双双到来的夜晚与人群却愈见稠密;没有目光能测出它的疆域,黑暗正随着人群的增多而越来越深。"③波德莱尔发现:"病态的大众吞噬着工厂的烟尘,在棉花絮中呼吸,机体组织里渗透了白色的铅、汞和种种制作

---

① 《马克思恩格斯全集》第2卷,人民出版社1957年版,第303—304页。
② 本雅明:《发达资本主义时代的抒情诗人》,张旭东等译,三联书店1989年版,第136页。
③ 雨果。转引自本雅明:《发达资本主义时代的抒情诗人》,张旭东等译,三联书店1989年版,第79页。

杰作所需的有毒物质。"①人们或者是用人道主义去批判大众（例如巴尔扎克），或者是用回归自然状态的方式来揭示大众（例如雨果），或者是干脆混迹于大众，"做一个人群中的人"，因为"在人群中的快感是数量倍增的愉悦的奇妙的表现"。"街道是城市的主要通道，尽日拥挤不堪。但是，每当黑暗降临，……喧嚣如海的人头使我产生了一种妙不可言的冲动。我终于把所有要照顾的东西都交给旅馆，在外面尽情地享受这景象给我的满足。"②然而在19世纪，大众毕竟还是一个模糊的观念，只是"无定形的过往人群"。20世纪伊始，大众的面貌才逐渐清晰起来。我们注意到，大众开始成为一个横跨传播学、哲学、社会学的概念，在社会学，大众"是同质性极高之人群的集合体"③，其特点是众多而质同。日本及中国台湾地区香港地区所谓"新人类"就是这种社会学意义上的"同质人"。而奥尔特加则称之为"大众的反叛"，因为"大众是平均的人"。这种说法，类似于马尔库塞所称的"单面人"或者里斯曼所称的"他人引导"的人。在传播学，大众这个概念不同于社会学所说的团体、人群、公众。"大众人数众多，一般总是多于上述三种集合体。大众散布于社会，但彼此之间往往互不了解。他们并不组织起来实现任何目标，也不存在着任何固定的成员。大众的组成是庞杂的，包括所有各个社会阶层和各类人口。这就是大众的对象。"④在哲学，霍克海默、阿多诺称之为"自愿的奴隶"，萨特称之为"他我"（"我是别人认识着的那个我……因为他人的注视包围了我的存在"⑤）。海德格尔则用"常人"来对应大众，避免了随便用"我""我们""他们"这类人称代词来指称大众的做法。按照海德

---

① 波德莱尔。转引自本雅明：《发达资本主义时代的抒情诗人》，张旭东等译，三联书店1989年版，第96页。
② 爱伦·坡。转引自本雅明：《发达资本主义时代的抒情诗人》，张旭东等译，三联书店1989年版，第141页。
③ 德弗勒等：《大众传播学理论》，杜力评译，五南图书出版公司1991年版，第151页。
④ 范东生等编：《传播学原理》，北京出版社1990年版，第288页。
⑤ 萨特：《存在与虚无》，陈宣良等译，三联书店1987年版，第346页。

格尔的看法,"这个常人不是任何确定的人,而一切人(一切不作为总和)都是常人,就是这个常人指定着日常生活的存在方式"。"中性的人"无处不在,但又"从无其人"。首先,"常人"即"无此人",其次,"常人也不是像漂浮在许多主体上面的一个'一般主体'这样的东西"。其三,他分散、消解主体。"一作为常人自己,任何此在就分散在常人中了,就还得发现自身。……上述分散就标志着这种存在的'主体'的特点。"[①]不过,总的来看,上述看法又有其一致之处。这就是:所谓大众,就是失去了抽象本质支撑的零散的小写的"我"。在这里,大众不同于"群众""人民""劳苦大众""人类"。显然,这是对于传统的人的本质的定义的改写,是一个具有20世纪特定文化背景的概念。(霍克海默就批评过阿德勒把大众抽象为一种具有普遍意义的概念的做法。)

具体来说,在传统社会,小写的"我"没有出现,也不可能出现。这正如尼采在《快乐的知识》中所说的:在人类极为漫长的生命里程中,没有什么比孤独更可怕了。成为一个个体并非一种乐趣,而是一种惩罚。人们是被罚而成为"个体"的。在中国就更是如此了。所有的人都要为皇帝而献身,既没有感到个体被剥夺的痛苦,也没有感到个体被幸福的"权利"。答案十分简单。不论西方抑或东方,作为个体的小"我"还根本就不存在。当然,我们也注意到,从文艺复兴开始,西方逐渐侧重于对于另外一个"我"的强调,不过,这里的"我"仍旧是被大写的,仍旧是"精英"的范畴,仍旧是本质、理性、必然性在起作用。唯一的区别在于:这里的"我",已经不再是正常之人,而是他的反面——不正常之人。

大众则有所不同。假如说传统的"精英"是只有同,没有异,那么"大众"就是只有异,没有同。对于异质性的重视,使得"大众"不再是一个统一体,

---

[①] 海德格尔:《存在与时间》,陈嘉映、王庆节译,三联书店1987年版,第158、155、157、157、158、159页。

而是人心各如其面的零散的群体。它代表着在当代社会条件下诞生的公共群体,但又是无名的存在;是最实在的群体,但又是查无此人的存在。出身、血统、种族、种姓、阶级的区别在这里不再重要。每个人都失去共性而成为原子;每个人的心灵都成为"他人"的摹本,但这里的"他人"又并非共同本质,而只是多数常人(常人不是具体的人,而是一切人都是常人),只是怯懦、虚幻的别名。局部的高度组织化和整体的无政府状态,就成为"大众"的最大特征。这样,所谓"大众",就是失去了抽象本质支撑的零散的"我"。他的一切都完全裸露出来,一切遮掩都不复存在,因此既不是正常之人也不是不正常之人,而是非常之人。在这里,"非常"就是"大众"的最好写照。

不难看出,"大众"的出现无疑是社会的一大进步。上帝死了,人应运而生。从此,每个人都可以按照自己的意志去生活、选择。所以谢晖喝着佳得乐说:"我有,我可以";瞿颖穿着李宁牌服装说:"我运动,我存在";张惠妹则举着雪碧说:"我就是我,晶晶亮"(甚至连红旗轿车的广告都是:"我选择,我自豪")。不过,上帝一旦死去,人自己也就无所依傍。最终,他吃惊地发现:自己已成为孤儿。在此意义上我们甚至可以说,20世纪就是人类的百年孤独。缪塞笔下的"世纪病"、波德莱尔诗歌中的"忧郁",以及19世纪就开始蔓延于西方的"世纪末情绪",让我们知道了什么叫作"大众"。一个凭借着本质、理性、必然性而屹立千年的精英,一旦倒下,就是所谓大众。这意味着:人类已经置身于本质、理性、必然性之外。既不是时代、民族的结晶,也不是组织、集团的代表,他就是他自己。快乐、放纵、平凡、平庸;虚无、怯懦、自私、无聊;既拒绝着生命中不可承受之重量,也贪恋着生命中不可承受之盛宴,更面对着生命中不可承受之轻松。只希望"开心笑一次",不惧怕"过把瘾就死",最喜欢"潇洒走一回",更期盼"换一种活法"……一方面,自我创造、自我享受、自我实现,各竭一己之能力,各得一己之所需,各守一己之权界,各行一己之自由,各本一己之情感,另一方面,又既无法真正做到自我创造、自我享受、自我实现,也没有可能各竭一己之能力,各得一己之所需,各守一己之权界,各行一己之自由,各本一己之情感,这,就是大众!

二

对于大众,可以从社会学、心理学、哲学的角度由浅入深地深入加以阐释。

从社会学的角度看,个人从传统社会的社会关系的依附中解脱出来,无疑是一件好事。个人存在,意味着一种不可剥夺的唯一的可能性;个人的降生,则意味着为人类增添了一种与众不同的新生命。而从个人所置身的外在世界而言,也是如此。我不在,(我的)世界就不在;我消失,(我的)世界也就消失。自我的世界不同于他我的世界,而对每个人都相同的对象也就不可能还是人的对象。也因此,在作为个体的人取代了上帝之后,必须承认,事实上,已经不可能再有任何永恒之物、永恒之世界。个人之为个人,关键就在于:不可替代、不可重复、独一无二。他是历史上的唯一一个、空间上的唯一一点、时间上的唯一一瞬。至于所谓本质,则完全是莫须有之物。在自我之前、之中、之后都没有什么本质,存在就是存在。他一出生就被判定为自由,同时也被剥夺了选择不自由的权利,而且,除了死的确定性、必然性、不可超越性之外,其他的一切都是不确定的,即便何时死、以什么方式死,也都是不确定的。其结果,就是个人的不断"无"化。这里的"无"是无限可能性。它不是指向一个已知的单一未来,而是指向多元的开放、无穷的瞬间超越(每个瞬间都是独一无二的,而且无法重复),因此他不可能是什么抽象之物,永远不是一个东西,而是要成为一个东西,永远不是其所是,而是是其所不是,而且,他的具体存在先于任何的本质的概括,他的自由之路也不可能被人类共享,而只能是独立选择之结果。因此,如果不是自己为自己打开自由之门,而是被引入某种原来并不属于他的生活,这样的生活,就是再好也不值得一过。甚至,西方当代的某些思想家会不无偏激地认为:只要独特,就无所谓善恶。最具魅力的,也不在于宣布我是人类的代表,而在于宣布我是独一无二的个人。而个人之为个人,也无非是在超越了统一性、整体性、规范性之后出现的对于特殊性、个体性、自由性的体验的必然结果(所以,萨特说的"存在先于本质",就完全可以理解为自由先于本质)。詹姆斯·格莱克在他的名作《混沌》中曾经热情地赞美过那独一无二的雪花:"正在生长的雪花飘落地面时,要在风中漂浮一个多小时,任何时刻雪花分支的小尖所作的选择都敏感地依赖于温度、湿度以及大气中的杂质。单个雪花的六个小尖,展开约一毫米的空间,感受到相同的温度,加之生长规律又是纯决定论的,因此它们可以保持近乎完美的对称。然而湍流空气的性质使得任何一朵雪花都会经历非常不同的路程。最终的雪花记录了它所经历的全部变化多端的天气条件的历史,而这种组合有无穷多花样。"①这独一无二的雪花就恰似那个独一无二的个人,而漫天飞舞的雪花则恰似我们所看到的应运而生的大众。

不过,就另一方面而言,正如弗洛姆所发现的:"权威并非消失了,而只是转变为看不到的。我们叫他'匿名',他伪装成一般常识、科学、心理健康、正常状态、公众舆论等等,再也发现不了命令与压迫,代之而起的是温和的说服。""我们不晓得,我们已成为一种新的权威的牺牲者。我们已成为机械人,在以为自由意志动物的幻想下生活着。"②何况,怎么都行就是怎么都不行,最有个性就是最没有个性,多中心就是无中心,于是,这个刚刚诞生的个人又往往只好把自己交给机遇、时尚去随意摆布,不惜"轻松"地放弃自由,成为最不自由的时尚奴隶。美国社会学家戴维·里斯曼概括的人类社会的从传统引导到内在引导再到他人引导的人格转换,就是这个意思。结果,"哪儿有群众,哪儿就有虚伪性;……即使每一个私下里各为自己的个人掌握了真理,但是,一旦他们全都聚集在一个人群里,——一个任何有决定性

---

① 詹姆斯·格莱克:《混沌》,张淑誉译,上海译文出版社1990年版,第328页。
② 佛洛姆(即弗洛姆):《逃避自由》,北方文艺出版社1987年版,第102、129页。

的大事都由它解决的人群,一个进行表决的、吵吵嚷嚷的、喧声震耳的人群——,那么,虚伪性就立即显示出来"[1]。换言之,在此意义上,"大众"就是不敢以个人名义行事者,就是不相信自己的力量的弱者(分享是弱者的乞求)。"大众"完全是为了掩饰自己的无能而创造出来的一块遮羞布,"大众"因为是一切而又什么都不是。在当代社会,做"大众"是最最容易的,无须自我思考,不用自我判断,也不自我决定,而只要看风使舵、随波逐流,他人的决定就是我的决定,他人的成功就是我的成功。因此而平静、安全,毫无风险。这无疑是一种十分舒适的选择。有人说:大众就是"被人卖了还替人数钱",这话颇有几分道理。

这一点,可以在大众的"炫耀性"消费中看到。人们发现,大众在消费选择上,除了理性计算以外,更多地是听从社会流行时尚的引导。这一方面是出于模仿他人、适应社会的"协调性愿望";而另一方面,又是出于区别他人、超前社会的"差别化愿望"。"协调性愿望"与"差别化愿望"无疑彼此矛盾,但却都是大众心态的折射:既存在自卑心理,希望适应周围的社会文化环境,又存在超越心理,想在其中引人瞩目、脱颖而出。阿德勒总结说:自卑与超越,每个人的一生都在这一"拉"与一"推"之间,很有道理。显然,在这里,时尚、身份被作为自由的唯一存在方式。能否消费、怎样消费、消费什么,都完全已经成为身份、地位的象征。能消费、高消费、消费高档商品,你就什么都是,否则,你就什么都不是。然而,充分消费并不就是充分自由,因此,大众也仍旧徘徊在无边的迷茫之中。

这一切,从心理学的角度同样不难给以解释。

从心理学的角度看,一反从传统引导到内在引导再到他人引导,心理状态就发生了从羞耻感、负罪感、焦虑感的转换。人们在咕哝了千余年的"神"

---

[1] 克尔凯郭尔。转引自宾克莱:《理想的冲突》,马元德等译,商务印书馆1983年版,第177页。

"神""神"之后,终于开始呐喊起"我""我""我"了,然而,不知对手何在,也不知归宿何处,似乎进行的只是一个人的战争,一切只有听从机遇、时尚的召唤,结果,反而陷入一种困惑、迷茫、无助的境地。用弗洛伊德的话来说:大众的真正欲望是永远意识不到的,因为意识不到,也就永远无法获得欲望的满足,因此尽管不会像传统引导时期那样因为失去面子而羞耻,尽管也不会像内在引导时期那样因为失去自律而负罪,但是却会因为在他人引导的时期无法得到他人的认可而焦虑。正如弗罗姆所指出的:"由于人失去了他在一个封闭社会中的固定地位,他也就失去他生活的意义,其结果是,他对自己和对生活的目的感到怀疑。……一种他个人无价值和无可救药的感觉压倒了他。天堂永远地失去了,个人孤独地面对这个世界——像一个陌生人投入一个无边无际而危险的世界。新的自由带来不安、无权利、怀疑、孤独及焦虑的感觉。如果个人想要成功地发生作用,就必须缓和这种感觉。"[①]然而,在丧失了自觉认同的理念和充足的支援意识之后,对于"这种感觉"的"缓和"又何其困难。唯一的方式只有随波逐流,或者,不惜仇视生活甚至毁灭自己;或者,坐在欲望号列车上,用消费了什么来标志自己的生活。

由此,所谓"大众"就形成了一种十分强烈的自恋心理。它意味着:当一个人既没有过去,可谓断祖绝宗,又没有未来,可谓断子绝孙之时,就会牢牢地抓住自己。因为此时此刻什么都靠不住,只有自己才是真实的,只有自己才是唯一可靠的。于是,自己就成为世界的中心,成为生存的唯一目标,一味自恋,顾影自怜。拉斯奇在他《自恋主义文化》一书中分析说:"当前的时尚是为眼前而生活——活着只是为了自己,而不是为了前辈或后代。""现代社会没有任何'前途'可言,因而它对除目前需要之外的任何东西都一概不感兴趣。"显然很有道理。因而,这种自恋心理的满足又不同于传统的那样一种动物性的占有冲动的满足,那是一种以对于现实世界的实际占有为中

---

① 佛洛姆:《逃避自由》,北方文艺出版社1987年版,第36页。

心的生命欲望的满足,自恋心理强调的是一种以进入虚幻的世界为目的的心理宣泄。通过将内心的焦虑投射到外在对象身上,将外物变成心理镜像,从而缓解沉重的心理压力,这就是自恋心理所追求的心理满足。

我们在当代社会中所经常看到的"后儿童心态",应该说就是这样一种自恋心理的典型表现。目前在城市的大街小巷,都不难发现这样一种现象:到处都是一些打扮得很酷很玄很 in 的新人类青年,他们喜欢不时从口袋里掏零食,喜欢用有奶嘴的瓶子喝水或者饮料,喜欢说重叠的字眼,例如"好好温柔耶",喜欢把谢霆锋叫"锋锋",把赵薇叫"薇薇",喜欢背着双肩包做"小二郎"状,男孩都是白马王子,女孩都是白雪公主,"脖子扭扭屁股扭扭"的登场,展现他们"21 岁的年龄,12 岁的风度",张口闭口"我们女孩""我们男孩"。《快乐宝贝》就是他们的宣言:"蹦蹦跳跳,玩玩闹闹,正因为年少,有些单纯,有些天真,其实不重要。"之所以如此,就是因为面对时代的新时速,他们根本不知所措,在真实的世界中他们输不起,在真实的世界中他们也找不到快乐。因此不惜在虚拟的世界中追逐一切,崇尚一切,在儿童世界中逃避重大现实压力。结果,每个人都永远是后儿童,每个人都永远长不大,每个人都是心理感冒、情绪伤风。既然外面的世界永远也搞不懂,就不去试图搞懂,但是也不去试图反抗,而是一切由它。现实生活与太虚幻境的关系就是这样地被混淆起来。"永远保持一颗童心,否则你会很痛苦",这就是"后儿童"的普遍心态。而要做到这一点,就要不断麻醉自己以保持良好的自我感觉,今天是"城市猎人",明天是"××使者",在虚拟的空间里孤芳自赏到天明。对一个人说不同的话,又对不同的人说相同的话。没有经历,一切都是故事。"我"所面对的"你"和"你"所面对的"我"都消失了,都成了似曾相识的"他人"。最终,人们一同跳起了心灵的假面之舞。

而从哲学的角度,这种由孤独的大众所表现出来的他人引导、焦虑心理,又集中地表现为:对自由的逃避。

我们知道,自上一个世纪之交,根深蒂固的理性主义传统就遇到了强劲的挑战。达尔文的进化论、马克思的唯物史观、爱因斯坦的相对论、尼采的酒神哲学、弗洛伊德的无意识学说,作为历史性的非中心化运动,分别从人种、历史、时空、生命、自我等一系列问题上把人及其理性从中心的宝座上拉了下来。从此,传统的世界的稳定感不复存在,一切都再无永恒可言。那些似乎是永恒不变的东西、凝固的东西、一劳永逸的东西,现在随时都可以一朝解体、重新组合。为此,罗素强调指出:"如果你'确定',那你就'确定'是错了。"因此,存在主义才会疾呼"人是自由的""选择的结果是未知的"。这意味着:我们必须在前途未卜时作出抉择。换言之,我们必须去冒险、投机、赌博,去寻找机遇,去玩"心跳",而人生的命运,也恰恰就在于此。

这一点,我们在社会生活中也可以看到。人类的生活节奏越来越快,就像旋转木马一样,令人眼花缭乱。有未来学者曾经打比方说,在20世纪人的一生中,社会总产量翻一番的情况要发生五次。到了老年,产品将是出生时的三十二倍。而且,据说今天一份《纽约时报》的信息量就相当17世纪一个欧洲人一生的信息。这种新旧差异、齐头并进的冲突会给人类以很大的冲击,并赋予人类一种特定的晕眩——一种自由的晕眩。这是一种因为参照系太多因而也就最终失去了参照系的晕眩。"从来没有那么多国家的那么多的人民,甚至是受过教育的和老于世故的人,感到精神上如此空虚与沉沦,好像生活在混乱和咆哮的思想大漩涡中。互相冲突和矛盾的观点,震撼着每个人的精神世界。"[1]这也难怪,过去人类所面对的世界是单维的,信息的接受过程是一项接着一项的,无论是口头还是文字,都是零碎的信息通过逻辑加以连接,最后形成因果关系,由此"知识"得以诞生。而现在,恰似一个断了线的风筝,在天空自由飘荡,人类面临的是一个选择的机会按照几何级数不断扩大的信息化的社会,是非因果关系的支离破碎的"常识"。从此,"这山望着那山高""山外青山楼外楼",至于"挑灯夜看《牡丹亭》"的从容,则

---

[1] 托夫勒:《第三次浪潮》,朱志焱等译,三联书店1988年版,第358页。

已经无影无踪。结果,正如俄罗斯作家索尔仁尼琴的《对新奇无休止的迷恋》演讲中所强调的:"对新奇无休止的迷恋",成为我们这个世纪的现实,也成为"我们这个世纪的劫难"。

这一切,无疑与人类对于自由的当代领悟密切相关,所谓自由包括对于必然性以及与之相关的客观性、物质性的服从,以及对于超越性以及与之相关的主观性、理想性的超越两个方面。在传统社会,人类对于自由的阐述往往片面关注对于必然性以及与之相关的客观性、物质性的服从,这意味着只是片面地认识必然,然而,从康德、席勒、叔本华、尼采开始,人类却转而开始从自我超越的角度去理解自由之为自由。这无疑是登堂入室,真正地把握了自由的内涵。以叔本华为例,他首先发现:重要的是非理性的主体。因此他在《作为意志和表象的世界》一书伊始就宣布了他的这一发现:"那认识一切而不为任何事物所认识的,就是主体。"于是不再借助于客体去达到对于主体的认识,而是直接去认识主体。"唯有意志是自在之物","认识的主体"也向"欲求的主体"转换,这就是叔本华提出的"我欲故我在"。对象世界被干脆利索地否定了,然而这样一来,理性主体本身也无法存在了。走投无路之际,干脆把它们一同抛弃。而这,正是非理性的思想起点。叔本华就这样顺理成章地走向了非对象的"我要",即意志,也就是非理性。理性的"思"既然对于自在之物无能为力,就必然要被非理性的"要"代替。不再有对象,只有欲望,这就是叔本华的选择。在此意义上,可以看出叔本华的"意志"与康德自在之物之间的联系。就自在之物对于对象的否定而言,叔本华的意志说是继承了康德的思想的,然而就自在之物对于理性的限定而言,叔本华的意志说则根本未予考虑。在他看来,重要的不是限制,而是干脆抛弃掉理性,转而以非理性代替之。结果,在康德开始的通过对于神性的抛弃而走向理性并使得信仰失去了对象的道路,最终却导致了非理性,转而为非理性提供了可能。不再是"理性不能认识自在之物"而是"非理性能够认识意志"。最终,叔本华通过对自在之物的扬弃实现了从康德攻击的传统形而上学到现代非理性主义的转移,完成了从客体到主体的过渡,从理性到非理性的过渡,从正面的、肯定的价值到反面的、否定的价值的过渡,从乐观主义到悲观主义的过渡。

20世纪人类的重大发现,也恰恰就在这里。有史以来,自由第一次成为超出于必然性的东西。它并非逻辑所可以论证,也并非理性所可以阐释。换言之,自由在必然性、逻辑、理性之外。我们已经说过,自由之为自由,包含着手段与目的两个方面。它展开为对于必然性以及客观性、物质性的把握,以及对于超越性以及与之相关的主观性、理想性的超越。无可讳言,这一关注完全有其自身的合理性。一般来说,对于自由的偶然性的关注,无疑是对必然性、道德规范、美这类往往被视为"正常"的对象的反常冲动,往往被视为越轨心理。其实质,是对于有限性的突破,和对于更为广泛的可能性的追求。它不再是通向一个目标、一个方向,而是沿着四维时空无穷膨胀、扩张。如此,人类当然不再是走向一个确定的太阳,而是转而走向无限广阔的天空。

然而,不容忽视的是,自由一旦脱离必然,成为完全偶然的,无疑也会出现种种问题。我们知道,自由的超越性以及与之相关的主观性、理想性事实上无法离开对于必然性以及客观性、物质性的把握这一前提,否则,就会陷入一种浮躁、空虚与无聊。在20世纪,我们所看到的,恰恰就是这样的一幕。一旦离开对于必然性以及客观性、物质性的把握这一前提,自由的令人难堪但又异常真实的负面效应就显示出来了。在20世纪,人类第一次不再关注脱离了自由的必然,而是直接把自由本身作为关注的对象。由此,自由本身进入了一种极致状态,但也正是因此,自由一旦发展到极致,反而就会陷入一种前所未有的不自由。从对于必然性的服从到对于超越性的呈现,人类对生命、世界的发现把自身大大地推进了一步,但是,不容忽视的是,人类同时也把自己推出了赖以安身立命的伊甸乐园。没有了上帝、神祇、万有引力的统治,没有了绝对精神、绝对理念的支撑,没有了自己祖先世世代代都赖以存身的种种庇护,人不但不再是上帝的影子,而且也不再是亚当的后代,结果,就不得不孤独地自己走自己的路。俄狄浦斯在杀父娶母之后,还可以感叹说:"哎呀!一切都应验了!"然而现在还有什么可以"应验"?莎士比亚的哈姆雷特、伏尔泰的老实人、歌德的浮士德、狄德罗的拉摩的侄儿……一切的一切都像肥皂泡一样破碎了,剩下的就是在自由之路上走着的寂寞的旅人。从表面上看,没有了上帝作为总裁判(在上帝的宝座上现在坐着的是相对),于是真理的裁决就不得不由每一个人自己负责,空空如也的人们也有可能自己为自己去选择一种本质、一种阐释,必须为自己找到自己,这似乎是一个令人欢欣鼓舞的机会,然而,实际上却无疑意味着一种更大的痛苦:因为失去了标准,所以所有的选择实际上就都是无可选择。因为怎么都不行,所以才"怎么都行"。这正是自由之为自由的必不可少的代价,自由之为自由的呈现就必然蕴含着这一无可选择的痛苦(所以美国诗人吉姆·莫里森会说:这伤害让你自由)。换言之,正是自由使得自我的生存成为永远无条件的,使得生命的历程因此而充满了种种历险(自由就是一种冒险),使得一切都是令人惶惶不安的,都是无法用传统的理论去阐释的。结果,真正的面对自由、真正的对自由负责,就必然带来一种无法摆脱的生命的困惑:没有不选择的自由,而只有选择的自由,自由之为自由反而成为一种重负,成为自我生命之中的不可承受之轻。换言之,自由成为对一切价值的否定,这固然是一件好事,然而在否定了一切价值之后,又必须自己出面去解决生命的困惑。于是,当真的想做什么就可以做什么之时,一切也就同时失去了意义,反而会产生一种已经没有什么可以去为之奋斗的苦恼,反而会变得浮躁、空虚与无聊(人类在 20 世纪才发现:浮躁、空虚与无聊并非自由的负代价,而就是自由之为自由的题中应有之义,尽管并非全部的应有之义)。因为整个世界都成为"无",结果外在的根本依赖没有了;因为整个内在的意识也成为"无",结果内在的根本依赖也没有了。其根本指向,只能是:绝对的自由。这样,"生命中不可承受之轻"反而会成为一种"重负"。

让·华尔认为存在哲学是一种既表现为自由同时又危及自由的哲学,在其中,自由好像是被它所否定所吞噬或者支配,正是有鉴于此(所以,对应于萨特的一再强调"人是自由的",加缪才一再强调"人是荒诞的"。不过,对于中国,则还有必要补充一句:"人是逍遥的")。托夫勒认为:20世纪社会由于服膺自由的超越性以及与之相关的主观性、理想性而导致的"飞快的速度变化速率有时候使得现实像一只疯狂旋转的万花筒。飞速的变化不仅袭击着各种工业和各个国家,它也是一股深深地渗透到我们个人生活之中的有形的力量。它迫使我们在生活中扮演新的角色,使我们面临着一个新的令人不安的心理病变的威胁"。① 在这里,20世纪出现的"新的令人不安的心理病变",非常值得注意。而且,20世纪也恰恰因为这一"新的令人不安的心理病变"而又转而陷入了为浮躁、空虚与无聊而浮躁、空虚与无聊(例如,人们甚至不惜借助电梯、汽车来帮助行走,然后又天天早上满头大汗地跑步;不惜花费大把的钞票去享受营养丰富的食品,然后再想方设法去减肥……如此循环往复,乐此不疲)。这无疑又在另外一个方面逸出了自由的根本内涵(英国思想家总结说:法国大革命是以剥夺人们的消极自由即"我可以避免什么"的自由,争取积极自由即"我可以做什么"的自由,作为代价的。这显然可以给我们以启发)。于是,大众不约而同地从追求自由转向了逃避自由。自由成为最为沉重的负担。拉斯奇说:"折磨新一代自恋主义者的,不是内疚,而是一种焦虑。他并不企图让别人来承认自己存在的确凿无疑,而是苦于找不到生活的意义。"②确实如此。

三

论述至此,孤独的大众与当代审美文化的关系事实上已经不难想见。

在这里,一个至为关键的环节就是"他者"。我们已经知道,大众置身于其

---

① 托夫勒:《未来的震荡》,任小明译,四川人民出版社1985年版,第5页。
② 拉斯奇:《自恋主义文化》,陈红雯、吕明译,上海文艺出版社1988年版,第4页。

中的是一个"比邻在天涯"的非群体社会,一个超空间、超时间地汲取生命资源的横向的网络生态系统,一种生产与消费的无穷分裂以及多中介的间接交流的方式,大众彼此之间又只有"异"而没有"同",这样,就只有通过"他者"来加以引导。更有甚者,大众每每为无法得到"他者"的认可而焦虑,大众也时时通过"他者"而逃避着自由,那么,这个如此至关重要的"他者"究竟是谁?

答案显而易见,这个"他者",就是大众传播媒介。

大众传媒正是大众的神经系统的延伸,也正是大众的精神生存方式。大众正是在大众传媒中才获得了自由,也正是在大众传媒中才真正找到了家园。所以有西方学者干脆说:他者引导就是大众传媒引导。而在历史进程中,人们也发现:最早为大众传媒而欢欣鼓舞的总是大众。当大西洋海底电报电缆建成后,在纽约为之举行历史上最大规模的游行庆祝的是大众;当电影问世后,最早前往观看的是大众;当广播出现后,最早积极收听的还是大众……确实,在一个非群体的社会中,以一个人去超空间、超时间地面对如此广阔的一个世界,也实在只有大众传媒才可以称得上是大众的唯一参照、唯一信赖、唯一动力。它是自由的实现的最佳途径,也是自由的逃避的最佳途径。斯宾格勒描述说:"对于乡村居民来说,收听无线电广播就意味着同大城市的新闻、思想和娱乐发生了密切的接触,使'孤立'的苦闷之感获得了解脱,而这种'孤立'是老年的村民所从来没有觉得是一种苦闷的。"[1]"乡村居民"尚且如此,城市大众又当如何?应该不难想象。

作为大众传媒的文化体现的当代审美文化无疑也不例外。对于大众而言,作为大众传媒文化体现的当代审美文化同样是一个"他者"[2]。也因此,当代审美文化的特殊作用是精英文化所无法替代的,当代审美文化的诞生也是必然的。它意味着焦虑的宣泄,也意味着自由的逃避。或许就是因为

---

[1] 斯宾格勒:《西方的没落》,齐世荣等译,商务印书馆1963年版,第207页。
[2] 斯图亚特·霍尔说:我在"大众"上遇到的问题几乎与在"文化"上遇到的一样多。两个概念放在一起,困难会大得惊人。这正说明两者之间的密切关系。

这个原因,豪泽尔才会将"无聊"界定为大众之所以迷恋当代审美文化的根本原因:"无聊——作为以受过一半教育和未受教育的人为消费对象的通俗艺术的原因——是不停地寻求刺激的城市生活方式的产物。农民不会感到无聊,当他无事可做的时候,他就睡觉。不管怎样,农民对城市居民因无所事事而产生的那种惶恐和空虚是不甚了了的。城市大众对艺术的需要,跟他们的其他文化需要一样,仅仅是使他们的那台机器运转的、对一种物质饥饿的满足。艺术本身不过是一种燃料而已——一种可怕的权宜之计。他们真切地感知到自己被剥夺了些什么,但又不知到底缺些什么。因为他们实在不知做些什么好,所以说只好读小说、看电影、放收音机——或放得震天响,或放得轻轻的作为一种背景音乐。"①这无疑是十分深刻的。当代审美文化的出现显然与"无聊"即逃避自由有关,也与以进入虚幻的世界为目的的心理宣泄,亦即通过将内心的焦虑投射到外在对象身上,将外物变成心理镜像,从而缓解沉重的心理压力并且获得心理满足有关。于是,随着自由的被躲避以及内心焦虑的投射,当代审美文化也就成为欲望的满足,成为享乐、消费的代名词。这正如丹尼尔·贝尔所分析的:"它所要满足的不是需要,而是欲求。欲求超过了生理本能,进入心理层次,因而是无限的要求。"②在这里,吃不在营养,而在口味;穿不在保暖,而在露富;性不在爱情,而在刺激;玩不在意义,而在心跳……当代审美文化之所以不同于所谓"说不尽的"精英文化,而只是意在为"无聊"创造虚幻的生活方式、虚幻的感觉方式;之所以不同于所谓要从作品中思考出什么的精英文化,而只是意在从作品中看到生活中匮乏的什么,甚至只是意在成为层出不穷的欲望的替代品(因此"梦幻"就成为大众文化的根本前提),原因在此。同样,随着自由的被躲避以及内心焦虑的投射,当代审美文化又成为一种"找乐"与"刺激"的对应物。

---

① 豪泽尔:《艺术社会学》,居延安译编,学林出版社1987年版,第230—231页。
② 丹尼尔·贝尔:《资本主义文化矛盾》,赵一凡等译,三联书店1989年版,第68页。

它不同于作为"认识"的精英文化,只是作为"体验"而存在。对于孤独的大众来说,人类除了共同在地球上居住之外,再没有别的共同性了。没有什么能够成为他们的共同取向,要让他们都感兴趣,就要把所有的内容都掏空,使作品成为一个里面一无所有的空框,为"找乐"而"找乐",为"刺激"而"刺激"(流行歌曲中就唱道:电视"空有57个频道,却是毫无内容"),这正是当代审美文化。换言之,当代审美文化是流行趣味为人类被人为刺激起来的欲望所提供的表演舞台。它使得人类可以自由地购买、自由地预定欲望之梦。隐约的性幻想、豪华的生活景象、绚丽的经历、多彩的奇观、非常的机遇,则是大众文化的基本内容,因此,当代审美文化不是现实世界的一部分,而是现实世界之外的一个虚幻的海市蜃楼。由此,我们不难看到,流行并非真的就是通俗的,而是传统观念认为它"通俗",实际上它有着重要的内容,就是导致孤独的大众的心理宣泄;当代审美文化也并非真的就是无意义的,而是传统观念认为它无意义,实际上它有着重大的意义,就是维持孤独的大众的心理平衡。显而易见,既然作为"他者"的大众传媒(与当代审美文化)的出现是必然的,那么,受众的出现就也是必然的。

受众的出现,与大众传媒(与当代审美文化)的出现密切相关。在人类迄今为止的传播历程中,应该说,唯有受众才可以称之为一个真正自由的接受者。之所以如此,无疑与在人类迄今为止的传播历程中只有大众传媒才是真正自由的传播方式密切相关。我们知道,大众传播与组织传播的最大区别,就在于接受者是在自由状态下还是在受到强制的状态下去面对传媒。由于在大众传媒中所有的信息都是资源而不是指令或者情报,它同其他资源一样实行的是市场配置。因此,与组织传播不同,大众传媒的接受者不可能存在严格的等级序列,在传播内容、范围、时间诸方面也无法按照等级进行(尽管接受者之间无疑存在着这样那样的等级差别,但是一旦面对大众传播,这一切就不再具有任何意义),不论是市长还是平民,不管是贵族还是农民,也不论年龄、性别、身份、地位、阶级、地区、国家等方面存在任何差别,作为受众,则只能都是完全一样的。只要出钱,就可以自由地购买和消费自己所需要的信息。因此,只有在大众传媒中接受者才真正做到了自由的接受。由此不难推论,同样只有在自由的状态下,受众之为受众也才应运而生。

遗憾的是,在我们的大众传媒研究中,对于受众的上述特征未能予以足够的重视。因此,也就始终陷入困境之中。例如,在大众传媒研究中,尽管很早就开始将进入大众传媒的大众(读者、听众、观众)称为受众,但是却始终未能颖悟到受众应该是真正自由的。因此,尽管不再将其作为正常之人,但是却往往简单地将其作为反常之人,作为一个只能够被动处理信息的弱者。不论靶子论还是魔弹论,都是如此。受众总之只是"一打即倒",只是"乌合之众",因此只要研究"信息如何作用受众"就可以万事大吉。即使后来发现受众不是一打即倒,而是存在着个体差异、群体差异、背景差异,将大众传媒与受众的关系看作攻与守的关系这一基本前提也仍旧没有改变。再往后,终于发现受众并非一个弱者,但是却又错误地将受众认定为一个能够主动处理信息的强者,因而从立足媒介转向立足受众,认为受众是在借助信息以满足自己的需要,因此只要研究"受众如何处理信息"就可以万事大吉。这意味着又转而将受众作为一个正常之人。对此,从一些学者干脆把受众与读者完全等同并且直接借助于当代美学在阐释学方面的研究成果去对受众加以考察的做法中不难看出。然而,这无异于假定所有受众都知道自己的需要是什么,而且都能找到自己所需要的信息,这无疑仍是一个幻想。

事实上,受众并非传统的反常之人,但也并非传统的正常之人,而是现代的非常之人。同样,受众并非只是被动处理信息的弱者,也并非能够主动处理信息的强者,而只是能够"自由地"面对信息的消费者。西方著名的凯迪拉克乐队每成功两次小型的演出成功,就要以失败30次为代价。而流行音乐录音盒带的销售,也有80%是亏损的。这都说明受众毕竟是"自由"的。何况,这种"自由"还无疑应该是受众面对社会发出自己的声音、进行"抗争"与"谈判"的最佳契机。西方之所以把受众对于大众文化的参与作为一种积极的政治姿态,而反对仅仅从消费与享乐的角度去理解,约翰·费斯克之所以强调"文化"的重心不在美学,也不在人文,而在政治,葛兰西的霸权理论之所以引人瞩目,原因就在这里。认识到这一点,在我看来,是对于受众之为受众进行真正意义上的考察的一个必不可少的逻辑起点。

不过,把受众作为大众传播中的一个真正自由的接受者、一个能够自由地面对信息的消费者来讨论,还仅仅只是一个开始。因为我们不仅要知道只有受众才真正在大众传媒中获得了自由,我们还要知道,受众在大众传媒中获得了什么自由以及如何去面对这一自由。那么,受众在大众传媒中获得了什么自由,又是如何去面对这一自由的呢?这无疑又与我们前面所讨论的大众之为大众的根本特征密切相关。尽管,作为大众置身于大众传媒之时的特定形态,受众之为受众又有其自身的特殊表现。简单而言,如同大众在日常生活中所获得的自由一样,受众在大众传媒中获得的同样是一种特定的自由。这就是:自由的焦虑。面对"比邻在天涯"的大众传媒,受众不得不置身于一个超空间、超时间地汲取信息资源的横向的网络传播系统之中,不得不在丧失了目的的交流的基础上置身于一种手段的交流之中,为接受而接受,甚至不为接受也不得不接受,为了证实自身的存在而接受,从有限信息的单一到无穷信息的喧哗,从不容选择的标准到没有标准的选择,受众面临的就是这样一个按照几何级数不断扩大的信息旋涡。这,当然是一种令人欢欣鼓舞的转换,但同时也意味着一种更令人困惑的痛苦:因为失去了标准,因此所有的选择实际上就都是无可选择;因为怎么都不行,所以才"怎么都行"。自由地面对信息所蕴含的就是这一无可选择的痛苦[1]。结果,没有不面对信息的自由,而只有面对信息的自由,自由地面对信息反而又成

---

[1] 大众传媒并非宣泄紧张情绪的渠道,而是造成紧张情绪的原因。它以高度快速的方式传递信息,迫使人们在眼花缭乱的选择中作出抉择,结果,这抉择本身反而成为心理负担。为此,豪泽尔就提醒过我们:读得太多与读得太少,究竟何者结果更坏?在他看来,更坏的无疑应该是前者即"读得太多"。

为一种困惑,成为受众之为受众的不可承受之轻。这意味着:当真的想消费什么信息就可以消费什么信息之时,一切信息也就通通失去了意义,受众之为受众反而会产生一种已经没有什么可以去刻意求索的苦恼,反而会变得浮躁、空虚与无聊。最终,受众就不能不以自己特有的生存智慧去面对这一自由的焦虑。这就是:不去关注"这是什么(真)""这有何用(善)",而只去关注"这是否令人眼红耳热心跳(趣)"。从"求知"到"好奇"、从"阅读"到"观看"、从"学习"到"浏览"、从"意义"到"娱乐"、从"知识"到"常识"……总之,人人都只是一个信息集散的网点,甚至是为逃避信息而面对信息,为浮躁、空虚、无聊而借助信息,为浪费信息而消费信息,这,就是所谓的受众。

也因此,不论是大众传媒的自由、大众文化还是受众的自由,都是自由的获得也同时又是自由的丧失,亦即手段的自由的获得与目的的自由的丧失。为此,在结束本章时我们又不能不说:自由是不是就只是等同于更换电视频道的权利?这个问题,值得我们在思考大众传媒与大众文化问题时深长思之!

第四章

条件辨析:传统审美文化的解构之镜

第一节　光荣与梦想：美学的乌托邦

通过前面三章的讨论，或许不难发现：人们往往不加思考地认为，在当代社会，美和艺术已受到挫折。有人甚至断言：美和艺术已经死了。

现在看来，这实在是一句错话。实际上，只是预言者死了，美和艺术却从来就没有死过。

当然，也可以说美和艺术无数次地死过，因为人们习惯于把自己看不惯的美和艺术现象对于自己见惯不惊的美和艺术的取代，看作美和艺术的死亡。

在这个意义上，我们也可以说，在当代社会，美和艺术死亡了。——不过，我们又要马上补充一句：是传统的美和艺术死亡了（当代的美和艺术则正在诞生）。而且，这种死亡是必然的，也是不值得留恋的。

不过，这里的"死亡"或者"诞生"，都并非对于传统的或者当代的美和艺术的褒贬。有学者指出："毫无疑问，传统是一种巨大的惰性力量。但也毫无疑问，惰性力量不等于反动力量。我曾把传统比作人体的免疫机制。免疫机制的作用，就在于保护人体功能的稳定、平衡，在正常状态下可以抗御致病菌毒的入侵，否则将使人体处于无抵抗状态。如今仍令群医束手的艾滋病，就属于综合免疫功能缺乏症。然而，当人体处于疾病状态，需要输入健康血液或者健康器官，那时如何克服自身免疫机制对于异体的抗拒排斥功能，则又使群医为难。作为一种惰性力量，传统犹如免疫机制，属于社会特定机制，本身无所谓好或坏，无所谓精华与糟粕；至于它起的作用，是好是坏，需要发扬还是需要抛弃，问题也不在于它本身，而在于社会是否健康，或者患了哪种疾病。"[①]对于美和艺术的评价也是如此，离开了一定的社会条件

---

① 朱维铮：《音调未定的"传统"》，载《上海文化》1994年第2期。

的考察(例如某种社会条件是否还需要某种美和艺术),事实上我们很难做出回答。

不过,在进入对于美和艺术与一定的社会条件间的关系的讨论之前,还有必要先讨论一个问题。这就是:美和艺术与社会条件的关系,换言之,历史与审美的关系。

经常听到有人说,在历史与审美的冲突中只能放弃审美的要求,否则就是美学乌托邦云云。在当前的情况下,主张把审美与历史对立起来的人更是大有市场。对此,我颇不以为然。

在我看来,关于历史与审美的矛盾,出自人们的误解。人们往往从外在的方面去理解生产力,把它当作外在财富的增加,并以此作为人类进步的标志。这就导致了一个逻辑上的矛盾:似乎物的发展应该成为目的,它凌驾于人之上。人虽然能够因此过上好日子,但毕竟是被动的,并非自己所刻意追求的。在此意义上,历史与审美之间就构成了所谓矛盾。但实际不然,马克思指出:发展人类的生产力,也就是发展人类的天性的财富这种目的本身。假如从这个意义上去理解生产力,那么,以生产力为标准的历史与以人为标准的审美之间,则应该说又是一致的。在动物系列中,越是高级动物,潜能发挥得越是多,这正是靠劳动、靠生产力的发展来实现,这是从自然进化角度讲。从社会实践角度讲,人在实践中的目的的不断实现,又会萌发出新的需要,以活动为需要,这种新的需要不断产生,正是人类丰富多彩的发展的表现。故生产力有历史尺度和价值尺度的两种涵义。同时,生产力对于旧的社会关系的突破,也是人类的一种价值要求,是个性实现的一种曲折反映。那么,为什么又要指出在两者之间存在着深刻的矛盾呢?关键在于:人类的生产力只能采取片面的发展方式,只能在对抗中发展。文明在对抗中前进,这是一个规律。因此,历史与审美之间又确实存在着对立的一面。不过,这种对立并不构成历史对审美的毁灭性打击。因为人类的发展虽然是以不完美为代价的,但这不完美中又包含着与之相反的完美的东西。这个矛盾的不断扬弃的过程,亦即从不完美到完美的过程,就是人类的进步。在此意义上,历史尺度与审美尺度仍然是统一的。何况,历史一方面使个人异化,另一方面又使人类的力量有了很大提高;一方面不断强化分工,一方面又不断强化了劳动的变换、职能的更动、工人的全面的流动性,从而使生产力得到发展;一方面创造出一个普遍的劳动体系,一方面使需要不断扩大、剩余时间不断增多,打破了人类对于地方性、自然的崇拜;一方面强化了金钱关系,一方面又通过金钱关系把一切阻碍资产阶级生产方式的关系和幻想统统蒸发掉了。金钱关系这种物的联系比只以自然血缘关系和统治服从关系为基础的地方性联系要好。难怪马克思从一开始就要固执地追问:把人类的最大部分归结为抽象劳动,这在人类发展中有什么意义? 而且,即便是在市场经济时代,也仍然是如此。作为历史发展的特定方式的市场经济对审美发展的影响仍然具有两重性。它与原始经济、自然经济一样,其主导方面仍是在整体上使人的包括审美活动在内的全部主体活动及其结果上升到一个新的历史阶梯,因而市场经济与审美活动也应该是同步的,并且,市场经济比原始经济和自然经济有着更深刻的美的属性,对美的促进作用无疑应该更大。

例如,其一,从历史的角度看,它提供了更多的前此没有提供的美和艺术的内容,提供了更大的审美发展的可能性、审美发展的动力、审美发展的必然性。其二,从价值的角度看,在一个共同的标准尺度下去衡量原始经济、自然经济乃至市场经济,应该说,它比前此的经济类型也是更为趋向于美的。其三,从全面的角度看,就整体效应与局部效应而言,它对美和艺术的发展的整体效应是正面的,只有局部效应是负面的。就形式表现与内容属性而言,它造成的形式表现是恶,但恰恰是在这一恶的形式中蕴含着美的拓展,其内容属性仍然是美(广义的美)。就公美与私美而言,他推进了公共环境的美和艺术的发展,却压抑了私人生活的美和艺术,由于公美与人类的公共生活、社会交往联系更为密切,涉及整个社会成员,又是空前的一种解放(前此只有私美),故意义更大。其四,从可能的角度看,在市场经济类型中蕴含着美和艺术发展的两种可能,这与当代审美文化所导致的实际结果也要区别开。而且要强调,这两种可能并不只存在于市场经济社会,在原始经济、自然经济社会同样存在。其五,从性质的角度看,它实际上表现为两种类型:一是新起的经济类型与旧经济类型基础上形成的美和艺术的对抗,二是新起的经济类型对审美发展的某些消极影响与审美发展之间的对抗。同样要强调,这两个方面,在各阶段都存在,只是在市场经济社会最为激烈而已。何况,这种"激烈"也并不是一件坏事。即便是第二个方面也是如此。人类每一次通过物的方式远离自然,就必然要在主体方面产生一种"失落感",而这种失落感实际又是人的进一步的觉醒,人类正是通过这种方式为自己定位。因此出现某种矛盾的激烈化,反而是人类进步、成熟的表现。

在上述讨论的基础上,我们就可以进而讨论美和艺术与一定的社会条件的关系了。通过这一讨论,我们会看到,传统的美和艺术是在早期资本主义——自由资本主义的基础上产生的。随着晚期资本主义的莅临,它的死亡无疑是人类审美历程中的一大进步。因为,新的美和艺术又会在晚期资本主义的基础上产生。它的产生同样是人类审美历程中的一大进步。

自由资本主义最早产生于欧洲。我们不会忘记,在希腊神话中,欧洲是天神之父宙斯以自己人间之妻欧罗巴命名的一块土地,但正如宙斯似乎很少想起这个不幸的少女,这块土地似乎也没有得到命运的青睐,始终落在全世界的后面。但在近代,它却突然崛起。这成为一个历史之谜。罗素在《西方哲学史》开篇就讲:"在全部的历史里,最使人感到惊异或难于解说的莫过于希腊文明的突然兴起了。"[①]那么,这个历史之谜的谜底何在呢?无疑是在它为世界带来的商品经济之中。

在商品经济中,隐含着一个重要的思想前提,这就是抽象。人们喜欢把

---

① 罗素:《西方哲学史》上卷,何兆武等译,商务印书馆1981年版,第25页。

商品经济津津乐道为金钱至上、功利主义之类,实际大谬不然。商品经济中最为核心的东西应该是它的作为手段的"平等"与作为内容的"自由"。正如马克思所提示我们的:"如果说经济形式,交换,确立了主体之间的全面平等,那么内容,即促使人们去进行交换的个人材料和物质材料,则确立了自由。可见,平等和自由,不仅在以交换价值为基础的交换中受到尊重,而且交换价值的交换是一切平等和自由的生产的、现实的基础。作为纯粹观念,平等和自由仅仅是交换价值的交换的一种理想化的表现;作为在法律的、政治的、社会的关系上发展了的东西,平等和自由不过是另一次方的这种基础而已。"①而"平等""自由"又来源于什么呢? 从思想前提的角度看,无疑是来源于抽象。

人们常说,资本主义的秘密在于异化劳动。在此基础上,"一切个性,一切特性都已被否定和消灭。"②人与人之间犹如物与物之间,只有转换成抽象劳动才能彼此认同,发生关系。但是人们很少想到,正是因此,对于抽象的人、抽象的对象的追求,就成为必然的选择。正如马克思所深刻分析的:

> 在商品生产者的社会内,社会的生产关系一般是这样形成的:他们把他们的产品,当作商品,也就是当作价值,并且在这个物质形式上,把他们的私人劳动,当作等一的人类劳动来相互发生关系。对这种社会来说,崇奉抽象人的,特别是资产阶级发展阶段中基督教、布洛推斯坦教、自然神教等等,是最适合的宗教形式。③

对于这段话,我在《中国美学精神》一书中已再三强调指出:这正是西方文化(当然也是西方美学)之所以能够产生的理论前提。生产者之所以能够

---

① 转引自胡义成:《人道主义和商品经济》,载《探索与争鸣》1993年第1期。
② 《马克思恩格斯全集》第46卷(上),人民出版社1979年版,第103页。
③ 马克思:《资本论》第1卷,郭大力、王亚南译,人民出版社1963年版,第55页。

不再把对象看作"产品",而是"看作"商品,是因为一种"抽象"的眼光的出现的缘故,从此西方首先开始把自己的私人劳动看作无差别的抽象劳动的结晶——价值,并且开始从同一的人类劳动的角度来互相发生关系,从而建立了一个以物与物的交换为媒介的社会系统。它导致了封建的自然经济的解体。"劳动者把土地当作生产的自然条件的那种关系的解体……劳动者是工具所有者的那种关系的解体……在以上两种情况下,劳动者在生产开始以前都具有了作为生产者来生活——也就是在生产期间即在完成生产以前维持生活——所必需的消费品"这种关系也解体了。"另一方面,还有一种关系也同样发生解体,在这种关系中,劳动者本身、活的劳动能力的体现者本身,还直接属于生产的客观条件,而且他们作为这种客观条件被人占有,因而成为奴隶或农奴。"[1]从此,人类的劳动与人类的劳动对象之间就不得不插入一个社会性的产生的隔离力量,劳动与自然之间的交换就必须通过人格化的劳动条件才能进行了。因此资本主义的精神是一种"工具理性"。世人说是功利主义造成理性主义,这是倒因为果。因为希腊社会是建立在奴隶劳动的基础上的,因而是以人们之间以及他们的劳动力之间的不平等为自然基础的。价值表现的秘密,即一切劳动由于而且只是由于都是一般人类劳动而具有的等同性和等同意义,只有在人类平等概念已经成为国民的牢固的成见的时候,才能揭示出来。而这只有在这样的社会里才有可能,在那里,商品形式成为劳动产品的一般形式,从而人们彼此作为商品所有者的关系成为占统治地位的社会关系。在自由和平等的背后,是"类"的观念的发现("看作"商品),这是一种"可计算性"。其中的典型例证是新教的代表加尔文:"人类有其不可接近的一面,而加尔文的一生,就由这一面守卫着。从青少年时代起,他就穿黑色的衣服。教士的四角帽也是黑的,一直盖住前额,这头戴介于修道士的头巾和兵士的头盔之间。教士飘拂的长袍是黑色

---

[1] 《马克思恩格斯全集》第46卷(上),人民出版社1979年版,第498页。

的,其长及靴;法官穿官服,他的任务是不断地惩罚人;医生穿长袍,他得永远试图治病救人。黑色,永远是黑色,永远是严肃、死亡和冷酷。除了职务上的象征颜色外,加尔文从来没有以任何其他装束出现过。"[①]

人类由此发现了自己深刻地区别于动物和大自然的魅力所在。具体来说,情况当然远为复杂。例如,其中包括人同自然的区分(当泰勒斯称"水是万物的本原",意味着西方人真正地走出了自然,把人与自然第一次加以严格区分,开始以自然为自然,不再以拟人的方式来对待自然,这是人与外部自然的区别),也包括人同自身的区分(人被区分为"不死的灵魂"和"有死的肉体",这是人同内在自然的区别)。结果,人高于动物,也高于肉体。精神独立了,灵魂独立了,主体也独立了。再如,其中还存在着一个演进的过程。在近代之前,人与自然虽已经严重对立,但还是被包容在"存在"范畴之中。到了近代,"目的"真正从自然手中回到了人的身上,思维也真正从存在中划分出来。通过思维与存在的对立,人的主体能动性被进一步强化。笛卡尔的"我思故我在",是对此的强调。康德进而把认识理性与实践理性作了明确划分,更是进一步高扬了人类的主体能动性。此时的自由范畴,已经远远超越了希腊时代,成为人类的主体能动性的更高表现。于是,就力图在一切事物身上打下人类的烙印。在一切对象的身上,都希望发现人的力量,人的伟大。在文艺复兴时期,人类还只是战战兢兢地申诉:"像我这样的人爬行于天地间所为何事?"(哈姆雷特)但很快人类就不再"爬行"了。"他要索取天上最美丽的星辰,又要求地上极端的放浪,不管走在人间或天上,总不能满足他深深激动的心房!"(浮士德)结果,以关注人类自身的主体性为特征的抽象人道主义应运而生。

毫无疑问,这是人类有史以来最为自豪的时刻。恩格斯曾引人注目地描述了人类主体性诞生后的巨大愉悦:

[①] 茨威格:《异端的权利》,赵台安等译,三联书店1987年版,第48页。

自然界的宠儿即人经过青年时代的长期奋斗、异国他乡的长年漂泊之后,作为一个自由的男子汉回到了自己母亲身边,当他保护母亲,戒备那些在斗争中被战胜的敌人的幽灵时,也克服了自身的分化,自己内心的分裂。在疲惫不堪地长期斗争的追求之后,自我意识的光辉日子在他身上降临了。他就站在那里,自由而坚强,自信而又豪迈,因为他身经百战,他战胜了自己,在自己的头上戴上了自由的桂冠。对他来说,一切都了如指掌,没有什么力量能躲过他。只是到这个时候,他才认识了真正的生活,他过去只是模模糊糊地追求的东西,现在他可以完全按照自己的自由意志获得了。原来似乎是他的身外之物,以为是处于朦胧远方的东西,他现在发现就是自己身上的血和肉。他为此付出了宝贵的心血,却不认为代价昂贵,因为这顶桂冠是值得付出这番心血的。长期的追求对他来说并非徒劳,因为现在他携带回家的高傲而美丽的新娘对他来说只会更加珍贵。他在长期寻找之后觅得的宝物即圣物,是以走过许多弯路为代价的。这桂冠,这新娘,这圣物就是人类的自我意识——一只新的圣杯,在它的宝座周围集合着欢欣鼓舞的各族人民,同时,它使所有忠诚于它的人成为国王,把这个世界的全部庄严和力量,全部宏伟和威力,全部美丽和完善都放到他们面前,使之为他们的光荣效劳。我们的使命是成为圣杯骑士,为了它我们要腰悬利剑,在最后一次圣战中甘愿献出自己的生命,因为,继之而来的必将是自由的千年王国。观念的力量就是这样:凡是认识这种力量的人都情不自禁地谈到它的庄严并且宣布观念的万能;如果观念需要,他就会心甘情愿地抛弃其他所有的一切;他准备把生死置之度外,准备献出自己的财富和生命,只要观念而且仅仅只要观念得以实现。谁只要瞧上它一眼,谁只要看见它光彩夺目地显现在万籁俱寂的黑夜里,他就再也不能同它分离,他必定追随它,无论它把他带到何方,——哪怕是带向死亡。因为他知道它的力量,知道它比天地间的一切都强大,它横扫阻碍它前进的一切敌人,所向披靡。而且,这种对观念所向无敌的力量和对永恒真理必胜的信念,这种即使遭到全世界的反对也永远不动摇、永远不让步的坚定信心,就是每一个真正的哲学家的真正的宗教,就是真正的实证哲学即世界史哲学的基础。它才是最高启示,人对人的启示,在这一启示中,任何批判的否定都包含有肯定的东西。人民和英雄的这种冲击和风暴,——在它们的上空,观念一直平静地徘徊着,以便最后深入这一斗争并成为它的最深刻、最生动、进入自我意识的灵魂,——这是一切救世和赎罪的源泉,就是我们每一个人应当在自己的岗位上进行斗争和发挥作用的王国。观念,人类的自我意识也就是那只奇异的凤凰,它用世界上最宝贵的东西筑起自焚的柴堆;从化旧事物为灰烬的火焰中恢复了青春,重新冉冉升起。①

在恩格斯的描述中,我们不难看到一种典范的关于主体力量的描述。或许,我们可以把它称作一种人类的"自我感"。"人的自我感在19世纪占有了最突出的地位。个人被认为是独一无二的,有着非凡的抱负,而生命变得更加神圣、更加宝贵了。申扬个人的生命也成为一项本身即富有价值的工作。""在较深刻的理论意义上,这种精神事业构成了一种普遍观念的基础,即认为人能超越自然,不再为自然所限,而且如黑格尔所说,能够在历史的终点达到完全自由的王国。黑格尔所谓的'苦恼意识'已经认识到,人必须获得一种神圣力量和至上地位。现代人最深刻的本质,它那为现代思辨所揭示的灵魂深入的奥秘,是那种超越自身,无限发展的精神。他知道消极之物——死亡——是迟早必至的,但他拒不接受这一事实。在现代人的千年盛世说的背后,隐藏着自我无限精神的狂妄自大。因此,现代人的傲慢就

---

① 《马克思恩格斯全集》第41卷,人民出版社1982年版,第266—268页。

表现在拒不承认有限性,坚持不断的扩张。"①这样,在西方历史上必然出现一种人的热烈渴望,这种渴望就是意志的运动。没有抽象就没有意志,意志就是人类身上的"人类性"的火花。

而这种人的意志、人的"人类性",也必然升华为传统美学所赞叹的美。换言之,传统的美和艺术的诞生正是建立在商品经济的思想前提——抽象的基础之上,建立在抽象人道主义的基础之上的。

因此,严格地说,传统的美和艺术,只是一种抽象的人类力量的对象化。正如柏拉图早就提示我们的:美不是"一位漂亮的小姐",不是"一匹漂亮的母马",也不是"一个美的汤罐",而是使一切成为美的"美本身"。然而,人们却认定这就是"放之四海而皆准"的真理了,因此不遗余力地从各个层面、角度去加以理论阐释,最终,经过鲍姆加登为美学划出独立的领地,再由康德完成整体结构的创造,加上席勒、黑格尔的全力修整,应该说,传统美学的那一套"堂皇叙事"已经达到完美的程度。其根本点有二:其一是对超验的信念的推崇,认为外在的客体世界中可以抽象出一个广阔的审美天地,供人类栖居。其二是对超验的主体的推崇,认为在内在的主体活动中也可以抽象出一个独立的领域,进行"审"美活动。所谓美学就是关于被抽象出来的美的本质的学问,而美的本质作为抽象的东西只有思维才能把握,因此思维与存在的关系就成为美学的基本问题。

毫无疑问,上面所概括的传统美学的根本内涵是人们普遍可以接受的。在很多人看来,这就是传统的美和艺术之为美和艺术的题中应有之义了。其实不然。事实上,传统美学所肯定的美和艺术的题之应有之义只是认识论美学所能够肯定的题中应有之义。我们不会忘记:早在古希腊时期,人们就已经意识到了人类的罪恶,他们对人类的每况愈下的惊叹(黄金的人类——白银的人类——青铜的人类——黑铁的人类),他们在雕塑狮身人面

---

① 丹尼尔·贝尔:《资本主义文化矛盾》,赵一凡等译,三联书店1989年版,第96页。

像时留下的关于人类的人性与动物性的同一的思考,他们在分金苹果的时候,刻意把爱情看得比理性、权力更为重要时所传达出的对于理性之外的情感的重视……都是最好的见证。确实,不论怎样为人类命名,他的最后一个词总是"动物",换言之,尽管可以用"类"来概括人,但人却无论如何也并不等于"类"。但传统美学却不然,恰似苏格拉底一味追求抽象的美,却视青春美貌为"毒蜘蛛",传统美学也把人类生存的意义问题、具体的喜怒哀乐挤到了边缘,而把那种"类"的本质放在了中心的位置上。"在这里,我们首先觉得这样一些话是大胆惊人的,他把一般观念认为是存在或真实的一切,都一下子打倒了,把感性的实体取消了,把它造成了思想的实体。本质被描绘成非感性的东西,于是一种与感性、与旧观念完全不同的东西被提升和说成是实体和真实的存在。"[1]结果,逻各斯战胜了爱洛斯。

不言而喻,建立在商品经济基础上的传统美学,是人类精神的一次成功,但是,从另外一个角度看,是否也可以认为是人类精神的一次失败呢?显然也是可以的。因为它固然展示出了一个新的王国,但所展示的只是一个无生命的、概念的王国,在这里人的地位实际上不是被高扬,而是被贬低。所谓胜利即失败。事情就是如此荒诞,考察人的理性本来是为了证明人的伟大,但既然是通过把理性与感性对立起来完成的,反而也就论证了神的伟大。请看西方的教堂建筑:

> 我们在教堂里感到精神逐渐飞升,肉身遭到践踏。教堂内部就是一个空心的十字架,我们就在这刑具里走动;五颜六色的窗户把血滴和浓汁似的红红绿绿的光线投到我们身上;我们身边呜呜地唱着丧歌;我们脚下满是墓碑和尸骸,精神沿着高耸笔立的巨柱凌空而起,痛苦地和肉身分裂,肉身则像一袭空乏的长袍扑落地上。从外面来看,这些哥特

---

[1] 黑格尔。转引自俞吾金:《生存的困惑》,上海文化出版社 1993 年版,第 59 页。

式的教堂,这些宏伟无比的建筑物,造得那样的空灵、优美、精致、透明,简直叫人要把它当作大理石的布拉邦花边了;你这才体验到那个时代的巨大威力,它甚至能把石头都弄得服服帖帖,石头看来都鬼气森然地通灵会意似的,连这最顽强的物质也宣扬着基督教的唯灵主义。①

传统美学的祖师爷康德也不例外。他把意志理解为实践理性,这说明他归根结底仍是一个隐蔽的基督徒。难怪尼采要视他为"概念残废人",他的主体性、崇高、绝对律令,都是对此的强调。另外,康德之所以看重美学,也只是因为看到了商品经济时代的局限。以他提出的著名的二律背反为例,敏捷地注意到历史发展与审美发展的矛盾,是康德作为一个美学家的过人之处,然而他又无法解决这一矛盾,只好把现实生活中的辩证矛盾变成了理论思辨中的不可统一的抽象对立,也因此,他才别有用心地着重强调了人的人类性的重要性和审美的重要性。对此,我们不妨借用马克思在批判蒲鲁东时讲的一段话作为评价:"和康德一样,对他来说,解决二律背反是人类理性'彼岸'的事情,即他自己的理性不清楚的事情。""他以为分工、信用、工厂,一句话,一切经济关系都仅仅是为了平等的利益才被发明的,但是结果它们往往对平等不利。由于历史和蒲鲁东先生的臆测步步发生矛盾,所以他得出结论说,有矛盾存在。即使是有矛盾存在,那也只存在于他的固有观念和现实运动之间。"②

如是,传统美学所谓的审美,无非就是对于一种人"类"的力量的发现。在这方面,卢森堡对于自己的审美活动的描述十分典型:"雨点轻柔而均匀地洒落在树叶上,紫红的闪电一次又一次地在铅灰色中闪耀,遥远处,隆隆的雷声像汹涌澎湃的海涛余波似的不断滚滚传来。在这一切阴霾惨淡的情

---

① 海涅:《海涅选集》,张玉书编选,人民文学出版社1983年版,第22—23页。
② 依次见《马克思恩格斯全集》第16卷,人民出版社1964年版,第29页;第4卷,人民出版社1958年版,第94页。

景中,突然间一只夜莺在我窗前的一株枫树上叫起来了!在雨中,闪电中,隆隆的雷声中,夜莺啼叫得像是一只清脆的银铃,它歌唱得如醉似痴,它要压倒雷声,唱亮昏暗……""昨晚9点钟左右,我还看到壮丽的一幕,我从我的沙发上发现映在窗玻璃上的玫瑰色的返照,这使我非常惊异,因为天空完全是灰色的。我跑到窗前,着了迷似的站在那里。在一色灰沉沉的天空上,东方涌现出一块巨大的、美丽得人间少有的玫瑰色的云彩,它与一切分割开,孤零零地浮在那里,看起来像是一个微笑,像是来自陌生的远方的一个问候。我如释重负地长吁了一口气,不由自主地把双手伸向这幅富有魔力的图画。有了这样的颜色,这样的形象,然后生活才美妙,才有价值,不是吗?我用目光饱餐这幅光辉灿烂的图画,把这幅图画的每一线玫瑰色的霞光都吞咽下去,直到我突然禁不住笑起来。天哪,天空啊,云彩啊,以及整个生命的美并不只存在于佛龙克,用得着我来跟它们告别?不,它们会跟着我走的,不论我到哪儿,只要我活着,天空、云彩和生命的美会跟我同在。"①请注意,美为什么会与我同在?原来因为我是"历史"的化身、类的化身,是"我"——历史、人类性才给它们以美。

这样一种"审美"活动的发现,无疑是人类的一大创造,但正如我已经一再强调的那样,无疑也是人类的一大失误。首先,离开了真实个体的"类",无论如何也只能是一种虚伪。其最终的结果,只能导向对于类的对象化的成果——物质世界(其典型代表正是商品)的崇拜。其次,整天生活在"类"的美之中,无论如何都必然是人自身的一种异化。鲁迅有一个妙喻:"但这普遍的做戏,却比真的做戏还要坏。真的做戏,是只有一时;戏子做完戏,也就恢复为平常状态的。杨小楼做《单刀赴会》,梅兰芳做《黛玉葬花》,只有在戏台上的时候是关云长,是林黛玉,下台就成了普通人,所以并没有大弊。倘使他们扮演一回之后,就永远提着青龙偃月刀或锄头,以关老爷、林妹妹

---

① 罗莎·卢森堡。转引自刘白羽:《长江三日》,载《人民文学》1961年第3期。

自命,怪声怪气,唱来唱去,那就实在只好算是发热昏了。"[1]而我们的审美活动,恰恰是强迫人们天天生活在"类"里,为了美化自己的生活,不惜时时处处强迫自己向"类"靠拢,不惜时时处处强迫自己离开真实的自我。新生儿看世界上的万物都是倒置的,因为这才符合透镜成像的原理。人的眼睛是一个凸透镜。世界之所以是现在的样子,是因为后天环境习惯作用和其他器官综合协调的结果。然后,就把儿时的眼睛忘掉了。传统美学对于人类的影响也存在这一问题。

这无疑是一种片面,可惜西方美学认识到这一点花费了两千年的时间。因此,当费尔巴哈说:"我在黑格尔逻辑学的哲学面前发抖,正如生命在死亡面前发抖一样。"[2]我感到了一种刻骨铭心的震撼!但是,传统美学的缺陷当时并没有暴露出来,之所以如此,与商品经济所处的特定时代——自由资本主义时代密切相关。在这个时代,商品经济的内在矛盾尚没有充分暴露出来。在此之前,统治阶级都喜欢把自己的思想说成是全社会的思想,但真正能做到的,还只是资产阶级。这因为它的统治基础较之其他阶级要广阔得多,关于资产阶级,列宁说得好:"我们往往是极端不正确地、狭隘地、反历史地了解这个名词,把它(不区分历史时代)和自私地保护少数人的利益联系在一起。不应该忘记:在18世纪启蒙者(他们被公认为资产阶级的向导)写作的时候,在我们的40年代至60年代的启蒙者写作的时候,一切社会问题都归结到与农奴制度及其残余作斗争。新的社会经济关系及其矛盾,当时还处于萌芽状态。因此,资产阶级的思想家在当时并没有表现出任何自私的观念。相反地,不论在西欧或俄国,他们完全真诚地相信共同的繁荣昌盛,而且真诚地期望共同的繁荣昌盛,他们确实没有看出(部分地还不能看

---

[1] 《鲁迅全集》第4卷,人民文学出版社1972年版,第337页。
[2] 费尔巴哈:《黑格尔通信百封》,苗力田译编,上海人民出版社1981年版,第305页。

出)从农奴制度所产生出来的制度中的各种矛盾。"①而且,即便在资产阶级与无产阶级的矛盾充分发展起来的时候,资产阶级依旧需要利用传统美学来为自己服务,所谓"资本的人道"。因为"表现得愈友好,就对它愈有利。商业的人道就在此,而这种为了达到不道德的目的而滥用道德的伪善手段就是贸易自由论所引以自豪的东西"。②

然而,当社会从自由资本主义——到垄断资本主义——到消费资本主义之后,情况发生了根本的变化。在自由资本主义时期,也就是传统美学成熟完成的时期,主要是人与自然界的竞争。它需要一种抽象人道主义启蒙精神来激发人"类"的热情,以便与自然作战,因此也就需要一种上述歌颂人类的力量、人类的"人类性"的美学;在垄断资本主义阶段,主要是与经过加工的自然界的竞争,此时,人类被机器所垄断,抽象人道主义的缺点暴露无遗,它所酿成的人类的自我毁灭的灾难,使人类理想彻底破灭。而美学也就转过来与现实殊死抗争。这时,人类把过失推诿给现实,反而拼命强调审美的力量,美和艺术成为最后一块圣地。

而消费资本主义则是人与人之间的竞争。这是一个信息一体化的社会,不再依赖机器而是依赖信息,人越来越从劳动的对象变成消费的对象了。这又是一个成熟了的商品社会。人们和世界的关系似乎就是购买、占用的关系。与众不同的是,商品社会所满足的不是需要,而是欲求。欲求一旦进入心理层次,便成为无限的要求。欲求创造人类也毁灭人类,成为一种可怕的"应享"意识。市场经济的成熟,生产力的发达,使商品大大丰富,绝对剩余价值逐渐转化为相对剩余价值,中产阶级人数扩大,绝对贫困的人数减少,全社会都受到消费欲望的刺激。于是,商品化原则正式在生产分配系统、社会权力结构、思想观念,社会的各个层面……直至在大自然和审美这

---

① 《列宁选集》第 1 卷,人民出版社 1960 年版,第 128 页。
② 《马克思恩格斯全集》第 1 卷,人民出版社 1956 年版,第 602 页。

两个人类最后的精神堡垒中取得彻底胜利。

其中,有两个因素极为重要。其一是社会生活从共同生活转向公共生活。共同生活是传统社会的一个标志。它有其内在的统一的价值标准作为凝聚力,不论是偏向个体(隐秘生活)还是偏向群体(集体生活),都是一种向心的运动、有组织的运动。公共生活则不然。它以公共场所为特征,其特点表现为既属于每个人,又不属于每个人,既属于社会,又不属于社会,像街道、酒馆、游乐场所、商店、火车、海滩、快餐店、舞厅、咖啡馆、体育馆、旅游景点……就是它的文化背景。它不再有统一的价值标准作为凝聚力,也不再是一种向心运动,一切都在对话中进行,一切也都在参与中进行,与此相应,美学也就从"共同性"转向了"公共性"。

其二是闲暇时间。闲暇时间来源于当代社会中的群体生活与私人生活的分离。以日常工作为象征的群体生活与表现个人真实感情的私人生活之间发生了分裂,办公室与家庭之间发生了分裂。每个人都同时要过两种生活。闲暇时间的产生,正是对应于两者,犹如公共生活的诞生同样是为了对应于这两者。因此,闲暇时间的涵义就与传统的娱乐时间不同,它是指工作时间的继续。而作为一种工作的继续,一种与高技术相对的高情感,当代审美文化正是因此应运诞生。它不再仅仅是一种非功利的审美活动,而成为一种功利性的活动。电影、电视、MTV、广告、摇滚、流行歌曲、畅销书、人体之美、体育之美……都如此。作为文化的核心,抽象人道主义也寿终正寝。当代文化成为对经过组装、供人消费的生活方式的大肆宣扬。它令人惊愕地把曾经秘而不宣的意识形态公开为大众的共同财产。尼采在19世纪末曾预言:今后的两个世纪,将是虚无主义的降临。而今竟成为现实。对尼采来说,这种虚无主义的倾向是理性主义和精密计算的必然结果。杰姆逊的发现令人震惊:"考察文化的一个有趣的角度是弄清楚文化在社会中的作用,具体来说就是:文化是意识形态吗?意识形态在文化中起作用吗?有没有进步的文化与反动的文化?能不能从意识形态角度谈艺术作品的效果?

这样做的结果令人满意到什么程度?这些问题都是很有趣的。美国新批评派只相信纯文学的价值,因而以上这些问题是不能问的,是禁忌。""今天我们在这种观点中确实能发现一些有价值的东西,我们确实是生活在一个十分标准化的后现代主义文化之中,体现在各种媒介、电视、快餐、郊区生活等方面。在今天的美国,不管你属于什么意识形态,你都得生活在这样一种文化之中。"①它代表的不再是某个特殊的类,例如上升时期的资产阶级,而是最为一般的类——物、商品。用传统的意识形态理论来分析它,是无效的。必须对意识形态作泛化的理解,承认其转型的可能性:从"信仰"到"物化"。需要强调,正是在揭示晚期资本主义的全民消费这一新特点时,卢卡契发现:"社会生活中的这种区别的逐渐消失迟早会导致一种意识形态上的变化。"②"我们现在已经没有旧式的意识形态,只有商品消费,而商品消费同时就是自身的意识形态。现在出现的是一系列行为、实践,而不是一套信仰,也许旧式的意识形态就是信仰。"现在的意识形态性存在于"对日常生活重新进行全面有系统的解释":"这种模式并不是到人们的观点或谬误、世界观或思想概念体系中去寻找意识形态的东西,而在另一进程中去寻找。这一进程就是指合理化、商品化、工具化等完全是准规划性的程序所有层次上(人体和感官,精神状态,时间,空间,工作过程和闲暇时间)对日常生活重新进行全面有系统的组织。"③

这样,在消费资本主义时代,生活反倒走向艺术,消费资本主义还打破了传统的地域的封闭性。因此,传统美学作为西方而并非整个世界的审美实践的理论概括这一长期被遮蔽了的特性暴露了出来。原来,传统美学的抽象思辨性,美之为美的本质,统统没有真正达到对于美本身的普遍抽象。

---

① 杰姆逊:《后现代主义与文化理论》,唐小兵译,陕西师范大学出版社1986年版,第25—26页。
② 艾尔希:《卢卡契谈话录》,郑积耀等译,上海译文出版社1991年版,第80页。
③ 艾尔希:《卢卡契谈话录》,郑积耀等译,上海译文出版社1991年版,第247页。

这一点,对于美学的发展来说,极为重要。还要强调,早在晚期资本主义到来之前,马克思就已经意识到了这一问题。他指出:"极为相似的事情,但在不同的历史环境中出现就引起了完全不同的结果。如果把这些发展过程中的每一个都分别加以研究,然后再把它们加以比较,我们就会很容易找到理解这种现象的钥匙;但是使用一般历史哲学理论这一把万能钥匙,那是永远达不到目的的,这种历史哲学理论的最大长处就在于它是超历史的。"①他还批评一个叫米海洛夫斯基的人说:"他一定要把我关于西欧资本主义起源的历史概述彻底变成一般发展道路的历史理论,一切民族,不管他们所处的历史环境如何,都注定要走这条路。……他这样做,会给我过多的荣誉,同时也会给我过多的侮辱。"②而且马克思本人也多次声明:"我明确把这一运动的'历史必然性'限于西欧各国。"③"高消费的资本主义要求风格上的无休止转换,要求对表层具备鉴赏能力,要求对包装和再生产能力的强调。后现代主义回荡着这样的真理:艺术已经成为销售的附属品。消费者为了适应这种状况,已经被迫脱离传统。他们的自我偏离了中心,井井有条的内在生活成为逐步过时而应淘汰的累赘。甚至连'生活方式'也变成了可以投放市场的商品。"④启蒙精神没有了,孤独、痛苦也没有了。只剩下一种平面的东西,但又并非单纯愉悦,而是一种对人的商品化的塑造,一种以刺激人的感性欲望为生存机制的文化消费。文化从精神王国降低到物质王国,成为商品生产的一个部门,在过去,听音乐、看小说还是逃避现实的一种方式,现在却成为参与现实的一种方式。"由于出现了大量的廉价的系列产品,再加上普遍进行欺诈,所以艺术本身就更加具有商品性质了。艺术今天明确地承认自己完全具有商品的性质,这并不是什么新奇的事,但是艺术发誓否认自己的

---

① 《马克思恩格斯全集》第 19 卷,人民出版社 1963 年版,第 131 页。
② 《马克思恩格斯全集》第 19 卷,人民出版社 1963 年版,第 130 页。
③ 《马克思恩格斯全集》第 19 卷,人民出版社 1963 年版,第 268 页。
④ 《当代美国的文化政治》,载《艺术广角》1989 年第 2 期。

独立自主性,反以自己变为消费品而自豪,这却是令人惊奇的现象。在过去,只有当艺术成为资产阶级的艺术时,艺术才是一个独立的领域。"[1]看来,市场经济的进一步的发展,不但没有强化美和艺术,反而使它连相对独立性都丧失了。最终导致了大自然和审美意识这两个人类最后的堡垒被商品化。

当然,就审美意识而言,它的被商品化(被作为一种特殊的商品看待),有其积极的意义,也有其消极的意义。就积极的意义而论,它促使人类的美和艺术观念发生了深刻的转换。例如,在美和艺术的本质方面,传统美学往往强调美和艺术的意识形态性,这无疑是传统的美和艺术中所蕴含的人类性、传统的美和艺术中所蕴含的抽象人道主义精神的美学诠释。显然,在美和艺术能够独立存在于市场经济之外的时候,在美和艺术能够被控制在少数人手里,作为"类"的、人道主义的、抽象的、堂皇叙事的抒情的媒介的时候,这是见惯不惊的事实。然而,"旧时王谢堂前燕"一旦"飞入寻常百姓家",美和艺术一旦从少数人的手里进入市场经济之中,美和艺术的意识形态性这一传统规定就迅即暴露出它的褊狭、片面。原来,美和艺术不但有其意识形态性的一面,而且有其非意识形态性的一面,犹如美和艺术不但有其"类"的、人道主义的、抽象的、堂皇叙事的一面,而且有其非"类"的、非人道主义的、非抽象的、非堂皇叙事的一面,于是,人类终于有可能在一个更为宽容、更为全面的基础上来重新为美和艺术的本质定位。再如,在美和艺术的主体方面,美和艺术的被商品化,导致传统美学所竭力维护的"美学的特权地位"和美学与非美学的区别不再合法,以及传统美学在19世纪最终论证完成的审美无功利性与美和艺术的自律性不再合法。帕斯墨尔甚至特别强调:"本来就没有什么美学""美学的沉闷来自人们故意要在没有主题之外,构造出一个主题来"。这话虽然过于尖刻,但却也颇为发人深省。于是,"人

---

[1] 霍克海默、阿多尔诺:《启蒙辩证法》,洪佩郁等译,重庆出版社1989年版,第148页。

类灵魂的工程师"的头衔也不再合法,作家、艺术家的职业的神圣性被真实地还原为三百六十行中的一行,被还原为一种"谋生的手段"。这是"作家"名称的"堕落",但更是"作家"名称的"新生"。正是在"堕落"中"作家"才得以离开传统的已经显得非常做作了的"类"的、人道主义的、抽象的、堂皇叙事的"自古华山一条道",正是在"新生"中"作家"才得以获得广泛的自由度,得以相对于过去远为充分地施展自身的写作潜能。在这个意义上,说美和艺术不再独立于市场经济之外,是美和艺术的一种进步,是艺术生产力的一种解放,是不为过分的。再如,在美和艺术的成果方面,美和艺术的被商品化,破坏了绝对的美、唯一的美的合法存在,传统的美和艺术对于原本、本源、起源、中心的关注,成为一种亟待解构的形而上学,建立在原本、本源、起源、中心基础上的作品也就不再可能。正如德里达强调的:不存在的中心不复是中心!作为作品范畴的知识谱系的再现论、摹仿论、表现论等等也失去了美学的话语权。作品成为一种"互文"。它犹如一个洋葱头,没有自己的中心与内容,一层层地剥下去,最终你会发现:它一无所有。不过,这"一无所有"只是针对绝对的美、唯一的美而言,若就非绝对的美、非唯一的美而言,它又应有尽有!再如,在美和艺术的对象方面,美和艺术的被商品化,导致美和艺术作为"生活的教科书"、作为"教育人民、团结人民"的武器的单一职能的丧失,于是读者从传统的美和艺术系统中的被动地位中解放出来,成为美和艺术的主人。美学关注的对象,从作者——到作品——到读者,读者跃居当代审美活动的中心。作者的美学、作品的美学成为读者的美学。目前有一种流行看法,认为20世纪美学的中心是形式范畴,这无疑是有道理的。但实际上还可以进一步加以深入,我认为,"形式"范畴所呈现的还只是表面的现象,在这表面的现象之下,还存在着一个更为内在的东西,这就是:阅读。从"阅读"范畴出发,可以更深刻地展示20世纪美学的风貌。此处不赘。这样,犹如"顾客就是上帝","读者"也"就是上帝"。再如,在美和艺术的评价方面、发展方面、类型方面、价值方面、管理方面……由于美和艺术的被商品化,也必然发生一系列相应的深刻转换。

就消极的意义而言,美和艺术的被商品化,也使得美和艺术在相当程度上陷入了一种窘迫之中。由于美和艺术的被商品化是一场历史巨变,而且是在前无古人的情况下展开的,难免会出现商品吞并了美和艺术,市场经济的特性淹没了美和艺术的特性(美和艺术被作为一般商品看待)这样一种令人焦虑的情景。这自然不是我们所愿意看到的。然而,我们又要强调,这一切并非是必然的。原因在于:商品意识与审美意识是现代人类意识的基本组成部分,它们在市场经济社会中的层次不同,所满足的需要不同,所发挥的作用也不同。因此,它们可以互相弥补,但却不能互相取代。商品意识以利益、效率、利润、金钱、竞争为核心,在其中,人的关系表现为物化的关系,它是走向现代意识的前提,缺乏这个前提,现代的成熟的人类意识不可能建立起来,现代的成熟的审美意识也不可能建立起来。然而,它也存在着自己的边界,让它肆意越过自己的边界,成为社会的唯一价值观念,是极其危险的。有些学者误以为商品意识肆意越过自己的边界吞并审美意识就是审美意识的现代化,例如所谓"文化搭台,经济唱戏",例如把艺术活动完全纳入商品交换的范围之中,例如以利益、效率、利润、金钱、竞争作为审美意识的核心。实际上,审美意识的现代化只能通过自己独特的方式来完成。靠商品意识肆意越过自己的边界,是不可能完成审美意识的现代化的。而且,按照西方一位经济学家的划分:在非市场经济的时代,经济、政治与文化之间是一种机械团结,是经济与文化对于政治的服从;在市场经济的时代,经济、政治与文化之间则是一种有机团结,是经济、政治与文化三者之间的相互制约、相互弥补、相互协调。因此,要改变市场经济的特性淹没了美和艺术的特性这样一种令人焦虑的现状,关键并不在于回到传统的美和艺术的老路,而在于逐步建立、完善一个作为美和艺术的保护机制的当代艺术市场。它使得美和艺术在市场经济的条件下仍然能够正常地发展,使得美和艺术的相对独立性在市场经济的条件下仍然能够合法地保持,使得美和艺术的不同类型在市场经济条件下仍然能够和谐地存在。它不是要限制美和艺术的发展,而是要推动美和艺术的发展。因此,有人以为精英艺术在市场经济时代必然会受到歧视,这实际上只是皮相之见。因为市场经济并不会置精英艺术于死地,而只是要罢免千百年来被错误地笼罩在精英艺术身上的"美学特权"。而这种"罢免"所导致的,就正是集精英艺术与流行艺术于一身的当代审美文化的诞生。这是人类历史上前所未有的时代。人类的美和艺术因此有了一个证实自己、检验自己的机会。由此,有人说这个时代毁灭了美和艺术,实在纯属天方夜谭。事实上,应该说,这个时代造就了美和艺术。当然,它同时也毁灭了伪美、伪艺术。

因此,不论是从积极的角度看,还是从消极的角度看,人类的美和艺术本身都不会因为被商品化而"死亡"。因为美和艺术被商品化而"死亡"的,只是传统的美和艺术——不,准确地说,只是传统的关于美和艺术的观念。这,正是被许多人所哀叹不已的所谓"美和艺术的死亡"!不过,现在我们终于可以反诘:这样的"美和艺术"难道不应该死亡吗?

第二节 大众传播媒介:当代的新赫尔墨斯之神

关于传统的美和艺术的死亡,还可以从更深的角度加以讨论。这就是大众传播媒介对于美和艺术的巨大影响。

在考察当代审美文化的内涵之时,传播媒介是一个值得深究的话题。因为,假如说造成传统的美和艺术的死亡的直接原因是消费资本主义的出现,那么,间接的原因就是大众传播媒介的出现。这意味着,在人类美学历程中,一种美和艺术的死亡,往往间接决定于意识形态的改变,但在当代,情况发生了根本的变化,操纵这场美学革命的杠杆第一次不是来自意识形态,而是来自大众传播媒介。大众传播媒介作为被赋予了鲜明意识形态涵义的物,成为当代的新赫尔墨斯之神!

所谓传播媒介是一个含义广繁的概念。就其发展阶段来看,则大致经过了众所周知的从口语媒介——到印刷媒介——到电子媒介的发展演进。下面的图示就是这种演进的概貌:

前资本主义→市场资本主义→媒介资本主义

传统引导→内在引导→他人引导

故事引导→印刷品引导→大众传播媒介引导

口头文化→印刷文化→电子文化

符码化→超符码化→解符码化

耻辱文化→负罪文化→焦虑文化

人类最早的传播媒介是口语媒介,时间截止到15世纪,属于前资本主义时期。它以人的自然之躯作为媒体,活动方式是一种直接的交往,形象鲜明,主观色彩强烈,真实程度很差,传播的范围也十分有限。显然,这是一种原始、单一的传播方式,就其本质来说是反大众化的。口语媒介所形成的文化是口语文化,它是一种以暴力政治(肌肉)为核心的崇敬神圣的文化,英雄是其核心人物,宗教是其最为突出的成就,善和恶是其最为根本的价值标准,诗歌则是其最为典型的艺术类型。口语文化是一种伦理文化,也是一种以"听"为主的传统引导型、故事引导型的文化。它围绕着一个作为中心的故事文本(例如《圣经》)而运转,这个作为中心的故事文本往往是用外语写就的,因而只有今天所说的那种垄断了文字、阅读或解释权的人才能直接接触这个中心文本。这些人属于所谓牧师阶层,是精神官僚,也叫教士阶层。只有在他们以其权威解释了这篇文本之后,世人才能接触到它。同时,正是因为人与人的交流要依赖他人,一旦与社会、他人格格不入,就无异于被放逐。故来自社会的最严重的惩罚就是把异己者排斥在媒介之外,被媒介所放逐即意味着与世隔绝,羞耻感缘此而生。

15世纪以后,进入了市场资本主义时期。印刷术的普及,成功地改变了世界。可以批量复制的文字取代口语成为新的传播媒介,成为印刷文化。它由人类的自然之躯之外的工具构成,导致了直接交流向间接交流的转变,科学性、客观性大大增加了,同时抽象性、思想性也大大增加了,由此形成了所知与能知的分裂。这种媒介革命打破了知识的权力垄断,媒介本身也被大众化了。大量复制成为可能,独一无二的"文本"成为泡影,不再神秘莫测,木版印刷术取代羊皮纸手抄本,《圣经》被世俗化,教廷僧侣无法再垄断《圣经》的诠释权力,霸权被颠覆了。结果人与上帝的关系被私人化了,教堂也被细细地切碎融进了千千万万本书籍。耻辱感被负罪感所取代,口语沦为文字的附庸,世界的存在不再终止于口语而是终止于书本。这是一种以哲人为代表的文化,其最为突出的成就是科学,最为根本的价值标准是真与假,最为典范的艺术类型是小说。围绕着小说,是交响乐、歌剧、芭蕾、绘画、雕塑等以逃避现实为特征的美和艺术的产生,统统以思想性、想象性为特征。印刷文化是一种以内在引导为主的"读"文化。

需要强调的是,口语媒介与印刷媒介,对于人类的影响都是双重的。在口语媒介的时代,人类曾经是可视的。面部表情、手势、动作十分丰富。"研究语言学的人发现语言的起源是富有表现力的活动,这就是说,当人开始学说话的时候,他的舌头和嘴唇的活动程度并不大于他的面部和身体肌肉(正像今天的婴孩一样)。舌头和嘴唇的活动最初并不是为了发音,这部分的活动就跟身体其他部分的富有表现力的活动一样,是完全出于自发的。唇舌发音只是一种附带的偶然现象,只是到后来才有它实际的目的。这个直接可见的讯号就这样变成了一个直接可闻的讯号。经过这个变化,就像一段话经过一道翻译一样,许多东西便白白丧失了。其实正是这种富有表现力的活动和手势,才是人类原来的语言。"①但另一方面,文字的使用又是一种奢侈的特权。文化的唯一的至高无上的诠释权直接为统治者所控制,凡夫平民根本无缘问津。这构成了口语媒介对于人类的双重影响。

至于印刷媒介的双重影响,一位土著人首次接触文字时的感觉颇为值得注意:

> 我渐渐领悟到,书页的记号是被捕捉住的词汇。任何人都可以学会解释这些符号,并将困在其中的字释放出来,还原成词汇。印书的油墨困住了思想;它们不能从书中逃出来,正如野兽逃不出陷阱一样。当我完全意识到这意味着什么时,激动和震惊的激情流遍全身……我震惊得浑身战栗,强烈渴望自己学会去做这件奇妙无比的事情。②

而他的父亲在看到地图时的感觉又是什么样的呢?

> 我的父亲认为,这全是胡思乱想。他拒不承认这就是他在波马河渡过的溪流,他说那儿的溪水不过一人深。他也不承认广阔的尼日尔河三角洲纵横交错的河网。用英里计量的距离对他是毫无意义的……地图全是谎言。他三言两语对我说。从他的口气中听得出来我冒犯了他,怎么开罪于他的我当时却不知道。……现在我才明白——我虚晃几下就横扫千万里的做法,贬低了他徒步跋涉、疲惫不堪走过的距离。我用地图高谈阔论,这就抹去了他负荷重物、挥汗如雨地跋涉的重要意义。③

---

① 贝拉·巴拉兹:《电影美学》,何力译,中国电影出版社1982年版,第27页。
② 转引自麦克卢汉:《人的延伸》,何道宽译,四川人民出版社1992年版,第90页。
③ 转引自麦克卢汉:《人的延伸》,何道宽译,四川人民出版社1992年版,第179页。

这就形成了人类的灵魂和精神只能用语言来表现和不再能够"非语言"地表现自身的现状。灵魂全集中在语言之中,躯体成为无用之物,蜕化为无灵魂的躯壳。人类不再是"可视的"而只是"可读的"。人类对于对象的把握要经过抽象的思维——概念、语言这个中介才能够得以实现。一切现象都是虚假的,只有在透过现象把握到了它的本质的时候,才可以称之为"真实"。而且,由于抽象的能力是每个人都可以掌握的,因此人们不再依赖他人,而是直接依靠自己的独立思考。这就形成了以财富为力量核心的崇尚商品的社会。在这个社会中,人与社会的对话是在商品流通中进行的,对社会行为、个人行为的认可转向了对于商品的认可。正是靠着这个新的媒介,人类开始不求他人只求自己,不再是个人被媒介拒绝,而是个人拒绝了媒介。因为商品竞争从不排斥任何一个人,机会均等,个人失败,只意味着个人自觉地在商品流通过程中消失。负罪文化缘此而生。

从印刷文化到电子文化的转变,开始于媒介资本主义时期。从19世纪中叶的地理和社会的大流动时就已经开始了。20世纪,电子文化正式异军突起,从道路——到纸路——到电路,从口语文化——到印刷文化——到电子文化,以卫星、计算机、影视、广告、广播、传真设备、报纸、电话等等为代表的大众传播媒介,在空间上使整个地球成为区区弹丸之地的村落,在时间上使整个社会文化都与传播网络系统同构。人类中枢神经系统得到了空前的延伸。

阅读不再是一种主要的接受方式了。大众传播媒介再一次颠覆了文字的霸权,使文字沦为影像的附庸,恰似文字对于"文本"的颠覆。大众传播媒介更颠覆了现实与形象的关系,形象不再是现实的反映,它创造现实,驾驭现实,比"现实"更"现实"。而且因为大众传播媒介作为一种媒介,是一种无法反映内容的媒介,它的内容只能是另外一种媒介,因此塑造媒介的力量正是媒介自身。至于文字所建构出来的现实,则只是介于文字与现实之间的影像对现实的建构的再建构。可见文字与现实已经疏远、割裂,"所指"已死,"能指"也已无所依附,由此,人们的生活成为无数"媒介中介"多重限制和分隔的存在。人与现实的关系,也从文字转向了图像、直观、直觉、表层、形象,毋须思考。而典型心态也从负罪感转向了焦虑感。这又形成了一种以信息为力量核心的文化,其最为突出的成就是文化工业,最为核心的人物是明星,最为典范的艺术类型是影视,最为根本的价值标准是美与丑。这是一种以他人引导为特征的"看"文化,是一种审美文化。

具体来说,作为当代社会的主导话语,几乎覆盖了整个意识形态的大众传播媒介是一个悖论似的角色。它是现代的骄子,也是现代的恶魔;它一方面实现了前所未有的沟通、对话、交流,一方面又隐含着令人发指的离间、挑拨、欺骗;它一方面改写了历史,实现了真正的公共社会,使受众有了空前的选择权,文化不再神圣,政治不再神秘,世界不再遥远,一方面它的无处不在又为统治梦想提供了最好的机会,在让人们选择的借口下诱导人们的选择,成功地侵袭进人们的闲暇生活、私人空间。在日常生活中,不难看到这样的两面:大众传播媒介一方面扩张公共空间,把公众的视线引入私人空间,把私人隐秘放大为公共话题,一方面又扩张私人空间,把自己的私人隐秘有意放大为公共话题。以明星为例,明星的包装实际上就是巧妙的"脱",一点点地把私人空间暴露出来,诱惑公众。它一方面犹如高度透明的魔窗,使一切公开化、透明化,使人们在同一地平线上面对共同的世界,自由地参与、介入、评说,昭示着神话、禁忌、神圣的时代的终结,平等、正义、民主的时代的开始,一方面又是一种反模式的模式,一种民主的不民主,人们可以自由选择,但只是在它的先在安排之中去选择。一切都是精心安排的,只是过滤过的"事实"。它一方面为大众创造了一个从未有过的共同的现在,为大众提供了一种公共体验,使人成为一种社会性的存在,一方面却粗暴地践踏了个人的体验,捣毁了个人的情感的、心灵的隐秘空间……

不难看出,这是一个抽象性得到充分发展的传播媒介。正如白瑞德所剖析的:我们"攻击的主要目标倒不全然是理性主义,而是抽象性;值此讲求实用科学和官僚政治的时代,生活的抽象性确乎是值得重视的问题。在实用科学的推广上,最近的飞跃进步是大众艺术和大众传播工具的发展:机器不再只能制作物质产品,它也能制造心智。数以百万的人靠着千篇一律的大众艺术——这是危害最大的抽象形式——为生,于是他们把握任何人类实在的能力,都在迅速消逝。如果在寂寞大众(早在大卫·芮兹曼以前,克尔凯郭尔就已经发现了)当中,偶然有张面孔闪烁着人性的光辉,它会很快又因为电视荧光屏的催眠而消逝。数年以前,电视转播一次月食的时候,E.B.怀特在《纽约客》杂志上撰文说,他觉得历史上某一个重大的转折点已经降临。人们本可以探首窗外,看到真正的东西,然而他们不此之图,情愿在荧光屏上凝视它的映象。"①

同样不难看出,这又是一个"他人引导"的传播媒介。它使人类的行为动机、内在需要都"社会化"了。其特征是:整一性、秩序感、集约化。打一个比方,在传统引导中虽然也是用的同一个课本,但却不是同一个老师,不同的老师教得可以因人而异。现在却不但只有一个课本,而且只有一位老师,从意识形态、价值观念、形式、风格、表述都彻底标准化、同一化了。人类成为媒介婴儿。

这就导致两个方面的结果:一方面,个人通过媒介反而把自己依附于一个特定的位置,成为公众生活的一部分。道理很简单,大众传播媒介最为擅长的就是复制、模仿、再现任何一种集体经验模式,正如托夫勒发现的:"在这些大规模传播媒介工具中,从报纸到广播、电影、电视,我们再一次发现工厂基本原则的体现。所有这些传播媒介工具,打上了完全相同印记的信息,传遍了千百万人的脑际,正如同工厂铸造相同规格的产品,销售给千百万个家庭去使用一样。大规模制造出来的标准化的'事实',标准化的副本,大规模制造出来的成品,通过几个集中的'思想工厂'加工,源源不断地流向千百

---

① 白瑞德:《非理性的人》,彭镜禧译,黑龙江教育出版社1988年版,第271—272页。

万消费者。没有这样广泛强大的情报信息通讯系统,工业文明不可能具有今天这样的规模和发挥如此有效的功能。"①另一方面,大众传播媒介使意识形态对生活的渗透达到了前所未有的程度。马尔库塞发现:"早在学龄前阶段,交友结伴活动、收音机和电视机就已为人确定了顺从和反抗的模式。对脱离这种模式的惩罚,主要不是发生在家庭外部,而且往往违背家庭意愿的。大众传播媒介的专家们传播着必要的价值标准。他们提供了效率、意志、人格、愿望和冒险等方面的完整训练。"②结果,大众传播媒介就横在了人与对象之间。个人又呈现出零散化的倾向。这主要是指人的选择、判断、理解是变化多端的,根本无法自主,最终干脆自觉放弃了价值,心甘情愿成为零件。因此,说大众传播媒介的诞生正意味着社会的媒介化,是大致不差的。而羞耻感、负罪感也烟消云散,剩下的只有一种莫名其妙的焦虑。

这使人不由得想起希腊神话中的少年那咯索斯。从词源上看,它与narcosis(麻木)同出一源。那咯索斯误将自己在水中的倒影当成另外一个人,他那由水反射而产生的延伸使他的感知麻木了,直到他异化为他的形象的一部分。西方著名学者麦克卢汉解释说:"从生理学的角度看,有充分的理由说明,我们的延伸会使我们陷入麻木的境地。医学专家如汉斯·塞尔耶、阿道夫·乔纳斯认为,我们的一切延伸,无论是病态的还是健康的,都是保持平衡的努力。他们把我们的任何延伸都看成是'自我截除'。""这一理论十分有利于说明,人为什么被迫借自我截除来延伸自我的肢体。在身体压力的各种超强刺激下,中枢神经系统借截除或隔离使人不舒适的器官、感觉或机能,以保护自己。"③他甚至开玩笑说:阿基米德说过,给我一个支点,我将移动地球。而今天,阿基米德会指着电子媒介说:我要站在你们的眼睛、耳朵、神经和脑子上,世界将按我的意愿以任何速度或模式运动。其根

---

① 托夫勒:《第三次浪潮》,朱志炎等译,三联书店1988年版,第88页。
② 马尔库塞:《爱欲与文明》,黄勇等译,上海译文出版社1987年版,第68页。
③ 麦克卢汉:《人的延伸》,何道宽译,四川人民出版社1992年版,第46、47页。

本特征和最终结果必然体现为"文化工业"的出现。

因此,大众传播媒介对人类的影响也是两面的。从正面看,它是缓解人们心理焦虑的祈祷文,抚慰人们心灵的蒸气浴。通过它,文字、概念给人类带来的异化命运得到揭露。我们知道,人与对象之间的交流当然可以通过文字的方式,但并非只有文字的方式,而且,文字方式也并非最好的方式。举个最简单的例子,据统计,人与人之间的交流,语言文字只占7%,而形体、行为方面却占到93%。可见,把人类的交流简单地塞进文字这样一个狭隘的通道中,是不妥当的。大众传播媒介把人类带出了这种困境,无论如何都是一件好事。由此我想到,目前有些知识者对于学者在电视、电台上"抛头露面"还不理解。他们忽视了,印刷文化固然是一种文化,因此我们已经习惯于写作这样一种方法,以及出版专著这样一种形式,但是,电子文化不更是一种文化吗?通过电子文化发表成果,也是一种文化,而且是一种更为重要的文化,因为受众要多得多。当然,什么成果适宜在印刷文化中出现,什么成果适宜在大众传媒中出现,还要具体分析。文字不再是生活方式,而只是谋生手段了,最为接近人的天性的视听活动也又一次回到了人本身(文字离它何其远),收到了"以正视听"的效果。人类又一次成为"可视的"。但这种供人类"视""听"的对象又是被人类类化了的对象,并非真实的对象本身,因此,可以解释为大众传播媒介对于"视""听"的回归,也可以解释为对于"视""听"的利用。这样就不能不导致负面的影响。人类不但没有了思考的权利,而且连属于自己的看与听的权利也被剥夺了。再者,反对文字的缺点,却并不是要否定文字本身,阅读和观看、想象性与直觉性、间接性的交流与直接性的交际应相得益彰,如此才既有深度又有平面。目前,关于青少年不买书、不藏书、不看书的报道比比皆是。一旦把文字降到了闲谈的地步,人自身就开始变了:反应敏捷但内涵贫乏,聪明机智但意境浅薄,表达欲强但无话可说,幽默风趣但虚假苍白,心比天高但命比纸薄……在此意义上,大众传播媒介无疑又是一座囚禁着当代人的心灵与生活的电子化的文明牢笼。人与人的交流本应是全面的以交际为手段,以交流为目的,但大众传播媒介却只交际不交流。以电话为例,它把交际的功能发挥得淋漓尽致,但却无视交流的功能,因为缺乏直接接触时的立体观照,无血无肉,一颦一笑、一举一动都体察不到,交谈的时间又大受限制。20世纪20年代西方有歌曲唱道:"打电话的人真寂寞",深得个中三昧。这种文明只交际不交流。品特甚至说:人们"不是不能(通过语言)互相沟通,而是有意识地回避沟通。人们之间的沟通是件可怕的事,因此,他们宁可文不对题,答非所问,不断地谈些不相干的事,也不愿涉及他们关系中最根本的东西"。①

传播媒介的改变必然表现为美和艺术的转变。艺术史家阿洛德·豪塞说:"(技术)发展的迅猛速度和它那似乎是病态的节奏压倒了一切,特别是它与文化艺术的早期进行速率相比更是如此,因为技术的迅速发展,不仅加快了风尚的改变,而且给审美观标准带来重要的变化……日常应用的旧物品连续不断地日渐加快地被新物品取代……再三调整了对哲学和艺术重新评价的速度。"②伯恩海姆也认为:"计算机最深刻的美学意义在于,它迫使我们怀疑古典的艺术观和现实观。这种观念认为,为了认识现实,人必须站到现实之外,在艺术中则要求画框的存在和雕塑的垫座的存在。这种认为艺术可以从它的日常环境中分离出来的观念,如同科学中的客观性理想一样,是一种文化的积淀。计算机通过混淆认识者与认识对象,混淆内与外,否定了这种要求纯粹客观性的幻想。人们已经注意到,日常世界正日益显示出与艺术条件的同一性。"③

确实,大众传播媒介为美和艺术带来了新的面貌。16毫米小型电影放

---

① 《荒诞派戏剧集》,施咸荣等译,上海译文出版社1987年版,前言第20页。
② 转引自阿尔温·托夫勒:《未来的震荡》,任小明译,四川人民出版社1985年版,第191页。
③ 伯恩海姆。见汤因比等:《艺术的未来》,王治河译,北京大学出版社1991年版,第98页。

映系统,使人们可以坐在飞机上看电影,调频收录机可以使人们在几秒钟内找到十几个频道,电视进入了千家万户……这一切使得美和艺术不再神秘。以电视的出现为例。它的出现完全改变了人们的生活,从人与媒介的交流周期或接受节奏看,与电影是按月进行,与书籍是按周进行,与报纸是按天进行,与电视则是按小时进行。因此美和艺术完全改变了。"通过电视获得的信息并非是零散分散的,而是整体的,如一幅图画,多维感受由此成为可能。在这种情况下,逻辑,这一信息转化为知识的手段便不再为人们所需,取而代之的是感觉能力,它将成为转换的重要工具……新的感觉的时代已经到来,逻辑被取代了……"[①]再以大众传播媒介对流行歌曲的影响为例。过去唱歌是唱嗓子,现在却五音不全也没有关系。奥秘何在? 多轨录音。音乐的立体声多轨录音技术得到广泛的运用,用 24 轨录音机,能分别录入 24 个声道。一首歌,从鼓机、报号到电子合成器,再到弦乐、管乐器、吉他、民乐一直到独唱,都可以分别在不同时间各个轨道分期录入,而且在分期录音中,还可以通过换轨进行加位,例如录完 7 把小提琴、2 把大提琴的演奏后,再换轨加录一遍,两遍合在一起,就获得了 14 把小提琴、4 把大提琴的演奏效果,人声也是如此,不少歌手的伴唱就是由自己完成的。如果歌手唱跑调了,音高控制器还可以将整张跑调不成样子的唱片完美无缺地修整过来。这样,嗓子的困难自然就不难解决了。

具体来看,大众传播媒介对于美和艺术的影响可以分为四个方面:

其一,我们所接触的传统的美和艺术,例如,小说、交响乐、歌剧、芭蕾、绘画、雕塑……都是以印刷文化为基础的。它作为人们逃避现实的一种方式而存在,或作为人们超越现实的一种方式而存在。总之,是离开现实(现象)进入概念(本质)的结果,是一种贵族的、高雅的美和艺术。而以大众传

[①] 阿尔温·托夫勒编:《未来学家谈未来》,顾宏远等译,浙江人民出版社 1989 年版,第 253—254 页。

播媒介作为载体的当代的美和艺术,却不再是对于现实的逃避或超越,而是直接与现实同一。因为它斩断了通过思维概念与现实间接发生交流的可能。有学者把语言符号称为"论辩形式",把电视图像称为"显示形式",意在强调它的难度。确实,语言把四维性的生活图像变成一维性的语言符号,再在想象中把它还原为生动的形象,加上文学语言还有"实指"与"能指"、"表意性"与"表情性"等多种层次,难度可想而知。而视觉媒介由于强调的是形象而不是语言,导致的不是间接性交流,而是直接性交流,接受起来十分轻松,更能迎合人也更能欺骗人。美和艺术一变而为大众的、通俗的。它在走向消费并告别传统。艺术媒体、美学内容、发行渠道、读者趣味、审美观念都在发生一场巨变。以前美和艺术与少数风雅的上流人物有关,现在却要满足整个社会的需要;以前美和艺术是沿着有限的渠道缓慢地传至有限的地方,而现在却能把文化的各种变化形式同时传至全世界。一般人指责它"趣味单一化""标准化",这是把大批供应与具有选择性的个人消费混为一谈。实际上,个人选择比过去更自由、广泛,更少受传统、权威的限制。看电视、电影,穿名牌,饮可口可乐,唱卡拉OK,听流行歌曲,交谈用电话,联络用call机,写论文用电脑,消遣上舞厅,人类开始动了起来,从观看舞蹈到自己跳舞、从聆听唱歌到自己唱歌、从观看比赛到自己上场……统统是直接性交流。

其二,从个体创造性转为机械复制性。在以大众传播媒介为载体的当代美和艺术中,原本消失了,创造也无从谈起;审美的魔力不复存在了(本雅明称之为:灵氛);作品的展示价值超过了作品的膜拜性质。例如在传统的美和艺术之中,你可以给玫瑰无数个名字,但"玫瑰的芳香依旧",但大众媒介就不同了,它制造出无数个玫瑰的类像,更逼真、更美丽、更完美,但却不再有芳香了。最典型的是古典名著,被改编成通俗读物。把世俗生活变为神话,借以掩盖生活中的矛盾。这是一个悬浮于历史之外的空间形象;而且你看到的也是幻觉形象,这两者使人们成为失去记忆的人。媒介明星也是人们填充寂寞空虚的代用品。

再次,美和艺术开始表述着纯粹的商品逻辑,始终降低姿态向受众献媚,从审美欣赏转为日常消费,其主要特征是经典美和艺术的世俗化,是经典美和艺术的普及版、少儿版,欣赏的同时就是消费,例如,电视在强调人类的灾难和悲剧时,引起的不是净化和理解,而是戏剧化的滥情和怜悯、很快就被耗尽的感情和一种假冒身临其境的虚假仪式。观众很快变得矫揉造作或厌倦透顶。

最后,大众传播媒介成为美和艺术的本体存在的一个组成部分。过去的传播媒介固然十分重要,但毕竟外在于美和艺术本身,但现在却内在于美和艺术了。这是一个十分重要的变化。正如杜夫海纳所指出的:"在当代,艺术作为审美体验的一种结构性活动,总是同人的活动及其技术联系在一起的。"[1]而雅斯贝尔斯也发现:大众传播媒介正"以自然科学为根基,将所有的事物都吸引到自己的势力范围中,并不断地加以改进和变化,而成为一切生活的统治者,其结果是使所有到目前为止的权威都走向了灭亡"。[2] 在美和艺术中,建立在浪漫理想和个性自觉的基础上的神圣庇护之所以破灭,传统的个人主义对于审美活动的话语权之所以被机械性复制所取代,欣赏之所以被消费顶替,统统根源于此。

假如说,市场经济改变了美和艺术的目的和性质,现代科技和大众传媒则改变了美和艺术的载体和手段。从此,"旧时王谢堂前燕,飞入寻常百姓家"。美和艺术的神话被摧毁了。这样,当代审美文化的出现,就不能不成为必然。

---

[1] 杜夫海纳等:《当代艺术科学主潮》,刘应争译,安徽文艺出版社1991年版。
[2] 雅斯贝尔斯:《何谓陶冶》,载《文化与艺术评论》第1辑,东方出版社1992年版。

第三节　平面性　零散化　断裂感

当代审美文化还与当代文化有着共同的存在方式,这就是:对象的平面性,主体的零散化,时间的断裂感。本节我们就从当代文化的角度对当代审美文化的出现作进一步的讨论。

首先来看平面性。自从柏拉图创造了一个理念世界之后,整个西方就在本体与现象的二元对立中运思,现象与本质、表层与深层、非真实与真实、能指与所指……是人类时常提起的话题,也正是抽象性思维的必然结果。这是一个规律井然的世界。一切现象都在逻辑之内,都是有原因的,找不到原因的就是违反逻辑的、偶然的。迄至牛顿所确定的绝对的时间与空间观念,以及能没有重量、能与质相互独立的理论,则为世界确立了一种虚假的稳定感。它折射出一种西方古典的传统的"人格化"倾向,不把世界的面目塑造得与人类自身的相近,就不会得到安慰,也很难找到自己的家园。但现代科学的问世,尤其是爱因斯坦的时间渗透于空间之中的相对的时间空间观念,以及在一定的运动条件下,质可以直接等同于能,能也可以直接等同于质的质能互换理论,破坏了传统的世界的稳定感。一切都毫无永恒可言。世界不一定只由必然构成,也可以由偶然构成。秩序与无序成为这个世界的真实图景。这或许正是当代的"物化"倾向使然,使世界成为世界。"对于爱因斯坦的信徒来说,已经不可能再说什么东西必然是什么样,只能说在时空关系中什么东西可能是什么样。除了光速以外,宇宙中没有什么稳定可言,在爱因斯坦之后,我们可以肯定的唯一的东西是:没有什么是肯定的——除非在一个特定的条件和时间环境之内。"[1]于是,人凭借着自己的勇敢走出了古典的世界,也走出了用绝对精神、万有引力和理性编织的伊甸乐

---

[1] 见《美国文学思想背景》,英文版,普伦提斯-霍尔出版公司,1974年,第57页。

园。那个练就一身硬骨的尼采曾无比困惑地发问:"当我们把地球移离太阳照耀的距离之外时又该怎么办?它现在移往何方?我们又将移往何方?要远离整个太阳系吗?难道我们不是在朝前后左右各个方向赶吗?当我们通过无际的天空时不会迷失吗?"① M.艾思林说:"这种态度的突出特点是这样一种感觉:以往时代的那些稳定因素和不可动摇的基本观念被一扫而空,它们在经受检验之后显得苍白乏力,它们失去了往日的声誉,被看作是廉价的和孩子气的幻想。宗教信仰的衰落在第二次世界大战以前一直被对进步、国家主义和各种各样的极权思想的笃信所掩盖。而战争则使这一切分崩离析。"②

　　再看现实,情况也发生了根本的变化。目前,人类的进化速度比史前时代快无数倍。过去是一生都感觉不到变化,现在是连想象力都跟不上。有未来学者曾经打比方说,在一个人的一生中,社会总产量翻一番的情况要发生5次,到了老年,产品将是出生时的32倍。这种新旧比率的冲突会给人以很大的冲击。爱因斯坦曾用圆圈作比方,小圆圈看起来不起眼,但其承载的未知面也小,大圆圈虽然大,但承载的未知面也大得多。当人类借助媒介无限地开拓了自己的把握世界的深度和广度时,也就相应地缩短了自己的能力。施太格缪勒说:"正如形而上学和信仰对现代人来说已不再是某种不言而喻的事情一样,世界本身对于现代人来说也失去了本身自明的性质。对世界的神秘和可疑性的意识,在历史上还从来没有像今天这样强烈,这样盛行"。③ 在建立于稀缺价值经济学基础上的工业化前的温饱社会里,辛勤制造的产品是独特的,不可替代的,因此"财富""价值"内驻于货物与财产之中,代表了比个人更理想、更持久的价值。现在人是主宰了,物成了可消费的对象。使用价值普遍代替了占有价值。世界的一切都成为功能性的,这

---

① 尼采:《快乐的科学》,余鸿荣译,中国和平出版社1986年版,第139页。
② 见《荒诞派戏剧》,英文版,美国双日出版公司,1969年,第4—5页。
③ 施太格缪勒:《当代哲学主流》,王炳文等译,商务印书馆1986年版,第25页。

不但指它的服务性,而且指它的属人性,即它们的位置、高矮、宽窄、组合方式都是依据我们人体的平均尺度的:椅高大致相当于小腿长度,桌高大致相当于取坐式时齐胸的高度,窗台位置大致在成人的胸腹之际……如此等等,甚至天花板的高度、楼梯踏步的宽度,都是参照相对应的人体部位的比例的。……造成的后果之一,就是煽起和极力鼓动人的占有欲,只晓得它们的实用性和单纯快感,却低估了这些物件在占领了人的视野之后会促使他的胸怀变得日益狭小的可能性。"这世界也反过来软禁了我们。""这样的机械世界要求人们在心里建立起刻板的态度。生活失去了迷人的本质,自然没有了神秘而只剩下问题。每一件事物,包括人在内,都变成可以预测和计算的存在。"①人类成为无根的寄居者、无家的行乞者。"用过即扔"成为时髦。人与物的关系越来越带有临时的性质。与某物保持相对长久的联系的传统业已消失。取而代之的是,在一个短期内同一连串的物保持联系。建筑曾给人类的永恒感以重大影响。穴居时代是终生不换寓所,上世纪是100年,现在是40年,城市没有了自己的历史。永久性是理想与完美的体现,而非永久性则是对于理想与完美的放弃。瞬时、组合、用过即扔之类的物,诸如方便食品、快餐、报刊文摘、贺卡、名片、广告……应运而生,正是人们对完美与理想缺乏必要的耐心的标志。

　　人与物的关系直接影响到人类的延续感、断裂感,影响到人与人的关系。以小汽车的普及为例,封建社会是马背文化,其历史也无非是马蹄的延伸。说美国人是四个轮子的动物绝不算错。汽车是美国人的衣服。小汽车的速度远快于步行,使人与固定点的间隔扩大了30倍,但人的眼、耳、触觉、视觉无法也扩大30倍,故人与人之间的交往也疏远了无数倍。但西方人竟然适应了,可见西方人的人际关系确实是在变化。人们不再喜欢浸泡在温情脉脉的历史、阅历中而是不断进入新的历史、阅历,不再珍惜天长地久的

---

① 帕本海姆:《现代人的异化》,英文版,每月评论出版公司,1959年,第42页。

友谊而是习惯于人与人之间的一种临时关系。人与人之间从纵向联系变为横向联系,从血缘到业缘最后到际缘,交际的面越来越广,交际的深度却越来越浅,背景、履历、门第、血统、历史都不再重要。到处是一次性的合作,一种平面交际成为时髦。不要质的深度,只要量的广度,大量、频繁又只及一点,不及其余,迅速建立联系又迅速摆脱联系,只见过几次面就算是老朋友,随之而起的是"聊天"取代了"谈心",逢年过节在贺卡上说几句彬彬有礼但又无关痛痒的话,灵魂、个性、魅力的交往被谈吐、礼节、时装所取代。西方的快餐就是一种典型的平面文化。四大著名快餐:哥顿炸鸡、克力汉堡包、吉野家日式快餐、迪利冰淇淋。再如加拿大的邦尼炸鸡,意大利的比萨饼,美国的牛仔面、加州面、肯德基家乡鸡,把中国的传统小吃挤得七零八落,代表的是消费意义上的文化革命,带来的不是一条鸡腿,而是一种文化。例如它的省时、优质、健康、公平,它的门面统一、服装统一、口味统一、服务统一。如肯德基在制作时,配料、工序、服务,全部程序化、规范化,如拌料时,向左翻几翻,向右翻几翻,上上下下又翻几翻,都是严格规定的,外行也可以做出标准口味,全世界的连锁店全部一样,体现了工业社会批量生产的特性,是法治文化;中国则是一种人治文化,功夫、年头、心境(比如偶尔同领导吵了几句),都会影响口味。它们之间的争执,是法治与人治的争执,类似流行歌曲与古典戏曲的争执。

  这样,在人类的文化意识层面,就出现了从立体向平面的一种历史性转移。传统的逻辑前提——现象后面有本质,表层后面有深层,真实后面有非真实,能指后面有所指——被粉碎了;包括语言符号在内的整个世界都成为平面性的文本;"类像"(又称"影像")取代了现实,成为当代世界的徽章。现实被非现实化了,世界被类像化了,生命活动从物质性蜕变为符号性并建立起一种互渗的关系,作为主体的人格被依附在作为客体的对象身上。历史意识不复存在,主体意识不复存在,距离感不复存在。过去追求变化中的不变者、流动中的恒定者、万物中的归一者、差异中的统一者,追求认识的明晰性、意义的清晰性、价值的终极性、真理的永恒性,追求"元叙事"、"元话语"、"堂皇叙事"以及"百科全书式的话语世界"。现在却从确定性到不确定性、从明晰性到模糊性、从中心性到边缘性、从秩序性到无序性、从整体性到多维性。记得尤内斯库的《秃头歌女》中有一场关于铃声响了与是否有人敲门的关系,结论是没有关系(与禅宗中的例子可比)。读者一定想到:这与莎士比亚《麦克白》中的"神秘的敲门声"相去何其远啊!

一种文化的诞生,总是因为一种生存方式的先它而诞生,一种文化的衰亡,也是因为一种生存方式的先它而衰亡。因此,对于当代文化,我们也很难简单论定。在我看来,市场经济的大发展是借对于传统的垂直结构的社会的突破才得以完成的,当代文化因此也是借对于传统的垂直结构的文化的突破才得以完成的。这当然是十分必要的。人们无需在集体的认同中确证自身了,这无疑有助于个体的诞生,人们无需在传统文化的束缚中生存了,这无疑也有助于新文化的诞生。但为人们所始料不及的是,它又使人们生活在一种平面结构的社会之中,在垂直结构的文化的认同中才能确证自身固然令人苦恼,但无从确证自身却更令人苦恼,过去那种固定的全面的文化有时会束缚人,但现在这种瞬间的片面的文化则会使人变得轻率。原因何在?一方面,犹如市场经济使商品的消费价值从商品的使用价值中分离出来,市场经济也使文化从内容中分离出来;另一方面,犹如市场经济使传统的集体生活转变为公共生活,使个人转化为大众,市场经济也使文化从积极参与转变为被动接受。这样一来,文化就不再是人们对生活的解释,而是大众的梦幻,是大众的集体经验的编码或投射。现代人出人意外地被抛掷在它所编织的社会梦幻之中,反把现实当成"虚假",难免也使人在其中越来越感到孤独、陌生,反过来要寻求庇护和归属。《出埃及记》载:摩西带领以色列人走出了埃及,而当摩西上山去领受上帝的诫命时,人们却违背了他的教导,做了一个金牛犊当作偶像去加以顶礼膜拜。当代文化追求的正是这类金牛犊。它意味着某种普泛化了的集体仿同和闲暇追逐,是精神的松懈而不是精神的执著。它以其被动接受了懒惰的本质。因此,在当代文化中,这种对于平面的追求,多半不是借此得到什么,而是借此忘掉什么。它尽管在形式上逐新猎奇,但在实际上却与真正的创新无缘。它宣扬经过组装、供人消费的时尚与时髦,但时尚与时髦偏偏导致不满(得到会不满,得不到也会不满);它塑造出大量总是在模仿各种个性的偶像,但偏偏实际又只是最无个性的假人。人们成为没有记忆、没有深度、没有历史的平面人,犹如丧家之犬游离于都市荒原的每个可能的横切面,又犹如一个蒙太奇式的欲望分子,不断在拆解、组合、重叠、分离,极尽各种可能并行不悖地互动。可怕的非人性的物化世界与轻佻的无聊的游戏场所,这就是当代文化的一体两面。对此有两种看法颇具代表性。其一是认为现在是过去的继续,是过去的"原样加码"、再扩大或"宽银幕立体电影";其二是认为现在已是世界末日,已经距善恶最后决战的"阿尔玛吉顿"只有几步之遥了。这两种看法的共同之处是逆来顺受,按照前者,不必再思考,按照后者,则已经来不及思考了。我认为,现在是旧工业文明的最终的结束,又是新文明的最新的起点。

就美和艺术而言,也是如此。传统的审美对象是建立在深度模式的逻辑前提之上的,因此才形成了超越于现实功利的审美对象,但是现在深度模式基础上的逻辑前提却不复存在。正如叶芝所说:"如此我的梯子已去,我必须在一切梯子开始之处躺下,在心中霉臭的破烂摊子里。"这里的"梯子"就是深度模式。精神的运动既然不再垂直进行,而只是向平面进行,因此深度、高潮、空间被夷平了。人为的开头、中间、结尾混沌一片,前景、中景和背景混同起来,对称、平衡不复存在了,现象与本质、表层与深层、真实与非真实、能指与所指、中心与边缘也不复存在了,消极空间取代了积极空间,这是对人性和审美的更大开拓,也是对因果、逻辑、必然性、合理性、秩序等等的突破。时间被夷平了。连续性变为非连续性,过去和现在已经消失,一切都是现在,历史事件成了照片、文件、档案,历时性变成共时性,确定性、永恒性、意义性也统统不复存在了。主体被夷平了。人的中心地位,人的为万物立法的特权消失了,主体被"耗尽"了,人被零碎化、空心化,"应该"这个概念被义无反顾地抛弃了。价值被夷平了。成功的复制使"真品"与"摹本"的区别丧失了意义,"类像"成为一切艺术的徽章,过去误以为现象背后有深度,就像是古希腊的魔盒,外表再丑,里面却会有价值连城的珍宝,重要的是找到一套理论解码的方法。现在发现,"本源"根本就不存在,一切都在平面上,而且,这里的平面不是指的现代主义所重新征服了的那种画面,而是指的一种深度的消失——不仅是视觉的深度,更重要的是诠释深度的消失。其特点是全称否定,即对所有的中心、意义的否定,在无中心的碎片化世界中逍遥游戏。没有深度,没有真理,没有历史,没有主体,同一性、中心性、整体性统统消解了,伟大与平凡、重要与琐碎的区分毫无意义。现实的不完整性成为必然的,上帝已死,真正的作者已经不复存在,谁也不知道真正的情节了。而且,古代的美和艺术是英雄主义的,近代的美和艺术是非英雄主义的,但我们不难从中看到造成非英雄的英雄们,现在则是根本找不到英雄的时代。不再是所谓焦虑而是某种"亢奋和沮丧交替的不预示任何深度的强烈经验",杰姆逊称之为"歇斯底里的崇高"。说来滑稽,传统的崇高触及的是我们的作为极限的精神,而现在的崇高触及的仅是我们的身体。

毫无疑问,这种美和艺术的出现是对传统审美的一种反抗。因为世界并没有传统的美和艺术那样的精心安排。它给我们的,正是我们每天都在默默忍受的生活本身。这个世界本身就是混乱、晦涩,不可理解。世界的残忍、粗暴都是每天展现在我们面前的。意识到这一点,会造成一种令人痛苦的混乱,但这是人类精神向前推进时所必不可少的代价。当代的美和艺术正是着眼于此。例如,西方绘画的深度空间意味着人类精神的转向,意味着人类对于地球的征服,而现在的平面化,则预示着人类的脱离外在世界随意处理他手中的审美对象,意味着它们已经不再代表外在对象,这种审美对象,是为了弥补外在世界的惊人外化,是一种粗暴的反抗,提供了一个没有被人类的主观意志梳理过的陌生世界。然而,这毕竟是一种以传统的美和艺术为参照系的美和艺术,一旦脱离了这一背景,我们就难免面临一个非人本主义的"美学稗史"的时代。一切对象都有了审美性,或者说一切对象的文本性都得到了承认。审美活动不再是一种认识过程,而成为一种情绪宣泄的仪式。摇滚乐演出的场面是最为典型的,与听音乐会形成鲜明对照。武侠小说则是现代人的神话,用虚拟的语气讲述内心的秘密:梦想、渴望。美和艺术成了一个无底的棋盘,从现实能指——到直接意指——到间接意指,次生的关系取代了原生的关系。人们开始用一种特殊的"看的方式"去审视美和艺术。传统的美和艺术的"无目的之目的性"转向了"有目的(消费)之无目的性"。沃霍尔说:流行艺术就是爱物。堪称至理名言。娱乐感已经侵入美和艺术。它所着重展现的既不是社会的集体空间,也不是私人的隐秘空间,而是一个没有任何深度的公共空间,犹如游戏机上的事件。集体公共空间的消失是一个去政治化、去历史化、去社会化的过程,社会成为只有新闻没有历史的社会,历史不再是充满意义的实体,而是报刊文摘、通俗电视剧的媒介。这样,就必然走向复制与拼贴。复制和拼贴,并不如时下某些美学家所贬低的那样。所谓复制,其根本特征不仅在于它使作品的性质发生变化,而且在于为观众提供了一条新的接触渠道,用直接接触代替词语接触,至少是一种补充。在无法看到原作的情况下,人们往往侧重研究作品的内容,现在原作一般人已经可以见到了,它的形式受到更多的注意,也是情理之中的。所谓拼贴,则正如菲利浦·拉夫说:"光知道如何把人们熟知的世界拆开是不够的……真正的革新者总是力图使我们切身体验到他的创作矛盾。因此,他使用较为巧妙和复杂的手段:恰在他将世界拆开时,他又将它重新组装起来。因为,倘若采取别的方式就会驱散而不是改变我们的现实感,削弱和损害而不是卓有成效地改变我们与世界的关联感。"①它们的缺点只是在脱离了"作品的内容"和"熟知的世界"的时候才会形成。结果,正如曾令霍克海默、阿多诺为之惊诧的那样:在美和艺术只是资产阶级的专利时,它尚能保持相对的独立性,但当它真正走向大众,却以美和艺术成为消费品而自豪。

主体的零散化来自当代人对于传统理性真理的拒绝。长期以来,人们无条件地相信了《圣经》中的毒蛇的甜言蜜语,坚信只要吃了抽象性这一智慧之果就可以得到知识,因此一直在为人类的渎神行为不断申辩,几千年来甚至从未想到这竟然是一种致人类于死命的诱惑。人类俯首于理性真理的旗帜之下,听任理性对于自己的灵魂的困扰。理性可以呼风唤雨,人类却必须屈膝服从;理性就像美杜莎的头颅,人类胆敢看上一眼,就会魂飞胆丧,而人类的最大福祉就是使自己等同于理性!逻各斯、必然性、历史规律……智慧的奥秘就在于它能够道出不变的"类"。这"类"在一切变化中保持不变,在一切矛盾中保持永恒的法则,存在于一切运动、变化、对立之后而又操纵之。凡不可思议的就被它宣布为不存在的。

于是,理性的生活就成为人类的生活,理性的家园就成为人类的家园。苏格拉底所谓一生只追求真理,给我们留下了深刻的印象,但实际上,他追求的只是知识。他的大义凛然、饮鸩而死,也只是追求事物的普遍定义。柏拉图的著名的洞穴比喻,说的也是这么一回事:没有理性之光的指引,人类只能在洞穴中为虚幻的阴影所迷惑。既然人类只有靠知识才能爬出洞穴,那么,是做哲学王,还是做洞穴人?他的结论是明明白白的:合乎理性的生活才是人类唯一值得一过的生活。西方美学家也是如此,从表面上看,他们一生都在追求真理,实际上却是在追求公认的判断,是在向知识、理性、必然性效忠。理性王国把他们牢牢地紧箍起来,限制了他们的自由,但也确实给

---

① 转引自 M.狄克斯坦:《伊甸园之门》,方晓光译,上海外语教育出版社 1985 年版,第235页。

了他们一种稳定感。康德看到了这种普遍必然判断的缺憾,但他的《纯粹理性批判》并没有批判理性,而是进一步去为理性立法。他从未想到去也不可能去追问:理性何以称霸天下？因而这种批判充其量也只是千百年来人类屈从于理性的又一例证,是人类钟爱自己的又一例证。然而,无视纷繁的意见,追求一统的真理,只涉及一般和普遍,不涉及个别和偶然,这种抽象的知识、概念的知识,毕竟只是人类从逻辑推论得来的,根本不是有助于人生的真理。因为真理和现实之间不可能完全相等。抽象与具体也不可能完全相等。一旦认定它们完全相等,无疑就会使现实与具体成为一个虚幻的存在,一个毫无意义的零。也正是因此,迄至当代,不堪忍受的人类终于发出了最后的吼声:$1+1=2$为什么就应该而且能够支配人类的命运？是谁赋予它以如此之大的权力？这是一个比康德更为深刻的提问。而且,拒绝抽象的理性生活,固然是一种痛苦,但像前人那样一生生活在虚伪之中,不也是一种痛苦？由是,人类走上了主体的零散化的地狱之路。不妨看看康德与福柯对于同一个比喻的不同的理解。康德把它作为蜘蛛的一个创造,而福柯却把它作为蜘蛛的一个自造的监狱。福柯要把人从各种束缚中解救出来,其中也包括"真理"的束缚。难怪"啊,自由！多少罪恶假汝之手以行"这名言为后现代主义者们所欣赏！

人类由此进入了一个没有"真理"的时代。尼采曾为此发出骇人听闻的悲鸣:"上帝死了！"然而,上帝又何死之有？其实它从来就没有活过。所谓"上帝死了",无非是一种传统的"真理"死了,一种稳定的心理结构崩溃了。人们不再盲目地认"同"于一切,而是在各种类属——身份、门第、家族、职业……之类的分门别类之外去求"异"。大写的人、大写的我、大写的主体……统统被否定了,人不再是"主",人类也不是"主"。因为假如人人都是"主",到头来就还是没有"主"。物可以以类聚,人实在无法以群分。这样一来,每个人都各操文本,各领风骚,各行其是,各异其异,人与人之间没有了共同点,只剩下了相异点。他们共同处于平等地位,没有了我与你,也没有了我与它,剩下的是他与他。原本也不复存在了(它也是文本之一),人们共同存在于平等地位。因此当人们面对世界时,就不再是渴望从中获取一点什么,而是希望往里面放进去一点什么。对此,叶秀山有过一个妙喻:"过去——近代的'人'有点像古代希腊阿那克萨哥拉的'同类体',又叫种子。种子之所以叫作'同类体'是因为种子尽管可以生出不同品种的东西来,但它们内部成分是一样的,种子包含了'一切'。无论它多小,同样包有'一切',所以还可以分下去;而德谟克利特的思路就不同,他说事物分到了最后,种子里那些成分都给分出来,'一切'不在'一'里,'一'不包含'一切',所以就没有得可分的,是为原子,原子每一个都不同。过去——近代的人有点像阿那克萨哥拉的'同类体'(种子),而现在——后现代的人则是德谟克利特的原子。"①确实,当代的主体正是这样的"每一个都不同"的"原子"。

另一方面,人类因此被赋予一种特定的晕眩感,一种自由的晕眩。由于参照系太多因而也就最终失去了参照系的晕眩。"很奇怪,似乎是我们得到的信息越多,我们就越难做到消息灵通。作出决策成为难事,而且我们的世界也使我们更加糊涂。心理学家称这种状况为'信息超载'。这个巧妙的临床术语背后是'熵定律'。发出的信息越多,我们可吸收、保留和利用的信息就越少。"②这也难怪,过去是单维的,信息的接受过程是一项接着一项的,不论是口头还是文字,都是零碎的信息通过逻辑加以连接,最后形成因果关系,由此诞生了知识。而现在,恰似一只断了线的风筝,在天空自由飘荡,它面临的是一个选择的机会按照几何级数不断扩大的信息化社会,时间不是循环的,也不是直线的,而是不连续的点(使人同时接触到开头与结尾),结果人的视野越扩大,他的自我就越缩小。人类已经无须选择也不再可能进行选择了。心灵因此变得困惑不定,感觉因此变得粗糙无比,陷入一种深深

---

① 叶秀山:《没有时尚的时代?》,载《读书》1994年第2期。
② 里夫金等:《熵:一种新的世界观》,吕明等译,上海译文出版社1987年版,第155页。

的焦虑之中。当代人之所以不能细腻地欣赏古典音乐的微妙音符,却宁肯去感受摇滚的高分贝的强烈节奏和声色旋律,道理在此。

这场景,曾经令很多学者痛不欲生。断了线的风筝,这似乎并非人类所能忍受的命运。然而,相对于往日的"真理",又未尝不是一件好事。须知,"真理"本来就是一种权力话语,一旦无限夸大,就会成为束缚人的东西。在当代社会,我们看到的正是真理的一次又一次的解体。主体的零散化也正是对于这种虚伪的真理的解构。

在美和艺术方面也是如此。审美主体同样呈现为一种零散化的倾向。海明威在《永别了,武器》中宣告云:"我总是被神圣、光荣、牺牲这些字眼弄得很难堪。我们听到过这些,有时候站在雨里几乎听不到的地方,所以只传来大声喊叫的字;也看过它们,在贴布告的人啪的一声贴在其他告示上的告示上,已经好久了,而我没有见过一件神圣的事,而光荣的事并不光荣,而牺牲就像芝加哥的屠宰场,如果除了埋葬以外别无处理肉类的办法。有许多字你不忍卒听,所以最后只有地名才具有尊严。某些数字跟某些日期也是一样,而这些再加上地名便是你能够说出而有意义的一切。抽象的字眼如光荣、荣誉、勇气后是空虚,比起具体的乡村名字、街道数目、河流名字、部队番号以及日期,简直是一种亵渎。"这实在是一种美学的时代宣言!人们最不情愿被提及的就是自己的精神匮乏。最大的匮乏就是不知道自己的匮乏。但当代的美和艺术却以坦白承认精神匮乏开始,也以坦白地承认精神匮乏告终。但这正是它的伟大,也正是它刺痛人们的所在。

杜步飞(Dubuffet)指出:"认为有美的事物和丑的事物,有人丽质天生而有人没这个权利,这种观念除了是积习——胡说八道——以外,别无其他根据——而且我要说那项积习是不正确的。……人们曾经见过我企图扫清一切别人要我们认为毫无疑问地——是高雅美丽的事物;但是他们忽略了我寻求另外一种更博大的美质以为替换的努力;这种美质触及一切事物和存在,并不排斥最低贱的——而且正因为如此,才显得更令人兴奋。……我希望人们把我的作品当作一种投资,要把众人鄙视的价值重加安排;并且当作一项热忱赞美的作品,这一点至少不要搞错。……我确信,任何桌子对我们每个人来讲都可以是一片风景,跟整个安第斯山脉同样取材不尽。"[1]此话道出了当代审美的根本。确实,现代审美从不把人类当作传统意义上的理性动物,也不把世界看作可以整体了解的存在秩序,而是看作一个难以驾驭的怪物,人们能够做的,就是把日常生活中的荒谬、不可解释和无意义摆出来给人们看。每一件事物都值得怀疑,都是一个难题,因此也都值得重新审视。例如为了追求破除空洞抽象的观念后给人的快感,人们往往有意使用一些破旧材料,这比起罗丹是显得贫乏,但也正是因此,就把我们带回到真实的无比匮乏的生活世界,逼着你承认它的存在。而一些杂乱无序的东西的使用,则在于防止任何种类的统一的努力的产生的可能性,这意味着一种"互文"概念的产生。"互文"的实质是"不完整"[2],不再有单独的、完整的"本文"。"作者不创造意义,因为意义决不在此处,必须无止境地在本文之外去寻求。结果,'书'的概念变得极不稳定,因为没有哪篇本文是单独的或整一的。"[3]

因此,主体的零散化并不表示一种审美的虚无主义,它默许杂乱因素的存在,破除一切空洞抽象,发掘一个人的精神匮乏,哪怕暴露出来的是卑微贫乏,哪怕最后自己只剩下虚无,但假如因此自己会显得稍微真实一些的话,假如因此打击了由来已久的审美传统,便已获得了精神上的胜利。让我们注视被遗弃的世界本身,反而就可以更完整、更不虚伪地赞美世界。总之,在对抗传统审美活动的意义上,反传统审美的活动,也就具备了审美意

---

[1] 转引自白瑞德:《非理性的人》,彭镜禧译,黑龙江教育出版社1988年版,第57页。
[2] 参见罗里·赖安等编:《当代西方文学理论导引》,李敏儒等译,四川文艺出版社1986年版,第129页。
[3] 参见罗里·赖安等编:《当代西方文学理论导引》,李敏儒等译,四川文艺出版社1986年版,第131页。

义,这是一种多元论的美学。冈布里奇认为,它一旦流行就意味着"统一的不可能性被接受了"。① 它实际上破坏了绝对的美、唯一的美的合法性,水平方向上的审美代替了立体方向上的审美,借用笛卡尔的人类知识是一棵大树的比喻,审美的目光不再是从树叶滑到树干、树根上,而是从一片树叶到另一片树叶地平行运动。以往以有限冒充无限的游戏停止了,思考,被福柯解释为对于前人思考过的东西的再思考。"今天的哲学——我这里是指哲学活动——如果不是思想用以向它自己施加压力的批评工作,那它又是什么?它要不是在于努力弄清如何以及在何种程度上才能以不同的方式思维,而是去为早已知道的东西寻找理由,那么它的意义究竟何在?"②

再看"时间"的断裂感。这里的"时间"是一个特定的概念。所谓时间,并没有一个普遍的标准,在原始社会,它就只是一种"永恒的循环"。至于我们现在看到的有开始,有结束,从过去到现在再到将来的线性时间,这是近代西方的一种创造。它把原来属于上帝的财富,转变为每一个人的财富。不过,又是凌驾于个体之上的财富,所谓"一寸光阴一寸金"。康德则通过将古代的空间和近代的时间联系起来,为近代的时间观奠定了基础。黑格尔更是又推波助澜。由此,人类学会了从特定的时间的角度来重新组织现实世界。在此基础上,偶然与必然、现象与本质、决定论、进化论、辩证法、整体性、人道主义、本质主义……都出现了。并且,随着资本主义的胜利,这种时间观又成为一种权力。从此,一切都要在这个文化框架中展开了。假如把时间与历史、现实、叙事、理性……放在一起,再联系某种宗教文化(如基督教)背景,就不难看清它并非一种客观范畴,同样也不难看清它的话语性。应该强调,这在我们的人文科学研究中十分重要。

没有一种改变像时间的改变那样激烈而彻底地影响了人类的生活,同

---

① 参见 A.本杰明:《艺术、模仿和先锋派》,英文版,1991年,第134页。
② 福柯:《性史》,黄勇民等译,上海文化出版社1988年版,第63页。

样,也没有一种改变像时间的改变那样激烈而彻底地影响了人类的美和艺术。比如,是什么东西促成了近代美学的现实主义创作方法的诞生呢? 正是时间。现实主义意味着与时间的一种关系。从此,作品中的人物不再是一成不变的了。人物有了历史感(有了不断发展的"性格")。现实主义可以说是一种时间的艺术。只有在一种线性时间的过程中,现实环境以及活动于环境中的人物才是固定而客观的,作为作家才可以站在外面细致地描写这种"现实"(现实由此也有了真与假)。

引人瞩目的是,迄至当代,这种时间观发生了根本的断裂。不再井然有序,不再有开始和结束,也不再有过去、现在、将来的线性划分。原因很清楚,人们在高速旋转的当代社会中已经根本无法感受到那种匀速、固定、不变的时间了。以汽车、飞机给予人类的感受为例,汽车、飞机的出现,就机器而言,意味着对地平空间的征服,就人而言,也意味着过去很少有人体验过的一种对空间的感受——景色的连续和重叠,像是倏忽闪现的浮光掠影。而且,由于视差,也像是一种相对运动的逾常的感觉(附近的白杨看起来比田野对面的教堂塔尖运动得要快)。因此,汽车、飞机上的景象迥然不同于马背上的景象。它在同一时间里压缩了众多的母题,以至于根本没有什么时间去详述任何一件事物。不妨看看未来主义的感受。

20世纪初,未来主义最早举起的正是解构传统时间的大旗。在汽车、飞机身上,他们发现,传统的"时间和空间在昨天死了",人类开始为自己创造了一种"无所不在的速度"、一种全新的时间。它不再是那种匀速的从A到B的运动,而是一种"四维时空"的运动、一种"速度的新宗教"。这是一种新的美——"速度的美"。马里内蒂曾经以一种狂热的心态体验过汽车的速度之美。他开着汽车横冲直撞,狂奔不已,直到翻进路边的臭水沟里。"啊! 母亲般的水沟,几乎装满了污水! 美妙的工厂排污沟! 我饥渴地吞咽着你营养丰富的污泥,回忆起我的苏丹护士那黑色的神圣胸脯……当我从翻了身的汽车里爬出来——衣衫褴褛、污秽不堪、臭气冲天——我的心里充满了火红的钢铁般的快乐！"①这种对于稳定的虚无使他们获得一种解放。他甚至说：我们宣布，世界的壮丽由于一种新的美而得到丰富，这就是速度的美。一辆有像吐着爆炸性毒气的巨龙似的管子的赛车……一辆像爆炸一般向前飞驰的赛车比萨莫色雷斯的胜利女神像更美。这是对汽车的体验。对飞机也是如此。马里内蒂描述说：在一架飞机里，他坐在油箱上，驾驶员的头暖和地靠着他的腹部，他猛地意识到他们从荷马那儿继承下来的古老语法的可笑和愚蠢。一种解放词语，把它们从拉丁语法的牢房中拉出来的迫切需要油然而生。这就是当他在 200 米高度从米兰的烟雾上空飞过时，那飞转的螺旋桨给他的启示。这是对飞机的体验。原来，绝对和稳定的空间观念只是人类的用来掩饰自身对于偶然的世界的恐惧的一种虚假的信仰。从荷马时代沿袭下来的语法中的过去时、现在时、将来时，在新时代的速度中被混淆在一起了。于是，变化的观念取代了稳定的观念。速度所告诉人类的不再是朝向目的的运动，而是过程本身。"一切事物都在运动，都在奔跑，都在变化。"同时性的观念的觉醒带给人们的是一种对于传统的虚无。

而新的时间观的建立，作为一种观念，在我看来，是与空间有关的。柏格森发现：传统的时间观念的奥秘就在于通过空间来理解时间。空间被人为地稳定下来，凝固下来，而在对于缓慢的空间变化的体验中人们才建立起了时间观念。现在空间被消解掉了参见对象的平面感。原来它根本不是时间的对应者，时间又怎样存在？只能以"绵延"的形式存在。即消解掉时间的空间化状态，固守时间的自身特性——心理真实。有限无限、绝对相对、过去未来、主体客体、东西南北、上下左右……都被"心理的张力"融为一体。于是就用意识流去冲击传统的束缚。要知道，对于当代人来讲，"头脑接受无数的各种印象——普通的印象，奇幻的印象，转瞬即逝的印象，刻骨铭心

---

① 《现代艺术理论》，英文版，加利福尼亚大学出版社 1968 年版，第 285 页。

的印象。这些印象从四面八方袭来,犹如由无数微粒构成的大雨倾盆而降……"①时间和空间所造成的界限变得模糊了,被拧成了一根直线。时间不再是人类存在过程中的媒介,不再是时空制约着人们,而是人们体验着时空,引导着时空。或者说,现在是把时间和空间放在经验之中来理解。海德格尔对于时间的看法就是如此(所谓"存在对时间的开放")。弗洛伊德也如此,他认为,在无意识中没有时间感,过去所谓心理距离的暂停就意味着时间的暂停,而成熟的意义就是具备了调节这种必备的距离的能力,以便人们去分辨何谓现在、过去,但现在就是要打破这种调节能力。现代的"纯粹时间"已不是时间,而是瞬间的感觉,也就是说,是空间。现代人终于认识到:真正的时间是比钟表上的时间更为深刻的东西。"暂时"是现代人的宿命,而"永恒"则是传统人的象征。废除钟表并不是为了达到永恒,而是勇敢地承受在时间背后的那个真实存在的冷酷的真实。难怪马尔克斯会感叹:一些人之所以看不到神奇的现实,全然是因为理性的妨碍。传统审美文化之所以看不到真实存在的冷酷的现实,也全然是因为时间的妨碍。因此,在这个意义上,人类对于时间的解构,也正是毅然进入真实存在的冷酷的现实的开始。

而从美学的角度看,这种时间的断裂也给现代人带来了截然不同的审美经验。有学者自陈云:当他第一次看到当代英国著名雕塑家亨利·摩尔的巨大人体雕塑,怎么也不明白他为何要建造这样巨大的象形人体而省略了一切细节雕饰,更不明白他为何总是要在实体中挖出空间,以显露内在的形体。后来偶尔坐小轿车经过一座类似的现代雕塑,突然领悟到是速度改变了现代人的艺术消费方式!都市的红绿灯下,高峰期的 40 秒内要通过102 辆机动车,而自行车将会有 250 辆蜂拥而过。古希腊和文艺复兴时代那些精美的人文主义雕塑,已经不能适应这个新的高速度时代。新的时代环

---

① 《英国作家论文学》,汪培基译,三联书店 1985 年版,第 435 页。

境向我们提供了新的艺术消费条件,在我们周围,建筑一天天走向人性化、雕塑化,而雕塑则一天天走向建筑化,大体量的错落化。巨大的形体、巨大的影像,巨大的结构,和速度同步,改变了人的欣赏习惯:仿佛是在一辆高速疾驰的车上,我们看到了它大的形体和大的结构,而它的碎屑的东西却在瞬间被抹掉了。高速运动的消费者要求看到巨大的节奏,希望随着视点的迅速移动而体会对象的起伏错落变化。亨利·摩尔那些高达五米、整体感极强的变形人体才应运而生。更具代表性的是MTV,它以形形色色的拼贴起来的空间对观众"狂轰乱炸",吸引了观众的视线。又如艺术的共时性聚合、小说的同时性手法、电影的蒙太奇、流行文化中的拼贴手法的出现。再如当代审美文化中的形式化倾向,也是时间被解构的表现。对时间的"绵延"处理必然导致形式化,内容和形式的关系分裂了。形式不再依赖内容而存在,就像空间并不依赖时间而存在一样。再如因为过去、现在、未来三维同时出现在同一平面上而导致的一种杰姆逊所说的虚幻的"雄浑感",一种同上帝的"圣性时间"相类似的"俗性时间",也与时间的被解构密切相关。还如人们穿行于扑朔迷离的时间之宫,审美之箭直射琐屑的世间生活,在脱落了的能指与所指的因果链之间呈现着无因之果和无果之因。总之,这一切统统表现为所指时间的缺失与能指时间的漂浮,在这背后的,恰恰是一种对于时间被消解之后的空白的填充,是时间消失之后的对于瞬间的空间化效果的追求。显然,这种审美经验把时间"绵延"化,把空间和结构结合起来。它意味着所有的时间组成——过去、现在、未来,都处在同时的平面的意义上。以"绵延"的方式理解时间,与康德把时间和空间看作超于经验的存在物截然相异。冗长的描写、严密的结构、循规蹈矩的历时叙述、典型环境的典型人物……统统消失了,换言之,一种新的美学观出现了。

第四节　美学的困惑

我已经指出,当代审美文化的一个最大的特点就是对于传统美学的困惑,因而往往以反叛传统美学为美。那么,从条件研究的角度,这一特点意味着什么呢？毋庸置疑,意味着传统美学的存在。传统美学的存在恰恰就是当代审美文化之所以诞生的重要条件之一。

因此,弄清楚为当代审美文化所困惑不解的传统美学的根本症结之所在,就成为条件研究中的一个必不可少的课题。

要弄清楚这个问题,就必须回到传统美学的逻辑起点。布洛克说得好:"困惑的结果总是产生于显而易见的开端(假设)。正因为这样,我们才应该特别小心对待这个'显而易见的开端',因为正是从这儿起,事情才走上了歧路。"[1]不难推测,传统美学所导致的困惑的结果,正是产生于它的"显而易见的开端"。

传统美学的逻辑起点是它的理性主义以及在此基础上形成的主体性原则。当然,这一起点在美学的历史进程中是起到了极大的推动作用的,然而,往往为我们所忽视的是:任何一次洞察都同时又是一次盲视。任何一次成功的"开端"也必然是有效性与有限性共存。传统美学同样也有其"盲点"和"有限性"。犹如它的"洞察"和"有效性"造成了它的贡献,它的"盲点"和"有限性"也造成了它的困境。遗憾的是,过去我们往往把它当成真理而不是当成视角,因此有意无意地忽视了这个问题。

事实上,任何一种"开端"都只是角度而并非真理。理性主义也不例外。福柯就曾经利用知识考古学的方法证实,理性在历史上根本就是历史的。理性不是自己的根据,而是历史地与权力联系在一起的。福柯给自己提出

---

[1] 布洛克:《美学新解》,滕守尧译,辽宁人民出版社1987年版,第202页。

的问题就是重新思考尼采提出的问题:"在我们这个社会里,人们为什么会这样重视'真理',使之成为绝对束缚我们的力量呢?"并且猜测道:"哲学家甚至一般的知识分子,为了表明他们的身份,都试图在知识和行使权力之间划一条几乎是无法超越的界限。使我吃惊的是,所有人文科学知识的发展,都不能绝对地与行使权力分开。"①因此,把理性主义从一种普遍原则还原为历史,明确它只是一种非常武断的、被权力弄出来的理论话语,对于深刻理解当代审美文化来说,意义重大。

理性主义渊源于西方古希腊文化的理性传统,②其间经过中世纪的宗教主义的补充,以及近代社会的人文精神的阐释,最终形成一种"目的论"的思维方式和"人类中心论"的文化传统。这样,绝对肯定理性的全知全能,关注超验的绝对存在,并且刻意强调在对象身上所体现的人"类"的力量,就成为西方文化的必然选择。

正如我在前面已经剖析过的,西方人由此发现了人类深刻地区别于动物和大自然的魅力所在。于是,就力图在一切事物身上打上人类的烙印,在一切对象的身上,都希望发现人的力量、人的伟大,似乎不把世界的面目塑造得与人类自身相近,就不会得到安慰,也很难找到自己的家园。整个西方开始在本体与现象的二元对立中运思,现象与本质、表层与深层、非真实与真实、能指与所指……的划分,意义的清晰性、价值的终极性、真理的永恒性以及"元叙事"、"元话语"、"堂皇叙事"和"百科全书式的话语世界"的追求,人为地构筑了一个规律井然的世界。一切现象都在逻辑之内,都是有原因的,找不到原因的就是违反逻辑的、偶然的。世界因为被赋予了一个外在的"目的"和"人类中心"而确立了一种虚假的稳定感。于是,理性的生活就成为西方的生活,理性的家园就成为西方的家园。苏格拉底所谓一生只追求

---

① P.邦塞纳:《论权力——一次未发表的与米歇尔·福柯的谈话》,译文载《国外社会科学动态》1984年第12期。
② 关于它的产生,参见《中国美学精神》,江苏人民出版社1993年版,第20—33页。

真理,给我们留下了深刻的印象,但实际上,他追求的只是知识。他的大义凛然、饮鸩而死,也只是追求事物的普遍定义。柏拉图的著名的洞穴比喻,说的也是这么一回事:没有理性之光的指引,人类只能在洞穴中为虚幻的阴影所迷惑。既然人类只有靠知识才能爬出洞穴,那么,是做哲学王,还是做洞穴人?他的结论是明明白白的:合乎理性的生活才是人类唯一值得一过的生活。

而这种"目的论"的思维方式和"人类中心论"的文化传统,也必然升华为传统美学所赞叹的美。最典型的例证莫如赫拉克利特所说:最美的猴子也比人难看。但实际上,人类主义无非是人对自然的利己主义。果然,由柏拉图肇始,又经鲍姆加登为美学划出独立的领地,再经康德完成整体结构的创造,加上席勒、黑格尔的全力修整,传统美学的一整套理性主义的"堂皇叙事"也几乎达到完美的程度。在其中,"人类中心"的存在意味着西方美学的全部魅力:只有当人站在环境和历史之外的时候,人才可能去客观审视它;也只有当人学会把自己当成主体,从客体中自我分离的时候,然后才能回过头来客观地审视对象。结果,既站在世界之中,又站在世界之外,使世界成为"审"的对象,换言之,审美者成为一个共同的自我,现实成为一个独立的非我,既然它期待着一个共同的自我,因此就必须回到其中,才能获得意义,于是现实必须被人的意志来诗化美化。这就是西方意义上的审美活动的内在根据。西方意义上的美就是这样被"审"出来的。而为我们所熟悉的"美""美感""审美关系""审美主体""审美客体""悲剧""崇高""优美""再现""表现""浪漫主义""现实主义"……也是这样虚构出来的。不难想象,一旦社会条件发生根本变化(从市场资本主义转为消费资本主义),它就会成为巨大的障碍,并因此而成为当代审美文化应运而生的重要条件之一。

由于前面各章、节已经从不同角度剖析过传统美学的根本缺憾,因此,上述评价应该不难理解,似毋须再费笔墨。这里,不妨把讨论再引深一步,看看中国当代美学为什么也成为中国当代审美文化的重要条件。或许,对于一部中国文化背景下的美学著作来说,这也是题中应有之义。作为传统美学的一种特殊形态,中国当代美学的"显而易见的开端"同样是一种理性主义,在此基础上,它还形成了一种主体性原则的特殊形态:"实践"原则。因为中国当代美学的主流美学是实践美学,故本书的"中国当代美学"主要是指的实践美学。在我看来,中国当代美学在过去也取得过空前的成就。这主要表现在它把实践原则引入认识论,为美学赋予人类学本体论的基础,并且围绕着"美是人的本质力量的对象化"("自然的人化")这一基本的美学命题,在美学的诸多领域,做出了较之过去要远为深入的开拓。然而,限于主旨,本书只能着重剖析它的根本缺憾。因此,"目的论"的思维方式和"人类中心论"的文化传统,同样构成了它的内在根据。

首先来看看"实践"原则。暂且不说它的"实践""本质力量""对象化"与西方理性主义美学的"认识""理念""感性显现"之类理论话语的大体相似,就是它的从"实践"原则出发去建构美学体系,便已经令人疑窦丛生了。我们知道,实践活动与审美活动是一对相互交叉的范畴,既相互联系,更相互区别。例如,实践作为人类的以制造和使用工具为前提的一种改造世界的活动,是物质性的活动,它与审美活动密切相关——准确地说是审美活动的基础,但却毕竟不是审美活动本身。有学者看到了这一难点,便把"人的本质力量对象化"的内涵扩大到意识、情感、思想,以便把审美活动包含进去,但这与马克思为了区别于费尔巴哈的"类本质"的对象化而采用的"人的本质力量对象化"(物质性的实践活动)概念不尽吻合。马克思明确地说:"对象化,即工人的生产。"[①]又如,实践活动是一种在理性指导下的活动,可以用合规律性、合目的性或者合规律性与合目的性的统一来概括。它所追求的自由也可以用"对必然的认识与改造"来概括,总之是可以在一定程度上把理性与人本身等同起来。但审美活动却不仅仅是理性的活动,而且在很大程度上是非理性的活动,不但无法用合规律性、合目的性或者合规律性与合

---

① 《马克思恩格斯全集》第 42 卷,人民出版社 1979 年版,第 92 页。

目的性的统一来概括,而且也无法用"对必然的认识与改造"来概括,更不能把理性与它等同起来。中国当代美学非常喜欢讲真与善,但其理解非常可疑。人用大粪去肥田就是既合规律性也合目的性,但是,美吗?原子弹也既合规律性也合目的性,但是,美吗?以真为例,真是一种认识范畴,是一种符合,说它是独立于人类主观之外的一种历史观必然性,是难以令人置信的。在我看来,真之所以与审美活动相关,关键在于不但是一个认识论范畴,而且是一个价值论范畴,与审美活动相关的,主要是后者,是因后者而引起的情感反映。再如,实践活动是一种社会活动,它强调的是人类总体的社会历史实践,但审美活动就大为不同了。它也有其社会属性,但却只能以个体活动作为形式表现出来。再如,实践活动本身并不包含终极意义上的"价值判断",更不必然导致人类的最终目的的实现。不论被人们评价为"好的"或者"坏的"实践活动,它都毕竟只是实践活动,审美活动却与"价值判断"和人类的最终目的密切相关。而且,实践还是一个矛盾的结构,不但会把真善美对象化,而且会把假恶丑对象化。审美活动当然不是这样。中国当代美学往往只强调实践活动的积极意义,却不敢讲实践活动的消极意义,但实际上这两重意义都是人类实践活动的应有内涵。实践活动不会只以一种理想状态存在,人们常说的所谓异化活动,不论产生多么消极的后果,也不能被掩饰为自然的异化、神的异化,而只能被真实地理解为实践活动本身的异化。马克思所往往同时提到的自然的历史与历史的自然、自然史与人类学,正是着眼于这一点。再如实践活动是现实活动,它主要表现为物质活动、功利活动,但审美活动却是超越现实的活动,它主要表现为精神活动、超功利活动,因此,自然的人化不是美的直接来源,美的直接来源在于自然的属人化。"在人类历史中即在人类社会的产生过程中形成的自然界是人的现实的自然界;因此,通过工业——尽管以异化的方式——形成的自然界,是真正的、人类学的自然界。"[①]在这里,"人的现实的自然界"与"人类学的自然界"是不

[①] 《马克思恩格斯全集》第42卷,人民出版社1979年版,第128页。

同的。后者是指把自然改造为人类第二,前者则是指自然仍然保持自身的特性,只是进入了人类的视界。这就是我说的自然的属人化。它一方面区别于不属人的自然界,一方面区别于人实际改造过的自然界。而且,正是这种以对象化为基础而出现的对世界的属人化观照,才是美的直接来源。(属人化不一定具有社会性,而人化必然具备社会性。中国当代美学事实上是用社会美的创造取代了一切美的创造。)因此,片面强调自然的人化,审美活动的意义就被抹杀了。前者直接指向感性对象,后者却并不直接指向感性对象;前者的中介是物质性劳动工具,后者的中介却是广义的语言符号;前者是世界的现实的改造,后者却是世界的"理想"的改造……因此,在美学研究中以对前者的研究作为对后者的指导,是可以理解的,但若作为后者研究的起点和归宿,则是错误的。这种把对后者的研究挟裹在对前者的研究之中,甚至把后者作为前者的一个例证的做法,无疑会难免导致美学的失误。

然而,上述"失误"在美学界并非无人指出,但却从未引起高度的重视,原因何在?看来,除了思维方法方面的偏颇之外,还有更为深层的原因。

我们知道,从实践活动出发考察人与世界的关系,是马克思主义的出发点,然而,这并不意味着实践原则就应该成为唯一原则,更不意味着实践原则就应该成为美学原则。事实上,人类的实践活动只是一个抽象的存在,而不是一个具体的存在(马克思晚年较少提到实践,而转向对于从中生发出的具体范畴,如物质生产、精神生产、艺术生产的研究,就是出于这一原因);也只是一个事实存在,而不是一个价值存在。我们固然可以由此出发,但却应该进而走向一个具体性的美学原则,固然可以从自身的价值规范出发去对它加以规定,但却不能把这种"规定"与作为一种客观存在的实践活动本身等同起来。换言之,本来,从实践原则出发,我们应该探讨的是审美活动的实践本性,但是,现在我们却停留在实践原则的范围内,转而探讨起实践活动的审美本性。实践活动与审美活动,实践的成果与美学的成果统统被放在同一层面,被看作同一系列的范畴,以至于忘记了一个最基本的事实:实践活动不能与人类的审美活动相互等同,更不能与人类的最终目的的实现相互等同。否则,就会为实践活动涂上一层伦理色彩,从而使"目的论"的思维方式和"人类中心论"的乌托邦传统乘虚而入。

不难看出,中国当代美学真正的失误正在此处。

在此基础上,中国当代美学所能建构的美学是如何虚幻就可想而知了。就以"美是人的本质力量的对象化"("自然的人化")这一由实践原则推演而来的美学命题为例。"人的本质力量的对象化"("自然的人化")确实是马克思所使用的理论命题,然而,以我在学习过程中形成的浅见来看,与其说它们是美学命题,远不如说是哲学命题更为恰当。马克思使用这些理论命题的主旨,是为了从实践的角度恢复人的真正地位,指出人类的感性活动是人类社会历史中的最为重要的事实,但他从来就没有把这一事实唯一化,更没有把这一事实美学化。

况且,从事实的层面看,"人化的自然"并非就是美学意义上的自然,人类的本质力量的对象化也并非就是美学意义上的对象化。它可以生产出像人一样活动的物,但也可以生产出像物一样活动的人;它可以自豪地宣称,给我一个支点,我就可以移动地球,但也可以卑怯地承认,人是物质的一种疾病;它可以扩大人的工具职能,但也可以扩大人的灵魂虚无。它所创造的工业社会无疑"是人的本质力量的打开了的书本,是感性的摆在我们面前的、人的心理学",然而却并非美的"书本"和"心理学",因为,"通过工业而形成——尽管以一种异化的方式——那种自然界,才是真正的、人类学的自然界。"人类在合规律与合目的的实践活动中所干下的令人脸红之事实在太多了,正如阿多诺揭示的:并非所有历史都是从奴隶制走向人道主义,还有从弹弓时代走向百万吨炸弹时代的历史。对此,我们必须正视。马克思曾经瞩目于"人向自身、向社会的(即人的)人的复归",并把它作为"人和自然界之间,人和人之间的矛盾的真正解决,是存在和本质、对象化和自我确证、自由和必然、个体和类之间的斗争的真正解决。它是历史之谜的解答,而且知道自己就是这种解答"。① 这就是著名的"历史之谜"。本来,它只是一种形而上学的而且非历史的设想,事实上,人类是不可能实现这两个"真正解决"的,否则,人类自己也就被解决了,被宣告终止了。但它却被中国当代美学错误地加以利用,并且发挥说:美就表现为真的达到和善的实现。这实在是一个美丽的谎言。审美活动与实践活动并不同步。把人类历史理解为美的异化史或者美的复归史,是非常令人吃惊的。真、善是永远也无法最终地达到的,因此美并不是真与善的实现,否则,它就会成为某种目的论和审美主义的东西。美,只能真实地想象真的达到和善的实现。在此意义上,我意外地发现:马克思提出的"历史之谜"虽然并不具备现实性,但却充盈着理想性,实际上只是"美学之谜"。

从理论的层面看,"人的本质力量的对象化"是马克思对于人类活动的一种抽象规定,不仅审美活动如此,而且一切活动皆然。但也正是如此,又可以说,不仅对于审美活动不能照搬这个抽象规定,而且对于一切活动都不能照搬这个抽象规定。在这个意义上,应该看到:"美是人的本质力量的对象化"或多或少涉及到了审美活动与实践活动的同一性的一面,但对于其中的相异性这更为重要的一方面,却根本没有涉及——也不可能涉及。美毕竟是审美活动创造的,实践活动只是作为审美活动的基础而间接创造了美。在实践活动与审美活动之间还存在着无数幽秘的中介。犹如人类是自然的一分子,但对于自然的规定却无法贴切地规定人,审美活动也不是"人的本质力量对象化"所可以规定的。

再从思辨的层面看,"从思维抽象上升到思维具体"固然是理论演绎的必需,但其中的逻辑起点却应是美学范畴而不是哲学范畴。否则就会像黑格尔那样,把美学变成一部美学的哲学思辨史。再说,即便是从哲学范畴开始,"人的本质力量的对象化"作为一种哲学范畴(实践活动的本质规定),在

---

① 《马克思恩格斯全集》第42卷,人民出版社1979年版,第120页。

向美学范畴(审美活动的本质规定)的转化过程中,也应该是从抽象到具体的演绎,现在却是从抽象到抽象,它的内涵始终没有增加,外延也始终没有减少,实践活动是"人的本质力量的对象化",审美活动也是"人的本质力量的对象化",这岂不是什么也没有说吗?一个范畴能够如此毫无限制地使用,这本身就是值得怀疑的。何况,除了主体的对象化之外,主体的被对象化是否也是必不可少的呢?还有,劳动者在被对象化了的"本质力量"面前所感到的喜悦,究竟是功利的还是审美的?这种喜悦是否还要经过某些关键性的转化才能够成为审美的?……诸如此类的问题,我们在思辨的过程中没有理由不加以考虑。

值得注意的是,上述问题并没有引起应有的注意。为了迁就那个"显而易见的开端"——理性主义以及在此基础上形成的"实践"原则,人们甚至有意对此视而不见。本来,"人的本质力量的对象化"陈述的只是一个事实——尽管是一个极为重要的事实。"人化的自然"也是如此。马克思早已指出:"人化的自然"与"非人化的自然","这种区别只有在人被看作是某种与自然界不同的东西时才有意义。"[①]因此只有一个"人化的自然",而没有什么"非人化的自然"。但人们(从"人类中心论"出发,为了"独尊"人类的本质力量)却不惜先把自然界和人抽象掉,即把它们当作是不存在的,然后再煞费苦心地证明它的产生和存在。以便把它从事实存在转为价值存在,从而把"非人化的自然"等同于非美,把"人化的自然"等同于美。然而人们忘记了,所谓"非人化的自然"实际上也是"人化的自然",是人想象、抽象、推论的结果。它事实上并不存在,只具有逻辑的意义。把它"当作"客观存在的东西,只不过是用思维与存在的同一性来证明思维产物的现实性的黑格尔主义的旧态复萌,只是为了把"人化的自然"美学化而已。这是一个思维的怪圈!其结果,一方面使实践活动因为自身的种种恶的表现的被拒之门外而

[①] 《马克思恩格斯全集》第3卷,人民出版社1960年版,第50页。

丧失了它的丰富多样的内容,使实践活动因为限定在美学目的论的领域内而丧失了它的客观性和现实性,另外一方面则使审美活动因为被人为地扭曲而等同于实践活动。

于是,审美活动名正言顺地成为实践活动的典型形态,成为一种现实活动。美成为实体范畴,成为客观的社会(现实)属性,因而现实中的不自由,可以在审美活动中实现,自然与人、真与善、感性与理性、规律与目的、必然与自由,在审美活动中才具有真正的矛盾统一。至于美,则就内容而言是现实以自由形式对实践的肯定,就形式而言,是现实肯定实践的自由形式。审美活动的性质被渲染为一种审美主义或审美目的论。例如:历史不过是自然向人生成的历史。似乎自然一旦为人类所"对象化",人类就达到了自由的目的,或者说,人类在完成了对于自然的"人化"的同时,就完成了自然的"美"化。所谓完成了对于自然的人化,十分可疑。有人提出实践活动已经变"害"为"益",化"敌"为"友",已经建构了美的世界。然而,首先,从整体的角度,这是人类永远不可能做到的。因此,其次,这里的"敌"只是相对的,这里的"友",也只是相对的。一味把它们简单化,正是中国当代美学一贯的做法。自然不可能只是人类的朋友,也不可能只是人类的敌人。靠加大实践的力度来建立审美活动的根据,是徒劳的。何况,在实践的力度毕竟十分有限的古代,美的世界的建构又如何解释呢?然而,既然人类可以在改造自然的同时完成审美活动,为什么还会有审美活动的独立存在呢?更为令人难以自圆其说的是,人类的审美活动为什么越来越不与改造自然的活动同步甚至背道而驰呢?人类的历史难道仅仅就是自然向人的生成史或人向自然的对象化史吗?是否还存在一个人类向自然的复归史或自然向人的对象化史(非对象化或人的被对象化)呢?假如存在,那么审美活动将何以立足呢?难道只有为人类从自然向人的生成史或人向自然的对象化史欢呼雀跃才是审美活动的应尽之责吗?

也正是因为上述原因,人们对审美活动的性质的考察也就实在难以令人信服。其中,对个体在审美活动之中的根本作用的漠视,应该说,是一个通病。人们把审美活动作为一种历史、理性、社会的东西积淀到个体身上的结果,把"人的本质力量"作为一种先在的东西,把美作为一种形象的显现,把审美活动作为一种单纯的外化活动,给人的感觉似乎是在考察实践活动而不是审美活动。即便是实践活动,也不是如此简单。群体与个体的关系不能归纳为"积淀"与被"积淀"的关系。同理,人们往往强调自己在美学研究中没有忽视个体,但要知道,哪怕是言必称个体也未必就是重视个体。只是在被"积淀"的意义上尊重个体,似乎还不能算是没有忽视个体。事实上,只看到实践活动把历史、理性、社会的东西积淀到个体身上,表现为一种结果,却忽视了实践活动更多地通过个体去对它们加以阐释、选择、创造,从而表现为一种过程,只看到实践活动对于以往成果的肯定一面,却忽视了实践活动对于以往成果的否定一面,是错误的。没有对于积淀的否定,实践活动也就失去了意义。只讲积淀,是否有些太黑格尔主义了?在审美活动中,人们只能以个体方式介入现实与历史。所谓"本质力量"也只能通过个体的再阐释、再选择、再创造,才能进入审美活动。因此,在审美活动中,人的存在并不是一个既成事实,而是一个过程。人的本质力量则是人的展开的结果,或者说是这展开的逻辑必然。换言之,人固然可以面对本质力量去认识它,但却不能把本质力量与审美活动对立起来,因为这样做的结果正是人的消解、人的可能性的丧失,也因此,这样做的结果并不具有本体性、存在性。而我们的美学研究却恰恰忽视了这一点。它把审美理解为对于对象化在世界之中的人的本质力量的直观。"怎样欣赏美"是其不约而同的逻辑起点。审美创造是人的本质力量的确证;审美作品是人的本质力量的展现;审美接受是人的本质力量的认同。这一切表面上固然不错,但在这一切背后的创造过程(包括对于本质的创造)是否被疏忽了?审美者是否被以"审美"的方式架空了(审美活动因此而徒具虚名)?真正属于审美者的过程是否也消失了?而且,难道审美者的审美创造的本质力量就是先验地给定的吗?果真如此,就必须承诺一个必不可少的前提:作为审美活动的源头的"本质力量"是不允诘问、不允怀疑、不允审判的。这当然又是一个谬误。这种把每一个人间离出来的本质力量,最大的危险似乎还不在于我们安排了一个十分可疑的审判者出场,也不在于这个审判者的同样十分可疑的绝对权威,甚至不在于整个审判过程的十分可疑的钦定的程序设计,而是在于,是谁指定这个审判者的出场?是给予这个审判者以绝对权威?是谁钦定了整个审判过程的程序设计?

更令美学研究者困窘不堪的是,对于审美活动的研究本身也因此而停留在主客二分的层面上。在前此出版的六部专著中,我已经反复强调:审美活动绝不是理性认识所可以解释的,因为它是在先于主客二分的层面上发生的,而所谓"本质力量"也只是它的逻辑展开。但我们的美学却把审美活动局限在主客二分的层面,把它看作一个既成事实。在这种美学的眼中,审美活动只是一个静态的、固定的东西,最终就误将被人类所创造出来的东西当作人类创造的本源,我们所津津乐道的"本质力量"岂不正是这样一种创造的本源吗?作为一种被给定的东西,它与黑格尔的"绝对精神""理念"如出一辙。进而言之,在主客二分的层面上考察审美活动,就必然会导致把思维与存在、精神与物质的对立作为前提肯定下来,必然会导致把审美活动与人类生活的关系曲解为"思维"与"存在"的对立。原因很简单,不以这样的对立为前提,那个等待着"对象化"出去的抽象的"类"就无法找到。但以此来理解审美与人类生活的关系,结果又令人困惑。因为在审美活动中根本就不存在这样的前提,一味如此,就会导致两者的割裂:"人类社会生活"成为纯粹的反映对象,成为外在于人的单纯客体,成为审美活动的对立面,而审美活动则是这种外在的社会生活反映在审美者头脑中的观念形式。审美活动与人类生活的内在联系不见了,剩下的只是一种纯粹的对象化与被对象化的关系。从而把"人类社会生活"看成是与"思维"对立的"对象",看成是纯粹的认识客体,错误地转而在思维与存在的框架里谈论人类生活的本质。在认识论层面上解决"对象化"的问题,那当然只能是一种虚幻的解决,两者之间的鸿沟并没有真正填平。因为就认识论而言,"对象化"与"被对象化"之间的关系是概念与事物的关系,它们之间的对立根本无法消除。与此相关的是把美定义为"人的本质力量的形象显现",这也是可以商榷的。如此定位,岂不是承认审美活动只是一种符号传达活动了吗?既然是符号传达,审美活动的对象就只能是认识的对象,因为符号传达必然把情感变为认识的对象,变为认知的符号,而不是体验的对象,于是又一次回到了传统的理性主义的老路:否定审美的本体性,从认识的角度为审美的本质定位。仍然是把审美活动看成认识的形式,把美看成认识的对象、用符号传达出来的情感,审美活动的本质仍然没有被揭示出来。审美不等于传达,传达是一种媒介手段,意在达到外在的目的,其本身是完全透明的,但审美却是为审美而审美,自身并不透明而且就是目的。加里·哈堡曾提出,"避开内心情感与外在符号这对二元论范畴",就是因为看到了其中的缺陷:作品的意味通过符号表现出来,结果作品本身的意义就不再重要了,作品之外的那个意义才是最重要的。符号当然要借助外在目的的赋予才能获得自己的生命,但审美活动也以这种方式,就是谬误的。这与"形象思维"的错误是一样的。

也正是因此,在美学研究中,我们越是强调"美是人的本质力量的对象化",就越是找不到自己独立的研究对象,越是无法为审美活动建构自己的家园。最终只好沿袭理性主义的研究方式,以某种抽象本质作为美学的栖身之地。首先肯定存在一种先在的人的抽象本质,然后把它"对象化"到对象身上,使这个先在的抽象本质转化为客观存在(这就是所谓"美"),然后再通过人的感觉确证它的存在(这就是所谓"审"美活动),并通过艺术的手段使之呈现出来(这就是所谓艺术美的创造),诸如此类就成为中国当代美学的逻辑归宿。结果,审美活动从历史的进程之中被剥离出来,美从"美的"之中被剥离出来。美学被定位为一门关于(被抽象出来的)美的本质的学问。进而言之,美的本质既然是抽象的东西,那就只有思维才能把握,因此,审美活动与人类生命活动的关系就被转换为思维对存在的关系。这样,思维与存在的关系就成为美学的基本问题,而从审美活动与客观世界的联系来看审美活动的本质,就成为雄踞中国当代美学的一个传统。我曾经多次指出:中国当代美学不论是以美为研究对象,还是以美感为研究对象,以艺术为研究对象,还是以审美关系为研究对象,都是以一个外在于人的对象作为研究对象,因而都是以人类自身的生命活动的遮蔽和消解为代价的,都是以理解物的方式去理解审美活动,以与物对话的方式与审美活动对话。正是着眼于这一点。

其中,最为值得注意的,是中国当代美学讨论问题的角度。它非常喜欢把美学的问题转换为美学发生学的问题。美的本质与美的根源、"美如何可能"与"美在何处"、美的本质与人的本质、审美活动的本质与实践活动的本质,诸如此类的问题都往往以后者来取代前者。例如,"审美活动如何可能""美如何可能"之类美学意义上的问题就往往被我们转换成为"审美活动如何产生""美如何产生"之类发生学意义上的问题。这种把"逻辑上的先验"转换为"时间上的先验"、把"性质"转换为"根源"的隐秘心态,显然是由于它在"如何可能"方面对于理性主义的认同所导致,换言之,它并不认为"美是理念的感性显现"的美学内涵(例如对于"本质先于存在"的强调)有何不妥,只是认为要从根源上给以说明,解决"头足倒置"的问题。中国当代美学十分强调积淀说,道理正在此处。也正是因此,姑且不论关于"根源"的说明是否成功,在"审美活动如何可能""美如何可能"的追问上它仍固执着理性主义的视角,却是无可置疑的。

进而言之,这种内在的转换,要求把自足的一元世界变成非自足的二元世界,然后通过被动地从追溯和还原的途径描述二元世界间的发生学渊源的方式,去追问作为终极价值的美。这导致美学必须以对超验的绝对存在的假定为前提。为此,就必须把世界割裂为主体与客体,然后,把客体放在对象的位置上去冷静地加以抽象,从客体的大量偶然性中归纳出某种必然性,某种终极真理,最终,在动态的、现实的、丰富多彩的此岸世界之上,建构起一个静态的、永恒的、绝对的彼岸世界,这是一个美的世界,一个纯粹概念的、外在的、目的论的世界。事实上,美不可能实体化,其本身也不能分裂为一种对象性的关系以便去加以证实或证伪。但发生学的追问的失误正在这里。二元结构迫使它不得不把逻辑的设定实在化,接纳一种独断论前提,并且不得不寻觅一种超出于人的视界,去客观地超时空地约定和建构美,结果,逻辑的约定和建构变成了历史的描述和说明,无论如何也无法达到逻辑的自足,相反却陷入了二律背反的悖论,本体论自身也走向了非历史性、非敞开性、非自足性。越是追问,美就越是不在。"人人尽怀刀斧意,不见山花映水红",这似乎可以作为我们的无根的追问的写照。值得注意的是,在对美的看法上,人们往往持"人的本质力量对象化"的看法,并以此区别于黑格尔的"美是理念的感性显现"。然而,在黑格尔,这无疑是合乎逻辑的。他的"理念"与具体的存在无关,要证明自己的存在,只有通过对象化的道路,而"理念"要对象化到世界身上,靠谁来完成呢?只有人。人不是我们说的物质存在,而是"理念"的替身。因此在他那里,美只能"是理念的感性显现"。本质先于存在,先有一个人的本质力量,再有把它加以对象化的过程,最后是人通过自己的感觉确证它的存在并且为之感到愉快。在我们,"美是人的本质力量的对象化",则是不合逻辑的。因为,我们所谓的人的本质力量已经不再存在昔日那种头足倒立的谬误,已经从概念的层面回到了感性的生命活动本身,既然如此,人类有什么必要再压抑自己来证实类的力量的伟大呢?有什么必要要一再地通过外物来证明"本质力量"呢?既然没有必要"证明",又何以产生愉悦呢?这就使我们不但陷入了比黑格尔更为难堪的理论困窘之中,而且预示着我们仍未走出传统的理性主义的美学之路。

更为严重的是,从"美是人的本质力量的对象化"出发,美学的疆域受到了极大的限制。审美活动被等同于审"优美"活动(美学家们关于审美活动的定义事实上往往都是审优美的定义,其他如审丑活动则只是在与它的比较中被定义,而优美,正是希腊理性文化的产物),并且被从生活中剥离出来,成为一种高踞于生活之上的东西(犹如理性高踞于生活之上)。它导致一种对于人类意志的片面的渴望,错误地认定"人的本质力量"作为共同本质所概括的群体越大,也就越现代、越美,因而不但处处假定存在着一种共同的本质,并且处处以能够代其立言自居。结果,就会处处强调一种对立的价值观念,着眼于感性与理性、主观与客观、物质与精神、真与假、善与恶、美与丑的互相冲突或截然对峙,而且人为地以一方压倒另外一方为前提。在逻辑选择上水火不容,在情感趋向上爱憎分明,非白即黑,非好即坏,非善即恶,非美即丑,非此即彼,不承认相对性和多元化,处处站在"我们"的立场上发言,把审美活动拔高为宣讲真理、启蒙民众的武器。另一方面,却又未能顾及肯定了一个绝对,会否定了无数个实际的存在,未能顾及美学不能在生存活动之外精心编制概念之网(它必须学会理解生存,关注生存,否则,无异于一种十分乏味的语言的游戏),未能顾及人毕竟不是钢琴键(生活与其说是由"必然""自由""本质"构成的,远不如说是由"偶然""局限""现象"构成的更为令人信服)。长此以往,难免会形成一种畸形的审美自尊和一种对于日常生活的漠视,也难免成为人类精神的误导者。

就理论形态而言,也是如此。它过分热衷于"权力话语",以致对理论的同质性、整体性、同一性的获得无疑是以牺牲掉异质性、个别性、非同一性为代价和它本身就是以排除和删除局部、个别、差异、偶然为前提的这一根本前提视而不见①,热衷于展示一个无生命的、概念的王国(在这里人的地位偏

---

① 幻想人类必须站在绝对基础之上,被伯恩斯坦称为一种"笛卡尔式的忧虑"。不仅仅是过去的一百年,按照马克思的说法,从15世纪开始,包括美学在内的人文科学就被"形而上学的思维方式"垄断着,习惯于事事静止、孤立地看问题:"不是把它们看作运动的东西,而是看作静止的东西;不是看作本质上变化着的东西,而是看作永恒不变的东西;不是看作活的东西,而是看作死的东西。"它造成的是"使教师和学生、作者和读者都同样感到绝望的那种无限混乱的状态"。(《马克思恩格斯选集》第3卷,人民出版社1972年版,第60、62页)

偏不是被高扬,而是被贬低)。而且,出于对理性的绝对信任,它甚至往往拒绝人以外的存在,拒绝理性所不能解释的事物,处处寻找一种生活的本质、绝对的目的、形而上的真实,一种比现实更加真实的真实。丰富的生命活动被压缩到了理性活动之中,人与世界、本质与现象、目的与手段、美与丑通通被绝对地对立起来。世界被整个地人化了,人成为一切现象的原因,因而过于关注"审什么"而不是关注"怎么审"。然而,理性只是人类的视角之一,考察人的理性的本意也只是为了证明人的伟大,现在既然是通过把理性与感性对立起来完成的,反而也就论证了神的伟大。所谓胜利即失败,事情就是如此荒诞。难怪费尔巴哈感叹:他在黑格尔的逻辑学面前竟然会"战栗"和"发抖"!

而中国当代审美文化之所以与中国当代美学背道而驰,在这个意义上,也可以说正是为了不再在它的面前"战栗"和"发抖"。推而广之,就世界范围而言,当代审美文化之所以与传统美学背道而驰,不也正是为了不再在它的面前"战栗"和"发抖"吗?缘此,传统美学就成为当代审美文化应运而生的重要条件之一!

第五章

本质反诘：后美学时代的美学革命

第一节　传统叙事模式的基本特征

在本质研究的层面上,应该说,当代审美文化又是对于传统美学的镜式本质的冲击。我们知道,在传统美学占统治地位的时代,美和艺术统统是由于一种特殊的镜式本质而确立的,镜式本质使人类能够完成对于美的审视和艺术的创造。它是启蒙时代以来人的觉醒的产物,借用莎士比亚的说法,这是一面中了魔法的镜子。通过它,人们发现自己所读的文本的每一页都被染上了镜式本质的底色,而人类所建立的叙事模式、艺术观念以及审美观念也无一例外地被打上了一套去差异求同一的整体性观念,于是,当代审美文化就只有在对于传统美学的镜式本质的离经叛道中才能够诞生。

在本节和下节,我们首先来看看叙事模式的离经叛道。

凡有文化的地方必有叙事。"我们不必到学校去学习如何理解叙事在我们生活中的重要性。世界的新闻以从不同视点讲述的'故事'的形式来到我们面前。全球戏剧每日每时都在展开,并分裂众多的故事线索。这些故事线索只有当我们从某一特定角度——从美国的(或苏联的,或尼日利亚的)、民主的(或共和的,或君主的,或后马克思主义的)、基督教的(或天主教的,或犹太教的,或穆斯林的)角度理解时,才能被重新统一起来。"[①]不难看出,叙事即意味着一种组织世界的特定方式。对此,华莱士·马丁说得十分清楚:"叙事的形式就是某些普遍的文化假定和价值标准——我们对于重要、平凡、幸运、悲惨、善、恶的看法,以及我们认为是什么推动从一种状态到

[①] 华莱士·马丁:《当代叙事学》,伍小明译,北京大学出版社1990年版,第1—2页。

另一种状态——的实例。"①泽尔尼克的看法也是如此:"意识形态被构筑成一个可允许的叙述,即是说,它是一种控制经验的方式,用以提供经验被掌握的感觉。意识形态不是一组推演性的陈述,它最好被理解为一个复杂的、延展于整个叙述中的文本,或者更简单地说,是一种说故事的方式。"②

不过,叙事又并非一个永恒不变的东西。最初的叙事就只是分散的,迄至近代,当人们讲述一个共同的故事,当人们借助许多故事来重复同一个主题——同一种意识形态的时候,我们所熟知的传统审美文化的叙事就出现了。

传统审美文化的叙事来源于我在前面已经一再剖析的突出中心、压抑边缘的美学传统,也因此,它的问世,似乎并无障碍,因为美学家"向之讲道的欧洲,是一个已做好了一半准备来听他们讲道的欧洲……他们所在进行的战争是一场在他们参战之前就已经取得一半胜利的战争"。③而这"一半准备""一半胜利",卡西尔在《启蒙哲学》已作过重要提示,它包括:建立在理性精神之上的哲学,建立在分析精神上的自然科学,建立在契约秩序之上的法律、国家和社会,建立在古典主义艺术原则之上的美学。④

在传统审美文化的叙事中,存在着一个共同的主题——对于一个抽象的、超验的整体性的渴慕,其目的在于:把自己群体中的每个具体的个体的故事组织起来,让每个具体的个人的存在都具有这个群体的意义。在这个群体中,每次事件都不再是偶然的,而是事出有因,都是这个群体的抽象的共同本质的感性显现。经过成功的叙事,个人都成为一种抽象的共同本质的传声筒,成为一个抽象的存在、一个"空洞的能指"。换言之,话语中的大众并非真实,而是先验地从一种抽象的共同本质虚构出来,并且实际上在话

---

① 华莱士·马丁:《当代叙事学》,伍小明译,北京大学出版社1990年版,第97页。
② 转引自《外国文学评论》1990年第4期《叙述形式的文化意义》一文。
③ 彼得:《启蒙运动:一项解释,现代异教的兴起》,英文版,纽约,1967年,第21页。
④ 参见卡西尔:《启蒙哲学》,顾伟铭译,山东人民出版社1988年版。

语世界中已经丧失了话语权力。这意味着:要确立自己,就要确立自己的他性,①恰似只有在找到了国家的本质后,个人才能经过一系列的成长阶段,获得自己的主体性。在这里,抽象本质的存在蕴含着传统审美文化的叙事的全部秘密和魅力:既站在世界之中,又站在世界之外,使世界成为"看"的对象,现实于是被意志化了。叙事成为一个共同的自我,现实成为一个独立的非我,而非我既被设定就还要使它重新回到理想的境地。既然一切出自一个共同的自我,现实就必须回到这里,才能获得意义,于是现实必须要被人的意志来诗化。传统审美文化所产生的一种奇特的效果,正是从叙事的角度重新叙述现实的结果。而被叙述出来的事情必然与经验中的事情出现一种距离,这就是审美的内在根据。

不难看出,这样一种叙事的形成必然导致一种可怕的渴望,这渴望就是人类意志的运动。它闪耀着的正是人类的"人类性"的火花。而且,它固执地认定:这个共同本质所概括的群体越大,也就越现代。这就使他不但处处假定存在着一种共同的本质,并且处处以能够代其立言自居。结果,就必然强调一种对立的价值观念,着眼于感性与理性、主观与客观、物质与精神、真与假、善与恶、美与丑的"互相冲突"或"互不往来",而且人为地以一方压倒另外一方为前提,因此,堪称是一种中心的抒情,一种中心化的叙事理论。其中,时间是一个重要问题。时间是康德通过把古代的空间与近代的时间联系起来的方式为人类制造的一个基本框架。有了时间,就有了所谓事出有因、来龙去脉。从此,一切要在其中展开了。它成为征服世界的最有效的手段。西方近代的一切文化现象都与时间有关。时间组织了我们对世界的理解,给世界以意义,也组织了我们对审美文化的理解,给审美文化以意义。它的最大特点是:热烈赞美着它之所是,同时也热烈地攻击着它之所非。在

---

① 这种叙事的对立面是对于自然性征的肯定,男人、女人,只有卑贱者才从这个角度看人。

逻辑选择上水火不容,在情感取向上爱憎分明,非白即黑,非好即坏,非善即恶,非美即丑,处处站在"我们"的立场上发言,使审美活动成为宣讲真理、启迪民众的武器。

弗洛伊德剖析的"离开—归来"心理现象,就是一种典型的两极对立的叙事模式的话语。这是一种想象性满足的实现。只有在深层的人格压抑中才可看出。"一天,弗洛伊德看着他的孙子在童车里玩耍,他注意到,他喊着fort(走了)!把一个玩偶扔出童车,然后又叫着da(来了)!把它用线再拉回来。弗洛伊德在《超越快乐原则》(1920)中把这一著名的离开—归来游戏解释为幼儿对不在自己身边的母亲的象征性的支配;……离开—归来也许是我们所能想象的最短的故事:一件事物失而复得。……故事是安慰的来源:丧失的事物是造成我们焦虑的原因……而发现这些丧失之物完全复归原位总是令人愉快的。在拉康的理论中,正是一个最早的丧失物——母亲的肉体——驱使我们讲述自己的生活,强迫我们在欲望的无穷无尽的换喻运动中寻求这个失去的乐园的代替品……欲望是被我们无法完全占有的事物刺激起来的,这是故事给人满足的原因之一。秘密的知识:事物终将回到家里。离开仅仅与归来相连才有意义。"①

至此,几乎每个人都能够看出,传统审美文化的叙事的诞生是人类审美历程中的一件大事。只有在叙事中,现实才禀赋意义。而当现实被讲述出来后,就成为一种叙事,也只有在叙事中,一个事物的意义才能够被"看"出来,被"叙述"出来。联想到库恩的发现,科学并不是不断进步的,而是由一个个范式组成的,叙事的意义就更为显豁。结果,不仅仅为我们所熟悉的"现实""想象""透视""再现""表现""浪漫主义""现实主义"……都是它一手虚构出来的,而且,整个世界的审美文化都曾一度为它所笼罩,西方的叙事

---

① 特里·伊格尔顿:《文学原理引论》,英文版,明尼苏达大学出版社,1983年,第185—186页。

最终成为整个世界的叙事,人类都生活在一种虚构的历史之中。甚至,虚构的"历史"成为真实,一种特定的叙事被当作真实,这是我们在传统审美文化经常看到的情景。

尤其是我们的第三世界审美文化,已经完全被用西方的叙事重新加以组织。只有通过西方的叙事,所谓叙事的客观性才被制造出来。认为人能够站在环境、历史之外,是一种黑格尔式的传统叙事。在原来的审美文化中,环境和景物并不是客观静态的,但现在却成为客观静态的,说明它是被一种叙事话语组织起来的。只有当人不在环境和景物之中的时候,人才可能去客观描述它。假如不曾学会把自己当成主体,从客观中加以分离,然后再回过头来客观地描述客体,西方的叙事是很难在第三世界出现的。

传统的审美文化的叙事表现为一种训话式的经典话语:教训与受教、灌输与接收、强迫与服从、恩赐与感谢、命令与屈从等是它必不可少的角度。"唤醒""抨击""揭露""歌颂",则是它的不可或缺的出发点。它是一种全知视角,提供的是对于社会价值标准的肯定。即使批判,也是遵循一种社会化的普遍价值标准、一种文化的集权主义、一种认识的可知论。

以再现为例,在相当长的一段时期内,我们曾以它为真实,然而,这种看法本身似乎就并不"真实",事实上,它只是一种人为的全知视角。

在强调"再现"的审美文化中,"写什么"远比"怎么写"更为重要。题材被无可置疑地放在最为重要的位置。它在作品中看上去就像从透明窗口看到的外景,作品无须告诉我们有关题材的任何东西(例如它的意义,它是什么),其中也找不到任何使它与现实看上去不同的东西(除非它本身不准确和虚假),作家无须在艺术品中"投入"(或捐献)任何东西(这是一种与想象正相反的模仿),他对现实的再现也与现实本身完全相似,读者对作品的反应恰好等同于(或在理想情况下)他们在实际生活中对于同类题材的反应,艺术批评的标准即衡量艺术品外实际生活的标准……

然而,如果艺术只是再现,那么艺术中最重要的就是那被再现的外在事实,而不是艺术对这外在事实的再现。结果,一部作品不是以其呈现某种题材的独特方式来判断,而是根据其中的题材来判断。如再现人的就一定比再现自然的要好。然而,这似乎并不合理,对于审美活动的评价只能通过特定的态度以及对对象的着眼点(即非功利性的超越)来界定,而不能通过所观照的物体来界定,这就是说,审美并不是不与他律的东西打交道,但决定审美与否的因素却不在于此。

再者,即便再现得惟妙惟肖就可以成为美,再现本身也很难做到。因为再现是一种单向的活动,要做到惟妙惟肖则需要一种双向的活动。如我长得像你,你长得像我,但再现就不能说被再现的外在现实像作品。再现只是一种非对称关系,我们要求的则是一种对称关系。再现是对人类的相似心理的利用,即它和现实对称,因此它好则现实也好。柏拉图要把艺术家赶出城市,就是猜出了其中的奥秘。柏拉图认为:艺术家再现的床是一张虚假的床,没有生命,只是所再现的外在事物的寄生物;绘画中的床告诉我们的只是一些生活常识,且很不准确;何况,现实中的坏东西一旦被再现进去,就会对人产生不良影响。由此,我们也看到了再现与现实之间的非对称性。

更为根本的是,没有什么真正的再现。科学家说在原生动物蠕虫的眼睛里,世界是无形无色的;在具有复眼的昆虫的眼睛里,世界是镶嵌样的;在狗的眼睛里,世界是黑白的;在不同的人的眼睛里,世界的面目其实也是不同的。因此,再现只是一种翻译而不是一种抄录,只是一种结构转换而不是一种复写。颇为有趣的是,每个时代都说自己的艺术是再现的,事后一看,都是虚构的。今天看来,近代绘画作品完全是高度风格化的,但为什么当时的人们会认为是在再现呢?因为这种再现实际并不是与外在世界一致,而是与当时社会用来描绘外在世界的观念一致,是在与某种观念相互比较,而不是在与外在现实相互比较。霍华德·希巴德发现:"米开朗基罗却没有一件作品的比例是'正确的',而这一切都表现出他关于完美的观念,或者是关于争取完美的观念和希望完美的观念,这些观念都来自以科学研究为基础,但又被艺术所创造的解剖学知识。"①原来如此。

进而言之,作品不应等同于从透明的窗子中看到的外景,而应是一种独特的观看事物的方式,不应是仅仅把事物呈现出来,而应是对它的一种评论。我们对作品的反应不能等同于对它所描绘的事物的反应,而应是对这个事物的被描绘方式的反应。对现实的描绘不是按照它本身的样子进行的,因此艺术很难建立起一种再现关系——能够建立起来的只是从特定角度对事物所作的观照和解释,我们眼睛中看到的永远不会是物体本身的样子。在作品中,同一件事物可以用不同的方式说出来,即便同为西方的再现传统,表现也可以大相径庭。例如,假如接受把一幅画看作是二度的平面的传统,就会画出埃及式的作品;假如接受透过一个绘画平面在其背后看到一个真实的物体的传统,就会产生意大利文艺复兴时期的绘画。这样,我们对绘画作品的欣赏实际上是"读画",我们之所以说"看画",是因为它的阅读规则一旦掌握就成为完全透明的。休谟不就已经发现,我们所感知的世界,绝大部分是一种想象性的构造?确实,我们总是以为自己是生活在真实之中,未能意识到自己也生活在无意识的惯例之中,唯一的原因就是这惯例与世界融为一体了。

由此我们发现:西方传统审美的再现,意味着不但要画出一个对象,而且要你认可这是一个真实的对象。而创作的快感正是来自后者。不妨作个对比:在当代的叙事中只是追求画出一个对象,我们总是看不到物体本身,看到的是艺术家眼睛中看到的东西,而且是通过种种媒介看到的东西。其潜在理由是再现某个对象可以再现某一类对象的特征,是指向某一类事物的可能的存在方式,人类从这样一种人类与动物的区别中得到快感。这里重要的是"可能性"这个概念。这样,我们终于清晰地看到:作为一种全知视角的再现的虚妄,事实上,它只是对于世界的一种组织,而并非一种再现。

---

① 霍华德·希巴德:《米开朗基罗》,英文版,伦敦,企鹅丛书,1975年,第160页。

不妨讨论一个具体问题：古典写实画家所崇尚的"固有色"。我们总是把"固有色"当作唯一的真实接受下来，但实际上，这种唯一的真实并不存在。除了古典的写实画家的"固有色"，现代的印象派画家的"条件色"就也是真实的。犹如照片和底片之间的真实，它们都是真实的，但这要看你是从哪个角度去看，用什么眼光去看。以"固有色"为例，它是指不考虑环境或者光源颜色对于物象颜色的干扰，还原物象的本来颜色。而"条件色"则要把这一切都考虑进去。可见它们不是真实和不真实的关系，也不是先后被发现的关系，更不是进步与落后的关系，而是被不同的"看"所选择的结果。人们看到的东西，总是他们希望看到的东西，总是他们的潜意识在顽强地寻找着的东西。达·芬奇说过：没有一件物体能够完全显示本来的颜色。任何不透明的物体都可能会染上对面物体的颜色。远山会因为蔚蓝的天空而显得葱茏；树叶、小草的颜色也往往会受到照亮它的物体的颜色的影响；一件白颜色的衣服，在空气和阳光的交织照射的影响下会变为蓝色。所以物体不断受到临近发光与不发光物体之影响而改变颜色。可见，人们对于"条件色"不是没有看到，而是故意"视而不见"。那么，十分干巴、十分僵硬的"固有色"为什么会被近代画家接受呢？这只是因为，首先，它是一种现实的感觉。在中世纪，一切都是程式化的，浸泡在神的幻影里，一旦打破这种束缚，真切地看到了世界，自然会追求一种真实，固有色正是对于人们的视觉经验的肯定。其次，那时对于人的认识是在理性的旗帜下完成的，固有色正是理性对世界的整理、概括的结果。它排除偶然的、变动的、表面的、个别的东西，"条件色"因此被排除掉了，肯定必然的、不变的、本质的、全面的东西，"固有色"因此而被肯定。可见，这也是近代的一种美学发现。但变化的就是表面的？不变的就是真实的？追求事物的唯一的、永恒的本质，这或许还是一种变相的上帝崇拜？故"条件色"的出现也正是人们改变了眼光的结果。人们往往把伦敦看作银灰色的，但莫奈却把它画成紫红色的。两者之间的差异正是用"固有色"的眼光看，还是用"条件色"的眼光看。莫奈画了一生"水",被称为"水的拉斐尔",但水为什么就能够画上一生?这在"固有色"是不可理解的。原来,他只对水的反光图像感兴趣。水只反映阳光的颜色,因此瞬息可以万变。由此入手,自然就不再凝固为瞬间的奇异,而是被还原为过程,大自然欢快地流动起来,凝固成为瞬间,结果,莫奈借助"条件色"与大自然建立了一种全新的关系,最终说出了从未有人能够说出的话。

综上所述,叙事的全知视角只不过反映了人们的视觉经验与人们的特定文化背景之间的吻合关系,是按照一定的美学规范把世界拆开、拆散,然后又根据一定的美学规范把它们"安装"起来的结果,其中的标准,不论是近代还是现代,都决定于背后的美学规范,而不是所谓"现实"。强调"再现",只不过是人们自以为能够通过现象把握本质的理性观念的反映而已。而真正的美学家并不会因为某人能够把相似的物象搬运到了画面上,就称之为好画,而是除了要看"画了什么",更要看"怎么画的",看作者把感觉怎么"拆"、怎么"装",其中的美学规范是什么、与现实建立了一种什么样的新的联系。为了不受物象的影响,波德莱尔甚至提出,把画倒过来观看。因此,全知视角充其量也只是一种叙事角度,而决不可能成为真实本身,更不可能成为唯一的审美活动。

其次,传统审美文化的叙事还是一种人格化的叙事。全知叙事必然是人格叙事,在其中叙事人主动出场对于对象加以道德评价,自信有一种普遍的道德评价标准,好坏、美丑可以分辨清楚。正如罗兰·巴尔特发现的:"小说是一种死亡,它把生命变成一种命运,把记忆变成一种有用的行为,把延续变成一种有方向的和有意义的时间。"[1]

以透视为例。它是近代美学的一种发现。无须为画面增添一丝颜色、一件物象,只需把画面之间的关系略加调整,一切就焕然一新。人物可以因此而变得理想化,世界也因此可以变得理想化。真是一支神奇的"魔棒"。

---

[1] 罗兰·巴尔特:《符号学原理》,李幼蒸译,三联书店1988年版,第84页。

这就难怪当时的人会对它的崇拜达到了狂热的程度,以致一些不需要透视的艺术因此而自惭形秽。如雕塑,伟大的米开朗基罗在达·芬奇面前,就颇为内疚,而后者则甚为自负:"绘画与雕塑比较:——绘画需要更多的思想和更高的技巧,它是一门比雕塑更神奇的艺术。"但物体自己又怎么会变大变小?不过是以眼睛的某种"错觉"为标准而已。恰似传统小说的高潮是靠压制读者来完成的,因为传达的是"共同经验",读者只需倾听,透视也只是为了像戈尔贡三姐妹那样公用一只眼睛,人们的视线被引向一个合乎逻辑的终点——画家的说教,可见,只是一种人格叙事。而且,要论变形,当代画家远赶不上近代画家。人们接受透视是一个困难的过程,这从原始人的经历中可以找到例证,而现在,人们避免用透视的眼光去看世界又成为一种困难了,因为人类长期摸索,已经有了一整套如何让人们忘记物象的平面性质、忘记造成块面的只是线条,从而形成一种幻觉的经验,要把这一切从无意识中消除,也不是一件容易事了。而上述两种困难所告诉我们的,又是一个事实,即人类对于世界的规定是经过了一个极为困难的人格评价的。与其说透视是近代美学家对于世界的一种发现,不如说是近代美学对于世界的一种强制。

更为重要的是语言。人们曾经坚信,语言可以再现现实,但事实上,语言也只是一种人格话语。从古到今,只存在被语言陈述的世界,语言中的世界。真实也如此,除了语言陈述的真实,我们事实上不知道别的真实。在此之外,只能被划入括号。"十分明显,历史的话语,不按内容只按结构来看,本质上是意识形态的产物,或更准确地说,是想象的产物……正因如此,历史'事实'这一概念在各个时代中似乎都是可疑的了。……一旦语言介入(实际总是如此),事实只能同语反复地加以定义:我们注意能够予以注意的东西;但是能注意的东西不过就是值得注意的东西。结构,区别历史话语与其他话语的唯一特征就成了一个悖论:'事实'只能作为话语中的一项存在于语言里,而我们通常的做法倒像是说,它完全是另一存在面上某物的,以及某种结构之外'现实'的单纯复制。"①人们误以为手中的工具对客观现实是在结构上对等的。实际,语言从诞生之初就是意味着思维与现实之间的某种分裂,只是因为思维要重新组织现实并对现实加以表述,才产生了语言。语言与现实之间的鸿沟是不可跨越的。只要有语言的介入,就会产生歪曲、误解。"再现现实",在实践上、逻辑上都不可能。何况,语言有其"整体性""结构性"。一方面,从历时的角度看,语言要受文化历史的影响;从共时的角度看,语言要受语言结构的影响,如"现实主义",就要受"人道主义""理性主义""悲剧"的影响。因此如果有"再现"的话,也只是语言结构的自我表现而已,亦即某种文化精神的影响,而文化精神却不是客观的,而是主观的,也不是真理判断而是价值判断。另一方面,从形式上说,语言结构与客观结构之间的同构也是虚构的。叙事的时间是一种线性时间,而故事发生的时间则是立体的。在故事中,几个事件可以同时发生,但是话语则必须把它们一件一件地叙述出来,一个复杂的形象被投射成一条直线。如是小说就必然把空间关系加以曲解。画面对空间的曲解也是如此,现实中所没有的透视关系会把物体纳入另一种结构之中。世界的空间也无法与画面的空间相等。从再现现实的角度说,语言叙述中什么也没有发生,所发生的只是语言本身。人物并不是反映现实的产物,而是语言通过结构的力量创造出来的。作者也是被这样创造出来的。巴尔特因此才用"创造性的文本"取代反映现实。所以语言既是"它述"又是"自述",它不但表达外在的事物,也表达自己。作家喜欢讲"驾驭语言",实际上,被"驾驭"的正是作家自己。任何时候,只要语言介入其间,随后出现的结果(陈述)就从它的来源(对象)那里分离出来,就成为自足自律的独立实体。因此,在创作中不仅是主观介入客观,而且是语言介入主观,语言永恒地存在着,真实却在哪里?

---

① 罗兰·巴尔特:《历史的话语》,参见《现代西方历史哲学译文集》,张文杰等编译,上海译文出版社 1984 年版,第 93 页。

综上所述,传统审美文化的叙事对"真实"的追求虽然有存在于思维之外还是存在于思维之内的差异,但在目的论上却并无争论,即都认为有一种比现实关系更加真实的实在存在于现实关系之上。这在传统的社会或许是无可非议的,但是,进入当代社会之后,这种理性主义的目的论被无情地抛弃,人们意识到现实世界不存在一种绝对本质,目的是人们出于某种需要而设立的,并非永恒的存在,结果,就只能导致人们放弃传统的叙事的幻想,并且竭力在此之外去探索文学如何真正接近生活的途径。文学中的东西现实中都有,文学的存在意义何在?只能在陈述的意义上去寻找。假如作家多少改变了叙述世界的方式,也就多少推动了审美文化的发展。而这,就意味着当代的审美文化的叙事的诞生。

第二节 反叙事的叙事:在平面上开掘深度

就叙事模式而言,当代审美文化对于传统美学的镜式本质的冲击实际就是新旧叙事模式之间言说与沉默关系的一种较量。而让从前沉默的言说,让从前言说的沉默,从合理性中找到不合理性,从不合理性中找到合理性,从旧的秩序转到新的秩序……总之是冲破传统的歌颂与批判的两项对立的叙事模式,边缘开始向中心挑战,就正是当代审美文化对于叙事模式的选择。

当然,说到底,任何一种叙事策略都是一种意识形态。反抗中心追求边缘也不过是一种叙事策略,最终仍具有意识形态性质。巴尔特说得好:"它实际上代表了一种根本的意识形态的转变:历史叙述正在消亡,从今以后历史的试金石与其说是现实,不如说是可理解性。"[①]因此,当代审美文化的叙事,现在被从新的角度加以阐释,它要冲出传统叙事的权力话语的囚笼,冲

---

① 罗兰·巴尔特:《符号学原理》,李幼蒸译,三联书店1988年版,第62页。

出它的虚幻的"合理性",对解释与组织现实的话语加以重新分布和调整,它是人类对于命运的正视,也是人类用叙事的独特形式对于命运的反抗。纳塔丽·萨罗特的发现令人深省:"在那全盛时代,小说人物真是享有一切荣华富贵,得到各种各样的供奉和无微不至的关怀。他什么都不缺少,从短裤上的银扣一直到鼻尖上的脉络暴露的肉瘤。现在,他逐步失去了一切:他的祖宗、他精心建造的房子(从地窖一直到顶楼,塞满了各式各样的东西,甚至最细小的小玩意),他的资财与地位、衣着、身躯、容貌。特别严重的是他失去了最宝贵的所有物:只属于他一个人所特有的个性。有时甚至连他的姓名也荡然无存了。""小说中的主要人物是一个无名无姓的'我',他既没有鲜明的轮廓,又难以形容,无从捉摸,形迹隐蔽……"①

当代审美文化的叙事的特点不再是训话,而是对话。布托尔指出:"很明显,我们生活的这个世界迅速地变化着。叙述形式的传统技术已不能把所有迅速出现的新关系都容纳进去。其结果是出现持续的不适应,我们不能整理向我们袭来的全部信息,原因是我们缺乏合适的工具。"②传统审美文化的叙事因此而终结。当代审美文化的叙事不再是对于生活的解释,不再是在生活中浓缩进人类的集体精神,而是一种语词的游戏象征,不再运用隐喻,不再创作超越的空间,叙述圈套压抑着故事,故事取代了深度模式,话语从创作向叙述还原、向写作还原,不再存在一个及物世界,也不再存在一种转喻式思维。它强调平等、自由、开放、民主、敞开,不再是两极之间的冲突,而是两极之间的对话,真理不再存在于其中的任何一方(双方都处于无知的状态),不再从一个极端走向另外一个极端,而是进入彼此的世界,在一个广阔的中间地带相遇、相互补充、相互融合、相互发掘,类似中国的太极图。

---

① 转引自《法国作家论文学》,王忠琪等译,三联书店1984年版,第382页。
② 转引自柳鸣九主编:《新小说派研究》,中国社会科学出版社1986年版,第88页。

这种转变首先表现在从全知叙事向局部叙事的演进方面,过去总是假定有一种共同的本质,假定在两个人以上才有可能,叙事也必须假定有一个听众,这假定的听众使叙事有了意义,而一旦永远得不到反响,就产生了所谓的悲剧、崇高。"现代作者试图创作与读者群体共享的秩序相对立的、独特的、个人的想象秩序。……开放形式预防了叙事的封闭以及随之而来的意义的确定。"①它拒绝人与人之间、人与自然之间的假定的共同性,拒绝虚假交流的愿望,假定的听众不再存在,传统的叙事自然也就不再有其意义。

例如,在理论上说,传统的文学性叙事有六个参与者:真实的读者、假托的读者、接受者、叙事者、假托的作者、真实的作者。现在却大为简化了。作者与读者、演员与观众之间,无须再经过种种中介,作者、演员同时充当"真实的作者""假托的作者""叙事者"的角色,观众同时充当了"接受者""假托的读者""真实的读者"的角色,这样我们就回到了叙事的简单模式——说者与听者之间的对话。这样一来,传统审美文化所依靠的抽象的共同本质由于"假托的作者"不再存在而由强化走向淡化直至消失,非情节化、非故事化、非主题化,块状的语言被流动的语言所代替,取外在的情节逻辑而代之的,是一种内在的潜意识逻辑,传统的两极对立的等级模式、叙事话语模式就这样被颠覆消解。对话的叙事模式也可以在现代心理学中找到根据。例如:"在下意识中并非存在着两种目标相反的欲望,两者之间不需要进行任何调整。它们或者是彼此不发生任何影响,或者是相互产生了影响,却并不决出谁强谁弱,而是出现一种荒谬的折衷,因为这个折衷囊括两个互不相容的细节,由此可以看出这样一个事实:相反的两样东西并不是相互分离,而是被当作相同物来看待,因为,在外显的梦中任何要素都可能同时含有相反

---

① 转引自柳鸣九主编:《新小说派研究》,中国社会科学出版社 1986 年版,第 91 页。

的意义。"①

进而言之,全知叙事的消解意味着:叙事不再是"类"的,而是个体的。从当代审美文化的角度讲,共同的抽象本质——"类"固然可以使人聪明地与世界打交道,使人熟练地把世界加以分门别类,甚至把自己机智地塑造成某种最受欢迎的"常态"。正如舍斯托夫所说:"思维健全的人所以是思维健全,是因为他表述适用于大家的判断,他本人看到的也只是大家永远需要的东西。可以说,思维健全的人是'普遍人'。"②审美活动也是如此,从共同的抽象本质出发的叙事,无异于为世界裁制的时装,虽然合身,但毕竟不是世界本身。须知,"每一个生命,都相信他那本来是单面的、独立的、外在的世界,是适用于所有的生命的。但其实,这所谓'世界',只是各人生存中,一个永恒新鲜、单独发生,而绝不重现的经验而已。"③当代叙事追求的,正是这"永恒新鲜、单独发生,而绝不重现的经验"。

在这个意义上,当代的叙事就是建立在正确的"看"的基础上的正确的"说"。所谓的"看",如德拉克罗瓦所说:"我们称之为伟大艺术家的创造力的那个东西,不过就是某种看的方式。"而正确的"看"则是指的当代审美活动从过去的"经验"向目前的"体验"的转移。这是一种独一无二的"看"。卡西尔说:"艺术家选择实在的某一方面,但这种选择过程同时也就是客观化的过程。当我们进入他的透镜,我们就不得不以他的眼光来看待世界,仿佛就像我们以前从未从这种特殊方面观察过这个世界似的。"④杜威说:艺术的"最大功绩在于加速了新的艺术形式的出现,并通过对完善的东西的新的表现形式对人们的感官进行了熏陶,从而扩大和丰富了人类的眼界"。⑤ 阿瑞

---

① 参见弗洛伊德:《精神分析纲要》,刘福堂等译,安徽文艺出版社 1984 年版,第 32 页。
② 舍斯托夫:《在约伯的天平上》,董友等译,三联书店 1989 年版,第 33 页。
③ 斯宾格勒:《西方的没落》,陈晓林译,黑龙江教育出版社 1988 年版,第 116 页。
④ 卡西尔:《人论》,甘阳译,上海译文出版社 1985 年版,第 185 页。
⑤ 转引自李普曼编:《当代美学》,邓鹏译,光明日报出版社 1985 年版,第 79 页。

提的断言更是发聋振聩:"毫无疑问,如果哥伦布没有诞生,迟早会有人发现美洲;如果伽利略、法布里修斯、谢纳尔和哈里奥特没有发现太阳黑子,以后也会有人发现。只是让人难以信服的是,如果没有诞生米朗基罗,有哪个人会提供给我们站在摩西雕像面前所能产生的那种审美感受。同样,也难以设想如果没有诞生贝多芬,会有哪位其他作曲家能赢得他的《第九交响曲》所获得的无与伦比的效果。"[1]不言而喻,当代人正是通过这种独一无二的"看"真实地生存于世界上,使生命在无遮蔽的敞亮中显露出来。而当代的叙事也正是对于真实的生命活动的正确的"说"。

在传统美学的眼里,如此叙事无疑是对美的亵渎。然而,这又确实是当代审美文化刻意为之的结果。当代叙事追求的正是非美的效果,以便在传统审美文化之外开辟出一块审美的全新天地。传统叙事只着眼于对美的追求,但对美的追求只属于表层心理,只有对非美的追求才属于深层心理。当代叙事追求的是非美的、无意识的视觉形象。传统叙事过分注重单纯、简洁、精确的形象,而排斥模糊、断续、非具象的形象,蔑视偶然的东西,这是传统审美文化的一大误区,将这种常识性的态度加以逆转是十分必要的。"我们的物体知觉往往去注意物体的'恒常的'性质,即物体的形状、尺寸、调子和色彩;而且我们的物体知觉往往会限制(或压抑)物体的偶然变形(这种变形是由透视缩短和偶然的照明造成的)。应当承认,这些被压抑的形体变形、调子变形和色彩变形却恰恰为无意识的'物体范围外的'深层知觉所觉察。"[2]当代叙事追求的正是为"深层知觉所察觉"的东西。

在此意义上,我们在当代审美文化之中看到的是一种"使目光错乱"(赫伯特·里德)的叙事,它处处与传统的分门别类的"目光"相抗衡,相比之下,传统叙事则用良好的完形阻止了"使目光错乱"的东西,和谐有序的表现导

---

[1] 阿瑞提:《创造的秘密》,钱岗南译,辽宁人民出版社1987年版,第387页。
[2] 埃伦茨维希:《艺术视听觉心理分析》,肖聿等译,中国人民大学出版社1989年版,第13页。

致了美感的产生。就以壁纸为例,在传统审美文化的教育下,我们的目光总是急于观察良好的完形,为了使绘画作品被很快注意到,就要使壁纸蕴含一种"排斥目光"的效果,成为一种中性的背景,使人们的目光转到真正的图画上去。因此在壁纸上不会有引人注目的特征并且每一个图案都是相同的。采取现代绘画那样的图案交错叠置的方式,你的目光千百次地略过壁纸,但从未领会到上面是什么。现代绘画采取的正是类似的方式。要对它进行明确的结构分析,但根本行不通。在西方现代小说中,曾见到讥讽现代绘画是"窗帘",看来人们都注意到了这一点。埃伦茨维希解释说:只有处在智力高度集中的情况下,我们的眼睛才会注意到周围物体的简洁单纯的完形,在深层心理状态,视觉失去了敏锐而界限分明的边缘,物体变得模糊含混,在连绵的流动中断断续续了。此时,"一种新的形式法则开始发生作用。它与完形法则截然相反,因此可以称之为完形原则的逆定理。……不是趋于精确、简单、单义的性质,而是正相反,趋向于模糊、混合、多义的性质。"①另外,在现代审美活动中,侦探小说是一个典型。像绘画中的"错乱",音乐中的"茫然"一样,在此是"瘫痪",合乎逻辑的结果被推到尽可能遥远的未来,充其量是虚晃一枪,读者看到的就是多种线索的交错,从一种可能转到另一种可能,读者的智力完全失去了控制力,由此造成了摈弃深度内涵的以惊险为惊险的智力游戏式的审美特点。

奥地利美学家埃伦茨威希也意识到了这种当代叙事的这一特性,他指出:这种叙事"总使较理智的人感到不安。如果要避免不安,我们就必须放弃集中注意的习惯和把色彩的条斑结合成统一画面的意识需要。我们应该让自己的眼光无目标并忘记时间和方向,总是置身于眼前的瞬间,不要试图将此时此刻呈现在视觉中的色彩与自己曾经见到或将要见到的其他色块联

---

① 埃伦茨维希:《艺术视听觉心理分析》,肖聿等译,中国人民大学出版社1989年版,第39页。

系起来。如果我们在自己身上造成了这样漫无目的的、白日梦似的状态,那么我们不仅会忘记不安,而且眼前的画也会改变它那芜杂的结构和凌乱的表面,就会变成另一个样子。在这种状态下,我们每一次新的体验现在都会变成逻辑的发展,我们会迅速地感到自己掌握了包含在每一个色彩的核心中的潜在结构……为了使无意识形式原则取得应有的地位,就必须打破意识的表面统一。由于无意识形式原则是不能根据理性来分析的,我们就不得不运用审美感受,以便区分不负责任的冒牌艺术和……那种由内在的必然所支配的真正创造性的艺术。"①

其次是从人格叙事向非人格叙事转移。罗布-格里耶曾经描述这一状况说:传统的叙事"准确地反映了人生及人生世界的状态和遭遇……从中可嗅到一种人主宰万物的气息。这种气息虽然很模糊,却渗透到万物之中,赋予这个世界以所谓的'意味',为它的内部装填了某种多少带点人为气息的感情和思想脉络。……但这时我们周围的世界却转变成一种光滑的表面,没有意义,没有灵魂,没有价值……我们发现自己又一次面对着'事物本身'……在这种情况下,我们所着力构造的不应再是一个充满意味的(心理的、社会的、功能的)宇宙,而是一个比较坚实(solid)和比较直接(immediate)的世界。通过它的出现,首先是使物体和姿态(gesture)确证自身……世界既不是充满意义的,也不是荒唐的(absurd),世界就是其自身的存在,这再简单不过了……突然间这一显而易见的存在以不可抗拒的力量打动了我们。整个宏伟的结构(construction)瞬间塌掉了,我们的眼睛突然睁大了,这一顽强执拗的实在,这个我们曾经假装掌握了的实在,使我们如此震惊。我们周围不再是我们用种种拟人的和染上保护色的形容词打扮的事物,而是事物自身。"②

---

① 转引自李普曼编:《当代美学》,邓鹏译,光明日报出版社 1986 年版,第 428 页。
② 罗布-格里耶:《小说的未来》,英文版,纽约,1965 年,第 19 页。

固定不变的不再一定是有价值的,也不再是叙事关注的目标,永恒、完美也不再是叙事追求的对象。难道变化的就不真实,过程、瞬间就是不值一顾之物?随着理性的动摇,文化的相对主义、认识的不可知论、道德的虚无主义,一切曾经见惯不惊的观念通通被人们重新加以思考。近代对上帝的批判成为走向自然的前提,现在,对自然的批判却成为走向自然的前提。历史真够幽默的了。

人与物之间的自以为是的相通遭到有效的制止。情节淡化了,因为情节是人的行动,难免成为人格叙事;意识活动也终止了,因为这也是人格化的思考,深层的意识活动转向了平面的感觉;作者不再能够指点江山,乱发议论,也不再能够以道德的审判者自居(当代作品中的道德混乱就是这样产生的。威廉姆斯说:"纯粹的人物视角引起了全面的相对主义,由于我们只能就叙述者之所及接受叙述,就造成全部价值判断标准的毁灭,其后果是文学效果的源头也被毁灭。"[①]);现在无终点了,过去以压制读者来完成的作品,现在改变了,人们不再只看一个画面。作品用把传统的过去时转变为现在时,用人称的变化,使读者参加进去。因为只有允许干涉的作品才有读的必要,否则不过是复印。

其中,最值得探讨的是"抽象"。因为竭力回避实在空间的表现和对深度关系的抑制的所谓"抽象",是当代叙事的最为突出的特点,也是它的贡献所在。

传统叙事与当代叙事有"移情冲动"与"抽象冲动"的差异。前者在有机的美中获得满足,是一种客观化的自我享受,即把自我移入对象中去,让审美主体在一个与自我不同的感性对象中玩味自我本身,这种美学成功地解释了古典艺术。"再现现实"是人类的一种宿命般的美学理想,一种以把握了外在来换取的自豪感的悲剧理想。世界因此而变得虚伪起来。此时,艺

---

① 转引自《外国文学评论》1990年第4期《叙述形式的文化意义》。

术家为一种要求再现世界真实面貌的愿望所支配,在解决视觉对象的空间位置或体积的问题时,无不采用超视觉的性能、想象,从而改变对象的形体,创造一个为理想的形式所占有的理想的空间,但从未真正反映现实,只是一种"深度幻觉"(罗布-格里耶)。人们很少想到,"再现现实"只有假说的意义。"大自然,好像描述它时我们并不在场。"(波德莱尔)这是一个假说,"语言与实在可以达到同构。"(亚里士多德)这其实也是一个假说,但传统叙事却把它等同于真理。为此,几千年来,人们只好不断借助于"错觉"——一种心理"契约"(如对第四堵墙的默认)。然而,一旦把这契约拿掉,人们的举动立刻就变得荒唐起来了。

至于抽象,作为一种当代美学的叙事,也并非传统的抽象——那是人们由生命现象背后的神秘的混沌所引起的巨大内心不安的产物,是人类对空间的一种极大的心理恐惧,对在世界中丧失了立身之地的本能恐惧,体现了一种茫然不知所措的失落感、一种寻求解救的需要,而是一种新的抽象,即对于生命世界的冷漠和贬抑。对于抽象的需要是人类原初的一种需要。它在理性发展起来之后的西方的古代受到了有意的抑制,但在中国古代受到了推崇。在西方当代也受到了重视。

"抽象冲动"不将自己沉潜到外物中,也不从外物中玩味自己,而是将外界的单个事物的绝对价值从秩序井然的世界中抽取出来,超越了生机勃勃的自然状态,也不再见到运动感,因为运动也作为万物的存在属性而被超越了。通过这种方式,他们便成功地实现了对于理性世界的抵制,并在抵制中寻得安息之所。在这方面,沃林格的《抽象与移情》、康定斯基的《论艺术的精神》堪称"现代运动中两个决定性文件",也是当代叙事诞生的信号,起着"预告性的效果"。单个事物的个性是一物成为一物的那种本质的东西。它存在于万物之中,现在把它从万物之中抽象出来,就割断了它的特殊来源,即无法在经验中再找到对等物体,结果它不再为表现什么而存在,而就是一种自在自为的存在,除了它本身,什么都不是,再按传统美学的做法把它分为形式与内容,已经不再可能,在此,形式就是内容。

从传统叙事的立场,或许可以把单个事物的个性视作"媒介"。因为它并非一般物质("物理客体"),而是艺术家手中的物质("物质性事物")。此即作品的物的特性。例如建筑中有石质的东西,木刻中有木质的东西,绘画中有色彩,文学中有言说,音乐中有声响……不过,它不再是鲍山葵所声称的那种工具性的媒介:艺术家的"受魅惑的想象就生活在他的媒介的能力里;他靠媒介来思索,来感受;媒介是他的审美想象的特殊身体,而他的审美想象则是媒介的唯一特殊灵魂"。① 而是奥尔德里奇所说的那种本体性的媒介:"严格地说,艺术家没有制作媒介,而只是用媒介或者说用基本材料要素的调子的特质来创作,在这个基本意义上,这些特质就是艺术家的媒介。艺术家进行创作时就要考虑这些特质,直到将它们组合成某种样式,某种把握住了他想要向领悟性视觉展示的东西(内容的样式)。艺术家用这些特质来创作,而不是对这些特质进行加工。艺术家通过对基本材料的加工,用这些材料的特质进行创作。后者就是艺术家的媒介,它们(而不是材料)是作为审美客体的艺术作品的固有的组成部分。"②过去的手段成为今天的目的,不再是对于内容的呈现,它们本身就是内容。面对自成一体的封闭材料,人们玩味不已。作品不依赖于人的作为一物的特性得到了极大的重视。西班牙哲学家奥尔德柯在《艺术的非人类化》中把这种趋向归纳为:艺术不表现有人情味的东西;艺术避开有机生命物质来进行表现;作品本身就是艺术;不存在任何作品以外的东西,没有再现客体,也没有表现主体;以挖苦、讽刺为艺术的目的;艺术创作将成为大众的普遍行为。确实,当代叙事追求的都是这一动机。当代叙事开始"绘画地"看待绘画的对象,成为一种"眼睛的思维"(塞尚),当代审美文化的历史成为一部关于人类观看世界所采用的各种

---

① 鲍山葵:《美学三讲》,周煦良译,上海译文出版社1983年版,第31页。
② 奥尔德里奇:《艺术哲学》,程孟辉译,中国社会科学出版社1986年版,第56—57页。

不同方法的历史,一部关于视觉方式的历史。像印象派,就把万物看作细微的光的色调值的组合,否定了绘画与自然与主体的关系。他们在平面画布上引入球体、圆柱体、锥体、立方体,并率先用这一方式来"观看"世界,这一天才的发现,与爱因斯坦的相对论有异曲同工之妙。其中,康定斯基的"非描绘性"则是决定性的一步:

> 一天,暮色降临,我画完一幅写生画后,带着画箱回到家里……突然,我看见房间里有一幅难以描述的美丽图画。这幅画充满着一种内在的光芒。起初我有些迟疑,随后我迅疾地朝这幅神秘的图画走去——除了形式和色彩之外,别的我什么也没有看见,而它的内容,则是无法理解的。但我还是立刻明白过来了,这是一幅我自己作的画,它歪斜地靠在墙边上。第二天我试图在目光下重新获得昨天的那种效果,但是没有完全成功。因为我花了很长时间去辨别画中的内容,而那种朦胧的美丽之感却不复存在了。我豁然明白了,是客观物象损毁了我的绘画。①

于是,他恍然大悟:应该把色彩、形式、结构、点、线、面从手段中解放出来,使之成为目的。不过,他仍然保持了主体在创作中的地位。蒙德里安则把主体也抛弃了。从康定斯基的"热抽象"发展为"冷抽象"。从此,画家都回到作品的表面效果上去,把绘画当作一种物品来制作或装置了。画面色彩也不再是再现或表现的手段,而就是目的。绘画被称为"色彩建筑""色彩的纯粹形态""为色彩而色彩"。绘画的语言被缩减到色与形的关系,观众也不再寻找那隐于背景中的东西。艺术品的存在不再需要其他的理由,它存在,这就够了。波普尔称之为与自然、人鼎足三立的"世界三"。在当代叙事

---

① 康定斯基:《论艺术的精神》,查立译,中国社会科学出版社1987年版,第5页。

看来,它是当代审美文化,诸如绘画、建筑、雕塑存在的唯一理由。

这样一来,叙事者与自然万物之间不可能再保持一种反映的关系,而成为一种拒绝。最终结果是对任何一种主体渗透的排除和对任何一种空间表现的抑制。苏珊·朗格说:"从最复杂的现实生活和现实生活中的复杂利益中抽象出美的形象的最可靠的办法,就是创造一种纯粹的视像,这就是那种只有表象而无其他的事物,亦即那种被视觉清晰地和直接地把握到的事物。"①罗布-格里耶则具体描述说:"我们首先必须拒绝比喻的语言和传统的人道主义,同时还要拒绝悲剧的观念和任何一切使人相信物与人具有一种内在的至高无上的本性观念。总之,就是要拒绝一切关于先验秩序的观念。""我们必须制造出一个更实体、更直观的世界,以代替现在的这种充满心理的、社会的、功能意义的世界,让物体和姿态首先以它们的存在去发生作用,让它们的存在继续为人们感觉到。"②

关系的改变,使人们在叙事中享受到的不再是自身生命的东西,而是世界本身。创作者在这里只是甘当桥梁。海德格尔说:艺术家只是一个通道,他唯一能够做的或唯一有价值的努力就是保持这条通道的畅通。因为这个过程是考察物体存在的绝对的和规律性的,而不表现主体自身。人只是无意中促成了它的实现,实际上,它是物象自身的材料个性与某种特定的材料个性自己结合为一体的。毕加索说:我不创造,我只是发现。塞尚则说艺术家只是一个吸收的器官,一个对感觉登记的器具。克拉考尔也以电影为例,指出说:"当电影记录和揭示物质现实时,它才成为名副其实的影片",而且,"一部影片愈少直接接触内心生活、意识形态和心灵问题,它就愈富于电影性。"③"物质现实的复原"就是电影的美学追求。人充其量也只能算是一个拯救者,物象本来就是自在自为地存在着,只是缺少一种实现的契机,主体

---

① 苏珊·朗格:《艺术问题》,滕守尧等译,中国社会科学出版社1983年版,第30页。
② 转引自伍蠡甫主编:《现代西方文论选》,上海译文出版社1983年版,第314页。
③ 克拉考尔:《电影的本性》,邵牧君译,中国电影出版社1982年版,第5页。

给它的,正是这一契机。而且,一旦实现了绝对价值,人便被遗弃了。看起来人是被动的,但人从昔日僵硬的外在关系中解放出来,不正可以获得一种安宁感吗？于是,几何——无机的因素就成为视觉艺术中最为纯粹的抽象造型。它不会以任何方式唤起对其背后的深度感。只是在心灵从生命的复杂性中脱离出来的时候,以一种简化的和高度形式化的式样来代替它。阿恩海姆认为,人类的知觉包括了对于物体的一些普遍特征的捕捉,所谓"非描绘性",沃林格称之为"绝对价值",杜夫海纳称之为"归纳性的感性",凡·杜斯堡称之为"具体",蒙德里安称之为"非客观的"。这种简单的线条使内心不安的人们获得一种因为抗拒理性世界而产生的安全感。

当代叙事的抽象在视觉艺术创作中表现为对于三维空间的抑制和对于二维平面创造。消除深度空间的努力必然会导致这一归宿。在传统移情所造成的深度空间中,事物以三维空间的形式存在着,彼此发生关联,因此有了意义,有了价值,有了本质、历史……然而,物体的深度空间维度要在画面上得到表现,充其量只是一种在二维平面上创造的有关深度的幻觉而已。苏珊·朗格说:这样的空间表现都只能是为视觉感知的空间,它不是别的,而是一种幻象。艺术家特定的情绪、寓意处处可见,一切以能够唤起读者对这一切因素的注意为目的,而空间自身的那种自在的无机特质被削弱到了最低点。取而代之的是一种虚幻的有机化的生命活力。这种生命活力的任何程度上的存在,都会使物象回到外在空间的一切关系中去。如是,人类反而加重了自己的不安与恐惧,为之惊恐不已。当代叙事着眼于对这种深度空间的抑制。它用平面把物体本身的显现推举呈现,从诸关系的笼罩中冲杀出来,脱离虚伪的深度空间的关联,成为自在自为的,并构成一个封闭的整体时,二度空间就建立了起来。

当然,叙事的改变并不意味着审美文化的消失,而只是意味着审美文化的转型。在这背后,隐含着一种逐渐发展起来的新的眼光。从日常的自然物象之中要听到那内在的音乐,少不了这种眼光。康定斯基曾把这两种叙事作了一个对比:"一个三角形的尖角和一个圆圈接触产生的效果,不亚于米开朗基罗画上的上帝的手指接触着亚当的手指。""这手指不是解剖学、生理学的,而多过于此,它们是绘画手段;同样,圆圈和三角不是几何学,而多过于此,它们也是绘画手段。"①于是,"世界响了"!从来喑哑无言的世界终于开始发出自己的声音。有人为之不满,说这样一种非人称的叙事导致的当代审美文化还有什么可看的呢?这一片叫不出名字、对不上号的图形和色彩,又有何美可言呢?然而莫奈却告诫说:要忘记眼前的东西,只看到色彩、色彩之间的关系,在其中去"体味"和"说出"其中的甚至可以说是前所未有的吸引力。从明确的描述性到朦胧的非描述性,从物象到色与形,在人与画面之间,"物象"这个现象与本质之间的传统中介被抽掉了,从观察"物象"去理解事物的那条传统的直线式通道被切断了,过去"物象"在进入画面时,需要经过翻译,由画家把它翻译成色与线的纯平面效果。确实,首先是看"物象"画的什么,再考虑它表现的是什么思想。是"隔窗看景"。现在这个中介拆除了,注目于绘画上的小斑点之间的组织关系,犹如作曲家在谱纸上调整音符的位置。用原来的习惯去欣赏,只能处处碰壁。有人说"不明确",用物象的眼光看,是不明确,但从抽象本身去看,却是十分明确的,何况,艺术从来就是无法言说的。正如爱伦堡所说:"画是给人看的,不是给人说的。"有这样一个例子,一次,俄国的现实主义画家列宾与他的朋友在院子里散步,那几天正逢连日的大雪,四下皆白。这位朋友看见脚下有一块黄色的污渍,或许是狗尿,他就用脚尖顺便把它掩盖起来了,不料,列宾竟大为恼火。原来,这几天他一直专门到此来欣赏这一片琥珀色。这真是一片美丽的琥珀色!

---

① 转引自《欧洲现代画派画论选》,宗白华译,人民美术出版社1980年版,第138页。

第三节 艺术之为艺术

十分顺理成章的是,当代审美文化的叙事模式的转化必然深刻地涉及艺术观念的转化。原因很简单,艺术的规定首先就要涉及对本质的叙事,是被对本质的叙事组织起来的结果。或者说,艺术就是某种对于本质的叙事的表现形态。

因此,进而讨论当代审美文化所导致的艺术观念的转变,就成为顺理成章的事情。

当然,有些人不承认存在艺术观念的转变。他们这样做的理由无疑是源于对于当代审美文化的深深的误解。他们在面对当代审美文化的挑战的时候,往往喜欢在其中首先作一种二元的划分,即不承认精英文化与流行文化之间的深刻的一致性,而是简单地把精英艺术看作美和艺术的样板,而把流行艺术视为精英艺术的叛逆。于是,首先把当代审美文化自身所发生的一切裂变都归纳为谬误,进而再把这一切谬误都一股脑儿地扣在流行艺术的身上,结果最后就似乎十分"合乎逻辑"地得出了结论:解决当代审美文化的捷径在于流行艺术的重新回到精英艺术的轨道上来。如是,当代审美文化中所隐含的艺术观念的转变这一关键就被疏忽了过去。结果,对于当代审美文化的准确理解也就成为一件不再可能的事情。

另一方面,艺术观念的转变也已经被不少学者敏捷地把握到了。例如,有人就曾提到他在面对当代艺术时的一种观念心态的变化。最初,他只是关注于"像"还是"不像"。后来发现,自己错了。"现在想起来,看画时评价'像'还是'不像',实在是最没有道理的了。""看画时着眼的不但不该是像不像,而恰恰应是'不像'。观画者从不像中感受和发掘出其中隐藏的东西,就不但和画家有了默契和沟通,而且还领略了另一种对于世界的感受方式,便自然会进一步丰富自己对世界的认识,用这样的眼光去看各种画,或许就能看出点什么眉目来了。比如毕加索,伫立在他的那些画前,直接作用于你眼睛的,是一团似乎没有规律的形体和线条,'像'当然是无从谈起的。但我们不是从来就被告知,绘画只能平面地表现对象吗?对不起,毕加索恰恰用他的艺术眼光,分解了立体化的对象,然后在平面中表现得淋漓尽致。我们不是还被告知,绘画只能把对象凝定在一瞬间的时空里,从根本上和运动无关吗?同样对不起,毕加索就能用类似拍电影的方式,在一个平面里表现对象的运动美甚至速度美。再比如,我们从来就习惯在绘画中寻找形象及其意义,在这种情形下,构成形象的所有要素——诸如线条、色彩、光线等等,都不过是为形象和形象含寓的意义服务的。正是这种服务关系,使它们分别对应着一定的意义:形象的丑和美,红色象征革命,绿色表示生命,如此等等,不一而足。但是,当凡·高的画以那种无拘无束燃烧的黄色给予我们震撼般的压力时,我们曾经习惯的一切就摇摇欲坠起来。要是我们固执地坚持自己的习惯,不试图用听音乐的方式进行感受——谁能在音符、旋律和节奏中找到社会学意义上的对应意义呢——我们当然无法接近凡·高,而要是我们因此拒绝了凡·高,有什么能与这时的损失相比?凡·高、毕加索正是以一种崭新的艺术感受和逻辑,独特地把握和表现了世界,便在艺术和人生两大方面,为人类漫长的精神历程做出了巨大的贡献……画家们用他们天才的创造精神和坚韧的艺术追求,抗衡着这客观而冷漠的世界,建立出一个个属于人类所有的灵魂栖息地,要是我们后人连理解、接受它们的魄力和胸襟都没有,我们不是过于羸弱了吗?"[1]

在我看来,在当代审美文化中,艺术观念的转变是毋庸置疑的。其中,最为核心的就是:艺术与生活的同一。

艺术与生活的关系历来就是一个争论不休的话题。但无论怎样争论,就传统美学而言,认为艺术与生活相分离,认为艺术是独立于生活之外的天地,认为艺术高于生活,认为艺术是生活的参照系,认为艺术根本无需把生

---

[1] 何志云:《门外说画》,载《艺术世界》1993年第6期。

活纳入它的范围之内,却是其中的共同之处。

20世纪初,马塞尔·杜尚令人啼笑皆非地给《蒙娜丽莎》添上了两撇小胡子,题名为"L.H.O.O.Q",意为"下面有火";还把小便器签上大名,送到展览会上去,当作艺术品堂而皇之地予以展出。几乎没有人会不把这个事件看作当代艺术历程的一个重大转折。这确实是冷不防地给艺术高雅、正统的形象捅了致命的一刀,无异于是在为艺术"破相"。对此,杜尚是十分清楚的,他说:"蒙娜丽莎是如此广为人知和受到赞美,用她来出丑是颇有诱惑力的。我尽力使胡须具有艺术性。我也发现,有胡须的那个可怜姑娘变得很有男子气——这与雷奥纳多的同性恋很相配。"①不难看出,他已经根本不把传统美学放在眼里。他固然未曾提出新的美学,但每一个美学史家都会意识到,新的美学已经出现——反对传统美学这行动本身就已经是一种美学。此后,从未被人怀疑过的关于艺术是独立于生活之外的观念开始受到严峻的挑战。

事后,我们所看到的历史事实也确实如此。"达达"的代表人物让·阿尔普认为:"每一种存在或者由人制造的东西都是艺术。"波普艺术的显赫人物安迪·沃霍尔甚至毫不讳言地宣称:"我是一部机器。"这显然意在取消艺术与生活的界限,把世界上存在的一切直接视为艺术——所谓"反艺术"。其他艺术家也纷纷赤膊上阵:"艺术使我生厌"(萨蒂耶),"艺术是给傻瓜的药品"(毕卡比亚),"艺术不再严肃"(扎拉)。我们所看到的"行动绘画""偶发艺术""波普艺术""表演艺术",乃至西方艺术的主流,都可以追溯到这个企图消除艺术与生活的区别的"反艺术"的源头。正如柯索思所说:杜尚以后的所有美术(从性质上说)都是观念,因为美术只是以观念的方式而存在。"在这儿,具象被抽象的不拘一格的非规则艺术所代替,结构件元素被机遇性的和偶然性因素所代替,形象被符号所代替,形式被物质本身的变形所代

----
① 转引自吕澎:《现代绘画:新的形象语言》,山东文艺出版社1987年版,第219页。

替,涂彩被点彩和溅泼所代替,颜料被塑料、沙石、麻袋片、木片、垃圾、电线等文明的排泄物所代替,艺术作品的表现性质被关于'什么是艺术品的观念'所代替,物体或对象被某种事件或过程所代替,雕塑中的体积(Volume)被空间中的线性书法(书写)所代替(或被建筑元素的包含物所代替),形体和支撑物被钻孔、孔洞和焊接所代替;在这儿,'物本身'被遗忘和忽视。美的理想概念不仅使那种基于传统观念的审美判断变得无用,而且使得任何基于这些观念的审美判断变得不可能,剩下最多的是一种新的经验或一种不确定的感觉,一种质问或怀疑。"[1]

严格地说,"反艺术"的本义,并不一定就是反对艺术这一谁也说不清的东西,而是要无限制地跨越传统的美学观念的边界,并光明正大地反对西方传统的关于艺术是独立于生活之外的精神产品的习惯观念。为此,艺术的非艺术性被充分地强调。正如格林贝格在《近期雕塑》中概括的:"过去一百年间,最具有首创性的,同时也就是延伸得最边远的艺术总是达到了这么一个地步,以致叫人看来它们仿佛与那些原先被认为是艺术的东西毫不相干似的。换句话说,最远的边缘通常总是位于艺术与非艺术的交界上。"

具体来说,"反艺术"表现在两个边界的"延伸"上,其一,所谓"反艺术"意味着手与口的关系的颠倒。在传统艺术中,一般是"君子动手不动口"(只是直接从事艺术实践,而不去直接从事理论观念的张扬),不但不动口,而且以动口为违反了艺术活动的基本规范。现代艺术则不然,往往要既动手又动口,甚至要先动口然后再动手。勒维特指出:所有计划和决定都是在动手之前就已经作出了的,动手制作只是例行公事而已。美学评论家沃尔夫概括为"先信后看",此言不谬。这意味着,艺术本身成为一种同语反复系统。艺术除了为艺术下定义,除了对现有的艺术概念的扩展之外,什么也不是;也意味着最重要的不是艺术曾经是什么,而是艺术应该是什么,最值钱的不

---

[1] 滕守尧:《艺术社会学描述》,上海人民出版社1987年版,第155页。

再是作品,而是想法。

因此当代艺术家在创作的时候,往往更多地着眼于艺术观念的更新,着眼于重新建立艺术与人的关系:艺术对人意味着什么?还可能意味着什么?过去总是先验地认定艺术一定高于生活,但艺术就一定高于生活吗?艺术能不能等同于生活?过去的艺术品统不是日用品,但为什么不能是日用品?难道就不能"如果你赞美它,它就是艺术,反之则不然"吗?难道艺术的判断标准就只能是像不像或逼真不逼真,为什么就不能是呈现体验某一事物时的独特感受,并且设法使它延长、突出呢?人应该用眼睛看画抑或应该用心来读画?或者应该用眼与脑之间的神经造成的错觉来感受画?人应该站着看画还是应该跑着看画?过去的艺术品都以能更多地吸引观众为荣,但为什么艺术品就一定要吸引观众?人看画时应该觉得舒畅还应该觉得难受?……想法确定之后,才开始动手加以传达。结果,自然就不再以"手"——艺术的方式来限定"口"——意识,而是以"口"——意识的方式来限定"手"——艺术。

其二,所谓"反艺术"又意味着艺术分类的混淆。例如,概念艺术向语言艺术靠近,偶发艺术和行动艺术向表演艺术靠近。为此,罗森堡概括说:"在转向动作的过程中,正像绘画早些时候同音乐、小说分道扬镳一样,抽象艺术放弃了跟建筑的联盟,却跟哑剧和舞蹈携起手来……在绘画中,身体运动(不同于立体主义者对运动的幻觉表现)的主要手段就是线条,这种线条不仅仅是被设想为平面的最细部分的线条,也不是边线、轮廓线或连接那样的线条,而是被设想为笔触,或形象(在'形象素描'的意义上说)的线条。在通过画布时,那样的每一条线都能把艺术家身体的实际动作确立为一种美学声明。"[①]

他还指出:"美学的撤退……使'程序'艺术(process art)和随意艺术

[①] 哈罗德·罗森堡:《汉斯·霍夫曼:自然进入动作》,载 1957 年 5 月号《艺术新闻》。

(random art)合法化了。在前一种艺术中里,化学的、生物的、物理的或季节的各种力量影响着原来的材料,要么改变原材料的形式,要么毁坏了原材料。例如,有生长的草和细菌相混合的作品,还有生满铁锈的作品。而随意艺术的形式和内容是由偶然决定的。到头来,对美学的批判意味着完全弃绝艺术作品,取而代之的则是一种关于作品的概念,或一种声称某种作品完美无缺的传闻。概念艺术就是这样,尽管它们强调了所使用的材料的真实性,形形色色的取消美学的艺术所奉行的共同原则却是:完成的作品——如果还有这种东西的话——不如产生这一作品的程序重要,而完成的作品只是这些进程的痕迹。"[1]

这样,"反艺术"所关注于对象世界的维度就不能不是全新的了。假如说,过去主客相遇的地点是"题材——内容",而现在则是"结构——理解"。它意味着艺术回到了自身构造这样一个现代的出发点,重视的是形式及其相互关系。贝尔指出,这意味着艺术和现实完全不发生关系。其实并不如此,并不是不重视外在世界,而是发生联系的目的和对于外在世界的观照角度不同了。在传统美学中,把世界作为对象,作者的任务就是去进行外在的描绘,但是这世界时时处处都受到社会的价值体系的干扰,因此实际上只能做到在人为的价值体系的范围里揭示它的意义和价值,至于世界自身的含义,则从来就并未被如其所是地揭示出来。"反艺术"有鉴于此,决心干脆把这一人为的价值体系消解掉,让世界从被动转向主动,从而展示出一种空前的重要性,前所未有地以一种本真的方式自言自语,揭示出自己被长期遮蔽的本质。可见,"反艺术"的"目的"和"角度"在于创造一个属于第二自然的艺术本体,因此就要把形式和内容加以分离,并且为了着意强调形式对于内容的独立,不惜逐步放弃线条、色彩、空间、体块的描述功能,以便把媒介、关系、结构作为审美创造的对象。

---

[1] 哈罗德·罗森堡:《艺术定义的取消》,英文版,纽约,1972年,第28页。

为此，现代艺术广泛采用了变形的语言，例如在绘画中人体变得细长或粗壮了，其比例与现实人体的比例不合，再如用线条（弧线、直角线）去改变现实物体的物理尺度。有人说这是现代艺术在从主观出发去解释物体，或用变态的形体去附合人们的感情，其实不然，现代艺术恰恰是为了显示惊人真实时才采用变形的方式，它通过改变人们习惯的观看世界的方式，来提醒人们，从而揭示出在古典美学中无法揭示的世界的真相。

例如雕塑所强调的"量感"。雕塑实际就是一种量感减缩或扩张的语言。日本雕塑家本乡新在谈到量感时举过一个例子：一个30厘米的空木箱和一个同等尺寸的木块，还有一个同等尺寸但去掉一个角的木块，三者比较，最有量感的是最后一个，最没有量感的是第一个。为什么呢？木块比木箱有量感，是对量的反映，去掉一角的木块比原来的木块更有量感，则是因为对量的超越：由于面的增加和形的丰富，使我们对分量轻的对象产生了分量重的感觉。可见构成量感的依据不仅在客观对象和物质材料，而且在于雕塑作品本身的构成关系，是创造赋予作品以超越现实的美和力量。艺术家正是在作品的构成中通过种种手段来造就体量，从而表现出自己的精神指向的。

而世界一旦不再是对象而成为人自身，人与世界也就不再可分了。这样在揭示外在世界的同时，也就同时揭示了内在的世界。犹如上面把艺术本体加以分解一样，在这里是对心理元素的逐一分解。不过这种分解与传统美学又有所不同。它不是对内在的世界作理性的逻辑的解释，而是对其加以整体地呈现。如意识流对内在世界的挖掘。再如绘画作品，人们不再能够用认形和联想去解释这些作品，转而用灵魂去撞击和感受。看来现代画家已经深知：人们的情感不可能在对象物中找到直接的语言，于是转而去寻找一种色与情的特殊结合，并且借助这种形式去敲响情绪之钟。或许，这就是康定斯基所谓的"内在需要的原则"？

结果，作品与生活的传统关系被改变了。倘若杜威说"经验即艺术"，他们则说一切艺术都是经验,艺术与经验之间的所有界限统统被一笔勾销。他们激烈地抨击艺术的"等级地位"和"自封崇高"。作品不再是独立于生活之外,而是融洽在生活之中,成为生活的一部分,这样,艺术自然无法反映生活,艺术家不再是站在一定距离之外的一个观察点,自然也就不可能成为一面"镜子"。但它就是生活。艺术毫无顾忌地回到了生活本身。传统的乌托邦冲动被放逐,观念性的升华被转瞬即逝的无法做出"幸福的承诺"的生活事实所瓦解,虚幻的集体想象不再肆无忌惮,不再在意识形态意义上讲述生活,不再虚构世俗神话,也不再给时代提供文化镜像。它距离经典文本相距甚远,传统的超越意向被冷落一旁,满足于不动声色地把原汤原汁的生活和盘托出,一方面虚构阅读快感,一方面又消解经典文本所确认的文化镜像。

作品同作者的传统关系被改变了。作品不再是目的,因为现实的判断标准已不复存在,自然也就没有同一的深度意义来充当人类的判断标准了。与此相关联,艺术本身最重要的职能也不再是阐释现实和创造超越的空间;现实与艺术的界限被拆除了,生活进入艺术,艺术进入生活,并置在一个同格的平面之上;写作不再是高于叙事并站在生活世界之外来看待艺术世界,而是与叙事等值,叙述人就在文本之中;不再关心写什么,而是关心怎么写,叙述占据了文本,不再面对一个及物世界,叙述指向了叙述自己;传统的"真实"与"虚构"被"拼贴"与"复制"所取代,作品成为叙述流露出来的事实;文本成为一种写作过程、一种叙述过程、一种语言的游戏、一种个人的私事。这意味着一种艺术的还原。创作作品的过程成了目的,以至于在现代的艺术家看来,艺术家的呼吸、血液乃至排泄物都可以成为艺术。

作品同创造的传统关系被改变了。过去的创造是指想象中的虚构,是指创造一个新世界,关心的是审美活动的对象性,现代艺术关注的却是创造主体的过程性即时间经历本身。因而现在的创造指的是创造一种新境界,是一种自我超越,甚至是一种复制,不再是对象化的确证,不再是从对客体的欣赏中反观自身,达到自然的人化,而是非主体化、非对象化的确证,达到人的自然化。

作品同创作技巧的传统关系被改变了。创作技巧是几千年来传统美学最为强调的基本功,摹拟自然的古训被推翻了,它也就失去了市场。现代艺术家把技巧看作"无生殖力的重复",主张"彻底解放视觉的想象","孩子般单纯"地面对世界,强调要降低技巧,甚至以非技巧作为技巧。他们发现了一条取代技巧的最通俗、最大众化的原则:选择即创造。在他们看来,这是一条连接艺术与非艺术、精英艺术与通俗艺术的"曲径"。其美学意义表现为:与传统的作品拉开距离;与传统的所谓"创造"的工匠性质拉开距离。这样做,可能取消以技巧为基础的个人风格,但并不否定独创,多方变化感受、观察和理解对象世界的角度、方式、层次,同样可以使艺术富于主观能动性,并且可以增强其中精神的意向性和直接性。不难看出,这里的关键是一个非常值得注意的本体与功能的分离。传统美学认定任何功能都来自一个可以确证的物质整体,在艺术中功能只能来自作品。其实不然,中国的穴位就不是实体的存在。何况,作品已经被现成品代替了,现成品不再是创造的结果,而成为创造的根据,于是,也就只剩下作家的行为有创造性的品格了。

作品同媒介的传统关系被改变了。重视媒介是所有时代的共同特点,但过去对媒介的重视是为了达到更好地传达内容的需要,因此要尽量突破艺术媒介的限制,尽可能减少观众对媒介本身的注意,即使艺术媒介变得"透明"。而且,为了维护传统美学的地位,长期以来对媒介的重视已经成为一种不可逾越的规范。现在则不然,堪称是为媒介而媒介,专注于媒介本身,以期挖掘媒介本身的潜力,并通过它把创作过程中的种种变化揭示出来,即使媒介"不透明"。它意味着:人必须和自己、和自己的文化打交道。本来,人们可以说,我在画一匹奔马,这幅画的存在理由应该从奔马身上去找,但现在却是:是我在画,画赋予奔马一个二维平面的解释,画面上的奔马只是一个符号阐释,而不是一个实体。艺术活动者要完全靠自己去担负起创造的责任。自然,媒介就被重新思考了。过去,按照所表达者在自然秩序和真善美价值体系上的不同,语言媒介也是不等价的,现在不同了,媒介自身被强调出来,任何一个词汇、色块、音符,都有权利成为中心,都可以获得强度和延伸度。像在诗歌中玩弄音位、双关语和象声词,在文学中大量使用形容词或一个句子达40页而又不加一个标点,在音乐中采用抽象音响,不稳定音、半音在乐句的中间或结尾不断使用(尤其是摇滚,完全是以媒介的力量去撼动听众),在舞蹈中充分突出人体的质能,使得每一个动作都具备骨骼、肌肉和神经的内在强度,在绘画中利用材料拼图,在雕塑中则是突出其中的"石感"(亨利·摩尔)。而且,媒介的范围也被极大地扩大了,活人体可作雕塑,垃圾、农田、山谷、商品包装材料都被用作雕塑材料,槽钢、废旧汽车轮胎、大张的薄铁皮也进入了乐器的行列。总之,是蓄意破坏材料原有的完整性,使感觉和意义在材料中聚合起来,或者说,使人们在材料中直接找到自己的感觉,在材料的组织结果中直接领悟作品的意义。

作品同作品的传统关系被改变了。这是绘画和雕塑、绘画和其他部门艺术之间的区别已被混淆的必然结果。部门艺术的分类既然已经混淆,作品与作品之间的关系自然也只能被混淆。

作品与欣赏的传统关系被改变了。在作品中已经看不到内容的存在,有的就是诉诸平面的视觉甚至生理反应。以空间为例:古典绘画塑造的是一个可以"走进去"的艺术空间;现代绘画塑造的是一个可以"钻进去"的艺术空间,而现在线条、造型、轮廓、色彩统统在平面上被统一起来,空间不复存在了。更为令人触目惊心的是艺术的沦落。在工业时代,艺术也被以空前的深度和广度专门化了。实践形态的职业化、观念形态的理性化,使艺术最终从社会生活中独立而出。艺术的存在形态、媒介系统、操作手段、价值内涵、本体意蕴,统统被理性地加以限定,并成为艺术的不可逾越的"雷池"。既是神圣光环又是紧箍咒,既是主人又是奴隶。不难想象,当艺术以某种模式的方式垄断了人类的自由的生命活动之时,艺术也就背叛了它的初衷,远离了人类的超越本性。广泛的艺术产生方式被限定为屈指可数的几种门类形式;丰富的艺术表现媒介被简化为若干种物质;深刻的艺术创造的目的被浅薄地理解为某种教诲作用……艺术的人的非专门化转向了专门化,这实在是人类的悲剧。而要扭转这一切,在艺术家看来,应该首先以恢复人的创造性的生命力为契机,然后才谈得上恢复艺术的生命力。难以逆转的命运,以及突破艺术的疆界,反叛经典美学的价值准则的禁锢,使人类又一次注意到了欣赏方式的转换。

作品同观众的传统关系被改变了。作品不再是一个独立的观赏对象,而期冀着观众的参与,亦即让更多的人参与到艺术中来,使艺术品复数化,为此它冷酷地拒绝乐于驯化的观众,艺术邀请观众参加一个盛大宴会,但条件是这个宴会必须由观众自己举办。对于其中的缘由,可以参看上述关于作品与欣赏的关系的说明。

作品同存在方式的传统关系也被改变了。这类作品不再能够直接展览和收藏。这就从艺术的存在形态上破坏了传统艺术规范对艺术的控制。通过第二手的媒介,照片、录像、文献进入画廊、博物馆、艺术画册、收藏者的手中。过去的艺术靠仪式性的光环超越生活,现在则是反仪式性的,视艺术作品为一件普通物一样的存在。过去听古典音乐是聆听,现在听流行歌曲则是为了交流。艺术作品不再以能够长期保存为荣,而是以速朽为荣,阿伦·卡普罗甚至宣称了"美术馆之死",要把美术馆改为室内游泳池或夜总会,使美术走向街头、停车场、垃圾堆。罗森堡则主张美学家应该讨论美术馆不应该是美术馆这样一个根本问题。这意味着把人类几百年奋斗而来的艺术的崇高地位拉到人们的脚下,从而使艺术成为人类普通生活的一部分。传统艺术不复存在了,但正常的、普通的人却再一次回到了人间。结论是:通过埋葬传统艺术,人自身得到了解放。

而以上的一切改变都意味着一个共同的改变:艺术与生活的关系的改变。艺术与生活的关系从超越与被超越的关系改变为同一的关系。

那么,如何从理论上阐释这一转变呢?

我认为,要从理论上阐释这一转变,关键在于从传统的艺术观念中解脱出来。

在传统美学,"艺术"与"艺术形态"彼此混淆。结果,"艺术"被视作一种符号,直到卡西尔时依旧是如此。结果,或者认为艺术是一种再现形态,或者认为艺术是一种表现形态,或者认为艺术是一种形式形态……然而却忽视了在艺术观念中要讨论的是艺术的"是之所是",而并非艺术的"是什么"。① 艺术的"是什么"是艺术的凝固,或者说,是艺术的具体形态。在这个意义上,假如一种艺术的形态死亡了,我们固然可以说,是艺术死亡了,假如一种新的形态产生了,我们也可以说,是一种非艺术的东西产生了。但是,假如我们意识到,在追问艺术的观念的过程中,我们要追问的是作为本体的艺术本身的美学规定性,即造成了那些形形色色的"什么"(具体形态)的"是"之所"是",我们就同样会意识到:"艺术"从来就没有死亡,也没有诞生,而只是如其所"是"而已。

由此看来,艺术的具体形态是会死亡的,正如斯宾格勒所发现的:"每一件已经生成的事物,都是会死的。"②但艺术本身却不会死亡,此即所谓"生成"本身是不会死亡的。意识到这一点,正是当代审美文化的一个重大收获。

在此意义上,海德格尔不像卡西尔那样把艺术界定为一种特殊的符号,而是进而界定为使这一特殊符号得以呈现出来的东西,显然就远为深刻。

例如,在传统美学看来,本质(Wesen)是一种现在性的在场,是名词性的东西,是规定现象的东西。真理则是指的命题与事物的符合一致。真理即"合理"。但实际上"真"才是前提。真理之为真理,必须有符合一致的事物显现。"长期以来,真理意味着知识与事实的符合一致。然而,如果那知识

---

① 参见拙著《生命美学》,河南人民出版社1991年版,第一章。
② 斯宾格勒:《西方的没落》,陈晓林译,黑龙江教育出版社1988年版,第120页。

与构成和表达知识的命题要能符合事实,事实就必得自显为事实,否则,事实就不能约束命题。如果事实不能自行站出遮蔽状态,事实如何能呈现自身?如果事实本身不能在去蔽中站立,事实如何能呈现自身?"① 不难看出,从"真理"向"真"的还原,为我们认识当代审美文化提供了一个全新的视界。② 由此出发,我们看到:对于艺术的认识也应如此,对于艺术的"本源"的追问应该取代对于艺术的"本质"的追问。在这里,"本质"是名词性的,指恒定的东西、决定现象的东西;"本源"则是动词性的,是使存在者获得其自身本质的内在根源。"某物的本源乃它的本质之源。"③因此,艺术就是在真之去蔽澄明的活动中,事物在无蔽状态中的出场。用哲学的语言说,艺术是"存在"而并非"存在物"。"存在"是在实际使用过程中,即在有用性被实现的过程中实现的,但当它实现的时候,即"存在"起来的时候,我们却往往忘记了它的"存在"。你注意到的只是物的有用性,而不是物本身。当鞋在使用时,你会注意到它吗?当鞋不在使用时,你又会被"不能使用"迷惑住,同样不会注意到它。总之,只是在"存在物"的能否实现上大作文章。"存在"就会隐而不彰了。

进而言之,艺术就是一种超越性的存在。因此它尽管首先是一种物,但并不就是物。一般人注意到的只是它的物性,但艺术却是物性之外的那个"别的什么",正是这个"别的什么",才使艺术成为艺术,才使艺术成其所是。这样,弄清"别的什么",就是弄清艺术之为艺术的关键。

这就先要从对于艺术的物性的了解开始。海德格尔说:"只有在我们弄清楚物是什么之后,我们才能判断艺术作品是否是一件别的什么依附于其上的物;也只有到那时,我们才能断定作品是否在本质上是别的东西,而根

---

① 海德格尔:《诗·语言·思》,英文版,纽约,1971年,第51页。
② 参见拙著《中国美学精神》,江苏人民出版社1993年版,第二篇第三章。
③ 海德格尔:《诗·语言·思》,英文版,纽约,1971年,第17页。

本不是一件物。"①按照海德格尔的分析,物分为三种:纯粹物、器具、艺术作品。纯粹物最接近物的涵义,器具就比纯粹物多了一点什么,艺术作品比器具又多了一点什么,可见,器具是介于纯粹物与艺术作品之间的东西。杜夫海纳剖析说:"对主体而言,唯一存在的世界并不是围绕对象的或在形象后面的世界,而是……属于审美对象世界。"②它是自在的,又是为我的;是被看见的,又是被构成的。传统美学混同的就是器具与艺术作品,不知道艺术作品比器具已经多出了一点什么,不知道去考察这点什么,更不知道抓住这点区别。因为,正是它,为弄清艺术之为艺术提供了桥梁。

因此我们看到,在传统美学,艺术是"美的对象",在当代美学,艺术是"审美对象"。前者是分有艺术的一个对象,一个给定的存在物,是以美的预成论为基础的。后者则不是分有艺术的一个对象。它只对人的审美活动而存在。"一个存在物如果不是另一个存在物的对象,那么就要以不存在任何一个对象性的存在物为前提,只要我有一个对象,这个对象就是以我作为它的对象,但是非对象性的存在物,是一种非现实的、非感性的,只是思想上的即只是虚构上的存在物,是抽象的东西。"③

这一点,在审美活动中不难看到。例如,当你在欣赏艺术时,看到的是物质的存在,还是达·芬奇的世界、毕加索的世界?是后者。此时,人们"对世界的信仰被搁置起来,同时,任何实践的或智力的兴趣都停止了,说得更确切些,对主体而言,唯一仍然存在的并不是围绕对象的或在形象后面的世界,而是……属于审美对象的世界。"④这是一个非现实的世界,又是一个对审美主体来说唯一真实的世界,是自在的,又是为我的,是被看见的,又是被构成的,总之,它是通过生命活动并为了生命活动才存在。这显然与传统的

---

① 海德格尔:《诗·语言·思》,英文版,纽约,1971年,第20页。
② 杜夫海纳:《美学与哲学》,孙非译,中国社会科学出版社1985年版,第54—55页。
③ 《马克思恩格斯全集》第42卷,人民出版社1979年版,第168—169页。
④ 杜夫海纳:《美学与哲学》,孙非译,中国社会科学出版社1985年版,第54—55页。

解释相差甚远。

而这就涉及到了那个"别的什么"。艺术是一个敞开之域。但艺术之为艺术力量何在？能够把物的"存在"揭示出来的力量何在？答案显然与使艺术作品成为艺术作品的那个"别的什么"有关。这"别的什么"就是在纯粹物和器具中都不具备的"揭示活动"，或者，在"真"的基础上的"去蔽活动"。

无疑，这里的"揭示活动""去蔽活动"正是一种超越性的生命活动。即在人与物之间建立一种不同于原来的自然关系的意义性澄明关系，即：站出自然（大地）进入世界，站出自然走向价值。此时，"世界并非摆在哪儿的可数或不可数、熟悉与陌生的东西的单纯聚合，也不是一种由我们的表象附加到这种既有之物总和上的纯粹想象之框架。世界世界着，比起我们自以为十分熟悉地在其中所把握的可感可触的领域而言，它的存在更完满……世界绝不是站在我们面前让我们仔细打量的对象。只要生与死、祝福与诅咒将我们不断引入存在，世界就永远是我们所从属的、非对象性的所在。"[①]这是一个人们在分门别类中往往忘掉的世界，因为它是非对象化的。能否见出这世界，能见出多少，是对作家的考验。"象外之象""言外之意""弦外之声"，故真正的艺术是消解而不是对于现实的模仿。

而从这一艺术观念出发去考察艺术，就会发现，关键不在于是否具备再现形态、表现形态、形式形态或其他什么形态，而在于它是否表现出一种必不可少的超越态度、一种终极关怀。因此，沿袭上述诸形态中任何一种的艺术未必就是艺术，但干脆以现成物、现实生活为艺术，却因为体现了对僵化了的所谓现实生活的冲击而成为艺术。须知，当现实成为一种虚伪的东西，当"虚构"成为一种僵化的东西，艺术以"现实生活"来反映"现实生活"，以现实来冲击"虚构"（虚伪），就因为真实地阐释了已经出现但人们却始终未知的生活本身而成为一种更高意义上的虚构。在此意义上，简单的指责其为

---

① 海德格尔：《诗·语言·思》，英文版，纽约，1971年版，第36页。

非艺术,是不明智的。当代审美文化的"生活与艺术的同一"应从这里去理解。

在此需要稍加讨论的,是艺术与美的关系。在传统美学,艺术是从属于美的,但在当代,艺术却开始以反美为根本特征了。这无疑有其积极意义,因为艺术活动与审美活动毕竟存在区别,在历史上之所以要把它们拴在一起,主要是为了给艺术"正名"。具体来看,艺术之诞生,与美并无直接的关系。在古希腊、古罗马,人们关注的是艺术与模仿的关系,模仿什么,怎样模仿,哪些模仿更好,等等,无人以美为艺术的特性。古拉丁语中的 ars,类似希腊语中"技艺",中国的"艺"也是指的技能,如"求也艺"(《论语》),"艺成而下"(《礼记·乐记》),古拉丁语中的"诗人"则与"先知"同义。而柏拉图、亚里士多德在描述艺术的效果时所使用的快感、愉悦、净化等范畴也只部分地与美感的特性有关。到了中世纪,艺术一词的内涵开始升华,但也只是把文法、修辞学、辩证法、音乐、算术、几何学、天文学等称为"自由艺术"。

真正把美与艺术联系在一起的,是近代。当时为了把艺术从技艺的层面上提升起来,不得不求助于"美"。正如钱伯斯在谈到文艺复兴时期时所说的:文艺复兴的重要性并不在于古代遗迹的发掘,因为这些遗迹早已为人所知,而在于发现这些遗迹是美的。从此艺术依靠美来征服人们,并使人们乐于接受。[①] 在这方面,弗朗西斯科·达·奥兰达可以说是最早使用"美的艺术"一词从而把"美"与"艺术"联系在一起的人。在此之后,"美的艺术",就成为那个时代的共同看法。这方面的分界,可以法国美学家巴托 1747 年出版的《简化成一个单一原则的美的艺术》为代表,他不但正式使用了这一范畴,而且在使用这一范畴时把它分为五种:音乐、诗、绘画、雕塑、舞蹈。从此,"艺术"才成为"美的艺术"。美成为艺术的根本,艺术活动成为审美活动

---

① 参见钱伯斯:《趣味的循环:古代艺术和批评中未有定评的问题》,英文版,剑桥,1928 年,第 7 章。

的典范表现,艺术通过美学而终于为自己挣得了一席之地,艺术也通过美学使得自己切断了与善的联系、与真的相通,并且与生活拉开了明显的距离,划分了清晰的边界,从一个广阔的天地进入"画廊""展厅""沙龙",从现实的天地升入"艺术乌托邦"。而到了德国的几位美学大家那里,这一趋势更是变本加厉。康德在把审美活动第一次抬高到至高无上的中介地位的同时,对艺术也从美学的角度做出了极大的肯定。这就是从形式主义的角度对于艺术的强调。当然,这种做法在后人看来是难以苟同的。伽达默尔就颇有微词。在《真理与方法》《美的现实性》中,他都一再强调康德这样做是开了一个不好的头。在他看来,康德把审美经验与其他经验截然分开,切断了艺术与真理的关系,是一种"异化的意识",不过,假如不用过分苛求的眼光去看康德,那么应该说,康德这样做并不意味着浅薄,而意味着深刻。因为他正是用这种特殊的方式强调了审美活动、艺术活动的独立性。在康德之后,谢林发表《艺术哲学》,指出:美学的研究对象就是艺术。黑格尔更为明确地表示了这一观点。他的三大卷《美学》实际就是讨论艺术的。他在著名的《美学》一书伊始就宣称:"这些演讲是讨论美学的;它的对象就是广大的美的领域,说得更精确一点,它的范围就是艺术,或则毋宁说,就是美的艺术。"美学"这门科学的正当名称却是'艺术哲学',或则更确切一点,'美的艺术的哲学'。"[1]于是,正像西方学者所评述的:从此"基本上已中止了对自然美作任何系统的研究"[2],"一种势不可挡的倾向就是由艺术对自然美所作出的压倒优势的占领,自从黑格尔以后,我们已很难发现像过去那样,美学家会对自然投入更多的注意。"[3]这就是美学界所谓的"美学的艺术哲学化"转换。一般认为,它是当代艺术研究的开端。对此,我的看法不尽相同。事实上,

---

[1] 黑格尔:《美学》第1卷,朱光潜译,商务印书馆1979年版,第3—4页。
[2] 阿多诺:《美学理论》,英文版,伦敦,1982年,第91页。
[3] 理查德·舒斯特曼:《分析美学的分析》,载舒斯特曼编的《分析美学》,英文版,牛津,1987年,第8页。

这只是进一步强调了艺术的"美的"属性,与当代的反美的艺术正好相反。

从上述简单的回顾,我们不难发现,"美的艺术"只是对于艺术的本性的"传统"规定,而对于艺术的这样一种美学要求也只是一种特殊历史时期的特殊要求,是世界范围内的审美主义思潮的典型例证。"所谓审美主义,不同于审美,它指的是一种审美活动的泛化。或者说,指的是一种以审美活动取代一切生命活动的倾向。"①这是一种审美活动肆无忌惮地越过自身边界的突围活动,与近代以来对于"现代性"的负面效应的抗衡和以审美来拯救世界有关。审美主义思潮则是这一突围活动的理论折射。理解从康德、席勒、青年马克思、叔本华、尼采直到海德格尔、西方马克思主义的美学家……的美学演进,理解从王国维、蔡元培到胡风、朱光潜、宗白华、李泽厚……的美学演进,这是一条重要线索。否则,从德国的康德开始,直到中国20世纪80年代为止的世界性的"美学热",无法得到合理的解释。例如,曾经风靡世界的以"典型""典型环境"为核心的现实主义、社会主义现实主义,作为一个现代神话,只有放在世界性的审美主义背景下才能真相大白。例如,只有把中国的从60年代初开始到文化大革命结束为止的八个"样板戏"的出现,作为一个典型的审美主义思潮的美学文本,才能够把对它的批判从政治转向美学。再如,中国80年代美学界出现的"主体性"热潮,或许也只有与世界性的审美主义思潮尤其是与西方马克思主义美学家的思考联系起来,才能够做出更为深刻的剖析。至于中国80年代风靡一时的实践美学,则正是审美主义思潮的典型文本。顺便强调一下,我所说的"审美主义思潮",只是一种描述性的规定,并非褒奖或者贬低的意思。而且,在我正在写作的新著《美学的边缘》中,我所着重考察的也只是在人类走向现代化的历史进程中,为什么会出现这样一种对于审美活动、艺术活动的"极端"的强调。用福柯的话说,我所关注的不是"话语讲述的时代",而是"讲述话语的时代",不是

---

① 参见拙著《中国美学精神》,江苏人民出版社1993年版,第164页。

美学家所大力提倡的审美活动肆无忌惮地越过自身边界的突围活动的对错,而是美学家为什么要这样大力提倡审美活动肆无忌惮地越过自身边界的突围活动。"美的艺术"即"近代的艺术"。看不到"美的艺术"的进步性固然是错误的,但是,看不到"美的艺术"的话语性也是错误的。果然,随着时代的演变,美和艺术的联系开始出现了触目惊心的断裂。19世纪中叶,批判现实主义诞生了,它虽然尚未把美全部丢开,但暴露、批判已经占了主导方面,只是仍以美作为理想(在此意义上,可以把王尔德的"唯美主义"看作是一次反击)。到了自然主义、颓废主义,情况就出现了根本的变化。到了当代,艺术就完全与美彼此脱离了。就艺术而言,"譬如说,现代在日本屈指可数的著名作曲家之一柴田南雄就说过:'我认为,现代所谓作曲就是用音乐来表达自己的音乐观。'在法国很活跃的一位希腊人,先锋派音乐作曲家克赛那克斯则说:'艺术,特别是音乐,就是用一切方法把人的情绪直接引导到颠扑不破的真理之中去。'还有,被尊为现代绘画旗手的毕加索,通过他独特的造型活动,在作品里所经常表现的并不是所谓的美,而是一种思想。例如他的著名的作品《格尔尼卡》,可以说大体上是仅用墨黑色完成的近于单色的一幅画。如众所周知,这幅画所描绘的是统治者们掀起的战争和被撕裂的躯体、行将死去的人们的痛苦,以及权力者们的狰狞、丑恶的面目等等,只是在点燃灯烛的手上似乎有了一线希望,从而勉强可以看到一点近乎美的东西。这样一种构图,作为整体来看,只能说它是一幅描绘丑恶的作品,尽管如此,当站在这幅画的面前,我们对于这个格尔尼卡小镇就不能不感受到因为野心而带来的破坏性战争的悲惨,民众对挑起战争的罪魁祸首的愤怒,并进而唤起对于和平的一线希望等等。这确实像克赛那克斯所说是通过情绪而被引导到了某一真理。因此,为了说明毕加索造型艺术活动的特点,如果把柴田对音乐的说法应用于绘画,似乎就可以认为,现代绘画创作,就是要通过绘画来表达一种世界观。""艺术,特别是现代艺术,乃是一种思想的表达。""像现代被许多人喜爱的摇滚乐啊、爵士乐啊,或者表现非常剧烈的跳动性动作的美国西部片、炫耀肉体颤动的爵士芭蕾之类的舞蹈等等,尽管它们可以显示生命之火的剧烈冲动,但是美在哪儿呢?""这种艺术会像尼采曾经预言的那样,必然是趋向于力量的意志,向往生命的讴歌。"然而,"即便在这里,美也不是艺术的理念,在这儿看到的只能说是生命、活力,以及激情。"①在理论上也如此,"艺术学鼻组"康拉德·弗德勒在19世纪下半叶就提出美学与艺术学的区别:美学的根本问题与艺术哲学的根本问题完全不同。赫伯特·里德也认为:"艺术和美被认为是同一的这种看法是艺术鉴赏中我们遇到的一切难点的根源,甚至对那些在审美理念上非常敏感的人来说也同样如此。当艺术不再是美的时候,把艺术等同于美的这种假设就像一个失去了知觉的检查官。因为艺术并不必须是美的,只是我们未能经常和十分明确地去阐明这一点。无论我们从历史的角度(从过去时代的艺术中去考察它是什么),还是从社会的角度(从今天遍及世界各地的艺术中去考察它所呈现出来的是什么)去考察这一问题,我们都能发现,无论是过去或现在,艺术通常是件不美的东西。"②不过,在我看来,在艺术的存在有了合法性之后就开始否定美学本身存在的合法性,未必就是可取的。因为当代艺术固然是"反美学"的,但当代美学就不是"反美学"的吗?须知,所谓"反美学"是反传统美学,而并不是反对美学本身。那么,当代艺术的"反美学"是反什么呢?无疑也只是传统的美,但不应是美本身。因此,真正的回应是"应该是老老实实地承认:需要一种新美学"。③ 而且,从艺术的本性要大于"美的"的角度而言,艺术就是艺术,而不应只是"美的艺术",因此艺术应该从"艺术乌托邦"这样一种"传统"的象牙塔回到现实世界,艺术研究也应该回归于艺术哲学,这种"回归",可以从一个重要的范畴看出,这就是"游戏"。

---

① 今道友信:《美学的方法》,李心峰等译,文化艺术出版社1990年版,第322页。
② 赫伯特·里德:《艺术的意义》,英文版,鹈鹕丛书,1950年,第17页。
③ 理查德·科斯特拉尼茨。转引自朱狄《当代西方艺术哲学》,人民出版社1994年版,第67页。

在康德那里,"游戏"还隶属于一种审美主义的思考,离开了"自由""主体中心论""审美活动"等,"游戏"就无法得到美学的定位。而"美的游戏"即"美的艺术"。在当代的美学大师那里,情况出现了根本的变化。海德格尔、伽达默尔等在论及"游戏"时,都有意识地对其中的"自由""主体中心论""审美活动"的传统内涵加以清洗,"游戏"不再是"美的游戏",而是就是游戏。一种人类的一般交流性质,取代了传统的单一的审美交流性质。结果,"游戏"即艺术。在此基础上的艺术研究,就不再是美学的,而是艺术哲学的。但就艺术的本性仍然包含着美的属性而言,艺术又不可能也不应该与美完全对立起来,换言之,艺术美的研究,仍然应该是美学的重要研究对象。

那么,从美学的角度看,艺术美何在呢?在我看来,艺术美是审美活动进入人与感性符号层面时所建构起来的。假如说自然美面对的是人与自然的超越关系,社会美面对的是人与社会的超越关系,艺术美面对的则是人与自我的超越关系。艺术美是对于内容与形式的在感性符号层面的同时超越,艺术美通过感性符号与世界发生关系,因此比自然美、社会美的影响更大。因为感性符号使人可以发挥创造性的想象,这本身就是对现实的超越。即对真与善的同时超越。艺术美是通过自然的"人化"向自然的"属人化"的复归。假如说,审美活动象征的是人类既从自然走向文明同时又从文明回到自然的矛盾的解决,那么,一方面,在这个矛盾解决中,自然美与社会美各居一个侧面,艺术美则是借助于感性符号对于自然美、社会美的同时超越。社会美是改造自然,自然美是超越文明,艺术美则是既改造自然又超越文明。在社会美,因为它是人类的生产产品而感到美;在自然美,因为它不是人类的生产产品而感到美;在艺术美,则因为它既是人类的生产产品又不是人类的生产产品而感到美。但也因此,它们才不是一种纯粹的审美活动。至于审美活动,则可以说是这三者的逻辑概括。另一方面,艺术美、自然美、社会美之间又不仅存在并列顺序,而且存在承继顺序,这就是从社会美到自然美到艺术美。至于审美活动,则可以说是这三者的逻辑生成。

白居易《大林寺桃花》诗云:"人间四月芳菲尽,山寺桃花始盛开。长恨春归无觅处,不知转入此中来。"这似乎就是艺术美的写照!因此,艺术美是人类的家园。它的光辉笼罩着在现实生活中辗转于物欲之轮下的人类群体,笼罩着他们的恐惧、快乐、挣扎着的心魂和呼啸着的英灵。艺术美是一双冥冥之中的巨手,它在纷纷流变、分门别类的物质世界重建出一个供人栖居的意义存在。

艺术美的内容,可以分为四个层面:其一是形式层面,即艺术美存在的特殊根据;其二是再现层面,即对进入到艺术之中的现实世界的美学阐释;其三是表现层面,即对进入到艺术之中的主体层面的美学阐释;其四是意蕴层面,即对进入到艺术之中的深邃人生、历史感悟的美学阐释。艺术美的存在则可以看作对于人对生活的感觉的恢复。艺术美是对事物的感觉,而不是对事物的了解,艺术美把心灵从现实的重负下解放出来,激发起心灵对生命的把握。艺术美展示一个更高更美好的世界。艺术美是生命本体达到透明的中介,是生命力量的敞开,是生命意义的强化。然而,自由本性的理想实现本身并不必然构成艺术。换言之,艺术美是一种理想的存在,它虽然裹挟着现实生活的外衣,但现实生活在其中只是解释和理解世界的媒介,艺术美是一种对世界的理解和解释,但这理解和解释,又不是通过概念而是通过直觉,不是通过思想的媒介而是通过感觉的媒介。朗格指出:人类与动物的不同之处,在于他时时想使体验象征化、符号化。艺术美正是如此。它驱使着自由本性的理想实现走向感性符号。因此,艺术美是人的自由本性的理想实现在感性符号层面的显现。而且,对生活而言,艺术美只是一种通过感性符号层面显示出来的自由境界。这感性符号层面使人从现实生活中超升而出,栖居于自由生命的理想实现。由此看来,艺术只是用刻刀、泥巴、金石、色彩、旋律、声部、文字、节奏显现出生命深渊中对世界的理解和解释。——画面上的女人永远不可能与你亲吻,银幕上的枪弹也绝对不可能射中你的心脏,那关闭了栅栏的白昼,那藏匿了影子的夜晚,那太阳,那云空,那树丫上被晾晒着的无人认领的思念的风,不也只在你的想象中诉说着生命的故事?另一方面,艺术美对世界的理解和解释也并非经验,而是体验,对艺术美来说,在它之前不存在一个自由境界,在它之后也不存在一个自由境界。艺术美本身创造出了一种对世界的理解和解释,创造出了一个自由境界。艺术美选择了一种感性符号形式也就选择了一种意义,选择了一种理解和解释,同时也就选择了自己的存在方式。

第四节　美学观念的转变

叙事模式与艺术观念的转变,深刻地影响着当代人的审美观念本身。它所带来的变化,主要表现在三个方面。即:在审美对象方面,从强调形象转变为强调类像;在审美心理方面,从强调审美距离转变为强调审美距离的消解;在审美活动方面,从强调审美活动的非功利性转变为强调审美活动的功利性。

"类像"一词,是法国学者提出的著名范畴(simulacrum),与传统美学、文艺学所频繁使用的"形象"一词相对应。所谓"形象",类似法国学者福柯提出的一个著名概念:"摹本"(copy)。它意味着对于原作的摹仿,而且永远被标记为第二位的。"类像"则指那些没有原作的图像。其特点是消灭掉了个人创作的痕迹,完全出自一种机械的制作。

类像的出现,与我们时代的变化有关。我们已经开始生活在一个我们自己制造的世界之中。就在20世纪初,"自然"的形象还仍旧是打开审美活动的眼光的钥匙,风霜雨雪,为审美活动提供了无穷无尽的支配性的隐喻,它借助这些隐喻去理解世界,从而提供一种颇具深度的阐释。而现在这种美学观念却暗淡下来,审美活动的内涵已经被无孔不入的超负荷的"信息"取代了。人们像"填鸭"一样被塞饱了刺激。例如,人们是通过一个广泛的滤光镜来看一个建筑物的,这滤光镜包括他们参观过的或在照片上见过的关于其他建筑物的知识,包括该建筑物外面的广告,包括电影、电视上所看到的形形色色的建筑物。在此之前,眼睛对一件东西只能看一次,耳朵对一件东西只能听一次,每个作品都是单一的,因此眼睛和耳朵都是及物的。"独一无二"是对于审美对象的最高赞美。现在却不然,审美对象的"独一无二"的性质就在于它能够不断地增殖自身的类像,把几万个重复的类像复制出来,以至于过去是审美活动源于现实生活,而现在却是现实生活在某些方面要源于审美活动了。

就是这样,类像取代个人的亲身经历,成为主要的知识来源,已经很难找到独立于类像之外而存在的经验。观众不再是驾驭类像的主体,而是类像生产出来的观众。在强调形象的时代,客观现实是终极根据。故透视法、解剖学应运而生,意义、深度也成为追求的目标,意在达到一种理性的真实。现在,类像与现实之间的关系却已"本""末"倒置、喧"宾"夺"主"。现实与非现实的区别不再存在,存在的只是类像。它犹如一部字典,字词的意义不取决于外在世界,而纯粹是与其他字词互相指涉和对比,类像的意义也只决定于如何被复制,如何被拼贴、放大、缩小、凑集。谁为"本源"?"谁为原本"?再也无法找到。结果世界的一切就无非只是类像,可谓"天下无净土"。自然混同于人工,人工混同于自然,人们只会享受这既非自然又非人工的类像了。

而人们的"享受",无非是为看而看。我们知道,过去是为把握本质而看,因此事实上是一种"读"。现在却只需要看不需要想。① 因而不再是求知而是好奇。不断地好奇正是当代审美活动的追求,因此大美人像会比《蒙娜丽莎》更耐看,摄影也比绘画更受欢迎。我们经常说,当代人对形式的把握更细致,如豪华家具、高档服装,有人说它追求的是"返朴归真",其实不然,它追求的只是感觉,只是感觉的纯化和强化。传统审美活动追求细腻复杂,

---

① 参见第二章第三节关于电影的讨论。

是人类意在通过探索自然而发展自己的结果,当代审美活动追求感觉的纯化和强化,是人为地改变自然与自然冲突的结果。它最终使审美对象转向了类像。保罗·克利说:这个世界变得越可怕,艺术也就变得越抽象。为看而看追求的正是对立于世界的保护性、封闭性。

因此,类像的意义重大。或许,应该说它是创世纪以来的一种最伟大的力量;恺撒、拿破仑、希特勒都曾期望成为仅次于上帝的人,结果自然是以失败告终。但是类像却做到了,它使自己成为人间最伟大的力量。在这个意义上,可以说类像是一座人类为自己建立的"巴比伦通天塔"。它把人类的共同语言还给了人类。"在美国只要你和任何人交谈,最终都会碰到这样一个词,例如说某某的'形象',里根的形象等,但这并不是说他长得怎么样,不是物质的,而是具有某种象征意味。说里根的形象,并不是说他的照片,也不光是电视上出现的他的形象,而是那些和他有关的东西。例如,他给人的感觉是否舒服,是否有政治家的魄力,是否给人安全感等。"①当然,这种情况并不仅局限于美国。

类像给美学的影响无疑是两面的。一方面,它结束了美学的贵族垄断,体现了人类的使美学走向现实生活的努力。"原本"与类像之间的区别不再存在。消解了唯一性、独一无二、终极价值、深度、历史、真理、整体性、中心性。众多的视觉假定性被否定了,不再强调"传神"而是强调"写照"。而且,假如过去是从"是"到"像",现在则是从"像"回归为"是"——当然,这是一种更高意义上的回归。至于它的不忠于原作,也有其道理存在。马尔罗就曾指出,以大规模复制的方式产生的类像恰恰揭示了被人们忽视的一些方面:细部,或新的角度,它们在一定程度上构成了新的审美对象。美国的安迪·沃霍尔曾创作了一幅很有名的"反文化"艺术,把名演员玛莉莲·梦露的照

---

① 杰姆逊:《后现代主义与文化理论》,唐小兵译,陕西师范大学出版社1986年版,第190页。

片底片复制出50张,深浅不一,色彩不同,意在指出:人们信服的事物实在都是虚假的,作为照片的她已成商品。瑞士现代艺术评论家伯尔热也曾指出:"我们最有力的观念已失去了它们的支撑物。复制不再像人们所相信的那样(他们从语源学或习惯汲取原则),单纯是一种重复现象;它相应于一组操作,它们像它所使用的技术一样错综复杂,它所追求的目的,它所提供的功能像它们一样多,它们使它成为一种生产……其重要性不仅在于它不一定要参照原件,而且取消了这种认为原件可能存在的观念。这样,这个样本都在其单一性中包括参照其他样本,独特性与多样性不再对立,正如'创造'和'复制'不再背反。"①

另一方面,类像也为人类带来了新的困惑。当年柏拉图极为憎恶艺术,其中一个主要原因,就是忧虑艺术会成为类像,以致真正的现实反而不存在了。不幸的是,这一忧虑竟成为现实。在类像中幻觉和现实被混淆了,人们无法确证自己的实际位置。生活从哪里开始,又从哪里结束?看绘画你可以说这不是现实,但看电影、摄影就不同了,距离感的消失使你认定它就是现实。尤其是彩色电影。由于黑白电影仍然是为叙事服务的,它有中心的情节,细节、道具都是为中心服务的,彩色电影就不然了,画面一下子灿烂起来,观众的感官被吸引住,注意力被分散了,每一细节都可以单独欣赏,以致失落其中,事实上,在彩色电影中表现历史往往会使历史变为历史类像,最终失去历史。在这里,现实已遭谋杀。类像插入现实与非现实之间,一切都成为它的附庸,人类心目中所认定的"现实"无非是重复着类像对现实的解读,与现实完全割裂、疏离。类像的秘密在于利用图像的变幻的同时又遗忘掉任何存在、永恒的东西,类像创造现实,驾驭现实,甚至比现实更真实。类像已经不能反映现实,只能创造现实。例如,死亡不再是人生的真实经验,而成为恐惧、残忍、感伤、悲怆的类像。由此类像成为非人性化的过程。现

---

① 转引自米凯尔·迪弗雷纳:《现今艺术的现状》,《外国文学报道》1985年第5期。

代科技的电脑绘画,其实质也是以表面的类像蛊惑人,实质是把现实全部抽空了。海明威在《士兵的家》中讲克勒布斯从战场回到家乡,发现必须编一些打仗的故事,因为同胞已听惯了关于战争的虚假故事。与此相关,文字也不再反映、代表现实,更不能指涉反映外在世界,而是反过来创造自身的现实。"所指"已死,"能指"也自由地四处浮动。类像取代了传统的二元对立。真实既已不在,类像的批判与救赎的功能也大受怀疑。因为已无对错的依据。从而,继印刷技术打破了对"真迹"的执著,电子技术更扭转了现实与媒介的关系,进一步颠覆了我们对"真实世界"的信念。在这方面,北京的"世界公园"或许当属一个复制的典范。

面对类像,人类成为视觉心理上的速食主义者,沉溺于过度的图像化、幻觉化的世界。追求简单、快速、刺激,无须费力,无须用脑,天天"暴饮暴食",想象的空间因此而萎缩,成为一味观看着的颓废者。而且,不思索,故一切都无深度;不回忆,故一切都是新的;不感受,故一切都无意义。它意味着某种普泛化了的集体仿闹和闲暇追逐,是精神的松懈而不是精神的执著。它以其被动接受了懒惰的本质。因此,在当代文化中,这种对于平面的追求,多半不是借此得到什么,而是借此忘掉什么。大众就这样成为观看中遗忘掉自己的一群。在这个意义上,类像的被观看,无异于慢性吸毒。而且,其后果有点像醉汉骑车,醉后一旦失去平衡感,不加速直行就会跌倒,脚一停止车子就会倾斜,结果只好盲目地用力踩蹬,结果车子便越来越快,最终仍难免跌倒。沉沦于类像的社会,其后果也只能如此。

结果,人类的审美活动陷入了危机之中,每个人固然都在说话,但却说的是谁也听不懂的话。在空前热闹的嘈杂中,同样存在着空前离奇的失语症。语言与事实的同一性已经全面动摇,语言也不再透明,与跟它对应的事实发生断裂,甚至承载了完全相反的涵义。但人们执迷不悟,还在迷信这所谓的语言。实际上,真正的权威是类像。类像成为一个现代的"隐秘的说客"。它是一座囚室,无论怎样挣扎也不可能逃出来,尽管它没有围墙。何况,也没有人想过要逃出来,因为每个人都以为自己还在发出自己的声音,却忽视了,只要依赖类像,怎么走路都不会走上自己的路。搬起石头砸自己的脚却偏偏不知道喊痛。即便反抗,也只是成为新的反讽而已。

从审美主体的角度看,强调审美活动与现实活动之间的心理距离,是传统美学的根本视角。康德之所以成为传统美学的大家,其重大贡献就在于借助审美活动的"非功利"说,为审美活动与现实活动划分了一道"鸿沟"。布洛的《作为艺术因素与审美原则的"心理距离说"》一文之所以名垂美学史,就在于对此作了最为权威的概括。不过,值得注意的是,他并未一味强调"距离",而是进而指出其中"有人情但又有距离的关系",所谓"距离的内在矛盾"。之所以如此,或许是因为他敏捷地注意到了审美活动本身的丰富性与多样性?

确实,审美活动本身正是丰富和多样的。因此,"心理距离说"的提出甚至风行一时,就并不意味着可以无视新的审美活动的实践,更不意味着可以毫无限制地推而广之并奉为"绝对真理",以致使其中原来所禀赋着的局部真理丧失殆尽。原因很简单,假如审美活动本身发生了根本性的变化,建立于其上的"心理距离说"自然也就要发生根本性的变化。

事实正是如此,19世纪以来,人类的审美活动开始酝酿着一场巨变——其中的一个重要方面,就是审美活动与现实活动之间的心理距离逐渐不复存在。以画家马奈的作品为例。他的《奥林匹亚》在入选1865年的沙龙时,曾引起观众的极大反感,人们纷纷挥动手杖和雨伞加以怒斥。现实主义画家库尔贝也批评这幅画是"刚出浴的黑桃皇后"——因为它缺乏纵深的立体感,好像扑克牌上的平面图案。但为他所始料不及的是,马奈的本意正在于超越传统美学所规范的那种所谓"纵深的立体感"。他着眼于绘画空间的"超中心化",不再在画面之外的固定点上虚构一个作为"普遍评判者"的视角,而是随意选择自己的视点,如此,审美活动与现实活动之间的心理距离就变得模糊了许多。进入20世纪,审美活动与现实活动之间的心理距离进一步被消解。其原因,正如莫里斯·德尼所大声疾呼的:"我们必须关起百叶窗。"传统的以模仿为目标的美学瓦解了,外在现实不再万分重要,而且,我们对外在世界知道得越多,我们对外在世界失去得也就越多。因此进入20世纪之后,人们纷纷关起了心中的"百叶窗",开始把对自己的那点体验比对外部世界的反映看得重要得多(这就没必要去拉开距离以认识外部世界了)。换言之,审美活动不再斤斤计较于按照已知常态来观照外在的对象,也不再一定要在外在现实中去寻找某种抽象的本质,而是立足于表现自己在审美活动中的"所感",审美活动从对于目的的执著转向了对于过程的体验,一度被传统美学放在括号内的"时间"被拯救出来了,一度被"分门别类"的法则所僵化处理的视觉空间又一次因为时间的重返其中而成为自由的视觉空间。

自由的视觉空间一旦出现,就为人类的审美打开了新的道路。在这里,审美活动与现实活动之间的心理距离销蚀了,转而以获得一种即刻反应、直接感、同步感、煽动性、轰动性、冲撞效果为目的,审美活动被投入一种直接体验的无穷覆盖之中,现实不再代表什么,也不再象征什么,而是就是什么。20世纪的绘画作品中,人物和底色融为一体,前景和后景毫无区别,图画向人腾跳过来。例如毕加索的《格尔尼卡》,在其中你甚至无法确定事件发生在屋内还是屋外,现实不再是一个唯一的、有统一性的盒子,一切都成为不确定的。像毕加索一样,画家在创作时已不再刻意造成一种深度错觉,而要创造一种让直接因素从中起主导作用的单一画面。或许,这意味着对经验的全面提升,使其贴近人们的感应? 诠释景物也成为多余,而只需作为一种激动来接受。思考、回味统统不再有地位,生理本能被着意加以强调,审美效果不是来自内容而是来自技巧,人被扔来扔去,追求一种进入疯狂边缘的快感。

从理论建构本身来看,所谓"心理距离说"只是一种权力话语。冈布里奇提出过一个颇值回味的悖论:"世界看上去不像一幅画,而一幅画看上去却像一个世界。"意思是说作品实际是人类通过文化强加给现实的秩序。同时,我们都知道物象投射在视网膜上,不是在平面上而是在凹面上,因此眼睛会把世界"看成"曲线,可为什么我们又同意平面透视为我们描绘的所"看到"的世界呢?无疑是以人为中心的文化心理使然。而且,东方的"运动的观看"与西方的"静止的观看"的不同,也因为文化心理的不同而不同。那么,"心理距离说"呢?

"心理距离说"显然与以观察者的优越地位为前提的"透视"密切相关。透视其实不是人类的观察方法,而是人类的一种特定的意识形态。日本一位画家在他的童年回忆录中写道:他的父亲看到小学生图画教材中以正规透视画法绘制的方盒子,惊问:这哪是方盒子?我看它歪歪斜斜的。而过了九年之后,他父亲又看到同一本图画教材,却感叹说:真奇怪!这只盒子过去看上去是歪歪斜斜的,现在看上去真是方的。这正是他的审美规范在九年中逐渐发生转变的写照。而安东·埃伦茨维希的反省则尤为精辟:"冷静的'古典'美概念当然来自我们对古希腊雕刻的有距离的审美欣赏。古希腊雕刻的大理石材料的冷静性质唤起我们最高级的审美赞赏,却极少唤起狄奥尼索斯观淫快感。两个世纪以前,对古典艺术的兴趣成为一种时尚。人们认为,真正的艺术家必须站在审美的角度去赞赏人体,而不应该被人体激起性的吸引。希腊雕像的冷静美极有力地表明了这种保持感情距离的态度。后来,尼采揭示了这些躁动不安的狄奥尼索斯情感,指出它们隐藏在古典艺术表面的崇高和优雅下面。我们开始认识到,皮格马利翁①的神话表明:古希腊艺术家对模特儿的真实态度比我们冷静的审美情感态度要好得多;我们错把这种冷静态度投射到了(即倒溯联系)原来的古典体验中。毫无疑问,正是希腊文化的永无止息的观淫癖,才冲破了羞耻感的桎梏,造就

---

① 古希腊神话中的塞浦路斯王,善雕刻,他爱上了自己雕刻的一个少女,雅典娜把这座雕像变成人,与他结了婚。

了希腊雕刻的狄奥尼索斯狂喜。希腊雕刻的冷静而有规则的美是我们自己极端的继发作用造成的。艺术中最无拘束的观淫癖必须被转变为与之极为相反的东西,即一种受到限制、在感情上保持距离的审美赞赏。对希腊雕刻的近于科学的模仿(如丹麦人托尔瓦德森所进行的模仿)之所以成功,实际上是因为这种模仿使我们保持了冷静态度。这种模仿在情感上是失败的,这是因为它并不产生狄奥尼索斯兴奋,而这种兴奋曾经使希腊雕像原作充满生机。现在对于这种兴奋来说,这些雕像使人们产生的美的印象只不过是继发润饰而已。我们现在对'古典美'过于平静的体验,最雄辩地说明了我提出的美感动力概念,这就是:美感是一种纯粹摧毁性的和纯粹限制性的'后期快感'。"[①]

显然,"心理距离说"出于西方文化的形而上学所设想的那种绝对的固定性、必然性。这种固定性、必然性造就了个人与群体在空间中的分离(独居一室)、在时间上的分离(终生职业)、在思想上的分离(观点)、在工作上的分离(不同的分工)。而美学也必然把这一切分离推崇为美。康德提出:空间和时间的范畴乃是一种先天综合,正是意在为人类组织自身经验提供一种固定的思维格局。而西方传统美学所关注的也只是围绕着对空间和时间的理性组织以建立起一个正式的造型原则,隐藏在这一切之下的是一幅关于世界的基本宇宙观的图画:深度。这一三维空间的投影,创造了一种对真实世界进行模仿的内在距离;模仿则提供了一种有始有终的时间链条,艺术家通过模仿来解释现实。换言之,西方美学家误以为艺术是现实的一面镜子,是生活的再现,是观照性的,不是生活而且高于生活,应该以"所见"为目标。我们知道,对事物的判断要靠它的持久性、不朽性,这意味着使自己同一种物体或一种经验保持一定的距离、一种审美距离,以便确立必要的时间

[①] 埃伦茨维希:《艺术视听觉心理分析》,肖聿译,中国人民大学出版社1989年版,第181—182页。

和空间去吸收它、判断它。而这就需要通过镜面对外在的事物的反思,即通过意识对反映事物的展示进行理解,通过把自己置于对象之外假定的某一点上,然后表现自己在某一点上所看到的对象来加以实现。

再来看看"定点透视"。就绘画而言,它要解决的主要矛盾是三维度的深度空间和四维度的运动空间以及多维度的心理空间怎样转化为平面的问题,以近大远小为特征的"定点透视"由此而生。所有的线条都朝一个特定的中心聚合。没有任何东西是因为自身的价值而具有观看的价值,而是只有进入一个中心才有意义。汉娜·阿伦特在为传统美学辩护时就曾经如此强调:"艺术品是为外观这个唯一的目的而创作的。用来鉴定外观的正当标准就是美……为了了解外观,我们首先要在我们自己和物体之间自由地确立一定的距离……"[1]而欧文·潘诺夫斯基在批评传统美学时也这样认为:"……把一幅画比作一扇窗户,就是限定或要求艺术家把视觉当成是接近现实的一种直接渠道……人们只相信画家根据他眼睛里的光学影像来作画……总而言之,希腊和罗马绘画中假定和表现的空间,直到毕加索为止,一直缺少现代艺术中假定和表现空间时所具有的两个特点:连续性(因此就有可测量性)和无限性。"[2]可见"距离"的存在,是由于它已成为一种审美的规范,而我们反对这一审美的规范则也只是因为不再接受这一规范。

例如在西方社会中占绝对优势的长方形器物和建筑,就正是"定点透视"的结晶。在非洲土著中占优势的是半圆或抛物线状的建筑,几乎不存在长方形,原因在于不存在定点透视。对此,麦克卢汉的分析颇为精到:这其中体现的是"触觉空间和视觉空间的分别。帐篷或棚屋不是一块围界分明的空间或视觉空间。山洞或地穴居所亦非如此。……因为它们遵循的是动

---

[1] 汉娜·阿伦特:《过去和未来之间:政治思想的八个练习》,英文版,纽约,1961年,第202页。
[2] 欧文·潘诺夫斯基:《文艺复兴和西方艺术的新生》,英文版,斯德哥尔摩,1960年,第120—122页。

态的力线,如像三角形一样。建筑被围起来或转换成视觉空间之后,趋向于失去触觉的动态压力。方形是一块视觉空间的圈定图形,换言之,它包含从明显张力中抽象出来的空间属性。三角形遵循力线原理。这是固定纵向物体最省事的办法。方形超越了这种动态的压力,它包容着视觉空间关系,同时又依赖对角线来支撑。视觉压力与直接触觉和动态压力的分离,以及这一分离向新型居住空间的转换,只有等到人们实行感官的分离和劳动技能的分解之后才会发生。"[1]这里的"分离"就是指的"定点透视"的出现,它使得人们在平面中看到立体的物,看到"纵深感",难怪阿恩海姆会认为定点透视是人类精神对于机械式的精确标准投降,由此我们又一次看到了它作为权威话语的属性。

而现在,正如丹尼尔·贝尔所概括的:"现代主义摈弃了从文艺复兴时期引入艺术领域,后来又经艾尔伯蒂整理成型的'理性宇宙观'。这种宇宙观在景物排列上区分前景和后景,在叙述时间上重视开头、中间和结尾的连贯顺序,在艺术类型上细加区分,并且考虑类型与形式的配合。可是,距离消蚀法则一举打破了所有艺术的原有格局:文学中出现了'意识流'手法,绘画中抹杀了画布上的'内在距离',音乐中破坏了旋律与和弦的平衡,诗歌中废除了规则的韵脚。从大范围讲,现代主义的共通法则已把艺术的摹仿(mimesis)标准批判无遗。"[2]这种"批判无遗"使得美学被推上了一个全新的起点。

由此,传统的美学观念被彻底改变,在传统美学中被奉为神圣的审美距离意外地不再存在了,长期以来一直被忽视了的审美活动的直接性、真实性得到了最为充分的强化。换言之,长期以来一直被忽视了的审美活动与生命活动的同一性得到了最为充分的强化。

---

[1] 麦克卢汉:《人的媒介》,何道宽译,四川人民出版社1992年版,第139页。
[2] 丹尼尔·贝尔:《资本主义文化矛盾》,赵一凡等译,三联书店1989年版,第31—32页。

这种强化意味着审美活动从"反映"到"反应"的内在转换。过去是不顾生活中的实际感受,接受某种抽象的定点——这抽象的定点是一切对象的判断者,而不仅是个别画家的眼睛,从而形成一种因画面向自身深度的收敛而得到的统一的绘画空间。前者是观照一个人所构造的自然的镜像,它有一个与世界有一定距离的完整的、内在统一的结构,画框、舞台的存在都意味着结构的存在,其深层的秘密则是生命节奏感的存在,此之谓反映。后者则是在接触一个真实的现实,既不需要一个有距离的结构,也没有生命的节奏感,充溢其中的是一种令人意乱情迷的无机性节奏,可长可短,可激烈可平缓,一切视需要而定。例如武侠、侦探作品,没有对于心理距离的突破,它就不可能出现。它的无终止、无结构造成了故事节奏的无机性循环,是对不可逆的生命意识的否定,也是对时间感的否定,使读者进入催眠状态,交流的意味陡增。再者,前者的表现形式与内容之间,可以描述为一种异质同构的关系,内容是人的心灵状态外化为具有空间形态的观照对象,通过形式化,人的精神被纯粹化了,是一种恒定的模式、客观的形式、空间的造型,是有意识要构成的,而观众的任务则是站在一个指定的位置上去解读这个模式,传统的"作品表现了什么"之类的追问正是作者与读者之间形成的默契。后者的表现形式与内容则可以描述为一种同质同构的关系,是为表现而表现,同样是超越日常生活经验,但它的方向是回归到本能,读者追求的也只是瞬间的刺激。例如美人照,无疑也是一种艺术,但它却又不同于传统的从表面看并无刺激但却越看越有味道的追求永恒性的艺术,如《蒙娜丽莎》。又如,前者以理性构成的客体为中介,通过"摹仿""再现"给人以知识,从而修正心中的既成的认识图式。读者一定记得,亚里士多德就把这种通过观照客体而拓展经验领域的过程称作"求知的快感",后者却不再以理性构成的客体为中介,人们无法检验、修正既成的认知图式,故审美活动只是主观图式的外化,恰似幻灯片一样把自我投射于外部世界。还以《蒙娜丽莎》为例,假如它是以人类对外部世界的一种发现为美,那么挂历上的美人的美则是自我幻想的满足;假如它是自然的一面镜子,那么挂历上的美人照则是心灵的幻灯片,是凭借着自居心理而产生的一种审美愉悦。

应当强调,审美活动与现实活动之间的心理距离的消蚀,是有其积极意义的。它意味着人类不再自以为是地为自己设定安身立命的精神家园,而是时时自我提示着人类的作为无家可归的文化的漂泊者的身份。世界不是静止不动的,秩序井然的,而是不断变动的,人类只有失去对经验的控制才能够退回来与艺术对话。在这个意义上,现实已无法给人们提供美感,艺术之所以被创造出来,也不再是供对世界加以判断的而是供纠正对于世界的判断的。

就美学建构本身来说,心理距离的消蚀对于冲击一味强调心理距离的传统美学来说,也是有积极作用的,但这并不就意味着它是正确的。事实上,我们所应该做的,是在两者之上建立一种新美学。在我看来,心理距离与心理距离的超越是可以共存于现代美学理论之中的,前者提供前景,后者使之变为现实;前者领导前进,后者则加以补充,构成互补关系。在历史上表现为否定之否定的关系,在今天则表现为共存的关系。

就审美活动而言,当代审美文化带来的则是对于功利性的强调。不言而喻,从非功利性到功利性,这也正是当代审美文化的最为核心的巨变。德国人威特纳提出了"美学地理学",法国人雷蒙·洛埃维提出了"工业美学",苏联奥夫相尼柯夫提出了"生产美学",日本人山村酿造提出了"森林美学",英国人斯克鲁顿提出了"建筑美学"。杜夫海纳则按照古希腊人称之为 aisthesis 即感觉经验的那种基本的和具体的人类经验,走向了与传统的把审美经验推向优先地位,并与日常生活保持距离的做法截然相反的道路。1992年9月,由国际美学学会主办的有史以来规模最大的第十二届国际美学会议,在西班牙首都马德里举行。会议对美学从传统形态向现代形态的转变以及如何看待传统美学的理论、范畴、概念在美学重建中的作用展开了热烈的讨论。有人称目前是"美学变革"和"美学革命"的时代,有人则说目前是传统美学"迅速消失的时期",这无疑表明传统的美学理论正在受到严峻的挑战。有一部分人持"反传统观念论",主张大胆抛弃传统,传统美学理论正在消亡;另一部分人反对对于传统美学的虚无主义态度,力主对于传统美学进行重新认识和评价,以便在指出传统美学中与时代不适合的部分的同时,发现它在美学重建中哪些经过改造后仍然值得保留的成分。其中,美国长岛大学哲学系教授伯林特的考察颇具深意。他一方面指出,作为康德美学核心的"审美无功利性"理论,从今天的眼光看,仅仅是同传统艺术相吻合的。随着20世纪以来的现代艺术的发展,欣赏者的参与已成为审美观的重要特性,而像解构主义、后结构主义一类理论运动,也削弱了无利害依存的认识结构,因此,无利害性观念具有"时代错误",对于审美理解已成为明显的障碍,应予以舍弃。另一方面,他又指出,审美观无利害性的概念是与"普遍性"、"艺术对象"、"观照"、"距离"、"孤立"及"价值"等概念互相联系的,而这些相互关联的某些概念在舍弃"无利害性"理论和它们的传统形式,并被彻底改造后,仍然可以在现在条件下对解释审美观经验发挥有益的作用。总之,舍弃"无利害性"概念不是抛弃审美观,而是要重新发现它的更大范围和更大能力。

传统美学的核心是审美无功利说。"自从18世纪末以来,有一个观点已被许多持不同观点的思想家所认可,那就是……'审美的无功利关系'。"① 彼得·基维还介绍过:"自从18世纪末以来,有一个观点已被许多持不同观点的思想家所认可,那就是认为审美知觉不是某种具有特殊性质的日常知觉,而是一种具有日常知觉特质的特殊种类的知觉。这种说法也就被称为'审美的无利害关系性'。"② 杰罗姆·斯托尔尼兹的介绍也十分类似:"除非我们能理解'无利害性'这个概念,否则我们就无法理解现代美学理论。假

---

① 彼得·基维。转引自朱狄:《当代西方美学》,人民出版社1984年版,第280页。
② 彼得·基维:《审美知觉》,见W.E.肯尼克编《艺术与哲学》,第411页。

如有一种信念是现代思想的共同特质,它也就是:某种注意方式对美的事物的特殊知觉方式来说,是不可缺少的。在康德、叔本华、克罗齐、柏格森那里都可以遇到这种情况。在那些坚决反对审美无利害性这个命题的马克思主义者那里,则显示出这一信条是怎样变得更为牢固了。"[1]当然,也有人反对。最早的是居约。他认为由于肌肉总是与神经相连,感觉不可能与活动分离,因而审美知觉不可能是静观的,故康德把美与实用分开是贬低了实用性。另一个是桑塔耶那,认为欣赏总与购买欲有关系,是购买欲的预备性行为。[2]为什么在近代的土壤中会产生传统美学?应该说,与处于上升时期的资产阶级要通过为审美活动的独立性立法,来为人立法,为个性解放立法密切相关。康德美学的意义也正在这里。他在《判断力批判》中综合前人的研究提出的"鉴赏判断的第一契机"——"美是无一切利害关系的愉快的对象"[3]堪称是传统美学正式诞生的关键。它揭示了审美活动的本质特征,作为一个重大的美学命题,它的诞生也就是近代美学的诞生。

　　为什么这样说呢?美学固然是1750年由鲍姆加登正式为之命名。但所谓"感性认识的完善",由于把美感与认识等同起来,因此仍然是把审美活动从属于认识活动,并且只是其中较为低级的阶段,而美学也就只是"研究低级认识方式的科学",无疑理性主义传统在作怪;另一方面,英国经验主义不同意这一看法,它把美感与快感混同起来,把美学混同于价值论,借以突出与价值论有关的"快感",但又把审美活动等同于价值活动的低级阶段,至于美学的独立地位自然还是一句空话。康德所敏捷把握的正是这一关键。他用"非功利"把审美活动与"感性知识完善"区别开来;用"生愉悦"把审美

---

[1] 杰罗姆·斯托尔尼兹:《"审美无利害性"的起源》,载美国《美学与艺术批评》1961年冬季号。
[2] 这个问题很大,请参看《江苏社会科学》1993年第6期《论近现代美学革命的范式转换》一文。
[3] 康德:《判断力批判》上卷,宗白华译,商务印书馆1985年版,第48页。

活动与"功利欲望快感"区别开来,而"形式论"则是康德为美学找到的特殊的研究对象与质的规定。只有"纯形式"才是那种无功利而又能引起愉悦之情的东西,也才是美学之所以不同于认识论、价值论的独立的立足之地。审美活动因此而走向独立,美学学科也因此而走向独立。

进而言之,作为审美的第一契机,"非功利说"较之过去有理论概括上的更高普遍性。中世纪的托马斯·阿奎那就提出过美非善欲念说,但主要是从美与善的区别角度提出的,其中理性的善与官能的欲之间的关系更是一笔糊涂账。夏夫兹博里也提出过无利害说,但主要是从纠正当时经验派片面强调人的感性欲望的错误入手,未能进而区别美与善的本质区别。康德则全面分析了快适、美、善三种快感的关系:"快适,是使人快乐的;美,不过是使他满意;善,就是被他珍贵的、赞许的,这就是说,他在它里面肯定一种客观价值。……在这三种愉快里只有对于美的欣赏的愉快是唯一无利害关系的和自由的愉快;因为既没有官能方面的利害感,也没有理性方面的利害感来强迫我们去赞许。"①这样,康德就从既无关官能利害,又无关理性利害这两个层次把美与欲、美与善同时区别开来。同时,"非功利说"较之过去还有其逻辑上的严密性。在建构体系的时候,他运用了认识论的知性四范畴:量、质、关系、模态。值得注意的是,在前两个批判(纯粹理性批判、实践理性批判)中,他按照分析篇范畴表次序先量后质进行,在判断力批判中却未加分析地把"质"放在首位,作为"第一契机",为什么?很少有人注意。之所以如此,正是为了尝试着把审美与理性主义的认识、经验主义的价值加以区别。因为只有首先解决了审美的独立性问题,量、关系、模态才能顺理成章地展开。

然而,"非功利说"却毕竟并非美学的完成形态,因为审美活动不但有其非功利的一面,而且有其功利的一面。即便在传统美学之中,对于审美活动

---

① 康德:《判断力批判》上卷,宗白华译,商务印书馆1985年版,第46页。

的功利一面的认识也从未消失。例如在康德美学中,涉及利益、目的、意蕴的"美的理想"与非功利、纯形式的"美的标准"恰恰处于二律背反的地位。"美在形式"与"美在道德的表现"、非功利的形式与形式的功利表现……统统尖锐对峙。而在后康德时代,形式与意蕴、非功利与功利的对立也仍旧是人们所要关注的一个关键问题。例如,不再执著于把审美对象分为无功利的纯形式与有功利意蕴的表现形式,而将审美的非功利机制转移到主体的审美态度中来,孤立说、距离说、静观说、移情说,应运诞生。其二是在新的基础上力图克服对峙。普列汉诺夫就不再在审美时排除功利,而是强调在审美时只关注形式暂时抛开内容。中国的积淀说也是如此。只是在传统文化的逼迫之下,审美活动、艺术活动在现实中完全处于一种被剥夺的状态,审美活动、艺术活动才不得不以一种独立的形态出现,而当代审美文化更是从对于无功利的传统推崇,转向了对于功利的推崇。这是一个普遍的特征,其中以技术美学最为激进。审美活动干脆就是直接的合功利性,过去是外观装饰美,现在直接就是功能美。"功能美"取代了"形式美"。它意味着:对于审美活动、艺术活动是否必须作为一个独立范畴而存在的一种完全正当的怀疑。这是从原始时代以后就再也不曾有过的一种怀疑。实际上,作为一种独立的精神状态,审美活动的传统形态就是一个千年来的美学误区。因此,只是当我们站在传统美学的立场上才会说这是一种退步,假如站在当代美学的立场上则完全可以说这是一种美学革命,是对原始时代的一次美学复归。这使我们重新反思:功利性就真的一无是处吗?在远古时代,人类不就是因为游戏而成为人的吗?我们有什么理由否认,当代人就不能通过游戏而成为更高意义上的全面发展的人呢?而且,从根本的角度来看,审美活动就是有功利的。人类的进化史告诉我们,它绝对不会允许任何一点毫无用处的东西的存在。即便是阑尾也不例外。过去一直以为无用,后来科学家发现,还是有用的。审美活动不会成为人类进化史中的一个疏忽。只是这种功利不同于传统美学所批评的功利。传统美学所批评的功利,是一种从社会的角度所强调的功利,它要求审美活动抛弃自己的独立性,成为社会的附庸。毫无疑问,这种功利是必须反对的。但在传统美学,却因此形成了一种错误的观念,以为审美活动就是无功利的,这则是完全错误的。当代审美文化的出现使我们意识到:严格地说,任何活动都是有功利的,审美活动的趋美避丑不就隐含着趋利避害的功利吗?而且,对于功利本身也要进行具体分析。从横向的角度看,功利的内涵可以分为个人、社会、人类三个方面。当它们与审美活动相矛盾时,无疑是妨碍审美的,但假如与审美活动不相矛盾,就不会妨碍审美。"美的欣赏与所有主的愉快感是两种完全不同的感觉,但并不是常常彼此妨碍的。"[1]车尔尼雪夫斯基的看法不无见地。从纵向的角度看,从功利到无功利,是人类审美活动的历程中的一大进步。康德哲学说明的正是这一事实。而从无功利到功利,或许也是人类的一大进步。因此,就审美活动的根本属性而言,应该说它是有其功利的,事实上,人类对于功利的追求本来就是最为合乎人性的。有不少学者一味强调非功利,强调对于功利的超越,是不对的。审美活动的存在只是为了强调不宜片面地沉浸于功利之中,那是非常危险的,也是不符合人类追求功利的本义的。这就是审美活动的"不即不离"、审美活动的超越性的真实涵义。而且,假如说康德是从审美与生活的差异的角度去考察审美活动的内涵,那么,现在要做的就是从审美与生活的同一的角度去考察审美活动的内涵,并且,显然是一种更为艰巨,同时也更为深刻、更有意义的考察。法国美学家维克多·巴斯克就把康德的美感学说与立普斯的移情说结合起来,解决了美感的二重性的问题。他认为,如果把美感看作是一种象征性的交感,也就是自我与外界的交感,是人与自然的共鸣,那么,在与快感相联系的利害和与作为美感的必然特征——如康德所指出的那样——的无功利性之间横着的二

---

[1] 车尔尼雪夫斯基。见北京大学哲学系美学教研室编:《西方美学家论美和美感》,商务印书馆1980年版,第258页。

律背反便会消失。这样,美感就会成为功利和无功利的结合。例如,当我们欣赏美的时候,这种欣赏为我们所有,是自我的一个部分,在这个意义上,美感是与快感的功利结合在一起的,况且,我们不能把我们的欣赏,从它所属的复杂感受中分离出来,我们不是为欣赏而欣赏,欣赏并非美感的目的,从这个意义上说,美感也是功利的。[①]

[①] 参见《美学译文》第2辑,中国社会科学出版社1982年版,第238—239页。

第六章

根源探询：生命的诱惑与死亡的阴影

第一节　生理层面:"应激反应"与情感的"代偿机制"

根源研究是上述现状、文本、社会、条件、本质研究的深化。假如说后者是讨论当代审美文化中所蕴含的美学观念,前者则是进而讨论这美学观念所蕴含的理论前提。当然,这已经不再是一种"入乎其中"的考察,而是一种"出乎其外"的考察。因此,从本章开始,我不再从美学观念出发去考察当代审美文化,而是从理论前提出发去考察美学观念,想来不会引起读者的诧异。

我已经指出:导致美学观念乃至当代审美文化的转变的根本原因,在于美学的理论前提的转变。这就是:从非功利到功利。

当代审美文化中所蕴含的美学观念的转变是多种多样的,但归根结底,是传统的"非功利"的美学根本内涵的转变。毋庸多言,"非功利"是传统美学的理论前提。至于传统美学的全部理论成果,则可以说都是在此基础上取得的。然而,当代审美文化对于功利的认可,却迫使我们不得不从另外一个角度去思考:我们是否过分强调了"非功利"问题?假如说,对于"非功利"的强调,是传统美学在特定的时期的一种不得已而为之,那么,在当代社会是否有必要恢复其本来面目呢?换言之,美与艺术固然有与生活相对立的一面,但是否还有与生活相同的一面?美与艺术真的就毫无功利性吗?如果有,又应该怎样给以理论的说明呢?

事实上,美与艺术确乎有其功利性的一面。只是,这功利性不是传统美学所反对的所谓社会的功利性,而是为传统美学所忽视了的美学的功利性。这所谓美学的功利性就是:对于人类的情感需要的满足。过去,由于传统美学过于注重人的理性需要,而对于人的情感需要却缺乏必要的说明,因此,对于美学的功利性问题难以作出准确的阐释,只好以"非功利"含混言之。站在今天的立场上,应该说,这无论如何也是传统美学的一个从柏拉图开始的重大的美学失误。

人类对于情感需要的渴望,来源于人类的生命机制本身。当代心理学家已经证实:就人类生理层面而言,作为动力机制的因此也就最为重要的是情感机制,而不是理性机制。过去,为了论证人类理性的伟大,美学家曾经过分重视新皮质而忽视皮下情感机制。把大脑新皮质的功能看作是审美活动的复杂过程的唯一中心,现在看来,是一个方向性的错误。就探讨审美活动的根源而言,真正的重点不是理性的机制而是情感的机制。其中,神经系统和内分泌系统是两大关键。

情感机制是人类最为根本的价值器官,可以从以下几个方面加以说明。其一,可以从现代生理学的最新成果来说明。美国精神保健研究所脑进化和脑行为研究室主任麦克莱恩发现:人脑是进化的三叠体(三结构),或称三位一体脑结构:

> 我们是通过完全不同的三种智力眼光来观察我们自己和周围世界的。脑的三分之二是没有语言能力的。
>
> 人脑就像三台有内在联系的生物电子计算机。每台计算机都有自己的特殊智力,自己的主观性、时间和空间概念,自己的记忆、运动机能以及其他功能。脑的每一部分都同各自的主要进化阶段相适应。[①]

脑结构是爬虫复合体、边缘系统、新皮质的三位一体。其中爬虫复合体、边缘结构都是脑的原始结构,人性与动物性的共同栖居地,又是人类情

[①] 卡尔·萨根:《伊甸园的飞龙》,吕柱等译,河北人民出版社1980年版,第43—44页。

感的发源地。而大脑新皮质则是人类理性进化的堆积物,为人所独具。人类的个体生成正是凭借着这三部分的协调来完成的。遗憾的是,我们人类往往数典忘祖,只看到了理性的、思维的世界,却疏忽了它实际只是人类在征服自然时积淀而成的生命世界。在这个世界之下,还存在一个远为博大、远为根本的情感的、直觉的世界。只有它,才是人类最为本源的生命世界。它不可以被舍弃或改变。正如卡尔·萨根在同一本书中所告诫的:"很难通过改变脑的深层组织结构达到进化。深层的任何变化都可能是致命的。"而且早在理性的思维的世界形成之前,它就已经开始了自己的生命历程。换言之,人类的与爬虫复合体、边缘系统等"脑的深层组织结构"紧密相联的情感的、直觉的生命世界,正是人类最为深层的东西。

其二,可以用文化人类学的研究成果来说明。文化人类学通过对原始人的思维的研究发现:原始人的思维并不是周密地运用概念进行推理判断的理性思维,而是情感思维。这一点,列维-布留尔在《原始思维》中作过详细说明,并且早已为读者所熟知。因此,这里不作进一步的说明,只引述作者的几段话,权作提示:"那些在不文明氏族的思维中占有如此重要地位的前关连、前知觉、前判断根本不要求逻辑活动;它们只不过依靠记忆来实现。""原始人的记忆有非常高度的发展,它既是十分准确的,又是含有极大情感性的。"原始人从情感感受的角度观照世界,"对进入他们视野的全部宇宙以及其中各个部分,它们都赋予生命,使之成为一种有生命的实体存在。"[①]从今天的眼光来看,显而易见,这种所谓的情感思维并非对于理性需要的满足,而是对于人类的情感需要的满足。情感思维不是思维,而是体验。这也可以证明:人类的与爬虫复合体、边缘系统等"脑的深层组织结构"紧密相联的情感的、直觉的生命世界,正是人类最为深层的东西。

其三,也可以用现代神经生理学的成果来说明。现代神经生理学揭示

---

① 列维-布留尔:《原始思维》,丁由译,商务印书馆1981年版,第104—105页。

了左脑与右脑的存在,以及右脑在生命活动中的重要地位,指出左脑与右脑各有分工,并且,在现代社会中左脑确实占有重要地位。

然而,我们不能因此把右脑贬为"不劳而获""动物脑""劣性脑",不能因此得出"人是理性的动物""人是语言的动物"之类的看法。因为它们都掩盖了这样一个事实:人的右脑绝不能等同于动物的大脑;人的感觉、情感活动同样是人的生命活动的一部分,而且是更为本体的一部分。何况,无论在人类或个体的生长过程中,右脑的诞生和成熟都早于左脑。这也可以证明:人类的与爬虫复合体、边缘系统等"脑的深层组织结构"紧密相联的情感的、直觉的生命世界,正是人类最为深层的东西。

最后,还可以从现代生理学来说明。在相当一段时间内,我们十分推崇皮亚杰的儿童发展心理学的成果。皮亚杰片面地把成年人理性的、思维的生命世界作为幼儿的楷模,把认识结构作为生命结构,把情感现象作为认识现象的副现象或伴随物。相比之下,倒是一些深层心理学家,对此做出了重大贡献。例如,弗洛伊德针对上述错误看法,曾经明确表示:我作为一名精神分析学家当然应当对情感现象比对理智现象更感兴趣。由此,他率先绕过语言、理性的生成时期,去试图阐明个体的"情感"、"情绪"或"感受"的特性,以及它们与一生的错综复杂的联系。伊扎德则认为情感情绪的发生比理性认识的发生要早得多,资历也古老得多。它不但是人类进化过程中为适应生存而发生并固定下来的特性,而且是在脑的低级结构中固定下来的预先安排的模式。对于个体意识的产生来说,情绪是构成意识和意识发生的重要因素。情绪提供一种"体验—动机"状态,情绪还暗示对事物的认识—理解,以及随后产生的行为反应。以儿童为例,儿童最初的意识所接受的感觉材料是来自感受器和个体感受器。这些内源性刺激导致情绪体验发挥作用。这种作用的特殊意义在于它成为意识萌发的契机。也就是说,意识的第一个结构其性质基本上是情感性的。这是因为婴儿最初和外界的联系、交往是同成人之间的感情性联系。早期婴儿(半岁以前)的知觉还不能提供足够的从外界而来的直接信息以产生意识,可见情绪作为动机就成为意识萌发的触发器。各种具体的情绪的主观体验都给意识提供一种独特的性质。随着情绪的分化和发展,意识在萌发。儿童对不同情绪的体验也就是最初的意识。① 这就是说,不论在人类或在个体的生成过程中,情感模式都是理智模式的母结构。这也就是说:人类的与爬虫复合体、边缘系统等"脑的深层组织结构"紧密相联的情感的、直觉的生命世界,正是人类最为深层的东西。

不难设想,审美活动的产生,正与上述人类的情感机制的需要存在着一种深刻的一致性。②

至于具体的剖析,则需要从快感谈起。人类的情感器官的基本评价功能是快感,所谓快感,就是生物进化过程中对于心理能量控制的最佳状态的一种奖励性的感受。我们知道,在大自然中,有机生命的出现完全是一种偶然,除了自己努力挣扎之外,不可能找到其他生存机遇。因此,生存就是战斗——不仅是为了自己,更是为了物种,就是一场不断地寻找生存的机会与可能的战斗。为此,生命可以说是武装到了牙齿,一切都要服从于维护和拓展生存这样一个根本的目的。在此之外的一切则无疑属于一种不必要的奢侈,都会被严酷的进化历程所淘汰。科学家发现:蜜蜂使用材料是最经济的,它的底部是三个棱形,每个棱形的内角与近代数学家精确计算出的数据——钝角 109°28′、锐角 70°32′完全相同,一分不差。但这只是进化选择的结果,可以想象,在此之前,使用材料不尽精确的蜜蜂群体当也不在少数,只是被进化淘汰了而已。生物进化的规律的严峻由此可见一斑。只要不合格的,显然已被淘汰。再如丹顶鹤总是成群结队飞来飞去,而且排成"人"字

---

① 孟昭兰:《情绪研究的新进展》,载《心理科学通讯》1984 年第 1 期。
② 关于审美活动与人类情感机制的关系,在我和林玮合著的《人之初:审美教育的最佳时期》一书(海燕出版社 1993 年版)中,曾以人类的个体的生长历程作为"个案",作过较为深入的考察,可以参看。

形。"人"字形的角度永远是110°。更精确的计算还表明,"人"字型的夹角的一半——亦即每边与鹤群前进的方向的夹角度数为54°44′,而金刚石结晶体的角度也恰好是54°44′。珊瑚虫会在自己身上刻下环纹,每年正好360条。而3亿多年前的珊瑚虫会在自己身上也记"日历",每年正好是400条。而天文学家告诉我们,当时的地球一天只有21.9小时,因此一年不是365天,而是400天。因此,只要是存在的,就是合理的。值得注意的是,快感却没有被淘汰,显然,它的存在不是一种奢侈。那么,快感的作用何在呢?就在于它是对于这场战斗的鼓励。快感是生命的一种自我保护的手段,它引导着肌体趋生避死、趋利避害,不过,这里的"自我保护"与今天的含义不同,它是指的鼓励生命去与懒惰抗争,主动突破生命的疆域,迎接环境的挑战,以避免被严酷的进化历程所淘汰。有时,它鼓励的甚至是一种"化作春泥更护花"的自我牺牲精神,为了生存,不得不如此,过分的自私只能走向灭亡,故快感要去鼓励一种无私。而快感或痛感的消失则是生命力衰竭的象征。我们看到,进化正是在用快感和恶感作为指挥棒来指导动物的行为,例如性快感,大多数动物的性行为都是机械的,没有性交前的抚爱,细菌、原生物甚至没有神经系统却也能完成性的交配,可见,性快感并不是性交之必需,至于珊瑚、蛤及其他无脊椎动物干脆把性细胞排入水中,可见无性繁殖也是存在的,而且,据科学家论证,无性繁殖反而更安全、健康、节能、利己,那么,性快感为什么会出现呢?原来,它是对于有性繁殖的鼓励。有性繁殖不安全、不健康、不节能,也不利己,但却可以创造出更多的适应环境的可能性,存在着更多的选择机会,因而有利于生命进化。性快感正是对于这一有性繁殖的行为的鼓励。而且,性快感总是鼓励雌性去寻找身强力壮者交配,原来,后者正是最适应环境的,因而也是最符合进化方向的。柏拉图说人类会自觉地选择美的青年,这样有利于人类的进化。托马斯·莫尔在设计理想国时,也设想不论少女还是寡妇,由一名深孚众望的监护人领到证婚人面前,扒光衣服要他观看;反之,求婚者也在一名办事周到的人照看下,裸体让女人挑剔。康帕内拉在《太阳城》中也设想：所有男人和女人都要按古代斯巴达人的风俗把衣服脱光。这样，领导人就能够根据他们体格的情况，来确定哪个男人最适合同哪个女人进行一次性交。达尔文说：在自然状态下，最坚强和最精干的雄性动物，或武装得最好的，是一些优胜之辈，而终于导致了自然品种或物种的改进，足以产生一些便利的、一个在程度上很细小的变异倾向。无论如何细小，雄性动物之间你死我活的不断竞争过程，就替性选择提供了足够的用武之地。可以肯定的是，第二特征又正好是变异倾向特别大的一些性状。更值得注意的是，人类的性快感四季均可出现，并可以升华为爱情，这是为什么？这就不但是为了鼓励有性繁殖，而且是为了鼓励稳固的性结合。确实，最没有社会性的动物肯定同时就是最不讲究交配仪式的动物。

　　再如，许多动物都是利用味觉快感去为生命导航的。鲑鱼是在淡水河中孵化成鱼苗的，但很快就要洄游到海洋中去觅食，直到产卵时，才又回到原来出生的河流中。相距遥远，它是怎样找到的呢？原来，是故乡河流中的特殊的气味，就是这种特殊的气味刺激着它，最终丝毫不差地回到家乡。成群鲸类集体冲上浅滩而自杀的报道时有所闻，有人分析是鲸的回声定位系统在特异环境下失灵导致，但他们尝试着把其中的几只鲸送入深水，以便让它们的回声系统开始工作，然后把其余的同类带出浅滩，却发现这几只鲸又奋不顾身地游了回来，仍然挤在伙伴身边。有人因此分析说：原因在于一只鲸搁浅后，就发出求援信号，于是附近游弋的鲸纷纷赶来，保护物种的快感使它们奋不顾身，于是就演出了这样一幕动物王国的悲剧。动物母亲在抚育后代时还有一种追求超常刺激的快感，总是喜欢选择那些比正常的刺激要强烈得多的刺激。结果那些身上用来恫吓天敌、伪装自己的特征越是明显，就越是会得到母亲的照顾。杜鹃之所以能够把自己的蛋下在别的鸟类的窝里，而别的鸟类不但会抚育它，而且往往把自己的孩子忘掉，道理就在于小杜鹃的嘴张得尤其大，嘴的颜色也尤其鲜艳，是一种超常的快感刺激。

动物就是用这个办法进行择优汰劣的选择的。

痛感、饥饿感也是动物的一种自我保护手段。它们的出现，本身就是自然选择的产物。是否有一种喜与厌之类的情绪倾向，是一切生命体与无机自然界的根本区别。把木头烧成灰，木头不会表示喜与厌，但蠕虫在被火烧的时候就会以强烈的扭动来表达自己的不适。而痛感、饥饿感也确实起着导航的作用。每当受到实在或潜在的危险时，就会有一种痛感，因此你才会避开它。饥饿感则逼迫我们不遗余力地去寻找食物从而维护了健康，每当我紧张地写作了一段时间之后，就会有一种要吃鱼的强烈感觉，我知道，这是饥饿感在暗自导航，引导我去寻找含有某种元素的食物，而饱感则是对我的成功寻找的一种鼓励。

那么，美感呢？它似乎与快感不同，不像快感那样功利性强烈。但问题是：生命进化的事实是那样严酷，为什么会允许它遗传下来而没有无情地淘汰它呢？看来，它也不是一种奢侈品，而是有功利的，只是它的功利性与快感的功利性的内容有所不同而已。事实也正是这样。应该说，人类的审美能力正是在漫长的生命进化的功利活动中逐渐形成的。例如视觉，人类可以看见的光波波长仅在400毫微米至800毫微米之间，但光波的辐射波长全距却是200毫微米至25000毫微米，人类可视光波相当有限。但人类的视觉光谱范围，正是太阳光线能量最高部分的波长。这种能力显然是在最大的功利满足的进化中形成的。最能消除人类的精神疲劳的是绿色，为什么呢？与人类祖先在绿色的森林中的功利满足有关。人类在审美活动中对于对称的愉悦，也是功利满足的进化的结果。它与地球的重力有关。"原生动物中的变形虫没有一定的形状，它没有前后、左右、上下的区别，因此也不需要平衡感觉。水螅、水母靠水的浮力进行漂浮运动，它们有了上下区别，但无前后、左右之别，它们是辐射对称的动物。既然有上下之别，就有了简单的平衡感觉。自扁虫以后，动物有了头尾之分，有了上下、左右、前后的方向感，动物开始向左右两侧对称的方向发展，动物的平衡感觉也越来越敏锐。

这种平衡感觉,正是动物偏爱左右对称而不顾及上下是否对称的内在原因。一旦动物发展了视觉,能看清了物象,动物便本能地偏爱左右对称的形状。"①

那么美感的功利性何在呢?它是对于人类的有助于进化的审美行为的肯定和奖励。在这个意义上,美感与快感有着内在的同一性,美感是只属于人类的一种特殊的快感。

为了说明这一点,我们不妨看看美感的产生。美感并非直接来自快感,而是来自快感的一种高级形式——形式快感。快感最初是来自对于功利外物的满足,然而当功利外物脱离了功利内容时,我们发现,动物仍然会从遗传出发感受到一种快感,这就是形式快感。《灵长类》一书作者科特兰德教授有一次发现:一只黑猩猩花了整整15分钟的时间坐在那里默默地观看日落,它观看天边的变换的云彩,直到天黑的时候才离去。作者因此感叹说:一味认定只有人类才能崇拜和欣赏非洲的黄昏美景,那未免太武断了。《新的综合》一书也记录了一次灵长类绘画能力的实验:这些动物利用绘画设备画出线条、扇形甚至完整的圆形,宁可不吃东西,有时还因为停下来而大发雷霆。但十分经济的进化为什么会允许毫无用处的形式快感的存在呢?它显然是动物的一次失误,但为什么这次失误偏偏被肯定下来了?看来它是被意外地发现了自身的可以满足人类的某种需要功能。

什么功能呢?有助于动物的休息。我们知道,在生命进化的长河中,懂得休息的动物比不懂得休息的动物会更容易取胜,更容易被进化肯定下来。老虎与熊相争的故事,讲的就是这个道理。那么,休息对于动物来说为什么如此重要呢?这就涉及到一个现象:"应激反应"。它是高等动物的体液系统和神经系统对外界刺激做出的保护作用。高等动物一旦遇到危险,就要调动全身的能量应急。在原始的古代,可以想象,这种"应激反应"是频繁发

---

① 刘骁纯:《从动物快感到人的美感》,山东文艺出版社1986年版,第181页。

生的。以睡眠为例,面对种种危险,动物往往在极度紧张中度过每一刻。像天敌最多的野兔每天就只敢睡两分钟,其他一些动物,鸟是两腿站得笔直地睡;马是用三只脚站着睡,另一只脚不沾地;蝙蝠是倒钩着睡觉,一旦有危险松开脚爪即可展翅飞走;海豚睡觉时是睁一只眼,闭一只眼;刺猬睡觉时是除了把嘴和鼻子露在外边之外,还把身体蜷成似针刺的球型,以防突然袭击。而人类的原始时代更完全是在恐惧中度过的,直到现在儿童的梦的内容还常由蛇、蜘蛛、老鼠组成,而现代的危险物如刀、枪、触电却从未梦见。这足以说明原始人的紧张程度。然而,生命活动却无法长期紧张下去,须知,有效的行为取决于应激的某种最佳水平,应激反应可以保护生命,导致身体免受外在损害,但也可以因为没有找到发泄的目标而把淤积的能量留在体内,从"惊慌反应"到"对抗反应"到"衰竭反应",从而危及生命。动物在遇到危险时,会产生应激反应。一旦无法实施,就要转向第二目标,否则就会出现问题。洛伦兹在《攻击与人性》一书中称之为"重新修正的活动"。例如,蜜蜂、蚂蚁、白蚁,在孤独的环境中根本就不能生存,有时只要伙伴少了一些(不能少于 25 个),它们就会不吃不喝,忧郁而死。在欧洲有一种毛虫,只能群居生长。它们一个个地紧挨着排成长长的纵队,从一棵树爬到另一棵树,把树叶吃得精光,但是后面的毛虫一旦掉队,就必定马上垂头丧气,代谢率降到最低点,直至死亡。这就是突然的应激反应所致。那么,怎样找到一种"重新修正的活动"呢?关键在于内部的反向机制——代偿。因此高度的紧张机制必然需要一种作为代偿的高度的休息方式。这很像身体内部的排汗机制。一个人活到 70 岁,他排出的汗水大约有 70—150 吨。排汗机制就是防止人体过热的一种代偿机制。在非洲丛林中对野生黑猩猩进行了十几年认真观察的英国女科学家珍妮·古多尔在《黑猩猩在召唤》一书中也披露:她曾几次看到黑猩猩在暴风雨中狂舞,她称之为神秘的"雨舞"。这正是黑猩猩在开始因为意识到危险而产生的"应激反应"在代偿机制中加以宣泄的结果。

要强调的是,上述代偿机制还包括另外一个方面,这就是对于缺乏应激反应时的宣泄。人类的器官都是成双成对的,其中一个往往作为备用的器官储存起来。心理学家发现:人类的大脑有 9/10 在沉睡,从进化的角度看,或许不会允许它不进化,唯一的解释是这部分处在备用状态。因此缺乏信息刺激,也会使人产生病态心理。生活的空泛、单调、琐碎……也会使人产生一种心理失衡。借助形式快感可以展示出生活的丰富性、多样性,从而唤醒人们心中蛰伏的激情,也可以唤醒沉睡着的麻木不仁的情绪,鼓励人去冒险,去拼搏。而且,作为一种演习,它又可以提高人的生理唤醒阈值,增强机体对抗过激刺激的调解能力。这使我们意识到在紧张之外,还存在一段闲暇时间,这段时间怎样度过?或者消极休息,或者积极休息。生命进化的历程会鼓励哪一种呢?显然是积极休息。它并非不动,但又不是大动。一方面通过动的方式使生命时时处在一种"启动"的状态,另一方面又通过这种方式使生命得到更好的休息。这也是一种情绪需要。英国一家动物园让猴子看电视,发现猴子最喜欢看足球赛、拳击赛,这显然是不会导致实际行动的,但为什么猴子着迷于此呢?原来可以做到积极休息。其间,兴奋灶被严格限制而又不产生扩散,因此反而也就抑制了其他部分使之得以休息。

形式快感正是一种最佳的代偿机制。它可以起到一种"搁置效应",使动物暂时离开现实,暂时放弃进攻、追求,因为造成心理压力的负面情绪,诸如痛苦、焦虑、压抑、不安,常常是心理能量过度使用所致,适时中止日常追求,把实在世界搁置起来,转向一种心灵的想入非非,无疑有助于减轻心理压力,尽快从疲劳性精神病症中解脱出来,因此也就预防了精神性病灶的形成。例如,野狼有一种天然的群体认同的需要,这甚至超过了生存欲望,一旦长期得不到满足,就会导致激烈的"应激反应",使其产生心理障碍,由此,我们不难解释野狼在荒野里的嚎叫以及"过杀行为"。人就更是如此了,情绪是无法长期受理性结构的制约,更不肯被文化化的,长期如此,会造成精神的紧张、心理的紊乱。形式快感对此可以起到有效的作用,可以使人得到一种"替代性的满足",把那种可能会造成伤害性的情绪宣泄掉。且看原始人是怎样借助艺术来调节自己的精神的"应激反应"的。一个爱斯基摩青年随冰漂走,几天以后才上岸,在过了几天危险生活之后,他却创作了一首嘲笑自己的歌:哎呀,我很高兴,这可真妙!哎呀,我的周围除了冰没有别的,这可真妙!哎呀,我很高兴,这可真妙!我的大地除了融雪没有别的,这可真妙!哎呀,我很高兴,这可真妙!哎呀,这一切何处是尽头,这可真妙!我总是注视着,等待着,这一切使我厌烦,这可真妙!一个澳洲土人在路上不听同行土人的严重警告,偷吃了禁忌的贻贝,结果直到深夜还听到他的恐怖的歌声:唉!为什么要去吃贻贝呢?现在魔鬼的风暴和雷霆可来了。唉!为什么要吃贻贝呢?"他恐惧地歌唱直到睡熟"。这来来回回的重复,减轻了那土人的恐惧,缓解了痛苦。

而美感则是在形式快感的基础上产生的一种最佳的代偿机制。为什么进化会选择这样一种形式呢?原因无疑是因为美感比一般性的娱乐、休息或体育运动更能满足人类的情感需要。生物分类学告诉我们,在动物的进化中,信息系统的进化是一个重要方面。从没有神经细胞的原生动物发展出有神经索的环节动物、节肢动物等无脊椎动物,从无脊椎动物发展出具有脑的脊椎动物,从低级脊椎动物发展到大脑具有发达皮层的人类,这整个过程都体现出信息系统的进化在动物进化中具有明显优先的地位。而随着信息系统的日益庞大复杂,它的精神应激水平也在逐渐提高。信息系统的代偿机制,已逐渐成为生命活动的关键。人的代偿需要也逐渐从外部转向内部,原生物或海绵动物,并没有睡觉的需要,但对于具有大脑的人类,睡觉就不可或缺。其特征就是脑机能的暂歇,它的代偿主要是内部的信息系统中枢的代偿。再把信息系统和肌肉系统的工作比较一下,就会发现前者远为精密。而美感正是这样一种内部的代偿机制。

也正是因此,美感与快感的内容形成了根本的差异。其中最为明显的,就是美感的内部自动调节性质与快感的外部人为调节性质的差异。快感满足的是外部的人为调节,当某一功利事物被肌体所选择并引起主体的心理能量从一般阈值向最佳阈值转移时,这一功利事物就必然会影响到主体心理能量的人为调节过程。它所引起的快感,就是机体对这一调节过程的生理鼓励。但当人类的应激反应从肌体转向信息系统的时候,它的调节机制也就从外在转向了内在。美感应运而生。它不再以外在的功利事物而是以内在的情感的自我实现,不再以外部行为而是以独立的内部调节来作为媒介。美学家经常迷惑不解:为什么在美感中情感的自我实现能成为其他心理需要的自我实现的核心或替代物呢?为什么在美感中情感需要能够体现各种心理需要呢?为什么美感既不能吃又不能穿更不能用但人类却把它作为永恒的追求对象?在我看来,原因就在这里。当代审美文化之所以固执地解构着传统美学对于美与艺术的与生活相对立的一面,而一再强调美与艺术的与生活相同的一面,之所以固执地从"非功利性"回到功利性,原因也在这里!

第二节　心理层面:"神性"与"人性"的双重变奏

就生理的层面而言,快感是包括人在内的动物共同的特征,美感则只属于人。然而,这只是涉及到快感与美感的区别,至于美感本身的具体内容,在生理层面显然是无法加以说明的。因此,有必要深入到心理的层面加以讨论。

我已经指出,人类的进化表现在它从肌体系统转向了信息系统。对此,心理学家已有明确表述,他们把人类社会的发展分为两个时代,第一个时代,人类以处理肉体生存需求为主,第二个时代,以处理精神生存需求为主。在第二个时代,人类的信息系统日益成熟,在广度和深度上都呈现出复杂的内涵,何况,人还会无端地"胡思乱想",应激反应的强度也必然增加——它需要远为复杂的情绪能量,而且与控制身体相比耗费的情绪能量要大得多。另一方面,社会的发展还先是从"人为"的角度然后是从"物为"的角度激起

信息系统的应激反应。由此,产生了人所独具的心理症状——"焦虑"。赫胥黎说:

> 当宇宙创造力作用于有感觉的东西时,在其各种表现中间就出现了我们称之为痛苦或忧虑的东西。这种进化中的有害产物,在数量和强度上都随着动物机制等级的提高而增加,而到人类,则达到了它的最高水平。而且,这一顶峰在仅仅作为人的动物中,并没有达到;在未开化的人中,也没有达到;而只是在作为一个有组织的成员的人中才达到了。[①]

这心理焦虑可以分为三种:现实性焦虑,神经性焦虑,伦理性焦虑。它是由于应激反应长期淤积而产生的一种畸形心态。随着第一座高楼出现了高楼病,随着第一座城市出现了孤独症,第一架电视机带来了电视综合征……美国在20世纪初,因病死亡的人中每千人有28人,他们都是患的生理性疾病:肺结核、肺炎、白喉、伤寒、痢疾等等;在70年代,因病死亡的人在千人中有9人,患的主要是心理性疾病。这是人类在争取文明时所不得不付出的代价之一。至于人类文明的负代价,就更是一言难尽了。但丁说:狼使人类想起野兽无和平。但实际上,真正造成了连绵不断的战争的,却不是狼,而是人类自己。而且,人类的存在本身就是自然世界的生态平衡的破坏的结果,是反自然的结果,因此人类的文明也无疑是如此。弄清楚这一点,对于当代美学的重建极为重要。而且,人类在其中左右为难。自我与理想不相符合,固然是极端苦恼,但罗杰斯的一项研究表明:自我与理想高度统一的人,往往更会陷入一种病态,例如精神分裂症。

[①] 赫胥黎:《进化论与伦理学》,《进化论与伦理学》翻译组译,科学出版社1971年版,第35页。

对此,人类自然不会熟视无睹。太平洋的复活节岛上有一些巨大而神秘的石像,无人能识它的庐山真面目。后来,有学者证实:"正是东方岛屿上地方流行病(如麻风病)对生存的打击为这种狂热的艺术形式提供了动力,岛上居民中仍然健康的那部分人,期望用一种魔法来实现控制,因此创造了这些石头巨人,这些巨人表现出不可摧毁的巨大力量,表现了其躯体某些部位常受到麻风病损坏的防御。"[①]石像固然不能治病,但却可以使因疾病而生的心理能量发生转移,从而减轻由于精神崩溃而导致的压力。应该说,这象征着人类为找到信息系统的代偿机制所作的一次努力。眼泪也如此。过去认为眼泪是无用之物,顶多可以清洗眼球,20世纪初,科学家发现眼泪中的具有杀菌功能的"溶菌酵素"也证明了这一点。但在所有的动物中,为什么只有人会因情感的压力而流泪?美国心理学家佛雷20世纪70年代的研究确认:眼泪中所含锰的浓度比血清中的锰浓度高30倍。看来眼泪有排泄有害物质的作用,眼泪使我们减轻悲哀、抑郁、愤怒。无疑,这也是人类为找到信息系统的代偿机制所作的一次努力。

美感,正如我已经指出的,是人类找到的最佳的信息系统的代偿机制。

对于生理的代偿机制——快感,我们已经十分清楚:生理进化是一次历险,因此要用快感来加以鼓励,否则动物和人无法在这场生存竞争中取胜;但人类在为自己设定了信息系统之后,就又面临着新的历险,当他独自走上这条道路时,还要靠一种东西来不断地鼓励他,什么东西呢?正是美感!美感是对人们从结构性的精神生存中挣脱出来的一种鼓励。精神的生存指的是一种生成性的东西,而不是结构性的东西。[②] 然而,人类的精神生存却往往陷入结构性的板结,它不断重复着单调、无聊、停滞,最终衰退,美感则鼓励人们追求变化、偶然、多样、差异。痛苦的生活、空虚的生活,使我们陷入

---

① 《东方岛屿的石雕:一个神经病学的观念》,载美国《感知与运动技巧》第28卷第21期,第207页。
② 参见拙著《生命美学》,河南人民出版社1991年版,第五章。

一种"自欺",美感挺身而出,勇敢地为人类导航,它把人类不断带出精神的迷茫,带向未来,这是人类在精神的维度上追求自我保护、自我发展的一种手段。因此,缺乏美感是一个人精神萎弱的象征。正如快感鼓励动物进行有性繁殖,以提高生存机会一样,美感也鼓励人类的精神进行多种探索,以增加更多的生存下去的可能性。在这个意义上,可以说,是生命选择了美感,生命只是在美感中才找到了自己。而快感之所以同时属于动物和人类,美感却只属于人类,更深的道理是在这里。

进而言之,当人在人与自然之间插入了一个"精神"之后,他就走上了与动物不同的道路。人——信息系统——世界,因为精神只能以个体的方式存在。当人以精神为中介与自然发生关系时,就不再是以类而是以个体的名义面对世界,然而,在历史的实际发展历程中,人类却往往被迫以类的方式存在。为了争取真正属于人的存在,那些独一无二的东西、不可重复的东西、偶然的东西就必须成为目的,成为价值。人类必须打断必然的链条,为之加入偶然的东西,而且栖居于这些偶然的东西之上。美感正是对于这种努力的鼓励。它是一种派生的快感,但又是一种更为深刻的快感。应该说,从好奇心到科学假设、哲学探索,直到美感鼓励,都是一种更为深刻的快感。它们仍然是人的生存努力的一部分,仍然是为了增加生存的机会。而且这些为个体而努力的人,仍然是人这个物种自我设计、自我塑造的一种工具,个体发展快速的社会必然也是社会本身发展快速的社会。因此,快感把人作为手段是为了人的发展,美感把人作为目的也还是为了人的发展,它鼓励精神永远停留在过程中,不被任何僵化的结构所束缚。因此,假如说,快感是肌体系统的副产品,美感则是信息系统的副产品。

然而,快感与美感又毕竟不同。比如,快感是类型的,美感是个体的。快感人人相同,但美感却不允人人相同。再如,快感是守恒的,美感是开放的。"动物,即使是最聪明的动物,也总是处于一定的环境结构中,在这种环境结构中,动物只获得与本能有关的东西作为抵抗它的要求和厌恶的中枢。相反,精神却从这种有机的东西的压力下解放出来,冲破狭隘环境的外壳,摆脱环境的束缚,因此出现了世界开放性。"①例如加登纳就发现:动物的感知方式主要是"定向知觉"和"偏向知觉",而人的感知方式除此之外还有"完形知觉"、"超完形知觉"和"符号知觉"三种。就快感而言,它满足于给定的条件,外在条件如果没有发生变化,我们会产生快感;发生了变化,则会产生痛感。它不怕重复,口味一变就说"吃不惯",这并不是消极,因为在生理方面人类的变化需要较长时间的稳定性(生理的变化是以百万年计算的)。快感代表的是对于生理的边缘地带的维护,但这会使它的行为在人类看来显得十分刻板、笨拙,缺乏起码的应变能力,像大熊猫之于箭竹,像鱼之于水。美感则不如此。美感是面对未来的,因为精神的演变不需要那么长时间,故美感以开放为主,是对给定条件的放弃,是在不完美的基础上去追求完美,是对心理的边缘地带的探索。

　　至于审美活动与娱乐活动的区别也是如此。我们说审美活动之所以区别于娱乐活动,只是因为娱乐活动是动物与人的共同创造,审美活动则是人自己的创造,而且两者的区别并不在于是否与人类的动物性有关,而是在于前者主要满足的是肌体系统的需要,后者主要满足的是信息系统的需要。在这个意义上,审美活动的诞生确实是一件大事,或者说是一个伟大的转折,是人类对自然的精神上的一种征服,从而开辟了一个属于人类自己的世界。假如说娱乐活动是通过功利事物的中介将外部的情况转达到人的生理层面,使由于外部突发的、不稳定的刺激所导致的器官的不平衡、无规则的活动得到消解,造成器官和谐正常的运动,起到平衡和调解机体各器官活动的作用,使之不致因为超常压力而发生毁灭性的破坏,不致畸形发展,从而避免因为经常承受超常压力、超常消耗所导致的器官变异,是谋生的需要,那么,审美活动则是通过情感的自我实现这一中介使身心从忽强忽弱的心

---

① 转引自施太格缪勒:《当代哲学主流》上卷,王炳文等译,商务印书馆1978年版,第161页。

理状态中甚至是紧张状态中解脱出来,从而得到松弛和休息。消极的心态可以使机体超负荷、破坏性地运转,审美活动则能使人的心理器官正常运转,解除掉一度绷得很紧的危及机体的紧张状态,使内分泌恢复到正常,免疫系统得到加强。总之,人们强烈地追求审美的无功利性就是因为它引发的无功利性可以导致机体的和谐运动,缓解了由实际运动带来的紧张感,使机体得到松弛和休息,从而产生快乐的体验。它是自我发展的需要,追求的是符合人性与正常发展的一面,在人的心理机制方面,起到了对抗将人完全异化为工具的作用,维护了人的精神的本质属性。因此,它与娱乐活动不同,影响的不是人的生命的存在,而是人的生命的质量。但另一方面,它又与娱乐活动相同,因为都是对于人的生命活动的需要的满足。

由此我们看到,美感之为美感,归根结底还是由于人类的情感需要。而传统美学对此却不屑一顾,甚至把情感需要称为动物性的东西,则是完全错误的。试想,经过进化规律所一再肯定的东西怎么可能是人所不需要的呢?而且,即便是动物性的东西难道就可以不屑一顾吗?人类应该尊重人类自身的特殊进化规律,这是人类所共同认可的,但是,人类还应该尊重人类与动物共同的一般进化规律。只重特殊不重一般,是错误的。莫里斯发现:人类这个出类拔萃、高度发展的物种,耗费了大量的时间探究自己的较为高级的行为动机,而对自己的基本行为动机则视而不见。这里的"基本行为动机"就是所谓一般。他还发现:人的本性使他能够有审美的趣味和观念。他周围的条件决定着这个可能性怎样转为现实。这里的"人的本性"也是所谓一般。我们过去只注意到"较为高级的行为动机"和"周围的条件",只涉及高层与外部对它的制约,但却很少注意到"基本行为动机"和"人的本性",未涉及内部的动力。因此,我们也往往只注意到审美活动对于"较为高级的行为动机"和"周围的条件"的满足,但却没有注意到审美活动对于"基本行为动机"和"人的天性"的满足。而且,我们已经知道:人类胚胎发育过程中要重演动物进化的各个时期,这已经是一种公认的生理建构规律,一些学者称这一生理建构规律为"生物的建筑学"。但是实际上人类的精神发育过程中也要重演动物进化的各个时期,这也是一个规律:精神建构的规律。难怪解释学大家尧斯会强调说:文学艺术是以审美的方式向读者提出宗教或伦理所困惑并无法解决的问题,与对"人的本性"的满足有关。①

在相当长的时期内,传统美学却无视这一点。它竭力强调人类的本质力量,竭力强调对于现实生活的创造,竭力强调审美活动的无功利性,竭力强调审美活动的重要性。这在历史上意义重大:从此审美有了独立性。然而,一味如此,也难免使美学陷入困境。最终就走向了另一极端:具备了超越性,却没有了现实性;使自己贵族化了,却又从此与大众无缘;走向了神性,却丧失了人性。试想,假如审美活动只会让别人去教会自己如何喜爱美的东西,从而在别人所期望的地方和时候去感受别人希望他感受到的东西,这实际上就不再是一种审美活动,而只是一种交易,一种可以在市场上买卖的东西。事实上,要想在别人告知自己为美的东西之中感到一种真正的美、一种个人的东西,无疑是天方夜谭,也无疑是审美天性异化。可见,通过片面的方式去膜拜审美,并不是对审美的尊重。通过片面的方式去强调审美活动的超越性,也无非是美学本身的画地为牢。就以康德对于崇高的看法为例,康德对于崇高的推崇,无疑是扩大了审美对象的范围,开始把更为现实的心理感受纳入审美活动之中,是对于当时惊心动魄的革命的美学概括。这一理论不但在心态上从"积极的快乐"转到"消极的快乐",是人类的一大进步,而且把崇高的本质规定为善,这比起传统的优美对于真的推崇,也堪称一大进步。不过,遗憾的是他并没有由此去思考一些更多的东西,而是仍然停留在传统的美的意义上做出解释。康德对崇高的解释是众所周知的:美是对于对象的直接认同;崇高则是对于对象的一种间接的愉快,首先是瞬

---

① 参见姚斯(尧斯)等:《接受美学与接受理论》,周宁等译,辽宁人民出版社1987年版,第51页。

间的生命力的阻滞,然后是因此生命力得到了超常的喷射。美是促进生命的感觉,崇高是阻滞生命的感觉,美是胜利者的快乐,崇高是失败者的快乐。之所以产生崇高是因为人本身有一种抵抗的能力。这种能力就是"人能够把一对象看作是可怕的,却不对它怕"。"假使发现我们自己却是在安全地带,那么,这景象越可怕,就越对我们有吸引力,我们称呼这些对象为崇高,因它们提高了我们的精神力量越过平常的尺度,而让我们在内心里发现另一种类的抵抗的能力,这赋予我们勇气来和自然界的全能威力的假象较量一下。"①毫无疑问,这是一种生命对于死亡的抗争。康德在《纯粹理性批判》中指出:"……来生的希望主要建立在人类本性的特征上,它决不为短暂的现实所满足。"而在《实践理性批判》中又指出:上帝是否存在? 我们是否自由? 我们的灵魂是否永存? 这是一些无法论证的问题。但我们可以认为"上帝存在""我们是自由的""我们的灵魂是不朽的"。因此,乌纳穆诺发现:"康德是用情感来重建那个被他用理智推翻的东西。而且,我们知道,康德生活于百科全书派和理性女神那个世纪的后叶,这个多少有点自私的老单身汉在哥尼斯堡当哲学教授,他很醉心于那个——我的意思是那个唯一的真正极端重要的——问题,这个问题冲击着我们人类的真正本质,这就是我们个人和个人的命运问题,灵魂不朽问题。康德这个人并非完全地屈从于死亡,正因为如此,他作了那个可怕跳跃……从一个批判到另一个批判。"②总而言之,他把崇高归结为人对自身相对于任何外在世界的一种自豪感,这使我们看到了他的局限性。

所以,承认审美活动的功利性的一面,就既是一种逻辑的必然,也是一种历史的选择。就后者而言,这是当代美学的明智之举。事实上,这一明智之举从叔本华、尼采就已经开始了。从叔本华开始,源远流长的彼岸世界被

---

① 康德:《判断力批判》上卷,宗白华译,商务印书馆1985年版,第101页。
② 乌纳穆诺:《生命的悲剧感》,上海文学杂志社1986年印本,第4页。

感性的此岸世界取而代之,被康德拼命呵护的善失去了依靠。在康德那里是先判断后生快感的对于人类的善的力量的伟大的愉悦,在叔本华那里却把其中作为中介的判断拿掉了,美成为直接的快感。尼采更是彻底。康德也反对上帝,但用海涅的话说,他在理论上打碎了这些路灯,只是为了向我们指明,如果没有这些路灯,我们便什么也看不见。尼采就不同了,他干脆宣布:"上帝死了!"应该说,就美学而言,关于"上帝之死"的宣判不异于一场思想的大地震。因为在传统美学,上帝的存在提高了人类自身的价值,人的生存从此也有了庄严的意义,人类之所以捍卫上帝也只是要保护自己的理想不受破坏。而上帝一旦死去,人类就只剩下出生、生活、死亡这类虚无的事情了,人类的痛苦也就不再指望得到回报了。真是美梦不再!但是,一个为人提供了意义和价值的上帝,也实在是一个过多干预了人类生活的上帝。没有它,人类的潜力固然无法实现,意义固然也无法落实。但上帝管事太多,又难免使人陷入依赖的痴迷之中,以致人类实际上是一无所获。这样,上帝就非打倒不可。不过,往往为人们所忽视的但又更为重要的意义在于:"上帝之死"事实上是人类的"自大"心理之死。只有连上帝也是要死亡的,人类数千年中培养起来的"自大"心理才被意识到是应该死亡的,一切也才是可以接受的。难怪西方一位学者竟感叹云:"困难之处在于认错了尸体,是人而不是上帝死了。"只有意识到这一点,我们才会懂得尼采混同于现实,反而视真、善为虚伪,并且出人意外地把美感称为"残忍的快感"的原因之所在。弗洛伊德等一大批当代美学家,则真正开始了对于审美活动的功利性的一面的考察。以弗洛伊德为例,他所关注的人类的无意识、性之类,正是意在恢复审美活动的本来面目。或许,在他看来,审美走向神性,并不就是好事,把审美当作神,未必就是尊重审美。而他所恢复的,正是审美活动中的人性因素。就前者言,注重审美活动的功利性一面的考察,更是美学之为美学的题中应有之义。这绝非对于审美活动的贬低,而是对于审美活动的理解的深化。只有如此,审美活动才有可能被还原到一个真实的位置上。

第三节　形式层面：反和谐的审美活动如何可能

至此，问题仍然没有真正解决。因为即便是承认审美活动的功利性的一面，但假如不能深入到对于审美活动的具体考察之中，就还是无法对于审美活动做出具体的判断。

要解决这个问题，就必须转入关于根源研究的第三个层面的讨论，这就是形式层面。

形式层面涉及的是审美活动满足人类生存需要的特定方式。一般而言，生存需要的满足方式有二。其一是保存自己的满足，要靠占有外界来实现，可以称之为一种通过为自己增加包袱的办法来获得物质上的满足的方式。其二是宣泄自己的满足，要靠内在的表现自身来实现，可以称之为一种通过为自己扔掉包袱的办法来获得精神上的满足的方式。就信息系统而言，人类的理性活动属于前者，它是保存性的，其中占优势的是记忆规律；而审美活动则属于后者，是宣泄性的，其中占优势的是遗忘规律。在这方面，奥夫夏尼科-库利科夫斯基的发现非常值得重视："我们的情感心灵简直可以被比作常言所说的大车：从这大车掉下什么东西，就再也找不回来。相反，我们的思想心灵却是一辆什么东西也掉不下来的大车。车上的货物全部安放很好，而且隐藏在无意识的领域里……如果我们所体验的情感能保存和活动在无意识的领域里，不断地转入意识（就像思想所做的那样），那么，我们的心灵生活就会是天堂和地狱生活的混合物，即使最结实的体质也会经不住快乐、忧伤、懊恼、愤恨、爱情、羡慕、嫉妒、惋惜、良心谴责、恐惧和希望等等这样不断的聚积。不，情感一经体验，就不会进入无意识领域。情感主要是有意识的心理过程，与其说情感是积累心灵的力量，不如说它们是消耗心灵的力量。情感生活是心灵的消耗。"[①]

[①] 奥夫夏尼科-库利科夫斯基。转引自维戈茨基：《艺术心理学》，周新译，上海文艺出版社 1985 年版，第 263—264 页。

审美活动的奥秘就隐藏在这心灵消耗之中。从神经机制的角度看,审美活动的过程无疑正是神经能量的消耗、耗费和宣泄的过程。任何审美活动都是心灵的消耗。哪怕是诗歌语言的陌生化,也是意在使情感的宣泄增加难度,从而导致情感的大量宣泄。审美活动较之诗歌语言陌生化无疑要复杂得多,因此它的消耗也就更大。由此可见,审美活动是反节约力量原则的,是作为破坏而不是保存我们的神经能量的反应向我们显示出来的。它更像爆炸,不像斤斤计较的节约。但它又是以消耗为节约,看上去很不节约地消耗我们的情感,反而使我们轻装上阵,能够做更多的事情。弗洛伊德举过一个例子来说明:这种特殊的力量节约的方式就像一个家庭主妇的那种小小的节约,为了能够买到便宜一分钱的菜,不惜舍近求远跑到几里外的市场上去买,结果以这种方式避免了那种微不足道的花费。"对这种节约,我们早就摆脱了那种直接的,同时也是幼稚的理解,即希望完全避免心理消耗,而且是以尽量限制用词和尽量限制建立思维联系来取得节约。我们那时就已对自己说过:简洁、洗练还不就是机智。机智的简洁——就是一种特殊的,恰恰是'机智的'简洁。我们不妨把心理节约比作一家企业。但企业的周转额还很小的时候,整个企业的消耗当然也不会多,管理费也很有限。在绝对消耗额上还要精打细算。后来,企业扩大了,管理费的意义退居末位了。现在,只要周转额和收入大大增加的话,花费多大就不那么重要了。节约支出对企业来说就会微不足道,甚至干脆是亏本的事情了。"[1]

进而言之,神经能量消耗往往同时存在于外围和中枢这两极,因此,其中一极的加强就会导致另外一极的减弱,而一极的过多消耗也会导致另外一极的消耗的减弱。审美活动之所以可以以情感的自我实现为中介并且不导致外在行动(无功利),道理就在这里。我们的任何一种反应,只要它所包含的中枢因素复杂化,外围反应就会变得迟缓并丧失它的强度。随着作为

---

[1] 转引自维戈斯基:《艺术心理学》,周新译,上海文艺出版社1985年版,第266—267页。

情绪反应中枢因素的幻想的加强,情绪反应的外围方面就会在时间上延迟下来,在强度上减弱下来。谷鲁斯认为:在审美活动中和在游戏中一样,都是反应的延迟而不是反应的抑制。审美活动在我们身上引起强烈的情感,但这些情感同时又不会在什么地方表现出来。这正是审美情感与一般情感的区别的奥秘所在。前者也是情感,但又是被大大加强的幻想活动所缓解的情感。正是外在行动的迟缓才是审美活动保持非凡力量的突出特征。不是导致紧握拳头而是缓解,此即审美活动的无功利性。狄德罗说得好:演员流的是真眼泪,但他的眼泪是从大脑中流出来的。当然,这种中枢缓解在一般情感中也偶尔可以见到,但不典型。

而且,审美活动的奥秘还在于,它激起的是一种混合情绪。沮丧与兴奋、肯定与否定、爱与恨、悲与欢……交相融合在一起。达尔文就曾发现人类的表情运动存在对立的定律:"有些心情会引起……一定的习惯性动作,这些习惯性动作在最初出现时乃至在现在也是有用的动作;我们会看到,如果有一种直接相反的思想情绪,就会有一种强烈的、不由自主的意向要做出那些直接相反性质的动作,即使这些动作从来不会带来丝毫好处。""显然,这就在于,我们在一生中随意地实现的任何动作总要求一定的肌肉发生作用;而在实现直接相反的动作时,我们就使一组相反的肌肉发生作用,例如,向右转和向左转,把一件东西推开或拉近,把重物举起或放下……因为在相反的冲动下做出相反的动作已经成为我们和低等动物的习惯性动作,所以,当某一类动作同某些感觉或情感活动联想起来的时候,自然可以假设,在直接相反的感觉或情感活动的影响下,由于习惯性联想的作用,完全相反性质的动作便会不由自主地发生。"[①]不难想象,当审美活动把相反的冲动送到相反的各组肌肉上去,同时向右转、向左转,同时向上提、向下降……情感的外

---

① 达尔文。转引自维戈斯基:《艺术心理学》,周新译,上海文艺出版社 1985 年版,第 280 页。

部表现自然会被阻滞。相互对立的情感系列,导致彼此发生"短路"从而同归于尽。这就是现代意义上的美学"净化"。因此,又可以说,审美活动中的最为深层的奥秘恰恰在于:作为任何情感的本质的神经能量的宣泄,在此过程中是在与此相反的方向中发生的,因此审美就成为神经能量最适当、最重要的宣泄的最为强大的手段。

由此我们又一次看到了审美活动与形式快感之间的内在联系。形式在审美活动中之所以被格外看重,正是因为只有它的出现,才能够把审美活动所激起的混合情绪设立在两个相反的方向上,形成两种情绪——审美情绪与内容情绪,从而使它们最终消失在一个终点上,就像消失在"短路"中一样。而且,在这两种情绪中,审美活动是采用审美情绪克服内容情绪(生活中只有内容情绪)的方式,使之从一种确定的情绪转而成为一种不确定的情绪。在这里,节奏、韵律能够引起与内容相反的某种情绪,引起情绪的"自燃",从而达到净化情绪的目的。

因此,把审美活动和艺术作品理解为以情感人,是错误的。例如,托尔斯泰就曾对比两种艺术说:村妇们为祝福女儿出嫁而演唱的大型圆舞曲给他留下了深刻的印象,故是真正的艺术;贝多芬的奏鸣曲作品101号没有给他留下深刻的印象,故称不上是什么真正的艺术。但上述分析显然是不准确的。把审美作为一种情感表现,是一种误解。情感是一种内在心理过程,艺术作品则是一种物理事物,前者是内在的和个人的,后者则是外在的和公共的,那么,正如鲍山葵所反复自询的,情感是怎样进入物理事实中去的?结果,还是用艺术之外的东西来评价艺术。人们往往以为:战斗的音乐是为了引起战斗的情绪,教堂的歌声是为了引起宗教的情绪。其实不然。假如艺术是为了传递感情,女性就更应该成为音乐家了,但事实上伟大的音乐家并没有女性。实际上,即便是军号也不是为了唤起战士的战斗情绪,而是为了使我们的机体在紧张的时刻同环境保持均衡,约束和调整机体的活动,使他们的情绪作必要的宣泄,驱除恐惧,从而为勇敢开辟一条自由道路。可见,审美不是为了从自身产生任何实际活动,它只是使机体去准备实现这一动作。弗洛伊德说:受惊的人一看到危险就恐惧、逃跑,在实际生活中,有用的是跑;在审美活动中正相反,有用的是恐惧本身,是人的情感宣泄本身,它只是为正确的逃跑创造条件而已。它们更多地是缓和和约束突发的热情,安抚紧张的神经系统,以便驱除恐惧。因而充其量也只是使战斗情绪容易表现出来,但它本身却并不直接引起这种情绪。

这样看来,最真诚的感情也创造不了艺术,要创造艺术,还要有克服、缓解和战胜这一情感的活动,只有出现了这一活动,才能创造艺术。审美活动只是在生活最紧张、最重要的关头使人类和世界保持平衡的一种方法,其中往往包含着两种天衣无缝地被编制在一起的相反的情感倾向,它的作用则是缓和这些情感。看来,审美活动有着比感染别人更为重要的作用。就像在原始劳动中的合唱能以自己的节拍协调肌肉的活动节奏,表面上无目的的活动的游戏符合锻炼和调整臂力或脑力的无意识的生理需要,缓和紧张的劳动。同样,大自然把审美活动交给我们,也是为了使我们更容易忍受生存的紧张和不堪。这就是审美活动之所以诞生的根本原因。以音乐为例,它既不使人高尚,也不使人卑鄙,它只是激励人们的灵魂而已。情诗也如此,人们以为它是直接唤起人们的情绪,但它实际是以完全相反的形式进行的。其中的审美情绪对于所有其他的情绪尤其是性欲起着缓和的作用,常常是麻痹着这些情绪。再如,阅读凶杀的作品不仅不会使人去凶杀,而且会使人戒除凶杀。我们已经知道,技术并不是简单的人们延长的手臂,审美和艺术也并不是简单的延长的社会情感。审美从来不是生活的直接表现,而是生活的对立,是我们的心理在日常生活中找不到出路的某个方面在艺术中的消耗。生活之中的恐怖、悲哀,我们避之唯恐不及,置身审美活动之中的我们却对此津津有味。看来它们不一样。在作品中是让人观照的,而不是让人忍受或重新经历的。在审美中,表现一词的含义,不再是发泄,而是理解,不再是通过释放得到外化,而是将之变成一种意象让人在心理距离之外来观照和反思。说出自己的情感,就意味着把它转化为一种可以控制的东西了。表现就是对情感的审美理解。作为内心状态的东西,是作品的源泉,但不是作品的最后的东西,从因果表现论来理解审美活动所忽视的就是这一点。大家都高兴,就意味着共同享受同一种经验吗?只有同在一起讨论,共同交流,这情感才成为"共享"的东西,使情感成为可以控制的东西。换言之,世界上的任何事物都具有情感特征,其中的特殊意味会影响到人们的心理状态,然后借助公共的解释系统来解释之。审美活动的作用就在这里。它帮助人类解释自己的情感,是人类情感理解的主要来源。没有艺术家,普通人已经很难理解自己的情感了。再现教会我们看世界,表现教会我们感受世界。人们在表现自己的情感之前,并不知道情感是什么。情感是在表现中可以将自己对象化的东西。所以柯勒律治说:"它们唤醒了心灵,使它不再在习惯的诱引下沉睡,而是让它看到我们眼前世界的诸种可爱和新奇之处。世界上本有取之不尽、用之不竭的宝藏,但由于我们眼睛上蒙着'习惯'制造的薄膜,由于我们种种自私的欲望,使我们有眼不能见,有耳不能听,有心不能感、不能悟。"①

一旦从形式层面弄清楚了人类为什么需要审美活动,就不难对审美活动乃至当代审美文化做出合乎实际的解释了。原来,当代审美文化的从美到丑和从美到非美的转移,固然不同于传统的审美活动,但却并没有超出于审美活动本身。

从表面上看,在当代审美文化,所谓形式已经不再是一种和谐,但是,反和谐的形式难道就不是一种形式吗?正如我在前面已经一再强调的,审美活动作为一种超越性的生存活动,其内涵是高于我们在历史上所看到的任何一种具体的审美形态的。作为"理想本性"的对象性运用,审美活动是当人类意识到了自己的不完美之后对于完美的追求,不完备而追求完备,这种

---

① 转引自布洛克:《美学新解》,滕守尧译,辽宁人民出版社1987年版,第187页。

需要只有人类才有,也只能在审美活动中得到满足,而动物则满足于完备。它将人类的渴望、理想、憧憬这些不属于现实因此只能在非现实世界中才能实现的东西,借助一定的物质媒介加以实现。审美活动体现了人类的最为隐秘的要求。一般的物质活动与认识活动关注的只是目的,而目的总是一个有限的世界,故它在实现人类的渴望的同时又限定了人类的渴望;审美不然,不是为了创造一个有限的东西,而是为了通过这有限者达到无限的境界,故被创造出来的东西就只是达到无限的手段。康定斯基说:"任何人,只要他把整个身心投入自己的艺术的内在宝库,都是通向天堂的金字塔的值得羡慕的建设者。"[1]梅洛-庞蒂说得好:"生命与作品相通,事实在于,有这样的作品便要求这样的生命。从一开始,塞尚的生命便只在支撑于尚属未来的作品上时,才找到平衡。生命就是作品的设计,而作品在生命当中由一些先兆信号预告出来。我们会把这些先兆信号错当原因,然后它们却从作品、从生命开始一场历险。在此,不再有原因也不再有结果,因与果已经结合在不朽塞尚的同时性当中了。"[2]阿瑞提也指出:"意象具有把不在场的事物再现出来的功能,但也具有产生出从未存在过的事物形象的功能——至少在它最早的初步形态中是如此。通过心理上的再现去占有一个不在场的事物,这可以在两个方面获得愿望的满足。它不仅可以满足一种渴望而不可得的追求,而且还可以成为通往创造力的出发点。因此,意象是使人类不再消极地去适应现实,不再被迫受到现实局限的第一个功能。"[3]因此,审美活动的自由创造的本性反而决定了它或和谐或不和谐的自身形态的不确定性。在这个意义上,审美活动采取反和谐的形式,应该说,也是审美活动的题中应有之义。

进而言之,当代的审美活动采取反和谐的形式,无疑还有其特定的涵

---

[1] 康定斯基:《论艺术的精神》,查立译,中国社会科学出版社1987年版,第31页。
[2] 梅洛-庞蒂:《塞尚的困惑》,载《文艺研究》1987年第1期。
[3] 阿瑞提:《创造的秘密》,钱岗南译,辽宁人民出版社1987年版,第64页。

义。我们知道,和谐的形式是一种美的形式,往往与生密切相关;反和谐的形式则是一种丑的形式,往往与死密切相关。那么,人类在爱生之余,为什么又会喜欢欣赏死亡?看来死亡的阴影本身就是一种需要,人类主动地寻找它,正是出于激励生命的需要。犹如我们总是强调说:地狱是文明的产物,当人类有了理想和完善的念头时,就同时意识到了现实的非理想性、非完善性。罪恶感由此而生。地狱正是鞭策人类的地方。通过这虚拟的、对象化的痛苦,满足了涤罪的需要,更激励了生命的意志,由此,地狱成为天堂的入口。人类为什么会喜欢自己所害怕的东西?例如童话中的大灰狼、狼外婆,再如好莱坞的以制造噩梦著称,因为它原来就存在于人类的心灵深处,象征着一种对于逼近了的威胁所产生的感觉、一种大难临头的恐惧。中国古代对于饕餮的崇尚也是如此。因此,审美活动的内在动机是死亡。只有从死亡这一方面,审美才能够得到透彻的理解。死赋予生以深刻的内涵。没有死的毁灭,就没有生的灿烂。死亡作为归宿,不仅浓缩了生,而且从根本上改变了人类对于生的态度。不免一死的意识不仅丰富了生,而且建构了生。说得更清楚一些,人类的一切活动无非是在与死亡抗争,但有时却会乐不思蜀,以致忘记了死亡的必然性,这样,通过审美来加以提醒就十分必要了。荣格发现的那个临近死亡的小女孩,总是梦见死亡,就是这个道理。在这个意义上,反和谐正意味着审美活动的深化。

反和谐的审美活动是对于人类始终遮遮掩掩、佯作不知的死亡的直面。当生活中的一切看起来都有固定的解释,以至于人们干脆纵浪其中,不喜不惧的时候,它使人们从中被剥离而出,孤单地立身虚无之中,熟悉的世界消失了,个体被从虚幻的共同存在状态中唤醒,而共同存在状态一旦被破坏,真、善、美之类概念就失去了市场——它们对于具体的个体来说无意义。萨特就曾经用"恶心"来描述对于这种无意义感的领悟。这是一种上不着天、下不着地的"千古孤独"。结果,人们意外地有了一个评价自己的机会,有了一个在死亡面前正视自己的机会。举一个通俗的例子,人类之所以不但有工作日,而且有假日,不但有白天的繁忙,而且有晚上的休息,人类文化之所以不但有日神精神,而且有酒神精神,不但有儒家,而且有道家,都是为了使前者出现一个暂时的死亡,从而使人类有一个自我评价的机会。比如过生日,人们不都要放下手里的工作,对自己一年来的生活反省一番吗?这也是一种暂时的死亡。这无疑是一件好事,所谓"浪子回头金不换"。

由此可见,反和谐的审美活动乃是人类的一种特定的情绪宣泄方式,是对于周围某种时时在威胁着他的东西的解脱。而且,既然美感是对于正确生存行为的鼓励,那么,能够采取正确的态度予以解决,人类自身无疑就会因为行为的正确性而获得美感的鼓励。这样,人类就借助于反和谐对于紧张的解脱,直接消除了异化世界给自己的压抑,而不再用也不屑于用传统的和谐去自我粉饰了。换言之,也可以说是在长期的种种重压之下设法得到了休息。毫无疑问,当代审美文化的重大意义也就正在这里。

这样,当代审美活动之所以采取反和谐的形式就不难理解了。美是人们要执著追求的,但每一种美同时又是对于更多的可能性的限制,恰似追求完满是要靠牺牲更多的不完满换取一样。它启迪了一种境界,却抽去了生命的丰富内涵。在一定时刻,冲击这种完满的标准,也是一种审美。而丑正是对美的否定,也正是对生命的限制的否定。从美向丑的运动,从表面看是两极对立的,但实际得到的则是两者之间出现的广阔的中间地带。这中间地带就是经过丑的消解后展开的现代的美学天地。人们的心理空间经由丑的介入而得以拓宽,对丑的需要因此也就成为人类无限展开生命的各种可能性的契机。况且,人们总是喜欢想当然地把人类的历程概括为美的历程,但美的历程事实上也是丑的历程。丑所蕴含着的正是一种深刻的自嘲。"天下皆知美之为美,斯恶已",美总是一种限定,但丑却是反限定的,是向美的普遍性提出挑战。它所关心的不再是完美、理想的人性,而是不完美、不理想的人性。因此,丑没有转化为美,而是替代了美,人类正是通过这样的例子宣喻着自己的觉醒:只爱美的人性是不完整的人性。当代非常盛行侦探、警匪片,从表面上看,是在不断地为罪犯定罪,事实上也是在为人类自己定罪。正是在这个意义上,我才反复强调:丑是生命的清道夫。它意味着审美活动的拓展。因此,美与丑必须相互依存、相互补充。希腊人曾经自豪地宣称:"我们是爱美的人!"但苏格拉底就偏偏以丑自居,声称自己是一个专门叮咬美的牛虻。至于雅典人对他的迫害,无疑意味着对丑的拒绝,这正是希腊人的美学追求走向失败的开始(另外还有一个美杜萨,也是丑的代表,后来同样被砍了头,也可以看作希腊人的美学追求走向失败的开始)。在庄子美学中也有众多的丑人,有人简单地说成庄子是为了突出心理美,无疑是错误的。他们所代表的,就是丑。相对于美,丑总是意味着某种同期待中的完满状态不同的东西。它使人们习惯性的美学评价落空。长期被常识所认可的美的标准,突然失去了分量,一切都落入了意义失落的荒诞之中。结果,丑把人们从日常麻木的情绪中解脱出来,体验到与外界对立的自我的存在,体验到孤独、无助的感觉,从而意识到日常与人共同存在的状态的虚假性,起而反叛日常的美的标准。

例如,在当代审美文化中我们经常可以看到从美到丑的转变。诸如对反人性的、无机的抽象状态的追求,对以象征否定表现、以变形否定自然、以平面否定立体、以二度空间否定三度空间的追求。沃兰德就曾说过:"从艺术的观点来看,难道现代艺术不是魔鬼的作品吗?难道舞台上各种精神错乱和歪扭鄙丑的动作都是艺术吗?各种艺术趣味的感受的否定,所有那些过去被看作丑的和令人厌恶的东西——那些垃圾癖和裸体癖——难道都是艺术吗?"[①]然而,在人类的审美情感已经被日趋僵化了的形式埋没了的时候,出人意外地采取反形式的形式,难道不是最合乎审美活动的本来涵义的吗?它使生命受到一种出人意外的震撼,从而缓慢地苏醒过来。戈雅的绘画给时人的感受就正是如此:"大家传看着这些画,在这间静室里登时就充

---

① 见《国外社会科学》1978年第4期,第38页。

满了这些似人非人的东西和怪物、像兽又像恶魔的东西,形成了一片光怪陆离的景象。朋友们观看着,他们看到这些五光十色的形象尽管有他们的假面具,可是通过这些假面具可以看到比有血有肉的人更加真实的面孔。这些人是他们认识的,可是现在这些人的外衣却毫不留情地被揭掉了,他们披上了另一种非常难看的外衣。这些画片中的形状可笑而又十分可怕的恶魔,尽是些奇形怪状的怪物,这些东西虽然是难以理解的,却很使他们受到威胁,打动了他们的心弦,使他们感到阴森凄凉和莫名其妙但又足以深思,使他们感到下贱、阴险,仿佛很虔敬但又显得那么放肆,感到愉快天真但又显得那么无耻。"①再如,流行歌曲也是如此,它是对于传统的美声、民族唱法的冲击,后者是有其外在标准的,但流行歌曲却正是反抗这些外在标准的。《妹妹你大胆地往前走》,无疑是一首非常丑的歌,但它的魅力也就在这里。它是"嚎叫",不再是升华的而是发泄的,不再是一唱三叹的而是嚎叫的。20世纪50年代美国流行的一首金斯堡的长诗,题目不也叫"嚎叫"吗?因为它的目的不再是表现美了。我们最初批判邓丽君的理由不也正是"不美"吗?但是流行歌曲却每况愈下,在"不美"的道路上越走越远。这是为什么呢?正是出于对于美的逃避,逃避美对于一个普通人的压力,逃避美所带来的一种服从的经验、一种平庸感的压迫,逃避美所蕴含的天才、专家、规范之类涵义。再如,服装的演变也是如此。支配着服装的演变的,不仅仅是美,而且是丑。服装从来都表现为点、线、面、形、色、光的和谐统一,但当代却出现了一种对于它们之间极不协调的东西的追求,即对丑的追求。以线与形的关系为例,"H"型服装拉直了传统的"X"型的曲线,扳正了传统的"V"型服装的斜度,缩小了传统的"T"型服装的差异,"A"型、"O"型服装更是把"X"型、"V"型、"T"型服装转向变形的极端,该肥的地方瘦了,该窄的地方宽了。再如在牛仔裤上追求起皱、滚毛、破口、飞边、走油。这每一次变化,都是对于

---

① 叶列娜:《哥雅传》,姚岳山译,人民美术出版社 1983 年版,第 331 页。

前面的美的模式的冲击。总之,当代审美文化的规律正是如此,除上面所举的例子外,像摇滚、电子音乐、霹雳舞、小品……都如此。然而丑的东西一旦被大家接受,就成为美的东西,于是,新的丑又出现了。当代审美文化正是以丑作为强大的推动力的。日本著名美学家今道友信曾经分析云:"像现代被许多人喜爱的摇滚乐啊、爵士乐啊,或者表现非常剧烈的跳动性动作的美国西部片、炫耀肉体颤动的爵士芭蕾之类的舞蹈等等,尽管它们可以显示生命之火的剧烈冲动,但是美在哪儿呢?""这种艺术会像尼采曾经预言的那样,必然是趋向于力量的意志,向往生命的讴歌",然而,"即便在这里,美也不是艺术的理念,在这儿看到的只能说是生命、活力,以及激情。"①这里的"生命、活力,以及激情"正是被丑激发起来的。

当代审美文化的反和谐的形式,也表现在从美到非美的历程之中。这是一种更为宽泛的意义上的从美到丑的转变。须知,审美活动的来源于非审美活动的历史,就已经从根本上决定了它的审美活动与非审美活动的相互混杂的特性,决定了纯审美活动的不存在,决定了审美活动与非审美活动之间有模糊的界限但没有鲜明的鸿沟。在此意义上,审美活动没有直线的进化史,只有螺旋上升的历史。它有死亡,有再生,但何时死亡,何时再生,却无从知道。至于臻于至善的审美活动则根本就不存在。恰似俄狄浦斯的命运意味着高尚即卑鄙、正义即邪恶、天使即魔鬼。例如,在一定条件下,审美活动可以转化为非审美活动,非审美活动也可以转化为审美活动。就当代而言,审美走向生活,艺术走向非艺术,则是必然的趋势。审美的大众化是一个既古老又年轻的命题。说它古老,是因为它几乎与审美活动同步而来,说它年轻是因为它的被自觉地作为理论课题提出来,只是20世纪中叶的事情。雅俗艺术的对立,现实主义与学院艺术的对立都是它的远源。艺术创造在原始社会是与生活同一的,丝毫没有优越感,相反,一旦产生优越

---

① 今道友信主编:《美学的方法》,李心峰等译,文化艺术出版社1990年版,第322页。

感,那将是艺术家们的不幸,因为他们将感到自己被孤立起来。艺术家从孤独中来又向孤独中去则是后来的事情,审美成为一种奢侈、一种贵族化的东西。当作家从知识者中独立出来的时候,实际已是一种文化疾病的表现,而公众则通过对于他们的忽视进行了严酷的报复。艺术家因为过着一种艺术的生活,因此才更接近审美活动,这完全是一个美学的神话。黑格尔曾把这一切称为"艺术的消亡时代",但令他始料未及的是,结束艺术的正是艺术本身。正是当代的"一切皆艺术"造成了传统艺术的消亡,也正是当代的"一切皆审美"造成了传统审美的消亡。在这里,美学与非美学的关系变化,反映了美学内涵的扩大。如果现代审美是审美,则显然与传统的"审美"内涵不尽相同。除非你不承认它是审美。在现代社会,多维、多元、全面的交往机制,使审美又一次成为敞开的、拒斥规定的反审美。而在反审美的背后,隐藏是挣脱美学的走出传统、走向"当代"的努力。很多人都沿袭现代审美所要超越的传统美学理论去说明现代审美,这种辩解与其说是为现代美学的合法性辩护,不如说是为它的不合法性辩护。①

---

① 本章关于快感与美感的生理基础的研究,借鉴了国内学者黎乔立《审美新假说》(香港 1992 年版)一书的研究成果,特此说明。

第七章

本体阐释:无望的救赎与永恒的承诺

第一节 "诗人何为？"

"诗人何为"？这是来自不朽的诗哲荷尔德林的美学追问，也是来自对于当代审美文化的美学追问。——当代审美文化的本体存在，迫切需要一种关于自身的合法性的美学辩护。

关于"诗人何为"，传统美学曾经完满地给出了答案。这就是：美和艺术应该抛开现在直接进入未来，抛开过程直接追求结果，去不遗余力地讴歌人的人类性和人类的伟大。然而，迄至当代，人类却越来越吃惊地发现了它的严重缺憾。首先，它似乎只是人类在青年时代才会出现的一种审美特性。其次，人类之所以着意强调"类"的审美，实际上也只是在人类经济不发达的时期所采取的一种心理维护的手段。例如，阿多诺就曾说过：这种对人的人类性、对人类的伟大的歌颂，是一种审美的魔力，纯系历史上巫术时期的残存。或许，在人类无法实际征服对象的时候，只有靠对外否定外界、对内否定主体这双重否定来维护自身？而人类一旦跨过童年期，这种人类在无力抗拒外在必然的时候所选择的自我保护手段，其积极意义就部分地向媚俗之类消极方面转化了。

这可以用拉康的理论来说明。拉康认为，幼儿最早存在一个"镜像时期"。此时，他还没有接受过社会的影响，不可能对自我有一个准确的估计，因此当他偶然在镜子中看到自己的形象时，往往会把它看作一个"理想自我"的形象，并且由于他的一举一动都会引起镜子里的"理想形象"的响应，他误以为自己完全能够控制之。而且，这种"理想形象"，无疑又是幼儿得以健康成长的精神屏障。只是在逐渐长大之后，这种虚幻的感觉才不复存在。在我看来，传统美学也是这样，它误以为世界就是一面大镜子，自己的一举一动都会赢得反响,自己无疑是世界的主人。此时的人类,恰似西方文学名著中的一个人物。《查太莱夫人的情人》中有这样一个细节,查太莱夫人采了几朵盛开的鲜花送给丈夫:

> 他接在手上,奇异地望着这些花。
> "啊,你啊,你是未被奸污的新妇……"他引了这句诗说,"这句诗与其用在希腊瓶上,似乎远不如用在这些花上适合。"
> "奸污是个丑恶的字!"她说,"这是人类把一切事物奸污了。"
> 她对他生气起来,他把每件东西都变成空虚的字眼。紫罗兰拿来比朱诺眼睑,白头翁拿来比未被奸污的新妇。她多么憎恨这些空虚的字,它们常常站在她和生命之间:这些现成的字句,便是奸污者,它们吮吸着一切有生命的东西的精华。①

而传统审美,在某种意义上,就类似这样的"奸污者,它们吮吸着一切有生命的东西的精华"。

安东·埃伦茨维希的发现则堪称进一步的补充:传统美学把美分成崇高与优雅,只是一种分门别类的标签,为一些缺乏审美能力的观众省去了进行真正的情感体验的麻烦。这些美感似乎代替了真正的情感,或者从开始就不具有真正的情感,或者掩盖了真正的情感。弗洛伊德曾发现一种"遮蔽记忆",人们在回忆童年经验时,只是为了把更危险的记忆遮蔽在内心深处。一个充满了野蛮人的感情的孩子,成了一个生性优雅、文质彬彬的孩子。当孩子抬头仰望高贵的父母时,从他的视线中看到的是崇高;当父母俯首看他们的孩子时,从他们的视线中看到的是优雅……种种复杂的感情都被遮蔽掉。在审美中也如此,一旦面临复杂纷乱的世界,马上就唤起了崇高和优

---

① 劳伦斯:《查太莱夫人的情人》,饶述一译,湖南人民出版社1986年版,第131页。

雅两种情感。"在艺术、宗教和科学中,哪里出现了古代情感过分强烈的情况,哪里就会产生崇高和优雅的感情。巴洛克艺术的崇高感伴随着启蒙的理性时代;在这个时代里,中世纪神秘主义最终被克服了。洛可可艺术的优雅感是从逃向天真无邪的童年乐园的愿望中直接产生的。由于卢梭的影响,人们想象人类曾经都生活在一个无邪而正义的世界里,而后来,现代文明夺取了这个世界。隐隐的沉雷宣布了法国大革命高潮的到来,法国的贵族就竭力想逃到一个充满田园雅趣和儿童般无邪的优雅世界里去,竭力幻想出那种已经丧失的原始乐园的安全感。在这种情况下,美感就用于伪造人类历史,把原始冲动和原始记忆保持在极乐世界般的遗忘中了。这些原始冲动和原始记忆仍然在无意识心理中躁动不安,在战争和革命的周期性高潮中,它们往往会爆发出来。"[1]

因此,在人类传统的美和艺术之中,本来就蕴含着自我解构的因素,甚至蕴含着"伪造人类历史"的非人性因素。对此,我们可以借用邦达列夫反省自己青年时代的美学观时说过的一段话作为说明:"在以往的青年时期,我竟几乎没有惋惜过,没有意识到正在消失的时光,似乎前面就是幸福的极限,而一天天的尘世生活(缓慢的、非真实的生活)只有个别欢乐的时刻,其余全都是真正的空虚,是毫无意义的间隔,是一站接一站的驿道。""如果有人问,我是否同意是否愿意为了在某一通道口、暖气管旁、昏暗的灯光下与她相会,为了她的嘴唇、她的呼吸而贡献出自己数年的生命,那我会欣然回答:'是的,愿意'……"[2]毫无疑问,这是一种人类的自我觉醒,但很少有人意识到,这同时又是一种人类的自我蒙蔽。即便是在希腊人那里,对于自由的追求本身也是隐含着"盲点"的,例如,是建立在对于自然、肉体、异民族、异域邦、奴隶、妇女、平民、穷人等的压制和奴役之上的。试想,把"一天天的尘

---

[1] 埃伦茨维希:《艺术视听觉心理分析》,肖聿等译,中国人民大学出版社1989年版,第9页。
[2] 邦达列夫:《瞬间》,李济生等译,上海译文出版社1983年版,第1页。

世生活"与"个别欢乐的时刻"对立起来,把"一生"与"一瞬"对立起来,为此而忍受漫长的期待,过去因为这"一瞬"才值得回忆,未来因为这"一瞬"才有意义,这在人类的成长的意义上固然是一种自我觉醒,但若从个体的生存的意义上难道不又正是一种自我蒙蔽吗?尤其是当人类发展到了一个新的阶段,当人类开始发现了"人类性"的虚妄之后,其中的自我蒙蔽就更是不断地暴露出来。

席慕蓉曾经写过一首《一棵开花的树》,它是她的诗歌中写得最好的,也是喜欢席诗的人们所公认的一首佳作,不妨就以它为例:

> 如何让你遇见我
> 在我最美丽的时刻　为这
> 我已在佛前　求了五百年
> 求它让我们结一段尘缘
>
> 佛于是把我化作一棵树
> 长在你必经的路旁
> 阳光下慎重地开满了花
> 朵朵都是我前世的盼望
>
> 当你走近　请你细听
> 那颤抖的叶是我等待的热情
> 而当你终于无视地走过
> 在你身后落了一地的
> 朋友啊　那不是花瓣
> 是我凋零的心

在我看来,这首诗中隐含着传统美学的最为内在的秘密。它要陈述的,正是"一生"与"一瞬"的对立。"一瞬"高于"一生",则是永恒的话题。传统美学在几千年的历史中所要讲述的,就是这样一个话题。在传统美学,"一瞬"的最高境界是悲剧。它是宗教精神、人本观念、理性主义的三位一体。悲剧最初起源于理性。和谐、静穆,生命被赋予永恒、绝对的内涵。但仍是一元论的,其象征是充满均衡感的帕特农神庙。基督教加入后,从一元变为二元,在外部是人与上帝相矛盾,在内部是人与自身相矛盾。在理论上是关于真、善、美与假、恶、丑的划分,一般与特殊的划分,本质与现象的划分,必然与偶然的划分,总体与个体的划分,目的与手段的划分……其象征是充满冲突感的哥特式大教堂。中世纪之后,上帝并未取消,而是转化为绝对的理性。主体性是其中的根本。人本主义(基督是其特殊形态)应运而生,为悲剧打下最后一块基石。整个世界都被人化了,人成为一切的目的。排斥神秘,排斥非理性。尼采则是西方历史上第一个反悲剧的思想家,虽不彻底,因为他只反宗教而不反人道主义,但当他把悲剧的起源上溯到狄奥尼索斯而非阿波罗,并用"非理性"揭示悲剧时,就意味着一个新的开始。

然而,"一生"就真的不值一提吗?为什么人类在相当长的时间内令人吃惊地只看到那个虚幻的"一瞬",却从来未曾看到那个只有一次的"一生"呢?每当我想起这个严峻的问题,就不由自主地想起孩童时经常阅读的名著——《卓娅与舒拉的故事》,在读这部小说时,我每每为卓娅的英勇而感动:只穿着内衣,赤着双足,脖子上挂着墨水瓶,被法西斯押着在雪地里走了一夜。但还有一段文字,却被人们疏忽了。在卓娅入团的时候,区委书记曾拉开窗帘,指着外面的星空,对她说过一段意味深长的话:

> 你要记住,生活中一切大的和好的东西,都是由小的、不显眼的东西组成的。

遗憾的是,生活在人类的面前一再"拉开窗帘",但人类却始终视而不见。直到当代,人类才发现了自己的失误。原来,不但"一瞬"可以是美的,而且,"一生"也可以是美的。还是那个邦达列夫,后来就意识到了自己的失误:"正是现在,我已经不会拿出有生之年的哪怕一小时来无聊地满足生活中这种或那种欲望,用来追求得意的片刻。为什么?我老了?累了?厌烦了?不是的。是因为我现在才明白,一个真正幸福的人从出生到死亡的道路,就是通过抑制生活中不可避免的阴暗心理,每天愉快地存在于周围的世界当中;因为我为时已晚地领悟到:为了期待一瞬而催促和打发日子是多么没有意思,也就是说,作为一份珍贵礼物授予我们的唯一一次生命的每一瞬间,都是不可重复的。"①于是,生命的僵死的瞬间又复活为生生不息的过程。

更为重要的是,一旦我们意识到了"一生"的美,马上就会强烈地感受到:假如我们无视"一生"的美,那么,"一瞬"的美也就难免包含着虚伪的成分。

席慕蓉有一首诗是对自己只关注"一瞬"的美和艺术的自我反省,在我看来,也可以是对传统的只关注"一瞬"的美和艺术的绝妙讽刺:

> 请不要相信我的美丽
> 也不要相信我的爱情
> 在涂满了油彩的面容之下
> 我有的是一颗戏子的心
>
> 所以 请千万不要
> 不要把我的悲哀当真
> 也别随着我的表演心碎

---

① 邦达列夫:《瞬间》,李济生等译,上海译文出版社1983年版,第6页。

> 亲爱的朋友　今生今世
> 我只是个戏子
> 永远在别人的故事里
> 流着自己的泪

在一定意义上,可以说传统的美和艺术就是"永远在别人的故事里流着自己的泪"。而当代审美文化中的"媚俗"正是它的合理推演,或者说,正是它的穷途末路。当一种美学痛楚地意识到了"类"的失落,但又不甘于"类"的失落,就往往会刻意强化它的表演性,就会更为做作地"在别人的故事里流着自己的泪",结果,媚俗就成为它最为合理的归宿。它追求"苦难崇拜",绝对信奉"火中凤凰"的涅槃,绝对追逐苦难、折磨、牺牲。例如,阿·托尔斯泰渴望"在清水里泡三次,在血水里浴三次,在碱水里煮三次"。它诱惑人类虔信,被美挑选出来承受苦难是光荣而且悲壮的事情,巧妙地为苦难披上一个绚丽的花环,根本不会想到自己死后"太阳照常升起"(海明威)。它肯定了一个绝对,却否定了无数个实际的存在。非此即彼,不承认相对性和多元化,更没有意识到世界的复杂性不在"一瞬"之内,而在"一瞬"之外。因此,尽管在一定的时期,有其历史功能和正面效应,但无论如何,它毕竟是把牺牲与新世界的诞生不合逻辑地等同起来,难免会形成一种畸形的性格自尊和一种对于日常生活的漠视。

因此,美实在是人类历史上最最神奇的一种现象。确实,它曾为人类带来了无穷的福祉,然而,不容忽视的是,它也曾为人类带来无尽的灾难。曾几何时,人类曾经为争夺一个"赠给最美的女子"的金苹果,为争夺一个美女海伦而进行了一场旷日持久的十年大战,也曾经为宠爱一个绝代美女杨贵妃而激起了一场毁灭了七成人口的八年大战……这使人想到:美似乎也具备两面性,追求美而不惜越过一定的界限有时似乎也会导致恰恰相反的效果。在某些时候,对人类的伤害,恰恰就是以美的名义进行的。然而,尤为发人深省的是,似乎人类总是在讲述着这个"金苹果的故事"。狄德罗说:"真、善、美是些十分相近的品质。在前面两种品质之上加以一些难得而出色的情状,真就显得美,善也就显得美。"①李泽厚说:美可以"储善""启真",这种真、善、美统一的单向思路正可以看作传统美学的代表。事实上,美并不必然地导向善与真,美还经常地导向恶,导向假,导向对真与善的亵渎。美与真、善不但有统一的一面,也有对立的一面。这使我们意识到:世界远非简单有序。真中不但有真,善中不但有善,美中不但有美,而且真中有假、善中有恶、美中有丑……因此,美并非一剂灵丹妙药。不了解这一点,就很难了解当代审美文化。卡尔·波普尔曾经站在20世纪的地平线上睿智地提醒着世界:理论社会科学的主要任务就是探索人类有目的的活动的出人意料的社会反应。在我看来,美学尤其不能放弃自己的这一责任,尤其要注意探索人类在追求美的道路上所引发的出乎意外的社会反应。②

而在传统美学的身后,恰恰可以看到这种出乎意外的社会反应。这是因为:在传统美学中,人的自由是以分裂的方式实现的。这种人格分裂的特征是:审美者自觉地牺牲自身的个性意识,把自己纳入某种抽象之中,将一体的世界分裂为二:个体与群体、主体与客体、自我与对象……并把它理解为一个排斥另一个的关系,这种人格分裂的心理模式,是一种自我压抑的心理结构模式。因为美学家代表的是社会的灵魂,故他的看法应该是权威性的,不容丝毫含糊的,不是一种边缘性的声音,而是一种中心性的声音,故要不就自外于历史,在自己的小圈子里苟且,要不就要压抑自己,站在理论的中心地带斩钉截铁地发言,而这就必然在发言之前就先消解掉自己的特殊性。结果,在传统的美和艺术的深层,就难免蕴含了非人性的因素。卢梭在《社会契约论》中发现:人类获得自由的历史"恰恰是说他被逼得自由"。自

---

① 转引自北京大学哲学系美学教研室编:《西方美学家论美和美感》,商务印书馆1980年版,第135页。
② "来归相怨怒,但坐观罗敷",是否一种出乎意外的社会反应?

由和审美是被逼出来的吗？我们确实没有从这个角度去考虑过。但这却是无情的事实。人类确实是被逼得走向抽象的观念，走向公平、整体之类的观念，走向传统的美和艺术的。遗憾的是，我们未能对此引起足够的注意。为了抢钱而杀人会遭到痛斥，但为了爱情而杀人却会受到赞颂，为了美就可以牺牲真实的生活，为了"一瞬"就可以牺牲"一生"……例如鲁迅笔下的子君，她的牺牲恰恰是由于对一种观念的迷恋，由于把自己献给某种观念，由于错误地将感情上升到价值范畴，与其说她是为所爱之人而献身，不如说是为维护某种观念而献身，是一个"殉道者"。但这是否一种盲目性呢？或者，无比神圣的爱的观念与未免卑微的爱的行为，究竟哪个是虚伪的谎言？答案正如鲁迅所总结：将别人生要义全盘疏忽了的爱是"盲目的爱"，人必生活着，爱才有所附丽！

进而言之，在"一瞬"与"一生"的背后，还存在着人与文明的既同步又不同步这一更为深层的问题。

从根本上来说，人与文明是无法保持永远的同步的。因为严格说来人是属于与文明相对立的自然一面的。人应该是一个"自然之子"。何况，文明并就不是人类的目的，而只是人不得不借助的东西，只是人犯下的所谓"原罪"。难怪恩格斯要反复提示我们："不要过分陶醉于我们对自然界的胜利。对于每一次这样的胜利，自然界都报复了我们。"① 例如，在地球上100万种动物之中，唯有人在分娩时要发生阵痛，莫里斯认为，这是人直立的结果；卡尔·萨根则认为是智力的进化导致了头颅容积的连续增长，而头颅骨的迅速进化又导致了分娩时的阵痛。但无论如何，它是人背叛伊甸园的结果，则是毫无疑问的。

不过，更为值得注意的是比分娩时的阵痛远为剧烈的阵痛，这就是：人必须在漫长的一生中不断通过各种方式确证自己之为人。在这个意义上

---

① 《马克思恩格斯选集》第3卷，人民出版社1972年版，第517页。

看,所谓人在对象化的道路上不断地去确证自己,似乎就不是什么"喜悦",而是人在告别伊甸园之后向自然界所付出的最大代价,也是人世世代代永远"赎"不完的"原罪"。因为人无疑是通过实践才得以诞生的,是通过对象的创造才自我实现的,即由非我确证自我,由非人确证人。但这样一来,却只好永远为这一确证而不断地创造对象。可是,当人建立起自我意识时,原来与他直接同一的现实就成为他的对象,成为他的外在现实,一种疏远感油然而生。这使它越来越难以做到通过改变外在事物来改变外在世界的那种顽强的疏远性,从而使之成为自己的外在现实以便确证自己。人类学会了制造工具,但同时,在使用第一件工具的时候,工具"人化"为手的延伸,手也"物化"为工具的延伸。但要注意,进化并没有让人类屈从于工具,迫使人这样做的,是工具本身。这样一来,人的确证,本来应该是由人所创造的对象化的世界来确证的,但现在却只能通过"理想"地创造现实来加以实现了。结果,人的确证,本来应该是由"对象化"的世界来实现的,现在实际上却只能由自我确证来实现了。并且,文明越是发展,这种自我确证就越是成为人之为人的必需,最终发展到它转而成为人类活动的一种"理想"需要,发展到不是为创造对象而自我确证,而是为自我确证而去创造对象,于是,审美活动就应运诞生了。

换言之,人类所处的世界只能是一个"人造界或人工界",[①]它是人类的本质力量对象化的结果,又是人类的本质力量被束缚的见证。因为作为人造界,它是有其特殊规定的人的生命价值的体现,要在其中生存,人类就必须带头遵守,否则,作为人类成就的世界就失去了价值内涵,也就不成其为人类成就。这样,人类就总是走在两难的道路上:一方面要创造,一方面又要规范,为了在世界中生活得更好,就不得不蓄意规范自己。人类的悲剧在于只能通过这"人造界或人工界"作为中介与世界交流、对话。后者隔断了

[①] 赫伯特·A.西蒙:《人工科学》,武夷山译,商务印书馆1987年版,第6页。

人与世界的全面的联系,使人类与世界间的联系成为有限的交际,尽管无法全面满足人类的要求,但偏偏又是人类长期的驻足之地。严格说来,它只是手段,但是人类的目的过于遥远,这手段也就暂时充当了目的。最终,人们的精神系统干脆避难就易,停留于此,这就是生命的退化现象。就是这样,越规范离自身就越远。规范的目的是靠近自身,但结果却是建立了文明,文明毕竟不是自身。结果,人类实际上已失去了对于世界的主动意义。审美活动所对应的正是这主动性。自由之光通过审美活动照耀着生命。此时,"无不忘也,无不有也,澹然无极而众美从之"(《庄子》)。生命终于在审美活动之中不断地找回了自己。因此,真正的美学对于人类的文明并不持一种对立的态度,也不会视人类的文明为敌人。它只是强调,人类的文明不但是家园而且是牢笼。有人把文明只作为牢笼,这是不对的。当亚当和夏娃偷吃了伊甸园里的智慧之果后,就走上了与自然相对立的道路,然而,应该说,这并非错误。《圣经》中就称赞说:"上帝说,看哪,亚当也成为同我们相似的了,他知道了什么是善和恶。"确实,文明是使人类堕落之路,但又是人类的必经之路。其次,就是理性也如此,它只有在僵化为理性主义的时候,我们才可以称它漠视了人。因为它的诞生也是出于对于人的关注的结果。试想,不真正对于客观世界加以认识,又如何可能真正认识作为自然的一部分的人类本身?何况,人类所创造的知识本身也正是要造福于人类本身的。因此要不断地加以超越,不断地从旧的文明走向新的文明。所谓在审美活动中找回了自己,也只是说,找回了人类文明的创造者——人类自身,找回了高出于人类文明的那个超越性的生存活动本身。

弄清楚上述问题意义十分重大,因为它会使我们恍然彻悟:在传统美学之中,我们习惯于把审美活动完全局限在对象的世界里,局限于与文明同步的条件下,并且与人类的对象化的生命活动、与人的人类性等同起来,这无疑是一种对于审美活动的片面理解,是一种严重的失误。现在看来,审美活动还禀赋着超越于对象的世界,与文明无法同步的属性,并且存在着截然区别于对象化的生命活动以及人的人类性的或许更为重要的一面。还以人与文明的关系为例,它可以服务于人类(传统美学应运而生),也可以束缚着人类(当代美学应运而生)。在相当长的时间内,大体上是文明服务于人类的时期,于是审美活动这个人类的"俄狄浦斯王"就不断地挣脱自然逃向文明(与此相应,肯定性的审美活动出现,如优美、悲剧、崇高、喜剧……)。进入当代社会之后,文明束缚着人类的一面日益暴露出来,于是审美活动这个人类的"俄狄浦斯王"又不断地挣脱文明逃向自然(与此相应,否定性的审美活动出现,如丑、荒诞、幽默……)。或许可以从劳伦斯笔下的康妮这个20世纪的夏娃身上得到启示:她的美,就正在于,她不是文明的一个合格的妻子,但却是自然的一个合格的情人。当代西方的作家注重从反小说的角度去从事小说创作,去展开一种"诗情的诅咒",也是为此。昆德拉也发现:18世纪以来,到处都在奢谈人类的进步,而文学自司汤达和雨果以来,却一直在揭示人类的愚昧。确实,俄狄浦斯的悲剧告诉我们的,不正是"人类一思索,上帝就发笑"吗?不言而喻,假如传统的美和艺术意味着对第一个"挣脱"和"逃向"的总结,那么当代的美和艺术呢?显然就意味着对于第二个"挣脱"和"逃向"的总结。上述区分是宏观的,就具体的审美活动来说,则上述两个"挣脱"与"逃向"可以同时存在于同一时期的不同审美活动之中。审美活动越是成熟,就越是如此。那么,这两个不同的"挣脱"与"逃向"是否应该用一个统一的关于审美活动的内涵来说明呢?如果应该,那么,是用传统的作为"人的本质力量对象化"的实践活动的审美本性来说明,还是用作为人类"理想"生存方式的超越性的生存活动来说明呢?答案只能是后者。在这方面,倒是马尔库塞看得更深刻,他强调:美与社会有两种基本关系。在同质性的社会里,审美与社会是和谐的;在异质性的社会里,审美与社会是对抗的。但就其本质来说,美与人类的远大目标是一致的。故美不应是一种逃避,而应是一种对人类的功利的追求。

这样一来,人类的审美活动就不再是僵滞固定的,不再与任何一种具体的生存活动相互等同,而成为一种超出于它们之上的自由的生存方式。它游移善变、移步换形。拜金主义盛行时,审美活动是一种呼唤灵魂的生命活动;愚昧主义泛滥时,审美活动是一种呼唤理性的生存活动;科学主义猖獗时,审美活动是一种呼唤自然的生存活动;权威主义狂虐时,审美活动是一种呼唤自由的生存活动;虚无主义繁衍时,审美活动是一种呼唤信仰的生存活动……概括言之,假如说审美活动大体上可以表现为等同于人的人类性和对于人的人类性的消解这样两个不可或缺的方面,那么,直接进入人的人类性固然是一种审美活动,消除这种人的人类性在一定时期内形成的对于人的束缚也无疑是一种审美活动。

而对于当代审美文化的审美属性的考察,正可以从审美活动的对于人的人类性的消解这样一个一直为传统美学所漠视的重要方面去阐释。

不妨看看当代的作家、学者的意见:

"这种思想方式向人的独立性和真实性提出挑战……人在他一生中的某些时刻,或许能够偶尔闪发出其自己的光辉,至于在大多数情况下,他就必须被看作不过是在一个更广阔的系统中的一个成分而已。不应当谈人的自由,而应当谈他被卷入和束缚于这个结构的情况。""人们不再敢提出有关人的本质的问题,而是把注意力集中到他在某种文化观和亚文化体范围内的特殊功能。……人道主义被揭露为一种意识形态性过浓的哲学方法,因而很多巴黎哲学家,包括结构主义者,为不致沦为故弄玄虚的牺牲品,而赞同一种积极的反人道主义。"这是布洛克曼的反省。[①]

"人们在我面前炫耀'人性'这个词,难道没有某种骗人的东西?……那些时时刻刻使用这个词的人,那些把它当作唯一的褒贬标准的人,似乎故意把关于人的存在现象的精确而严格的观念,和某种把人当作中心的态度混

---

① 布洛克曼。转引自李洁非、张陵:《告别古典主义》,上海文艺出版社1989年版,第43—44页。

为一谈,这种态度虽则隐晦然而已经用以对待一切事物,它赋予任何事物以一种假冒的意义,也就是说,用一种或多或少带有欺骗性的思想感情的罗网,从内部去裹住某一种事物。简言之,我们的这些新宗教审判官的立场,可以这样来加以说明:如果我说'世界,是人',我便会得到赦免;但如果我说'事物就是事物,人只不过是人',我便会马上被宣判为反人类的罪犯。""哪儿有距离、分离、二重性、分裂,哪儿就可能(被悲剧)把他们当作痛苦来体验,随后还会把这种痛苦抬到一种崇高必然性的高度。这种伪必然性既然通向一个形而上学的'地方',当然便阻塞了任何现实主义的前景。""因此,我们必须拒绝比喻的语言和传统的人道主义,同时还要拒绝悲剧的观念和任何使人相信物与人具有一种内在的至高无上的本性的观念,总之,就是要拒绝一切关于先验秩序的观念。"这是葛利耶的思考。①

确实,在当代社会,人已不再是理性的英雄。他所考虑的也已不是如何强化自己的合法地位,如何吃饱穿暖,而是如何在工业文明中保持自己的非文明本质,如何在分门别类中保持自己的天性,他们面对的困惑既不是恶劣的自然环境,也不是恶劣的社会环境,而就是文明本身。文明同时就是地狱,文明既是一个幸福的源头,又是一个不可跨越的永劫。

当代审美文化所展现的正是人类对于上述问题的洞察。"从现代艺术中逐渐显现出来——无论多么零碎地——的新的人类意象中,有一个痛苦的讽刺。我们这个时代把无与伦比的力量集中在它外在的生活上,而我们的艺术却企图把内在的贫困匮乏揭露出来;这两者之间的悬殊,一定会使来自其他星球的旁观者大为惊讶。这个时代毕竟发现并控制了原子,制造了飞得比太阳还要快的飞机,并且将在几年内(可能在几个月内)拥有原子动力飞机,能翱翔于外太空几个星期而不需要回到地球。人类有什么办不到

---

① 葛利耶(即罗布-格里耶)。转引自李洁非等:《告别古典主义》,上海文艺出版社1989年版,第44页。

的!他的能力比起普罗米修斯或伊卡洛斯或其他后来毁于骄傲的那些勇敢的神话人物都要大。然而如果一个来自火星的观察者,把他的注意力从这些权力的附属品转向我们小说、戏剧、绘画以及雕刻表现出来的人类形状,这时他会发现一种浑身是洞孔裂罅、没有面目、受到疑虑和消极的困扰的极其有限的生物。"①确实,当美成为伪美,当恶披着美的外衣出现,当"黑暗以阳光的名义,公开地掠夺",当美成为一种超凡脱俗、高高在上的,甚至开始敌视人类的现实生活的存在,人类有什么理由反而只能忍气吞声地以身饲之呢?当恶以美的名义去征服美,当人类对于理想的狂热追求反而毁灭了人类的理想本身的时候,真正要审美的人,又怎么能够对此再去加以赞颂呢?唯一应该去做的就是揭露伪美。N.诺尔德的《应征》就是如此。两个要离别的人紧紧搂抱在一起,"两只交织的手,似活扣把男人和女人的形体连在一起,使他们接近起来。然而,在内心深处,他们是分离的和对立的。男人正用不信赖的目光审视女人,女人的脸表情孤独、'内省',画得模糊不清,被白里透紫的冷色包发帽环绕着,与男人的黑发形成强烈对比。女人银灰色的服装,严整、呆板,与男人颜色较深的服装形成对照,明显地使两个形体分开。女人不看男人,她是孤僻的。感觉不到他们之间有什么交流。女人的孤独感,由她身上的冷色服装加以突出。"②爱·布洛克在《双重形象》一文中也考察了第一次世界大战前后的两个场景,一个是一张拍摄于1904年的夏天伦敦街头的照片,一个是1907年毕加索的《亚维农的少女》,"从外部考察1900年这个世界所获得的最强烈印象之一就是这是一个出奇地缺乏自我意识,非自信的,没有被担忧、恐惧和幻想所搅扰的时代,自我意识和负罪感也许在当时少数作品中躁动,但它们在以后的作品中则得到了生动的表现,在欧洲引起了普遍共鸣。也许这正是那个世界与我们今天相去甚远的

---

① 白瑞德:《非理性的人》,彭镜禧译,黑龙江教育出版社1988年版,第64页。
② 库列科娃:《哲学与现代派艺术》,井勤逊等译,文化艺术出版社1987年版,第90页。

东西。"①我读《世说新语》,每每读及刘伶教女,就心有戚戚焉。在女儿出嫁的时候,他告诫云:你到了婆家,千万不能做好事。那就可以做坏事了吗?女儿问。实际上,连好事都不能做,何况坏事呢?面对"满纸荒唐言"的世界,大约也只有如是。

因此,在当代社会,审美活动只能表现为一种神圣的拒绝、一种对于神圣的拒绝。过去我们强调审美对于现实的依赖性、反映性,但现在我们要强调的是审美对于现实的批判性、超越性。它固执地对现实宣称:不!我们固然无法去拯救这个世界,但我们却可以把这个时代的荒谬揭露出来,把这个世界所散布的种种甜蜜的谎言揭露出来,要知道,这些谎言也是一种暴力,它把我们与真实的世界隔离开来。不论过去审美活动曾经怎样为现实服务过,也不论今天审美活动怎样被现实践踏,审美活动都将走向这一前景,都将始终在失衡的困惑中寻找新的支撑点,在与传统审美活动相对抗的逆向维度中拓展现代审美活动。它不再着眼于人的社会地位、政治地位、经济地位,而是着眼于人的全面的感觉能力的唤醒,不再像黑格尔那样接受现实,而是解构现实,不再着眼于"一瞬",而是着眼于通过解构"一瞬"对于"一生"的遮蔽来成功地展示"一生"。结果,审美活动就成为当代社会中的人性的不屈呻吟。克里斯蒂娃在一篇著名的《人怎样对文学说话》的论文中说:"在那些遭受语言异化和历史困厄的文明中的主体看来……文学正是这样一个处所,在这里这种异化和困厄时时都被人们以特殊方式加以反抗。"劳伦斯也指出:"任何一件艺术品都不得不依附于某一道德系统,但只要这是一件真正的艺术品,那么它就必须同时包含对自己所依附的道德系统的批判……而道德系统,或说形而上学,在艺术作品中承受批判的程度,则决定了这部作品的流传价值及其成功的程度。"②确实如此!这是一种真正的勇

---

① 转引自《现代主义》,英文版,纽约,1976年,第62页。
② 转引自弗兰克·克默德:《劳伦斯》,胡缨译,三联书店1986年版,第29页。

敢:面对社会上人们的"勇敢"地随波逐流,审美是一种更高意义上的勇敢,一种"勇于不敢"的勇敢。唯独以进舞厅、唱卡拉OK、追明星、读流行小说为审美,实际是根本不懂审美,有人勇敢地进入,实际却不是勇敢而是怯懦,是唯恐与人不同而产生的怯懦,倒是敢于退出这种活动才是真正的勇敢。

由此,我想起了西方的"反常化"理论。为什么"反常化"能够唤回人对事物的感受",能够"使石头成其为石头"? 这正是由于对审美活动的消解人的人类性这一维度的洞察。相对于日常生活,审美是一个意外事件,或者说,是一个拒绝。人类日常的表达是逻辑的表达,合乎理性、规律的表达,抽象的表达,在这个意义上,电脑比人类更像人类。相比之下,倒是只有一种能力是物所不及的,那就是撒谎、胡说八道,总之,非逻辑、非规律、非抽象的表达才是人类不同于物之处,对于自身逻辑、规律、抽象来说,这是一个反常化的表达,也正是因此,才体现了人类的特性,换言之,人是能够自由表达的动物。审美活动就是这一自由表达的最好形式。但这样说,并不意味着审美活动就是神经病。所谓"反常化"严格相对于日常意识。日常意识,克尔凯郭尔称之为"白日的法则",是正常生活的支柱。我们对于这种生活十分熟悉,也不以为奇,根本没有意识到这是在肯定和维护僵化的生命存在。审美活动则使它回到"不用之用"的本来面目,这就是石头之为石头、世界之为世界的奥秘之所在。审美活动关注的就是它的敞开,所谓"真理"的显现。因此,在当代社会,审美活动会使你感到一种深刻的恐惧,不是恐惧未来的死,而是恐惧曾经的生,使人追求一种反常的生活。克尔凯郭尔称之为"夜间的激情"。这是一种舍斯托夫所谓的"疯狂":"'疯狂'在于,以前以为真实的、真正存在的东西,现在看来是虚幻的,以前以为是虚幻的,现在则以为是唯一真实的东西。"①

不过,这并不就意味着当代的审美活动就可以无视人的人类性的维度,

---

① 舍斯托夫:《在约伯的天平上》,董友等译,三联书店1989年版。

用一开始的话题来说,当代的审美活动固然应该以解构"一瞬"为美,但解构"一瞬"并不就意味着彻底否定"一瞬"并且彻底回到"一生"。事实上,审美活动对于人的非人类性的展现必须以人的人类性作为必不可少的背景,审美活动对于"一生"的展现也必须以"一瞬"为背景。原因极为简单,一旦把一切重负通通卸下来,无所不可,到处皆"美",就会到处只剩下赤裸裸的恶,《魔鬼辞典》成为新时代的《圣经》,难道不也是一种悲剧?米兰·昆德拉在《为了告别的聚会》中写道:"拉斯科尔尼科夫所经历的谋杀行为是一个悲剧,并在他行为的重负下犹豫不决。雅库布惊奇地发现,他的行为没有重负,容易承受,轻若空气。他不知道在这个轻松中是不是有比在那个俄国英雄的全部阴暗的痛苦和扭曲中更加恐怖的东西。"这犀利的剖析应该给我们以震撼!因此,我们对于人的人类性、对于"一瞬"的批评只能是策略性的,而不能成为毁灭性的,只能批评人们过分地强化了人的人类性和"一瞬",但却不能说干脆不要人的人类性,不要"一瞬"。尽管任何人的人类性、任何"一瞬"都是虚构的,但人类又离不开这样的虚构。认为人类只有离开了乌托邦幻想才能真实地生存,本身就是陷入了另外一种乌托邦与理想主义,即没有乌托邦的乌托邦。人的真实生存,既不能在乌托邦中也不能在怀疑主义中实现,而只能在两者之间实现。人类的审美也是如此。或者是"可爱而不可信"的理想主义,或者是"可信而不可爱"的现实主义。前者只有借助后者才能成为前者,后者也是一样。怀疑也只有借助理想才能怀疑,它并不是简单的虚无主义,而是在两种对立中的挣扎,这才是当代审美文化的最为深刻的真谛,才是我所谓的"解构",也才是我所谓的反美学。

因此,当代的美和艺术虽然并不以肯定人的人类性、"一瞬"为美,但也并不以简单地否定人的人类性、"一瞬"为美。对"一生"的追求并不需要改变人们追求"一瞬"的审美心态,而只需要改变人们只视"一瞬"为美的审美心态就可以了。它恰恰是站在人的人类性与人的非人类性、"一瞬"与"一生"之间,既反对虚假的"一瞬",也反对虚假的"一生"。换言之,它不再以人的人类性、"一瞬"作为中心,但也并不反过来以人的非人类性、"一生"为新的中心,而是把它们统统看成边缘。意识到这一点,就会懂得,为什么当代精英艺术与流行艺术往往通过背道而驰的方式在审美活动的价值尺度上统一起来。原来,前者的完全背离现实与后者的完全与现实同一,会因为共同真实地处于边缘而被当代审美文化所接纳。以美声唱法与通俗唱法为例,前者追求的是嗓子的完美,以嗓子的完全高出于生活为荣,但以此来要求通俗唱法就不合适了,因为后者追求的并非是嗓子的完美,也不以嗓子的高出于生活为荣,在当代审美文化中,它们都有可能是美的,并且并不构成人们喋喋不休地争论的所谓对立,作为它们的共同的对立一方的,是"虚假"。完美和不完美都是一种美。尤其是不完美的美,是一种很难达到的现代美学境界。港台的流行艺术之所以风靡大陆,原因就在于它成功地解决了这一问题。只有虚假的完美和虚假的不完美才是不美的。再以话剧与小品为例,前者可以说追求的是高出于生活的完美,后者追求的则是与生活同一的不完美,但它们都可以是美的,当然,也都可以是不美的。区别何在?仍然是虚假与否。某著名演员在演小品方面具有天赋,但她却妄自菲薄,发誓不再出演小品而去出演话剧,显然就犯了把某种艺术与美等同起来,同时也把某种艺术与非美等同起来的错误。换言之,只是因为传统的美和艺术长期以人的人类性、以"一瞬"为美,这人的人类性、"一瞬"已经成为虚假的同义词了,当代审美文化才突出地强调被长期忽视了的人的非人类性、"一生",在这里,人的非人类性、"一生"是作为真实的同义词而被使用的,因此就并不意味着反过来把它们置于中心的位置,否则,它们也同样会变得虚假起来,变得不真实起来。一句话,解构审美活动中的虚假,使完美者真正地做到完美,使不完美者真正地做到不完美;换言之,使审美活动中一直被传统美学压抑着的与生活同一的那个方面真实地表现出来,同时又并不简单否定审美活动中过去曾一直被片面推崇的与生活对立的那个方面,这就是在回答"诗人何为"这一美学追问时,当代审美文化就审美活动的美学属性问题所应该做出的精彩回答和理论贡献。

也正是因此,当代的"诗人"(审美活动)只能是一个苏格拉底式的"牛虻"。他不再像麻雀一样同虚假的社会现象站在一起,叽叽喳喳地献媚不停,而要像牛虻那样以叮咬来刺激这个社会。请听苏格拉底的自述:"我,如果可以用这样一种可笑的比喻的话,是一种牛虻,是神赐给这国家的;而这国家是一头伟大而高贵的牲口,就因为很大,所以动作迟缓,需要刺激来使它活跃起来。我就是神让我老叮着这国家的牛虻,整天地,到处总是紧跟着你们,鼓励你们,说服你们并且责备你们。"①

或者,当代的"诗人"(审美活动)只能是一个现代文明社会中的"拾垃圾者"(本雅明)。我曾无数次地为我的学生讲述一位"拾垃圾者"的故事。这是帕乌斯托夫斯基讲述的故事。一位叫夏米的老清洁工,把为文明之筛筛落的"珍贵的尘土"再次拾起,打成一朵"金蔷薇"——"一朵极其精致的蔷薇花,蔷薇花旁边有根细枝,枝条上有一朵尖形的小巧的蓓蕾",献给他的恋人。在我看来,在这个故事中蕴含审美和艺术的全部秘密。"我们,文学家们,以数十年的时间筛取着数以百万计的这种微尘,不知不觉地把它们聚集拢来,熔成合金,然后将其锻造成我们的'金蔷薇'——中篇小说、长篇小说或者长诗。""夏米的金蔷薇!我认为这朵蔷薇在某种程度上是我们创作活动的榜样。奇怪的是没有一个人花过力气去探究怎样会从这些珍贵的微尘中产生出生气勃勃的文字的洪流。""这位老清扫工的金蔷薇是用于祝愿苏珊娜幸福的,而我们的创作则是用于美化大地,用于号召人们为幸福、欢乐和自由而进行斗争,用于开阔人们的心灵,用于使理智的力量战胜黑暗,并像不落的太阳一般光华四射。"②确实,当代审美文化也是一个这样的"拾垃圾者",它把为日益虚假的文明之筛无情地筛落的"珍贵的尘土"(真实的生

---

① 苏格拉底。转引自《古希腊罗马哲学》,商务印书馆1982年版,第150页。
② 帕乌斯托夫斯基:《金玫瑰》,戴骢译,百花文艺出版社1987年版,第18—19页。"金蔷薇",原译"金玫瑰"。引文略有改动。

活)再次拾起,打成一朵"金蔷薇",然后献给它的恋人——人类自身。其实,审美文化自古以来就负载着人类文化的传递的使命。在这里,人类文化就"像一枚戒指,被一代代地传下去";"这是一种新的由一个国家的艺术家形成的艺术。以后,还没有任何人达到或超过他们的水平。妙不可言的连续性,把七位音乐大师连接在一起,在德国历史上也是独一无二的,就像一枚戒指,被一代代地传下去。亨德尔几经斗争把它传给了在伦敦的格鲁克,格鲁克传给了海顿,海顿热爱他的学生莫扎特,莫扎特深为自己的学生贝多芬的天才感到惊讶,而贝多芬则在自己临死之前,对舒伯特高度评价,把戒指传给了他。还有哪个国家的历史能与这段历史相比呢?——一个一千年来长期处于松松散散,彼此之间没有约束的国家,一旦出现了这一脆弱的传统联系,是多么令人感动啊!"①或许,这是当代"诗人"(审美活动)的悲剧?记得席勒有一首诗歌,叫作《大地的瓜分》。其中写道:宙斯对人类说:"把大地领去!"于是农夫、贵族、商人、国王纷纷上前领走了谷物、森林、仓库和权力,但诗人却什么也没分到。上帝问:"瓜分大地时,你在何处?"诗人说:"我在你身边,我的眼睛凝视着你的面庞,我的耳朵倾听着你天乐之声,请原谅我的心灵,被你的天光迷住,竟然忘记了凡尘!"把当代工业社会比喻为一场新的"大地的瓜分",似乎并不确切,但是诗人在这场新的"大地的瓜分"中仍旧一无所有,却是显然易见的。然而,又毕竟是当代"诗人"(审美活动)所无可避讳的命运!

第二节 反美学的美学意义

尽管本书并非正面考察当代审美文化问题,而是着重考察在当代审美文化中所蕴含的美学观念的变化,但毕竟有必要也必须对当代审美文化本

---

① 路德维希:《德国人》,杨成绪等译,三联书店1991年版,第188页。

身作出明确的评价。

自从人类踏入文明的门坎,似乎就在不断为自身制造着敌人。人类的每一项重大成就,似乎都在与自身作对。历史无疑是在前进着的,但似乎总是按照其丑恶的方向前进,因此很难简单地评价为"进步"。"没有知识便不会有毁灭的危险,这种认识难道没有一点道理吗?……人自从变成有理智的动物的初期,他所创造的一切都有'毁灭的一面'。发明以石块作投掷武器,这对猎取野兽起了很大作用,但与此同时石块也成了对付他人的最早武器,刀、箭,甚至车轮也是这种情况。几乎各个知识领域,甚至是和战争相去甚远的知识领域的任何思想进展本身都有双重作用,既可用于办好事,也可用于办坏事。最常见的情况是又办好事也办坏事。"①这正是黑格尔所谓"历史的诡计"或"理性的诡计"。故有人认为能认清丑恶的东西,这就是进步。伊哈布·哈桑指出:"这种倾向确实是由诉诸下面这些词的众多潜在倾向构成的:公开性、异端邪说、多元主义、折衷主义、随心所欲、反叛、扭曲变形。光是最后一个词,就足以包容十几个流行的破坏性术语。"②在我看来,当代审美文化是人类遇到的最坏的同时又是最好的事物,既是社会的腐蚀剂又是社会的推动力,既可以被认为灾难,又可以被认为进步。正如杰姆逊所说:"马克思有力地促使我们去做那似乎不可能做到的事,即同时以肯定和否定的方式来思考资本主义的发展;换言之,去获取那种能在一个思想中同时把握为资本主义的被证明是邪恶的特征和它那不同寻常的解放动力,但又丝毫不削弱对任何一方面的判断的力量的思想方法。"③

既然如此,对于当代审美文化无疑不应该一味否定。不但不应反对,而

---

① 沙赫纳扎罗夫:《人类向何处去》,陈瑞林等译,社会科学文献出版社1987年版,第177页。
② 见伊哈布·哈桑:《后现代转折》,英文版,俄亥俄州立大学出版社,1987年,第四章。
③ 杰姆逊:《后现代主义或晚期资本主义的文化逻辑》,见《新左派评论》1984年夏季号。

且应该被理直气壮地加以提倡、推广和保护。尤其是在我们这样一个几千年来一直以"存天理,灭人欲"为道德规范的国家,更应该这样去做。而且,当代审美文化有明显的进步意义,固然应该提倡、推广和保护,即便没有明显的进步意义,只要它是为大众所欢迎而且是无害的,就应该提倡、推广和保护。当代审美文化的问题,说到底,是一个关涉到人的社会生存和将来发展之间的矛盾的问题,思考当代审美文化的问题,就是思考深层的人的问题。西方学者为什么断言,只要好莱坞电影打进东欧,就不怕它不发生变化?讨论当代审美文化能否只承认"凡是存在就是合理的",却不问"凡是存在的是否都具有人的价值"?显然不行。马克思、恩格斯讲得何等令人信服:"并不需要多大的聪明就可以看出,关于人性本善和人的智力平等,关于经验、习惯、教育的万能,关于外部环境对人的影响,关于工业的重大意义,关于享乐的合理性等等的唯物主义学说,同共产主义和社会主义有着必然的联系。"①或许我们这样一种文化传统的国家需要很"大的聪明"才能够承认"享乐的合理性"?但毕竟应该予以承认。道理很简单,大众正是通过这些东西实现了一种心灵的无言而诡秘的默契:灵魂的焦灼和骚乱被温柔地抚慰,埋藏在心中的早已黯然萎缩了的梦又一次不同寻常地上演,蒙尘多年、暗哑无声的生命琴弦突然间被一只冥冥之手拨响,内心世界中无数琐细、纤弱、难以启齿的东西,瞬间汇成愉悦的生命漩涡……苍白的生命因此充盈了绿色的希望。试问,这有什么不好呢?

更为重要的是,不能忽视当代审美文化的作为反美学的美学意义。它的存在固然是对于传统的反抗,但却无法离开传统美学本身的存在。当代审美文化通过反美学的特定方式来展示自己的美学性质,这是一个空前的,也是一个不得已的美学现象。在这个意义上,反美学也是传统美学的一个组成部分,因此它只能采取二元对立的形式,而二元对立不正是传统美学的

---

① 马克思、恩格斯:《神圣家族》,人民出版社1982年版,第166页。

基本逻辑形式吗？换言之，反美学只是从二元对立中虚构出来的一个"他者"，也正是传统美学自身提出的一个要求。所以，反美学的存在是要靠美学的存在来证实的。反美学是一种美学策略。它的唯一作用就是让我们认清传统美学的古典性质，而我们对于反美学的感受，也可以一言以蔽之，这就是：终结。传统美学的终结、传统艺术的终结、传统"元叙述"的终结。

这样，尤为重要的就不是反美学本身，自然也不是传统美学本身，而是在反美学与传统美学两者之间的对抗中美学本身的进步。反美学的意义也不在于就是美学，而在于能够因此而成为美学中的一个环节。这使我们意识到：反美学不但是一个历时的概念，只是从"历时"的角度强调反美学比美学更为进步，是片面的，而且还是一个共时的概念，是传统美学的一部分，而且是传统美学的开始。因为，传统美学也是美学的一部分。人们或许不会忘记，传统美学的开始不也是生气勃勃地反抗此前的"传统"，具备着典型的反美学的精神吗？然而一旦全面胜利，不就丧失了反美学的精神，成为传统的组成部分了吗？再者，曾经是资本主义社会的反抗力量的现代主义，现在不也成了资本主义的意识形态了吗？它过去曾经那样激烈地反对过传统，但是后来却成为传统的一个部分，转而与传统"握手言欢"。西方学者曾经描述过现代主义是怎样从对于资本主义的反抗最终变成资本主义社会的一部分的："60年代的文化冲动犹如与其并行的政治激进主义，在目前多半已精疲力尽。反文化也被证明是银样镴枪头。它主要是一种青年运动的产物，试图把自由主义者的生活方式加以改造，推出一个现时遂愿、夸耀炫示的世界。结果反文化既未产生什么文化，也没有能反掉任何东西。现代主义文化的根基较为深远，它的任务是努力改造想象。但它在风格与形式上的实验，它那种令人震惊的狂热和努力虽然都曾引起过艺术领域里的轰然爆发，现在却已成为强弩之末。""现代主义的发展经历是一部有关自由创作精神同资产阶级长期交战的历史。……然而，在那些自认为对文化持严肃态度的人们中间，在为数众多、爱好时髦的文化追随者中间，自由创作精神的战斗传奇仍在支撑着'敌对文化'——因为它的敌人已经不仅仅限于资产阶级社会,而是涉及到'文明'——及其'压迫性容忍'或另外一些限制'自由'的事物。"①因此,我们没有必要用"成功""失败"之类的评价来判断反美学。恰恰相反,我们倒是要从这种传统美学与反美学的相互"支撑"中敏捷地把握住美学本身的历史性的进步。

因此,我也并不赞成对当代审美文化简单肯定,一味叫好。试想,尽管当代审美文化确实是对过去的彻底否定,诸如对于虚假的承诺、精神的盲区、"元叙事"、"镜喻哲学"和"镜式本质"(去除差异追求同一)的彻底否定,确实是在揭露传统文化的欺骗性、虚假性、精神空白、意识裂隙,堪称对于"启蒙运动的玫瑰红正不可避免地消退"(韦伯语)的那个时代的评判,但另一方面,离开了对于当代传统的反抗,当代审美文化的意义又在哪里呢?而我们在当代审美文化当中,也确实经常看到这样的一幕。它往往会以虚无主义的方式表现出来,其结果是"灵魂裸露"与"耗尽"。审美文化本来作为人生意义蕴含之域,对生命本真意义满怀着一种至深至纯之情,关注着人类灵性境界的诞生的巨痛,而现在却不再走向精神救赎之途,殷殷的爱心偏偏化作一片虚无,从此失去了精神的聚合力。这岂不是以美学自杀的方式来争取美学的自赎吗?如果在丧失深度之后,人类再丧失平面,那么还剩下什么呢?审美文化毕竟是一种价值承诺,能确证自身固然令人苦恼,但无从确证自身却更为令人苦恼。何况,当代审美文化的能指与所指是完全等值同构的,其实质也只是虚无嘲笑虚无。其中还有一种操作矛盾,J.马什说得好:"我愿分担后现代主义对资本主义制度的不满,分担它超越这一制度而达到新领域的愿望,分担它对自我中心的、实证主义的和工具性的理性形式的醒悟,分担它关于现代社会的病态的苦恼。……我同后现代主义一样愿意推动智力、文化和政治进步,不愿开倒车或固守现代自由资本主义社会的现

---

① 欧文·豪:《文学和艺术中的现代思想》,英文版,纽约,1967年,第13页。

状."可是,"能够不用理性方法而进行理性批判吗?"①差异与同一是一个事物的两个不同环节,抬高同一是错误的,抬高差异也是错误的。无所谓进步落后,是不行的。我们可以否定人类的进步观,但不能连进步概念本身也否定掉。其实当代审美文化本身能够问世,就已经是人类进了一大步的证明。还是我在上面强调的,可以批判传统,为之划清界限,但不能把它扫地出门,否则当代审美文化自身也无法存在。更进一步,当代审美文化的不少作品都既不表现出对某种生存方式的解构,也没有对存在可能性的探索与构造。然而,一旦失去了形而上的意向性,当代审美文化所剩下的不只是"玩"本身了吗?所能提供的不只是一种形而下的自娱和快感了吗?人文精神从此荡然无存。它预示着:一个漫长的意义匮乏时代的开始。这使我联想到:虚无主义总是比理想主义更为有力,因为它自身毋须证明。然而,我们决不拒绝虚无,但又决不接受虚无。

另外,就当代审美文化本身而言,又毕竟只是人类文化发展阶段中的一种特定的存在方式,只是"享乐的合理性"的满足。但人们所亟待满足的绝不仅仅是"享乐的合理性",除此之外,还有更多的方面和更高的方面。何况,在满足"享乐的合理性"的过程中,当代审美文化还掺杂了大量虚假的成分。在当代审美文化身上,仍然残留着原始文化的丑陋的胎记。它所修葺的往往是图腾寺庙,它所编撰的也往往是世俗神话。它甚至用流光四溢的媚眼,机智地引诱着大众文雅的堕落,并且通过白日梦的方式,有步骤地造就着大众审美能力的退化。而大众对它的接受则充盈着胁迫性、被动性、屈辱性,一味沉浸其中,则难免成为一个不自觉的吸毒者。这吸毒者只有倚仗当代审美文化所编造的梦幻世界才能聊以度日,宁可承担一无所有的灵魂空虚,也不愿涉足真实生活的生命悲怆。在这个意义上,当代审美文化尽管

---

① J.马什:《逃避策略:后现代理性批判的自我参照性悖论》,载美国《国际哲学季刊》1989年第3期。

为"享乐的合理性"提供了一种快乐、一种幸福、一种真实、一种审美,但假如不对之加以引导、提高,相反却放任自流,甚至听任它肆意越过自己的边界,去侵吞传统美学的领域,把传统艺术赶入枯鱼之肆,却又难免不会成为一种伪快乐、一种伪幸福、一种伪真实、一种伪审美。要知道,当代审美文化所强加给人类的,不仅仅是对于传统美学的反抗,而且还可能是一种浅薄、虚幻的观念,一种生命中的不可承受之轻。在一定意义上,"追星族"的出现,就是一个例证。他们只会仰视,不会平视,更不会俯视。他们追逐那些包装精美的歌星看起来是一种审美活动,实际是一种心理的凝固,他们这样做是意在达到一种心灵的逃避,逃避社会的责任、社会的道德,而歌星对于他们,就不但是理想的象征,而且是对于社会责任和道德的一种反讽,是对于美好的无忧无虑的童年时代的追忆,是幻想重返那个时代的精神避难所和白日梦。因此而构成的价值观是腐蚀性的、破坏性的,这个由明星的偶像所构成的价值观是一种无效的拼贴,但他们将只对它负责,由此暴露出在无目的的开放性中的那个始终一致的封闭性。另外,成年人的生活经验是以综合为主而不再去获得新的经验,但青少年却是以获得新经验为主,从理想主义转向现实主义,要学习如何应付生活中的冲突,这就要靠对榜样的模仿以重新调整自己,就要寻找"行为性社会脚本"。但现代社会的一切都来自大众传播媒介,成年人的知识不但不比青少年多,而且隐私与虚伪的一面被揭露无遗,这使得青少年无法再去崇拜之,于是只好走"距离崇拜"的路线,在歌星的身上寻找替代性的心理满足。再加上青少年渴望真诚,但往往被成年人伤害,流行歌曲中的"都市失意人"的内容当然正中下怀。而学校教育中的榜样太高大,反而令人反感。最后,青少年的异性意识萌动,不能公开得到满足,只好通过可以公开的对于明星的崇拜来表示。然而,正如彼德罗夫斯基所强调的:"对于正在发展的个人来说,现实中不存在的群体不能代替与周围环境的全部联系和接触,对于这个人的动机价值范畴和谐正常的形成来说,这些联系和接触是必不可少的。"①一味停留于对于歌星的崇拜,就会发展成为"幻想型人格",对现实十分冷漠,情绪反而宣泄不出去。记得德国人尼柯兰为对抗歌德,写了《少年维特之欢乐》,遭到歌德的讥讽,读者也不买账。艺术若成为"好梦供应者",就会走向人性的反面,成为对于人性的欺骗,落入尼柯兰的下场。

而高出于上述一切的真谛,则是从最深的根源而言,审美活动来源于人类的一种畏惧之心、一种深刻的"怕"。

以当代审美文化中那种"我是流氓我怕谁"的心态为例。本来,"怕"是人类的自我保护,也是人类的一种生存境界。人类是进化的产物。在漫长的进化过程中,人类不仅按照与环境相适应的原则改造了外形,同时也从有利于生存的角度建立了生理上和心理上的保护系统。这个保护系统的一个重要武器就是畏惧——"怕"。正因为人类有了"怕"这个观念,才能避开各类危险,以确保自身的安全:怕火烧而不去蹈火,怕水淹而不去投海,怕痛而不去自投野兽之口。

如果人类天生缺少怕这根神经,结果会怎样呢?西方有个孩子叫保罗,长得活泼聪明,人见人爱,但谁也不会想到,在这张漂亮的脸孔后面,隐藏着一个悲剧:他天生没有感觉痛楚的能力。不痛也就无所谓怕。他时常摔得头破血流,还哈哈大笑。他的父母为了防止孩子受伤,不分昼夜地看管他,但意外还是时有发生:他曾经把手伸进火里,咬伤自己的手指头,用额头撞破玻璃窗,四肢伤痕累累,到处是青一块、紫一块的。看来,从人类自身安全来考虑,有"怕"无疑比无"怕"要强得多。英国有一名女子练习跳伞,跳离飞机之后,降落伞因故障未能打开,整个人像炮弹一样向地面坠去。当她看到巨大的地面向她飞速迎来,吓得昏了过去。就在这个时候,奇迹发生了。她

---

① 彼德罗夫斯基:《集体的社会心理学》,卢盛钟等译,人民教育出版社1986年版,第59页。

并没有摔死,只是身负重伤。事后据专家分析,她得以生还的一个重要原因就是恐惧:一旦昏厥,整个身体便呈放松状态,从而减少了受伤程度。

人类的精神生存也是如此。莱因在《经验政治学》一书中指出:没有什么可怕的。这话最使人放心,也最令人恐惧。确实,在某些人看来,上帝死了,我们就可以无所不作! 但我们就真的可以无所不作了吗? 假如不知道上帝之死事实上是人类之死,自然会无所畏惧。国内的"潇洒走一回""游戏人生""一次爱个够""过把瘾就死"之类论调就是这样公然出场的。流氓不怕死,而你怕死,当然也就怕流氓,而流氓则不怕你。但事实上,无私才能无畏。但谁人无私? 人本身是有私的,所以向往无私;都是有罪的,所以要赎罪;都是有所畏惧的,所以要敬畏。"敬畏"正是人之为人的根本,无所畏惧则是人格沦丧的标志。有所畏惧,行己有耻,是人之为人的根本。积极性的实现必须是正面价值,才是调动了积极性,若实现的是负面价值,则只能被称之为消极性。因此,有所畏惧才成为一种必然,做坏事固然要有所畏惧,做好事也要有所畏惧,从长远角度看,好事是否还是好事呢? 孔子说:君子有三畏,畏天命,畏大人,畏圣人之言。孟子说:"人不可以无耻。""耻之于人大矣! 为机变之巧者,无所用耻焉。""羞恶之心,义之端也。"这就是人类的"怕"! 帕乌斯托夫斯基在著名的《金蔷薇》一书中讲到,他曾为蒲宁的《轻轻的气息》而深深感动,并且赞叹说:"它不是小说,而是启迪,是充满了怕和爱的生活本身。"由此宣称,正是通过这篇小说,"我第一次彻底地理解了何谓艺术,以及艺术有多么崇高的、永恒的感染力。"①在我看来,这才是真正对美和艺术有所感悟的至理名言。

再以当代审美文化的一大特性——"精神快餐"为例。其中值得思考的东西就很多。例如:它的有益之处,是使每一个普通人都找到了适合于自己

---

① 帕乌斯托夫斯基:《金玫瑰》,戴骢译,百花文艺出版社1987年版,第291页。书名译名有改动。

的精神食粮。过去我们的文化离普通人很远,"如果人的被接受了的理想过于片面,不能揭示人的本质欲望,它就会投下阴影,一种相反的理想就会在压抑中出现。这种相反的理想会同和压抑它的理想同时出现,用自己的要求抵抗压抑它的理想和要求。这些要求可能会变得越来越强大,最后可能会使这种相反的理想取代压抑它的理想。"①时代的大转型意外地使人认识到:崇高理想之类,以及美丑之分,并不时时处处存在,真正的生活往往是具体的,既不崇高,也不卑下,既不美,也不丑。"文化快餐"正是为这种具体的生活立法。它还原了这种真正的真实,把人们认为有"意义"的还原为无意义,又在无意义中显示了一种意义。像流行歌曲所吟唱的就是一种具体的缠绵、具体的伤感、具体的美丽、具体的温柔。这正是"文化快餐"的历史功绩。在这个意义上,应该说,正是那些缺少精神食粮的大众创造了"文化快餐"。因为"文化快餐"大多比较通俗,如武侠小说、言情作品、纪实文学、人体画册、漫画系列……故有人嗤之以鼻。但在我看来,它们固然无法为文化积累做出贡献,但在刺激文化的发展方面,却是不可或缺的,故也应予以承认。但另一方面,崇高、理想、美、丑之类很难在生活中找到,却并不意味着它们就根本不存在,更不意味着就可以不去寻觅了。当代审美文化的缺憾往往缘此而生。将其作为一种弥补,玩玩是可以的,但一味沉浸于此,就会玩出病毒来了。因为它导致的是对自由、责任、深刻的逃避。它的快乐是用"逃避"换来的,它的愉悦是用钝化审美感觉换来的。用对未来的牺牲换来今天的享乐,这难道不是慢性吸毒吗?说得再具体一些,面对社会转型,人们往往自信而又空虚。否定旧的价值准则,很自信;寻找新的价值准则,很空虚。建设不起新的价值准则,只好以消费、享乐的价值准则代之。因为人们在探索中可以得不出任何结论,却可以得出一个没有结论的结论。即:追

---

① 卡斯顿·海雷斯:《现代艺术的美学奥蕴》,李田心译,湖南美术出版社1988年版,第115页。

求某种价值是可疑的、虚妄的。"山上有一棵小树,山下有一棵大树,哪一个更高,哪一个更大?"找不到答案!于是,人们便一齐高喊:"我不知道!""我不知道!"接着,"跟着感觉走","潇洒走一回","感觉"至上,"潇洒"至上,就顺理成章地成为虚无主义的温柔乡、自慰器,成为当代审美文化的主旨。然而,很多人甚至不愿意去思考,在其中是否存在一种极其可怕的东西。那就是:对最可珍贵的生命的一种不负责任、一种虚无主义。要知道,"感觉""潇洒"无疑是对生活的还原,但却并非生活的全部。一旦把它强行抬高到衡量一切的最高价值的地步,一旦把它炒得发紫,多元的价值生活就又一次地被扼杀了。人被笼罩在一个"感觉""潇洒"的圈套之中,沦落为可怜的"套中人"。而且,无论如何,"感觉""潇洒"之类毕竟只是走向"自由"的开始,却绝对不是自由本身。它是一种浮浅。我们只是在它是走向"自由"的开始这一背景下肯定它。但假如它永远停留在这一层面,就必然会成为一种"媚俗"、一种"游戏",成为一种对"自由"的逃避。而且,就中国的实际情况来看,"感觉""潇洒",也确实正在成为人们精神的空虚、无聊的避难所,成为人们慢性吸毒的遁辞。生命中有很多东西是有重量的,像金钱、美女、酒池、肉林……但灵魂、自由、价值、温情、爱、美却虽不具有重量,却更有可能把人压垮。这是一种生命中的不可承受之"轻",也是在当代审美文化中往往要逃避的不可承受之"轻"。实际上,人类别无选择。这是一个非常沉重的问题,也正是在当代审美文化研究中所必须回答的问题。因为在某种程度上当代审美文化恰恰体现了人们竭力去修饰空洞灵魂的不懈努力,但它不是去消除空洞的根源,却把对于空洞的感受消解掉了。当代审美文化故作"潇洒",也无非是用一种故作轻松的姿态来掩饰内在的空虚。他们太聪明了,以至于如此敏感,从天上回到深渊,从一切中看到一无所有,过早地消解了一切意义。结果由于最后一点神性的消失,世界落入魔鬼之手。最终,难免正如鲁迅所料定的:我们失掉了好地狱!

第三节　从反美学到美学

当代审美文化本身的意义如上所述,那么,当代审美文化对于美学研究本身的启迪又是什么? 在结束本书的讨论之前,有必要站在对于当代审美文化的功过得失的讨论之外对此加以说明。

我认为,当代审美文化对于美学研究本身的启迪,表现在我反复强调的美学研究中所必不可少的三个方面的研究上。[①] 这就是,在"审美活动曾经是什么"的历史维度上,表现为从时间上看的对于审美活动的古今形态研究的启迪上,从空间上看的对于审美活动的中西形态研究的启迪上;在"审美活动应该是什么"的逻辑维度上,表现为从理论上看的对于审美活动的逻辑形态研究的启迪上。下面依次加以讨论。

其一,从时间上看,当代审美文化对于审美活动的古今形态研究有着重要启迪。前面一节我已经谈到了当代审美文化与传统审美文化之间的关系,不过,那还只是就对于当代审美文化本身的评价而言的,只是站在当代审美文化的角度来考察问题。事实上,一旦转而站在宏观的人类审美活动的角度,从审美活动的古今形态的角度来考察,无疑还会得到一些更为重要的结论。其中,最为重要而且与本书的研究关系最为密切的就是:怎样看待反传统的问题。毫无疑问,审美活动既然存在着古今差异,就必然存在着反传统这一事实,否则,"古"就永远无法演变为"今"。由于本书毕竟不是正面对于当代审美文化的剖析,因此若干重要现象就没有全面展开。例如,关于当代审美文化的反传统的集中表现——生活与艺术的同一,可以在许多现象中看到,像古典美术的挂历化(古典美术本来与生活保持着鲜明的距离,因此古典美术作品要挂在美术馆里,但现在却借助挂历进入了家庭)、古典

[①] 参见拙著《生命美学》,河南人民出版社1991年版。

名著的影视化(以文字为媒介的古典名著是一种深度的欣赏,但人们却大多不堪思想的重负,宁肯绕过文字,从影视入手,作平面的欣赏)、古典诗歌的白话化(一种语言就是人类的一种生存方式。从文言转向白话,正隐含着一种生存方式的潜在转换)、古典音乐的流行化(克莱德曼的钢琴曲是一个典型的例子。古典名曲被他刻意加以柔化、弱化、抒情化、温情化、伤感化的改编,其中的思想深度就大半消解)、名胜古迹的公园化(像北京的"世界公园",散布世界各地的名胜古迹一旦被缩小复制于一园,就从一种深度的创造转换为一种平面的展示)、文史思考散文化(例如《文化苦旅》,放在文史思考中来看,它所发的喟叹均失之平淡,放在散文中看,它的视点也过于偏狭,但它的成功却恰在这里,犹如流行诗坛的汪国真的哲理诗歌,它则是一种很对大众胃口的文史散文,充斥其中的是一种"平面的思考")、历史名人的平民化("毛泽东热"就是一例。它实际是一次对神圣历史的消费、对意识形态的消费,与在传统的领袖文学中的重述与重写并不相同。但现在是一个"走下神坛的毛泽东",是对神圣与禁忌的消解,恰恰与"造神运动"是背道而驰的。这正是当代审美文化中独特的东西)、电影场所的生活化(电影场所的走向小型化、综合化,是在向电视的功能靠拢。这种生活化的努力,使得电影越发地平面化)……深入剖析,不难看出当代人一反传统的生活艺术化,而开始了艺术生活化的努力。其中的功过得失,颇值深思。然而,令人困惑的是,是否只要是反传统的就是变"古"为"今"呢?是否只有把"古"的东西踩在脚下才是变"古"为"今"呢?在这方面,当代美学大师伽达默尔的探索是值得注意的。1974年,伽达默尔曾经在萨尔茨堡大学周作过题为"作为游戏、象征与节日的艺术"的著名讲演,后来取名"美的现实性"公开出版,其中,"反艺术的现代艺术"的合法性的问题,是他讨论的核心问题。在他看来,传统艺术的合法性在19世纪就已经不复存在了,然而,现代艺术的合法性只要通过"反艺术"就可以得到说明了吗?伽达默尔的看法并非如此,他的眼光要远为深邃。他指出:"反艺术的现代艺术"是什么,以及如何沟通

"反艺术的现代艺术"与传统艺术之间的巨大鸿沟,如何用一个共通的总括的概念把"反艺术的现代艺术"与传统艺术联系起来,这才是"反艺术的现代艺术"对当代思维提出的问题。

这就是说,当我们站在宏观的人类审美文化的角度来评价当代审美文化的时候,不应只看到它们之间的对立,而应进而看到它们之间的统一。例如我们经常说卢梭是"反文化"的首倡者,但这恐怕只是一种夸张的说法而已,实际上卢梭又何尝要真的反文化,他只是要反对人类对于文化的歪曲,也只是要在更为根本的意义上建立一种真正的人类文化。因此,为反传统而反传统的审美文化只具有美学史的意义,而不具有美学的意义。只有既反传统而又通过反传统这种方式丰富了传统的审美文化,才既具有美学史的意义,也具有美学的意义。科学哲学家波普尔曾经感叹:虔诚的巴赫是伟大的,自负的瓦格纳是渺小的。我想,或许正是有鉴于此吧!

伟大的艺术必然根植于伟大的传统。这一点,不论是对于古典形态的审美文化还是当代形态的审美文化,都是同样有效的。例如,印象派无疑是反传统的,但它通过对于传统的对"固有色"的美学表现,开辟了对"条件色"的美学表现的反叛,因此无疑就成为伟大传统的一部分。毕加索、马蒂斯无疑也是反传统的,但他们通过对于传统的对造型与色彩的美学表现的反叛进而丰富了对造型与色彩的美学表现,因此无疑也是伟大传统的一部分。

从更远的角度看,为当代审美文化寻找美学合法性,无疑是一个必须的工作。否则,作为一个美学家就是不称职甚至是渎职的。然而,每个时代都存在自己的"当代"审美文化,作为"当代"的美学家总不能为了论证"当代"的审美文化而大打出手,一味地以反传统作为判断准则吧?试想,如果人类自古以来就是这样的"反美学",那么我们今天的美学除了废墟之外还会剩下什么呢?这样,任何一个"当代"的美学家,当他在为"当代"审美文化寻找美学合法性的时候,就必须首先寻找自身的评价"当代"审美文化的价值等级坐标系统的美学合法性。而且,在这个价值等级坐标系统中,无论如何也不能把人类历史上公认的优秀成果排挤到负轴上去,当然,也不能把"当代"审美文化的优秀成果排挤到负轴上去。那么,其中的美学合法性何在呢?无疑只能从是否丰富了美学传统这样一个角度来寻找。即便是像当代审美文化这样的以全面反传统为特征的审美文化,也无疑只能从它对传统的反叛是破坏性的还是建设性的这样一个角度来寻找。

当然,美学传统是一个非常复杂的范畴,譬如说,当当代审美文化说它反"传统"的时候,我们就很难赞同它把在此之前的一切三下五除二地通通当作一个固定不变的"传统",德国美学、法国美学、英国美学、美国美学……在此之前都是一样的?希腊时代、中世纪时代、文艺复兴时代等时代的美学在此之前也都是一样的?然而,既然置身当代审美文化的人们都言必称反传统,那么我们为了研究的方便,也不妨找出它所共同认定必须要全力反叛的在此之前的审美文化的基本美学范式,作为当代审美文化所要反的"传统"。(当然任何一个时代的审美文化对于前一时代的审美文化都是有所否定的。差异在于一般情况下只是局部性地否定这一基本美学范式,甚至只是局部性地否定作为这一基本美学范式的保护带的假说系统,只有在当代才出现对于审美文化的全局性的否定。)当代审美文化在反传统的时候,总是置身于特定的语境关系的,即总是置身于特定的对于传统审美文化的基本美学范式的全局性的否定这一语境关系之中的。可即便如此,这"传统"还是十分复杂。为了使它具体化,我们还要看一看,在审美理想方面表现为什么,在审美趣味方面表现为什么,在创作论、作品论、读者论方面表现为什么,甚至在技巧论方面表现为什么……

以技巧论为例。技巧是美学传统的最为外在的组成部分,但同时也是美学传统的最为重要的组成部分。道理很简单,没有技巧,美学传统根本就无法存在。在这个意义上,康德一再强调艺术活动的规则性,是具有远见卓识的。席勒认为艺术作为游戏可以是无规则的,就有些偏颇了。当代的一些美学家把艺术品与审美对象混淆在一起,就更为偏颇了。任何对象都可以成为审美对象,但却不是任何东西都可以成为艺术品。其中的根本差异,就是艺术品需要技巧。你可以否定僵化了的技巧,但却不能否定技巧本身。在这个意义上,杜尚把尿盆放进艺术展览馆,就只有美学史的意义,而没有美学的意义。因为他把审美对象与艺术品之间的差异混淆起来,审美对象是可以没有技巧的,但是艺术品就绝对不能没有技巧了,换言之,审美对象成为审美对象与自身的特性无关,但艺术品成为艺术品却不能说与自身的特性无关(海德格尔对梵高的《农鞋》盛赞,也隐含着对于这两者的混淆,隐含着对于技巧的忽视)。艺术品的最为突出的特性无疑就是艺术技巧的存在。与艺术技巧根本无涉的东西,你怎么能断定它是艺术品呢?所以,我们往往把艺术大师称为"巨匠"。

在此基础上,还可以对当代审美文化中的某种失误提出更为宏观的批评。在我看来,由于缺乏审慎的思考,置身于当代审美文化中的许多人往往只是比较准确地认识到了传统的弊端——或者不如说,是比较准确地体味到了传统的弊端,因此迫不及待地揭竿而起,但却很少甚至从未去认真地思考:反传统的目的是什么?难道就是不断地反下去,直到自己也被作为传统反掉为止吗?更不要说还有许多人其实就是为了逃避审美活动的必不可少的训练的艰难而去反传统的了。还以技巧为例,因为某种僵化了的技巧对人类审美活动的限制,也由于科学的发展已经足以模拟人类的技巧,而且机器对于审美活动的异化恰恰也表现在对于艺术技巧的侵吞上,于是我们就提出反技巧,这或许不无道理。然而你可以突破写实技巧、再现技巧、表现技巧……但你能突破技巧本身吗?还有不少人是不想刻苦训练,而想寻找捷径,例如不想经过系统的训练而在现代书法中寻找捷径的书家不是比比皆是吗?他们正是以反传统作为大旗的,然而,他们真的是反传统吗?我很怀疑,——不是怀疑他们的诚意,而是怀疑他们是否具备反传统的资格!当然,我这样说或许会"激怒"某些人,然而在我看来,假如某些人因此而竟被"激怒"的话,那无非是意味着连反传统的诚意也不再珍惜了而已。1994年,在南京召开的"中国流行音乐的回顾与展望讨论会"上,我意外地发现与会的当代流行乐坛的新锐们中的一些人对传统音乐竟然固执一种势不两立的态度,于是我提出流行音乐的出现不是一个孤立的现象,离开传统音乐的背景,流行音乐的出现是不可想象的,离开一个共同的价值等级坐标系统,对于流行音乐的评价也是不可想象的。你总不能把传统音乐排斥到负轴上去吧?然而,我发现,这点浅见不但未能引起注意,而且反而使得他们在回答记者的采访时干脆提出今后要"拒绝专家"。"专家"是可以"拒绝"的,然而,传统也是可以"拒绝"的吗?

更宽泛地说,面对当代审美文化而最为触目惊心而又魅力常新的困惑无疑是:"审美活动与非审美活动、艺术与非艺术的界限何在?"对此,分析美学告诉我们:这涉及到人类的不同说话方式问题。人类的说话方式有三,其一是事实判断的说话方式,所谓"什么是什么",其二是价值判断的说话方式,所谓"什么应该是什么",其三是逻辑判断的说话方式,所谓"如果什么是什么,那么什么就是什么"。这三种方式经常被人们混淆起来,例如"人是什么",就是冒充事实判断的方式,实际上只是"我认为人是什么",美是什么、艺术是什么,也只是"我认为美是什么""我认为艺术是什么"而已。换言之,美的性质、艺术的性质属于第二种说话方式,因而,美的性质、艺术的性质是一个不能追问的假问题,对此,美学所能做的只是去追问美、艺术之类词的用法如何,从而找到正确运用美、艺术概念的条件。所以,美学没有必要去讨论分类意义上的艺术概念,而只能去讨论评价意义上的美和艺术概念。不过,在我看来,这还只是涉及了"不是什么",但却没有涉及"应是什么"的问题。那么,"应是什么"呢?这就有必要把上述困惑加以必要的美学改造,以求更为显豁:"反美学、反艺术的界限何在?"于是,我们看到了从宏观的角度对当代审美文化加以评价的根据所在。

任何一种"反美学""反艺术"都是置身传统之中的一次突围,都不应是对于传统的破坏,而只能是对于传统的丰富。当代审美文化是对传统美学的反叛,这是无可置疑的。顺便对令人困惑不解的"音乐发烧友"现象稍加解释。"音乐发烧友"是一个颇具趣味的现象。在对于音乐器材的崇拜背后,蕴含着对于传统的音乐观的冲击。我们知道,传统的音乐爱好者是对于音乐本身的崇拜,但"音乐发烧友"则不然,他们追求高保真度的器材,是为了听得更清楚:乐器的音质水平、弦乐的松香味、钢琴的木味、管乐的空气感……原来,他们爱好的不是音乐,而是声音。音乐/声音,这正是传统的音乐爱好者与"音乐发烧友"之间的关键区别。在传统美学,声音本来只不过是媒介,通过它创造的音乐——所谓情感的深度、思想的深度才是美之所在,而现在却不同了,深度被消解了,声音本身就成为美之所在。因此,"音乐发烧友"的停留于声音,恰恰是当代审美文化停留于生活本身,拒绝到生活背后去寻找深度、意义、本质的一个典型的例证。然而,这种反叛又不是没有界限的。假如越过界限,一意孤行,不断向极端发展,不惜以人类的美学博物馆作为历史展览馆,甚至作为自由市场,无疑就会走向自己的反面,这或许应该是不争之事实。为西葫芦分别播放古典音乐和摇滚乐,结果前者的藤蔓朝向收音机爬去,其中的枝条甚至缠绕在收音机上与之拥抱,后者却把藤叶背向收音机爬去。再用金盏花作试验,只有两周时间,听摇滚乐的金盏花就统统死去了。① 可见摇滚的边界是十分明显的。当杜尚把尿盆掷入艺术大厅,不也得为它起一个名字"泉"吗?可见绝对的平面是没有的。即便在杜尚那里,边界也是明确的。遗憾的是,我们在当代审美文化的某些极端的表现上,也确实看到了这样的一面。对于传统的全面拒绝,使得它在某种程度上成为无根之物,失去了重量。这是一种精神失重的存在。在其中,生存沦入一种零度状态。再没有什么可以来衡量人性砝码的轻与重,剩下的只是肉体自娱。似乎为了"无罪地享受罪孽"(卡夫卡)就可以不惜以美学传统的被践踏,来使得自身获取一种可以为所欲为的豁免。美从艺术中

---

① 参见《世界博览》1986年第3期所载伯德著的《植物的秘密生活》一文。

退出、爱从婚姻中退出、精神从肉体中退出,呼吁"我的1997你快来吧",但却只是为了"我也可以去香港",一封写给父母的家书却也只是以"此致敬礼"作为结尾。人的价值生存被压缩成"活着"。没有了内在空间,没有了思想,没有了对于美的追求,没有了曾经使得经典作家终生为之奋斗的"问题"与"尺度",人们的心灵失去了栖居的家园,无法安顿自身,无法与世界对话,成为真正的上帝的弃儿。这世界丧失了歌唱与倾听。结果,在衰败了的世界中,你就只能够以草为花。至于那些在文本上大作文章的作家的举止,也令人生疑。这只是一种滥用刑罚,值此时刻,除了虐待文本,这些作家也实在不知道还能够做什么了。当兰波义无反顾地放弃了文学的实验,转而从事投身现实的生命体验时,甚至不惜以自虐的口气自我贬低云:这不过是文学而已。最初我曾大惑不解,现在我才明白,这,也是要一种"勇气"的!

迦达默尔曾经感叹:"当今的时代是一个乌托邦精神已经死亡的时代。过去的乌托邦一个个失去了它们神秘的光环,而新的,能鼓舞、激励人们为之奋斗的乌托邦再也不会产生。这正是我们这个世界的悲剧。"[①]然而,人心毕竟不能变成石头,精神毕竟不能变成沙漠,历史也毕竟不能变成家史。伊甸园固然不再在望,但人类却仍然要去寻找救赎之路。这当然不是要重新回到传统的老路上去,而是要勇敢地在探索中前行。人类的勇气不仅在于他敢于面对世界的无意义,而且在于他敢于在更高的境界中面对无意义。意义的消解并非必然导致虚无主义的降临。告别乌托邦之后,我们是否能够以一种恬淡的、"不怀乡愁"的心情面对后乌托邦时代的到来?这正是对于人类的最大考验!那么,什么是"不怀乡愁"呢?在我看来,不是一笔抹掉传统与当代之间的界限,当然也不是从这界限中退出,而是栖居于这界限之中,在这界限中开拓广阔的世界,使得界限更具有弹性、更具有活力。如是,我们便会发现,世界并没有丧失意义,只是不像过去那样简单了而已。或者

---

① 迦达默尔。转引自《迦达默尔论后现代主义》,载《世界文学》1991年第2期。

说,它的意义正在于把简单性还原为复杂性,与过去的意义在于把复杂性还原为简单性恰成对照。

在这里,值得一提的是知识分子在促进美学传统的丰富中的特殊作用。维护一种美学传统的一线血脉,是知识分子的根本职责,也是知识分子置身当代审美文化之中后所逐渐取得的一种共识。以中国知识分子为例。在"文革"之后,中国知识分子曾经幻想重建理想,这就是所谓新时期。在此之前,精英话语为权力话语所制约,能指与所指之间存在一个根本的断裂。而在新时期中,知识分子重新进入"社会良知"的角色,他们坚持一种启蒙主义的精神,固执于人的尊严、自由、理想主义,固执于对于"我是谁"的"失乐园"的寻找,固执于为社会炮制出奇里斯码式的英雄人物(杰姆逊说:英雄是一种意识形态的完成),甚至不惜把尼采打扮成一个个人主义的斗士,却始终忽略了他的"虚无主义的降临"的预言。直到90年代初,社会的精神还俗以及弱肉强食的动物的法则又一次破门而出,他们才大梦初醒,不再到处廉价地预支成功、理想,然而,也不再能够找到自己的位置。有人对此时期十分留恋。有人把人类的灾难归结为虚无主义的泛滥,但在我看来,更多地应该为人类的苦难负责的倒应该是人类的理想主义。还是本雅明的态度更为诚实:只是因为有了那些不抱希望的人,希望才赐予了我们。阿多诺也如此:除了绝望之外,我们就再也看不到希望了。为了理想而制造理想,只是惧怕真正的现实的表现。原来,现在被动摇的不仅是传统的理想主义,也不仅是对于世界的全部乌托邦思考,而且是神圣的话语权力;不仅是他所代表的传统美学的合法性,而且是他的身份。理想主义的社会实际上是一个话语的社会,知识分子在其中占据着话语的统治权力,优越感、启蒙意识、教育者身份、导师资格……通通由此而来。但在现实社会里,新的话语模式使得知识分子只能居于与平民同等的地位,话语权力不再那般重要。而且,不再是知识分子说什么,平民听什么,而是平民要听什么,知识分子才有权力说什么。而且在知识分子与大众之间有了"市场"的中介。知识分子不再是创造者,而是加工者,不再是大师,而是工匠。同时,知识分子还是文字的使用者。知识分子就是以文字为生产工具,以思想为对象的劳动者。文字把知识分子与平民隔离开来,但又通过对平民的教育,把知识分子与他们联系起来。现在却不然了,印刷文化是主食,知识分子作为生产者自然也就是中心。印刷文化或文字是将知识分子与平民联系在一起的唯一纽带。平民在通过文字的能指屏障时,就已经费尽心力,但还要通过想象、回忆来理解所指屏障,何其繁难。但电子文化就全然不同了。文化的能指屏障与所指屏障都是不存在的。平民因此而弃知识分子而去,也就成为必然的选择。结果,从代言人(这还只是一种自身美学合法性的表述策略,一个更为准确的名称是:精神布道者。不过,要强调的是,在权力话语的时代,知识分子的代言人的身份也是虚假的,实际上只是一个伪代言人)——到传话人,就成为"无言的结局"。

值此精神已经成为清贫的同义语的时代,甘于清贫的传统观念,无疑是无法求得生存的。须知,生存的权利正是思想的权利的前提。因此,我反对知识分子一味以"清高"来拒绝这个时代,然而我更反对知识分子放弃自己的身份去集体下海。在我看来,最为重要的是找到知识分子的真实位置。现在,知识分子不再是中心,充其量顶多也只能是"十字街头的塔"。但也正是因此,他也不再是权力话语的简单延伸,不再是大众话语的强行占有,它回到了自己的本来位置。因此,我认为这才正是知识分子长期追求而不得的常态。不再虚假地处于中心,不再做代言人,不再与社会的所有进程同步。他现在只须立足于边缘,既享受着边缘的自由,也承受着边缘的局限,并且在边缘上造就一种多种价值共存的"众声喧哗"。它导致一种当代的"反本质主义"的理论观,导致理论与现实的非同一性观念的介入。理论的完备性、永恒性不再被盲目迷信。理论作为一种对话、一种解释的观念日益深入人心。遗憾的是,目前尚有不少知识分子没有意识到这一点,仍然固守着传统的本质主义的理论观,或者是仍在追求靠近中心,或者是仍在对别人的学术研究指手画脚。以一种选择来否定别种选择,以一种风格来否定别种风格,以一种"路子"来否定别种"路子",搞人文科学研究的看不起搞社会科学研究的,搞理论研究的看不起搞考证研究的,搞中国研究的看不起搞外国研究的,反过来也是一样;就是在一个学科里也是如此,搞古典哲学研究的看不起搞当代哲学研究的,搞基础研究的看不起搞应用研究的,反过来还是一样,似乎还从未意识到多种价值共存的"众声喧哗"时代的来临,还未意识到在边缘上是不可能形成什么中心的。西方知识分子所走过的从"介入型"到"中间型"再到"非介入型"的道路,正预示着这一点。不过,知识分子的位居边缘也并非无所事事。在社会的不同类型——例如政治、经济、文化三个领域的互相制约,以及文化的不同层面——例如精英文化与流行文化的互相制约,知识分子起着重要的平衡作用。须知,在当代社会,上述类型、层面的任何一次边界的扩张,都是灾难的开始。就当代审美文化而言,使得当代审美文化对于美学传统的反叛能够顺利地转变为对于美学传统本身的丰富,正是只有知识分子才能担当的重大使命。

其二,从空间上看,当代审美文化对于审美活动的中西形态研究有着重要启迪。当代审美文化是对传统美学的解构,这是本书所一再强调的。在此我还要进而指出,这解构只涉及到审美活动的时间形态,因而是片面的。不过,这"片面"又昭示着我们,传统美学还有待于从空间的角度加以解构。那么,谁能胜任这一解构之重任呢?东方美学。就中国学者来说,则是中国美学。在这个意义上,中国美学也是一种"反"美学、一种"当代"审美文化,也具有着重大的意义。从这一角度深入加以讨论,不但可以与当代审美文化研究相互补充,而且可以与审美活动的中西形态研究相互补充。

对此,有些学者可能迷惑不解。从鸦片战争以来,中国全部的现代性话语的根本战略,就是以西方话语为参照系寻求中国的中心化,即重建中国的中心话语体系。这是一个单纯、整一、和谐、深度的话语体系。然而不能忽视的是,如此一来,我们的所有美学话语就通通是西方的,这导致我们在相当程度上几乎就无法真正地进入历史。因为美学家在研究、提出问题时,总是置身于一定的问题框架之内,他只能提出在问题框架中所能够提出、能够思考的问题。这些问题的逻辑可能性的空间是先入为主地被规定的。这是已经落入无意识层面的秘密。不是思维的对象,而是思维的支点。美学家不但不会主动去批判它,而且反而从它出发去批判别人。同时,在一个问题框架内,所有的问题都是互相支持的。斯宾诺莎说得好:一切规定都是否定。获得就是失去。因此当中国美学家在追求审美活动的答案(那是什么)时,就已经预设了一种西方美学的回答(对于西方美学那是什么)。例如对我们所使用的自由、人性、异化、时间、空间、现实、历史、进化、理性、人道主义、美、美感、审美主体、审美客体、表现、再现、现实主义、浪漫主义、崇高、悲剧、叙事这类范畴稍稍加以谱系学的剖析,就会发现,作为一种话语,它们都建立在一系列并非不证自明的预设前提的基础上。这样,当我们去考察美学时,又如何能够超出西方美学的眼光?更不要说我们对西方美学的了解往往只是在一些错误的文化指标中获得的,只是一种"想象性能指"、一种虚幻的"镜像"了。往往为学者所忽视的是,20世纪中国美学的进程在某种程度上是一部西方美学的东方版。我们不但只能通过西方的眼光看出自己的本质,不但只能生活在被话语组织起来的"现实"(因此中国的美学的"现实"观往往令人吃惊)中,而且只有首先要在话语中塑造出一种"国民性",然后才能认识乃至自我改造。不把自己的本质客观化,我们甚至就找不到自己。

具体来说,通过中国美学对传统美学(这里的传统美学是指作为当代美学的主流话语的西方传统美学)加以解构,其意义有三。首先,是可以有效地避免西方美学对于中国美学的压抑。众所周知,目前作为美学主流话语的是西方传统美学。然而往往为人们所忽视的,则是西方传统美学的主流地位必然是靠压抑、忽略本土的美学话语为代价的,也必然导致对本土美学话语的片面阐释,甚至导致本土美学话语的被排斥在外。福柯一再强调,知识与权力、洞见与不见是共生之物,知识产生于权力,权力则创造知识。这样,西方中心的美学话语,是严重的"盲视"。"批评家能够提出洞见正由于他们处于特定的不见的掌握之中。"[①]例如,人们习惯于把西方美学与中国美学之间的关系看作是中心与边缘、主与客的对立关系。西方的"美"成为一个中心性的主能指,超时空的绝对标准,它的意义相当于"好"的东西。美、美感、自由、无功利等范畴被不同区域、不同民族、不同语言的学者运用着,康德、黑格尔等美学大师也被不同区域、不同民族、不同语言的学者运用着。西方美学超出了文化、区域、意识形态和语言的差异、限制,即便是西方人在研究东方时,也是把自身想象成主体,把东方想象为客体,只有当西方把东方变为一种异己的、疏离的物化的文化时,他们的研究才可能产生,因此他们对东方的阐释也只是自身想象的结果。例如黑格尔把非西方的文化的存在当作人类历史的"准备阶段""注脚"。再如胡塞尔甚至到了晚年,在题为"欧洲人性的危机与哲学"的著名讲演中还坚持认为:应该把"精神的欧洲"与东方哲学区别开来,只有在希腊人那里才看到了纯粹理论的态度,在东方则只存在一种神秘的思辨形式。而对于中国人来说,或者把西方美学当作"大灰狼"而拒之门外,或者不惜"与狼共舞",迫不及待地把西方的理论话语套在中国审美实践的身上去印证它的正确以及无可争辩的权威性,其心态都是一样的,即都是把西方美学当作中心,把自己当作边缘。这种心态,在中国美学家的一句套话中表现得十分鲜明,这就是:"走向世界"。然而,令人费解的是,在此之前,中国又在何处?是在世界之外吗?看来,中国人是把"西方"当作"中心"、当作"世界"的。而一旦意识到中国美学对于西方美学的解构作用,就有可能从西方美学所造成的压抑中挣脱出来,起码有可能指出西方美学本身所必然禀赋的边界。

其次是有可能从中国美学的角度对西方美学加以解构。显而易见,这正与当代审美文化对传统美学所作的解构相互补充。在20世纪的将近一

---

① 保尔·德·曼。转引自孟悦等编著:《本文的策略》,花城出版社1988年版,第150页。

百年的时间里,学者对于中国美学的现代意义,曾经反复争论而又始终没有结论。现在通过对于当代审美文化的考察,我们才发现,正如当代审美文化因为从时间的角度解构传统美学而具有了现代意义,中国美学也可以因为通过从空间的角度对传统美学加以解构而具有现代意义。对此,中国学者已经开始有所认识。例如针对刘若愚的过分拘泥于西方美学,叶维廉就曾举例指出:"这一段对一口咬定是中国人心灵的描述文字却充斥着西方哲学术语(如本质与表面之分,经验与抽象之分),我们不禁要怀疑到底有什么是真正中国式的心灵活动中发现的'矛盾',亦即'本质主义''存在主义'观的冲突,也是西方现象学力图脱离其创始人爱德蒙·胡塞尔的主张而发展出的观念。……我们可以发现刘氏发现的中国人心智的矛盾,实在是由于他自己的立场陷入了西方形而上学的封闭系统内。"①周英雄也曾指出:"我们不禁要问:20世纪70年代之前风靡一时,自诩超越历史,甚至超越社会的后设理论,是否已面临挑战,并逐步为后现代主义的思潮所取代? 这种思潮基本上主张,现象本身五光十色,不能以一个大而化之的叙述(master narrative)来涵盖一切,同理,比较文学是不是也不应再着眼于世界文学的共相? 相反的,比较文学是不是应该透过比较的手段,来进一步了解文学之间的异相? 换句话说,比较文学是否应该透过比较,来了解自己的文学和其他文学有何差异,并了解文学对自己的社会历史,如何加以回应,具体呈现? 事实上,我们可以说,透过比较文学的看法,我们不再因循人云亦云的看法;我们可以借突出异相,而达至一种批评上的陌生化效果。"②在这方面,我们有大量的非常有意义的工作可做。

　　最后是有可能通过中西美学对话的方式来发展美学研究本身。当代审美文化对于传统美学的解构已经使我们意识到:从时间方面来说,美学本身

---

① 转引自廖炳惠:《解构批评论集》,东大图书出版公司1985年版,第364页。
② 周英雄:《比较文学与小说诠释》,北京大学出版社1990年版,第3—4页。

的发展正在于当代审美文化与传统审美文化的对话之中。那么,从空间的角度来说,美学本身的发展也正在于中国美学与传统美学的对话之中。中国美学与传统美学之间的对话、驳诘、争辩、沟通等,正是发展美学本身的最佳方式。任何一种历史上的理论都不再是放之四海而皆准的,而只是把我们联系起来的东西。而且,当我们在建构一种理论的时候,又需要牢记,用理论去定义特有的传统,或者用特有的传统去定义理论,只会把传统的理论与在传统中的理论混淆起来。因此,不再寻找一种超语境、超文化的元话语的美学理论,不再尝试着确立一种一成不变的美学模式,而是反"客"为"主",变"被看"为"看"。正如德里达所说,文本的特定语境不可能凝固文本的意义,当文本置入其他语境时,还有可能衍生出新的意义。西方美学进入中国语境后产生的各种问题以及中国语境间的差异,正是中国美学家在与西方美学对话时需要面对的课题。而这就需要变被动为主动,变被看为看,以我为主去审视西方美学,"以子之矛,攻子之盾",借助西方的话语,但又发现西方的问题,把西方美学问题化,原来的二元对立关系被翻转、颠倒、消解,以新的以我为主的立场和思考去面对西方美学话语,在西方美学与中国美学的裂痕与差异间发现新的洞见,尖锐地指出原有二元对立结构中的不合理因素,并且从中国美学的视点出发对传统美学理论的运作方式提出某种"质疑",再通过"重构",使之"增值",最终对传统美学加以"重写"。关于美学研究,有两个问题值得一提。其一是美学研究的方向,在我看来,从中国美学家所处的实际上的边缘位置来说,进行美学基本原理式的研究,难免落入西方美学的话语圈内,最终很可能根本就没有进入实质性的研究。20世纪中国美学的基本理论建设成就甚微,与此密切相关。较为适宜的研究方向,是从中国美学出发,与西方传统美学对话,也与西方当代美学对话。(拙著《中国美学精神》《众妙之门》《美的冲突》《生命的诗境》等几部专著,均为这类对话。严格地说,它们应该是关于中国美学的研究,是一种理论的研究,而不是关于中国美学史的研究,不是一种历史的研究。友人朱良志教授在一篇书评中称我的研究对象是"美学传统",而并非"传统美学",堪称深得我心。)我已经指出,这正是中国美学家的美学研究的当代意义之所在。其二是美学研究的方式,在我看来,中西比较的方法也是必不可少的。即便是进行中国美学研究时也是如此。对此,很多人不以为然,认为没有必要去比较。他们没有意识到,比较,正是当前的跨文化交流的当代社会的必然产物。人类社会有史以来,从没有像现在这样的文化间的广泛交流。但也正是因此,人类的任何一种自认为普遍有效的理论都屡屡碰壁。"拯救差异",逐渐成为当代世界的学者们的共识。一种理论无法被跨文化的地区所正确理解,所以有了影响研究;一种理论无法演绎到跨文化的地区,所以有了平行研究;一种理论无法与跨文化的地区的理论兼容,所以有了阐发研究。20世纪中国的美学大师,如王国维、宗白华、朱光潜、钱锺书,无不是自觉地运用了比较的方法,道理在此。

也有一些人拒绝比较的方法(这种情况不仅限于中国美学研究,在其他学科也相当普遍),坚持"以中释中",结果,这些成果作为文献考证往往有独到之处,一旦不自量力地进入理论阐释,就往往一错再错。因为,即便是"文学""艺术""反映""现实""现实主义""浪漫主义""创作""主体""客体""表现""再现""文学史""文学理论""美学理论"这样一些最为基本的范畴,也都是出自西方,那么,你用不用?既使用这些范畴(须知,当代中国学者的理论结构都是在西方话语影响下形成的,哪怕是在没有学习《文学概论》《美学概论》之前,也已经如此),而又不自觉承认是比较研究,结果就成为以西方理论来指导中国理论史的研究,固然避免了"眼落金屑"之弊,但却"借他人之目为目,假他人之足为足","譬之水母以虾为目"(王士禛。转引自沈德潜《归愚文钞·叶先生传》)。"眼落金屑"应该说是在进行比较的开始时容易出现的一种失误,但却是可以逐渐纠正的,可是"借他人之目为目,假他人之足为足"呢?例如再以为这样做是在坚持"国粹"(可笑的是,这"国粹"在他们那里早就西方理论化了),因而不免带上某种实在算不上正当的藐视比较方法的民族情绪呢？结果可想而知。当代审美文化，在"审美活动应该是什么"的逻辑维度上，表现为从理论上看的对于审美活动的逻辑形态研究的启迪上。在这方面，应该说，当代审美文化的诞生、演进与深化无疑就蕴含着美学本身的历史性重建这一不容置疑的事实。

同样不容置疑的是，美学的重建应该从它自身的局限性开始，换言之，它自身的局限性就是美学重建的逻辑起点。

关于美学的局限性，在第二章第三节中已经作过剖析，再通过此后各部分的讨论，至此应该已经看得更为清楚，就在于：它的逻辑起点是理性主义的。因此，现在要从中超越而出，就必须把非理性引入理性，并且成功地沟通两者。当然，过去美学家也并不是没有注意到非理性，但只是在附庸、陪衬的意义上注意到的。结果，除了又多了一个理性/非理性的二元对峙之外，没有别的实质性收获。

思路的转换确实极为重要。试想，按照牛顿的思路，又怎么能够创造出爱因斯坦的相对论呢？何况，思路的转换也已经有了现实的可能。毫无疑问，我这里指的是当代文化所出现的历史性漂移。

人们已经十分熟悉，在20世纪，根深蒂固的理性主义传统遇到了强劲的挑战。哥白尼的日心说、达尔文的进化论、马克思的唯物史观、爱因斯坦的相对论、尼采的酒神哲学、弗洛伊德的无意识学说，作为历史性的非中心化运动，分别从地球、人种、历史、时空、生命、自我等一系列问题上把人及其理性从中心的宝座上拉了下来。1＋1＝2为什么就应该而且能够支配人类的命运？是谁赋予它以如此之大的权力？人类被迫发出了最后的吼声。这实在是一个比康德的纯粹理性批判还更为深刻的提问。

而在此时再一次回顾历史，也不难想到我在前面就已经指出的：西方的理性主义美学之所以着意强调"本质"的审美，实际上也只是在人类社会不发达的时期所采取的一种心理维护的手段、一种镜像心理，并且是以人格分裂的特殊方式来完成的。而现在，理性主义的终结终于成为现实。从此，传统的逻辑前提——现象后面有本质、表层后面有深层、非真实后面有真实、能指后面有所指——被粉碎了,包括语言符号在内的整个世界都成为平面性的文本。世界成为一本根本就不可能完全读懂的书,因为原稿丢失了。不再是事事有依据、一切确定无疑,世界也不再可以被还原成为1+1=2那样简单明了的公式。在当代人看来,那个世界实际从来就没有存在过,只是一个杜撰出来的神话。传统的世界的稳定感不复存在。一切都再无永恒可言。

需要强调的是,关于上述现象,美学界有目共睹,事实上并无争论。但是,为什么非理性的问题得不到应有的重视?为什么它在美学研究中仍然只有附庸的地位呢?原来,相当多的学者往往是从"理性被世界消解"的角度来评价这一现象的。在他们看来,不是人类的理性话语出了问题,而是世界出了问题,是世界打败了理性话语。理性话语本身并无责任——顶多是总结经验教训。但实际上却应该从"理性被人类消解"的角度来评价这一现象。真实的情况是:理性自身出了问题!人类着重批判的,不是世界的虚妄,而是理性的虚妄!因此,人类面对的主要问题,不是走出外在的物质世界,而是走出内在的理性世界,走出用理性主义、绝对精神、人道主义编织的伊甸乐园。

其中的关键是:不再将复杂性还原成为简单性,世界真正成为世界。有人说,这样岂不是把世界搞复杂了?确实如此。但之所以把世界搞复杂了,那是因为世界本来就不像僵化者的头脑中想的那么简单,本来就没有一个绝对的支点使理论和秩序合法化,例如,传统理性本来也只是一种视角,在追求"本质"、"统一"、"实体"(那是什么?)之时,在它的一元论的背后,就已经假定了一种多元论(对于我那是什么?)。然而我们追求简单,把它作为唯一的一元,结果铸成大错。难道只有固定不变的才是有价值的?难道只有永恒、完美的东西才是值得追求的东西?难道变化的就不真实,属于过程、瞬间的就是不值一顾之物?一切曾经见惯不惊的观念统统被人们重新加以思考。

人类由此进入了一个没有绝对"真理"的时代。尼采曾为此发出骇人听闻的悲鸣:"上帝死了!"然而,上帝又何死之有?其实它从来就没有活过。所谓"上帝死了",无非是一种传统的"理性"死了,一种关于上帝的话语消解了,一种稳定的心理结构崩溃了。这场景,曾经令很多学者痛不欲生。断了线的风筝,这似乎并非人类所能忍受的命运。然而,相对于往日的"理性",又未尝不是一件好事。须知,"理性主义"本来就是一种权力话语,一旦无限夸大,就会成为束缚人的东西。再说,拒绝抽象的理性生活,固然是一种痛苦,但像某些固执于理性主义的前人那样一生生活在虚伪之中,岂不也是一种痛苦?何况,只有如此,人类才能走出精神的困境——当然,其中也包括美学的困境。

对于理性主义的拒绝,使得美学的重建有了令人信服的合法性。当然,这并不意味着以非理性取消理性,而只是意味着扩大美学研究的范围,实现美学研究中心的转移,从而做到真正作为美学家来说话,说美学自己的话。

这里的扩大美学研究的范围,是说美学应该从实践活动原则扩展为生命活动原则。至于实现美学研究中心的转移,则是说美学应该从实践活动与审美活动的差异性入手,以人类的超越性的生命活动作为自己的逻辑起点。

实践原则,体现着马克思哲学思想的基本精神,也是它所带来的哲学变革的根本指向。然而,它本身又同时就是一个期待着阐释的原则。在一定时期内,人们把它理解为唯一原则,认为一切问题都可以直接从中得到说明。然而,现在看来,这也许只是一种关于实践原则的阐释系统而已。犹如说"美是人的本质力量的对象化"只是马克思美学思想的一种阐释系统而已。何况,马克思本人并没有直接提出这个美学命题。在我看来,实践原则并非唯一原则,而只是根本原则。人类的生命活动确实以实践活动为基础,但却毕竟不是"唯"实践活动。因此,我们应该把目光拓展到以实践活动为基础的人类生命活动上面来(实践活动只是生命活动的物质基础),从实践活动原则转向生命活动原则,而这就意味着:美学要在人类生命活动的地基上重新构筑自身。

我这样讲,理由在第四章"美学的困惑"一节中就已经略有提及。这就是:实践活动原则虽然在结束传统哲学方面起到了决定性的作用,但却毕竟仍然只是一个抽象的原则,只有以实践活动为基础的人类生命活动原则才是具体的原则。

且看实践活动原则在结束传统哲学方面是怎样起到决定性的作用的。

就西方传统哲学而言,众所周知,从古代迄近代,虽然存在着对于"世界的本原是什么"以及"能否或怎样认识世界的本原"的差异,但事实上,它们只是或者抓住了人类活动的物质方面,或者抓住了人类活动的精神方面,就其根本而言,却又都是从抽象性的角度出发建立自己的体系。人类的思辨历程是一个否定之否定的过程。最初开始于一种抽象的理解。或者是抽象的外在性,奉行实体性原则,它总是抓住世界的某一方面,固执地认定它就是一般的东西。这在人类从自然之中抽身而出的时代,强调人同自然的区分,固然是一大进步——由此我们不难理解希腊哲学家泰勒斯声称"水是万物的本原",为什么在西方哲学史中总是被认定为哲学史的开端,并且享有极高的地位。它意味着西方人真正地走出了自然,开始把人与自然第一次加以严格区分,开始以自然为自然,不再以拟人的方式来对待自然——但却毕竟只是一种抽象的自然,而且无法达到内在世界。或者是抽象的内在性,奉行主体性原则,它总是抓住主体的某一方面,或者是人区别于动物的某一特征,如理性、感性、意志、符号、本能,等等;或者是人的活动的某一方面,如工具制造、自然活动、政治活动、文化行为……固然,这在强调人同内在自然的区分上是十分可贵的。通过这一强调,人才不但高于自然,而且高于肉体,精神独立了,灵魂也独立了。"目的"从自然手中回到了人的手中,古代的那种人虽然从自然中独立出来,但却仍旧被包裹在"存在"范畴之中的情况,也发生了根本的改变。通过思维与存在的对立,人的主体性得到了充分的强调。笛卡尔的"我思故我在",可以看作这种强调的一个标志。唯理论与经验论是对于主体性的两个方面的强调,而康德进而把认识理性与实践理性作了明确划分,从而成功地高扬了人类的主体能动性——但却毕竟只是一种抽象的主体。后康德哲学则开始尝试从抽象的外在性与抽象的内在性的对立走向一种具体性,以达到对于人类自身的一种具体把握。黑格尔把历史主义引进到纯粹理性,以对抗非历史性,提出了所谓思想客体。费尔巴哈则引进人的感性的丰富性以对抗理性主义对人的抽象,提出所谓感性客体,但他们所代表的仍旧是唯心主义或唯物主义的抽象性。现代哲学也不例外,或者划定理性的界限,或者反而关心非理性的方面,借助于对这些方面的夸大,起到了一种对于人类自身的具体把握的追求的补充效应,但也仅此而已,也只是抓住了非基础性的方面。正如施太格缪勒说的:存在哲学和存在主义的"本体论都企图通过向前推进到更深的存在领域的办法来克服精神和本能之间的对立"。[①] 然而,在其中心灵与世界的抽象对立始终存在,虽然不再简单地归于一方了。

马克思主义的实践活动原则正是这种抽象对立的真正解决。黑格尔在自己的思想探索中已经初步涉及到了现实的人的劳动,但是却失之交臂,未能把握住这一关键环节,而且,黑格尔是从现实劳动到自我意识再到绝对理念,结果把自己蕴藏的革命活力和革命思想完全窒息了。马克思却是从绝对理念到自我意识再到现实劳动。最后解除外在性与内在性的抽象对立而达到一种具体性,达到一种对于人类自身的具体的把握的,正是人类的实践活动。在实践活动中,不再用一种抽象性取代另一种抽象性,抽象的客体与抽象的主体真正统一起来了,转而成为实践活动的两种因素,正是在这个意义上,马克思才说,"不在现实中实现哲学,就不能消灭哲学",不消灭哲学,

---

[①] 施太格缪勒:《当代哲学主流》上卷,王炳文等译,商务印书馆 1986 年版,第 168 页。

就不能"使哲学变成现实"。①

但也正是因此,我们就不能不指出,马克思实践活动原则的提出,并非人类克服抽象性原则的结束,而只是开端。道理很简单,假如离开了人类生命活动的方方面面的支持,单纯的实践活动原则只能是一个抽象的原则。在人类的主客体分化过程中,人的实践能力也处在形成过程中,因此实践活动并不是最早的活动,但其时生命活动却是存在的。恩格斯说过:"劳动创造了人本身。"②这里的劳动显然不是实践,否则,实践是人的本质,但实践又创造了人,这不是矛盾的吗?可见,人类生命活动在时间上先于实践活动;其次,生命活动分为外部活动、内部活动,实践活动则是外部活动,例如必须是"感性活动",可见,它在内涵上也比实践活动更为全面。马克思在当时格外突出了实践活动,主要是因为传统哲学最为忽视的正是这个作为人类生命活动的基础的东西。同时也因为人类对于自身生命活动的方方面面的研究还没有开始,还不可能把它展开为一个具体的原则。因此我们在注意到实践原则的基础地位的同时,也无须把它夸大为唯一的原则。迄至今日,当我们面对把实践活动展开为一种具体的原则的历史重任,尤其是当人类已经在方方面面对于人类的生命活动加以研究之后,无疑有必要同时有可能把它扩展为人类的生命活动原则。从实践活动原则转向人类生命活动原则,可以更好地容纳当代哲学所面对的大量新老问题,老问题如自由问题、主客体的分裂问题、真善美、自由与必然、事实与价值、规律与选择、感性与理性、灵与肉的分裂,但它们也有了新内容;新问题如痛苦、孤独、焦虑、绝望、虚无,因核武器、环境污染、生态危机所导致的全球性人类生存问题,相对论、测不准关系、控制论、信息论、耗散结构以及发生认识论、语言哲学、科学哲学所涉及的哲学问题……这些问题用实践活动是难以概括的,事实上,

---

① 《马克思恩格斯全集》第1卷,人民出版社1956年版,第7页。
② 《马克思恩格斯全集》第23卷,人民出版社1972年版,第202页。

它们都是根源于人类的生命活动,发展于人类生命活动,也最终必然解决于人类生命活动。从实体原则——到主体原则——到实践活动原则——到生命活动原则,应该说既忠实于马克思主义的哲学,又充分体现了发展着的时代精神,在我看来,这正是马克思主义哲学的题中应有之义。人们总是忽视马克思与柏拉图、黑格尔为代表的知识论美学传统的根本差异,从而把它的基本问题——思维与存在的关系问题当作马克思美学的基本问题。实际上,马克思探讨的是作为认识和思维活动的基础和前提——人类的生命活动。

美学的从实践活动原则扩展为生命活动原则,就必然导致美学的研究中心的转移。

生命活动原则使我们有可能从更为广阔的角度考察审美活动。这使我们意识到:实践活动相对于审美活动来说,只是某种基础性的存在,但却并非审美活动本身。传统美学强调两者完全无关,显然是错误的。中国当代美学强调两者大同小异,也同样无法避免某种片面性的存在。正确的做法是:找到一个在它们之上的既包含实践活动又包含审美活动的类范畴,然后在类范畴之中既对实践活动的基础地位给以足够的重视,同时又以实践活动为基础对其他生命活动类型的相对独立性给以足够的重视。毫无疑问,这个类范畴应当是人类的生命活动,而实践活动、审美活动(包括艺术活动)以及认识活动则是其中最主要的生命活动类型。那么,美学的研究中心是什么呢?无疑应该是相对独立于实践活动的审美活动,不过,需要强调一下的是,假如从不"唯"实践活动的生命活动原则出发,那么应当承认:这里的审美活动不再被等同于实践活动,而被正当地理解为一种以实践活动为基础同时又超越于实践活动的超越性的生命活动。

这样,中国当代美学的或者以美、或者以美感、或者以审美关系、或者以艺术为研究中心的失误也就从根本上得到了匡正。当我们把审美活动理解为一种以实践活动为基础同时又超越于实践活动的超越性的生命活动之时,不难发现:传统美学一直纠缠不休的被抽象理解了的美、美感、审美关系、艺术，实际上只是审美活动的若干方面。例如，美不过是审美活动的外化，美感不过是审美活动的内化，审美关系不过是审美活动的凝固化，艺术不过是审美活动的二级转化，等等。还有不少美学家为审美主客体而大费心思。实际上，审美主体无非是进入审美活动的主体，审美客体也无非是进入审美活动的客体而已。因此，传统美学无论是以美为对象，还是以美感、审美关系、艺术为对象，都是遮蔽了审美活动本身的必然结果，都是一种实体思维或主体性思维（而全部美学史也无非一部对于人类的审美活动的抽象理解的历史而已），或者无法准确说明主体，或者无法准确说明世界，而要恢复美学研究的真正面目，就要把这一切统统括起来，转而去寻找它们的根源，否则，美学研究就会永远停留在一种我常常提示的那种"无根"的失家状态之中。而一旦以审美活动作为它们的根源，就会意识到：自古以来纠缠不休的美与美感的对立，无非是具体的审美活动内部的两个方面的对立，我们之所以视而不见，只是因为我们对于审美活动的抽象理解所致。换言之，假如说，美是什么是古代的问题，美感是什么是近代的问题，那么，审美活动如何可能以及在此基础上的美如何可能，美感如何可能，则是现代的问题了。于是，美学基本问题从对于美或者美感的研究转化为对于审美活动的研究。美学本身也转而出现一种全新的形态。

当然，以审美活动为美学研究的中心，也并非本书独创。然而，我所说的审美活动却与其他美学家有着根本的不同。在那些美学家看来，审美活动只是一种把握方式、一种形象思维活动。把审美活动理解为一种以实践活动为基础同时又超越于实践活动的超越性的生命活动，是他们所不能接受的。在他们那里，实践活动成为决定一切的东西，但却未能进入到超越性的生命活动的层面，结果，他们错误地保留了主体与客体、美与美感的给定性，虽然言必称实践活动，但却只是以实践活动作为联结主体与客体、美与美感的桥梁，从未深刻意识到人类与自然之间固然存在连续性，因此才能够反映外在世界，但人类与自然之间更存在着间断性，否则人类就不可能从自然界中超越而出。结果,充其量也只能是在物质本体论的基础上去强调主观能动性,然而,这又怎么可能? 须知,在此基础上两者之间的矛盾是根本不可调解的。最终,只能或者抽空物质世界,或者抽空主观能动性,或者美被美感所点燃,或者美感是美的反映。就后者而论,主观性被还原为客观性(全部内容无非是通过反映而得到的客观性),主观能动性被还原为物质决定论,人的主体地位,就是这样成为一纸空文。生命活动的超越性不见了,剩下的只是对于客观的反映性,人对现实的超越变成了自然通过人所达成的自我超越,人的自由变成了对于必然规律的服从,人的主观能动性变成了对于客观规律的主动服从……不难看出,这类对于审美活动的提倡,只是为了设法回避矛盾,取消矛盾,在理论上把实际存在的矛盾一笔抹杀,因此才会不断把主观性还原为客观性、把精神还原为自然,或者把自然还原为精神、把客观性还原为主观性……最终自觉不自觉地重蹈了旧唯物主义的覆辙。由此,我不禁想起了马克思的一句名言:"这种对立的解决绝不是认识的任务,而哲学未能解决这个任务,正因为哲学把这仅仅看作理论的任务。"① 确实,要解决美学的千古大谜,关键不在于不断地还原,而在于找到一个更高的范畴,把它们统一起来,"主观主义和客观主义,唯心主义和唯物主义,活动和受动,只是在社会状态中才失去了它们彼此间的对立,并从而失去它们作为这样的对立面的存在;我们看到,理论的对立本身的解决,只有通过实践的方式,只有借助于人的实践力量,才是可能的。"② 这意味着:主体与客体、美与美感的对立,在审美活动中是两者同时存在的,对立的解决因此也就应该现实地加以解决,而不能通过还原的方法回避。换言之,应该在审美活动的基础上,既在自然对象的面前承认人类的主体存在,也在人类的主体存在的面前承认自然对象的存在,既在客观性面前承认主观性,也在主观性面前承认客观性,既承认自由的实现应该以对于自然规律的认识为前

---

① 《马克思恩格斯全集》第 42 卷,人民出版社 1979 年版,第 127 页。
② 《马克思恩格斯全集》第 42 卷,人民出版社 1979 年版,第 127 页。

提,也承认自由的实现本身应该是对于现实的超越。而这就必然导致把审美活动合乎逻辑地理解为一种以实践活动为基础同时又超越于实践活动的超越性的生命活动。对于这些美学家而言,康德、黑格尔、席勒的美学思想或许是他们所深以为然的。然而,在康德等人那里固然已经开始了对于审美活动的考察,但或者是只具有纯粹主观意义的心理活动(康德),或者是被从客观唯心主义的角度夸大了的精神活动(黑格尔),或者是试图突破康德的主观性从而走向客观性,开始据有较多的现实感的人性活动(席勒),其共同缺陷是离开了人类的生命活动这一根本基础,因而不可能真正说明审美活动。

事实也确实如此,假如从不"唯"实践活动的生命活动原则出发,那么应当承认,审美活动无法等同于实践活动,它是一种以实践活动为基础同时又超越于实践活动的超越性的生命活动。具体来说,在人类形形色色的生命活动中,多数是以服从于生命的有限性为特征的现实活动,例如,向善的实践活动,向真的科学活动,它们都无法克服手段与目的的外在性、活动的有限性与人类理想的无限性的矛盾,只有审美活动是以超越生命的有限性为特征的理想活动(当然,宽泛地说,还可以加上宗教活动)。审美活动以向真、向善等生命活动为基础但同时又是对它们的超越。在人类的生命活动之中,只有审美活动成功地消除了生存活动中的有限性——当然只是象征性地消除。作为超越活动,审美活动是对于人类最高目的的一种"理想"的实现。通过它,人类得以借助否定的方式弥补了实践活动和科学活动的有限性,使自己在其他生命活动中未能得到发展的能力得到"理想"的发展,也使自己的生命活动有可能在某种意义上构成一种完整性。例如,在向真向善的现实活动中,人类的生命、自由、情感往往要服从于本质、必然、理性,但在审美活动之中,这一切却颠倒了过来,不再是从本质阐释并选择生存,而是从生存阐释并选择本质,不再是从必然阐释并选择自由,而是从自由阐释并选择必然,也不再是从理性阐释并选择情感,而是从情感阐释并选择理性……①这一切无疑是"理想"的,也只能存在于审美活动之中,但是,对于人类的生命活动来说,却因此而构成了一种必不可少的完整性。

在这里,审美活动的超越性质至关重要。审美活动之所以成为审美活动,并不是因为它成功地把人类的本质力量对象化在对象身上,而是因为它"理想"地实现了人类的自由本性。阿·尼·列昂捷夫指出:最初,人类的生命活动"无疑是开始于人为了满足自己最基本的活体的需要而有所行动,但是往后这种关系就倒过来了,人为了有所行动而满足自己的活体的需要"。②马克思也曾指出人所具有的"为活动而活动""享受活动过程""自由地实现自由"的本性。这就是说,只有人能够,也只有人必须以理想本性的对象性运用——活动作为第一需要。人在什么层次上超出了物质需要(有限性),也就在什么程度上实现了真正的需要,超出的层次越高,真正的需要的实现程度也就越高,一旦人的活动本身成为目的,人的真正需要也就最终得到了全面实现。这一点,在理想的社会(事实上不可能出现,只是一种虚拟的价值参照),可以现实地实现;在现实的社会,则可以"理想"地实现。而审美活动作为理想社会的现实活动和现实社会的"理想"活动,也就必然成为人类"最高"的生存方式。

审美活动的超越性质使它终于有可能克服和超越主客二分的层面,走向非二元性、非实体性的层面。在理性主义的影响下,人类已经习惯于"在世界之外思考",他不断地把生命活动对象化、概念化、逻辑化,自以为这就是生命活动的全部意义之所在,但实际上只是一种自我欺骗:特定思维方式及其思维手段决定了它与人类理想的生命活动的格格不入。但在审美活动之中,这一切却截然不同了。审美活动不同于其他活动,它进入的实际是一个"洪钟未击"的世界。它把被对象化思维筛选、简约、分门别类的世界搁置

---

① 参见拙著《众妙之门》,黄河文艺出版社 1989 年版,第 327—338 页。
② 阿·尼·列昂捷夫:《活动 意识 个性》,李沂等译,上海译文出版社 1980 年版,第 144 页。

起来,去读那本真的、源初的世界。它"在世界之中思考",不再屈从于对象性活动的分门别类,也不再屈从于从对象性活动出发对人类生命及其世界的理解,而与生存及其世界建立起一种更为根本、更为源初的真实关系。它追问的是,世界之所以是世界的那个"是",而不是作为对"是"的回答的那个"什么",追问的是人与世界的关系,而不是人与世界的某一方面的关系,①是人看到的世界,而不是人看到的某一方面的世界。前者是一种源初的东西,一个在客体化、对象化、概念化之前的本真的、活生生的世界;后者则是一种派生的东西。王夫之描述云:"俱是造未造,化未化之前,因现量而出之。一觅巴鼻,鹞子即过新罗国去矣。"(王夫之:《题芦雁绝句序》)应该说是非常精确的。

同时,更为重要的是,审美活动的超越性质还使它与纷纭复杂的审美形态严格地区分开来,从而真正摆脱了审美主义或者审美目的论的纠缠。我们已经看到,长期以来,传统美学把人类的主体性的活动,或者对象化的活动与审美活动等同起来,但事实上,它们之间固然在一定时期内相互交叉,但毕竟相互区别,而且在更多的时候甚至背道而驰。正如我已经指出的,主体性的世界,"对象化"的世界,固然是人类的本质力量的"类化"的结果,但更是人类自身被束缚的见证。因此,它本身就蕴含着自我解构的因素,甚至

---

① 因此,不能简单解释为"人的本质力量的对象化",而犹如中国的"道生之""道……生天生地"。这里的"生"并非积极意义上的、创生意义上的,而是消极意义上的"无生之生"。中国美学讲的"甲生乙",未必就是"甲创生乙",在相当情况下是指的"乙出于甲,而以甲为超越根据"。审美活动只能在超越根据的角度去认识,只能作为一切存在物得以显现的过程而加以肯定。"道生之",是指:不对一切存在物加以限定、限制,不塞、不禁,使它们自由地生长。例如,"天地不仁,以万物为刍狗"。即不以具体的内涵去对道加以限制,因为一旦把道定在某一个方向、一个地方、一个内涵里,道就无法开出无限的可能,而被定住、僵滞,以致名存实亡了。因此,道之为道,关键不在于成就自己,而在于成就万物,不是事事主动上前一步,去限制对方,而是处处让开一步,去让对方存在,并且在成就对方之同时成就自己。所谓"大器晚成"。

蕴含着"伪造人类历史"的非人性因素。审美活动无疑并非如此,它是人类在理想的维度上追求自我保护、自我发展从而增加更多的生存机遇的一种手段。正在这个意义上,可以说,是生命活动选择了审美活动,生命活动只是在审美活动中才找到了自己。也正是在这个意义上,还可以说,审美活动本身是一种超越性的生命活动,它与主体性的活动或者对象化的活动并非一回事,尽管后者在一定时期可以成为审美活动的特定形态。推而广之,人类的许许多多的生命活动在一定时期都可能成为审美活动的特定形态,但也同样并不就是审美活动本身。

例如,从大的方面说,人类的生命活动可以分为从自然走向文明和从文明回到自然两种类型,这两种类型在人类审美活动的东方、西方形态与传统、当代形态中都可以成为审美活动,但也都可以不成为审美活动。在东方形态中,从自然回到文明就成为审美活动的特定形态,而从自然走向文明则没有成为一种审美活动的特定形态。但在西方形态中,情况却恰恰相反。在传统形态中,从自然走向文明就成为一种审美活动的特定形态,但从文明回到自然则没有成为一种审美活动的特定形态。但在当代形态中,情况又是恰恰相反。再从小的方面说,一种真正充满生命力的审美活动,必然应该是有其丰满的表现形态,就一个时代的审美活动看是这样,就整个人类的审美活动看也是这样。就前者而言,斯宾格勒曾经举过一个极好的例子:"西方的灵魂,用其异常丰富的表达媒介——文字、音调、色彩、图像的透视、哲学的传统、传奇的神话,以及函数的公式等,来表达出它对世界的感受;而古埃及的灵魂,则几乎只用一种直接的语言——石头,来表达之。"[1]道理很清楚,"西方的灵魂"之所以能够延续至今,就是因为它不只是用"石头"这一种形态"表达它对世界的感受"。就后者而言,人类的审美活动无疑也有其丰富的表现形态。空间上的东方与西方形态,时间上的传统与当代形态,古典

---

[1] 斯宾格勒:《西方的没落》,陈晓林译,黑龙江教育出版社1988年版,第135页。

主义、现实主义、浪漫主义、现代主义与后现代主义,理性层面与感性层面,观照层面与消费层面,艺术与生活,和谐与不和谐,完美与不完美,主体性与个体性,深度与平面,美与丑,雅与俗,创造与复制,超越与同一,无功利与功利,距离与无距离,反映与反应,结果与过程,形象与类像,符号与信号,完美与完成,风花雪月与理论概念,中心性与非中心性,确定性与非确定性,整体性与多维性,秩序性与无秩序性……诸如此类的一切都可以成为审美活动的特定形态,但又都不是审美活动本身。它们的美学属性可以从审美活动的超越性中得到深刻的说明,但审美活动的超越性却不可能在它们身上得到完整的说明。

而审美活动千百年来最为令人迷惑不解的奥秘也就在这里。它可以是一切,但它并不就是一切,原来,作为一种不是因为创造对象而去自我确证而是因为自我确证而去创造对象的审美活动,世界的一切都是它"理想"地实现人类的自由本性的媒介,或者说,都是它的特定形态,但又并不就是它本身。假如我们把审美活动与任何一种特定的审美形态等同起来,都难免造成对于审美活动的误解。例如,传统美学对于人的人类性的赞颂,是相对于当时要比人类强大百倍的肆虐的大自然而言的,是人类要"理想"地实现自由本性的需要;当代美学对于人的自然性的赞颂,则是相对于现在的几乎已经把人类自身完全束缚起来的人类文明而言的,同样是人类要"理想"地实现自由本性的需要。只有这种"理想"地实现人类的自由本性的需要才是审美活动的真正内涵,至于对于人的人类性的赞颂与对于人的自然性的赞颂,则只是审美活动的特定形态而已。因此,审美活动是人类的一种超越性的生命活动,它是对于现实的否定,但这种否定却不同于革命,革命是现实的否定,当然也不同于宗教,宗教是被现实否定,审美活动的否定却是因为现实暂时还无法否定才会出现的一种否定。显而易见,审美活动的否定只是一种"理想"的否定。它的价值形态是一种虚幻的形态,它的出现也不是为了直接地改变现实,而是为了弥补无力改变现实的遗憾,疏导失望、痛苦、绝望、软弱情绪,是对于生存的一种鼓励。当然,它不可能现实地改变社会,而只能通过改变生命活动的质量的方式来间接地唤醒社会,因此,它不可能是一种审美主义的或者审美目的论的存在,因为它一旦得以实现,就不再是审美活动了。在这个意义上,我们可以说,即便是到了人类的理想社会,人类的审美活动还只能是一种"理想"性的存在。审美活动就是因为它永远无法变成现实活动才是审美活动,它一旦变成了现实活动,就不再是审美活动了!而美学的全部任务,无非也就是从不同角度、不同层面、不同领域去揭示这样一种作为超越性的生命活动的审美活动的全部秘密!

不难想到,美学的研究范围的扩大和美学研究中心的转移,无疑才真正导致美学学科本身的确立。

在相当长的时间内,美学一直没有自己独立的研究对象,就中国的美学而言,姑且不说它往往只是停留于对于实践活动的审美本性的说明,即便是国内目前较为流行的从审美活动的角度所建构的美学体系,由于未曾敏捷地从实践活动转到生命活动的起点上来,未曾明确揭示审美活动并非把握方式而是生存方式这一根本特性,更未曾及时赋予审美活动以一种独立的、本体的地位,因此也就仍旧停留在对于审美活动的理性层面的说明上,这就难免使得审美活动总是给人以理性的附庸或理性的低级阶段之类的感觉,而以研究审美活动为主旨的美学学科也就难免总是给人以只是其他学科的附庸的强烈印象,而现在从生命活动的地基上重新为审美活动定位,无疑可以把审美活动从理性的附庸或理性的低级阶段这类屈辱形象中拯救出来,当然也就同时可以把美学学科从其他学科的附庸这类屈辱形象中拯救出来。它意味着:审美活动与理性活动并非附庸与被附庸的关系。因此应该超出理性活动去为审美活动重新定位。非理性主义是错误的,但非理性则是非常重要的。人类在理性的旱地上毕竟停留得太久了,以至于总是喜欢把批评理性的局限性的人说成是"反理性"。不妨看看祁理雅为柏格森的辩护:"所谓他的反理性主义只不过是他拒绝接受把它对一个活生生的人或任何生动经验的现实的理解归结为各种概念和概念知识而已。"①确实,批评理性的局限的人经常宣传所谓人的死亡,但他不是指的有血有肉的人的死亡,而是指的"被主观主义地理解了的'人'的死亡"。消解掉这些思想的累赘,人类反而更加自由了。更重要的是,只有当理性能够认识非理性的时候,理性才称得上是理性,如果理性只能认识理性,只能停留在自身之内,那么走向灭亡的就是理性本身。这使我们发现:事实上,理性活动有理性活动的用处,审美活动有审美活动的用处。它们是对于人类的不同需要的满足。而且,后者的满足要远为本体、远为根本、远为重要。

进而言之,在相当长的时间内,我们基本上是通过西方理性主义美学的眼光看待美学,并且是通过它的话语来描述和解释美学之为美学的。我们从来就没有去认真想过:西方理性主义美学的问题为什么会成为全人类的问题,尤其是为什么会成为我们的问题?而现在,我们终于有可能意识到:任何一种对于美的定义都与历史有关。从来就没有一种天生的放之四海而皆准的理论。事实上,任何一种理论的绝对化都与一定时代、一定历史有关(使理论权威化)。在这个意义上,西方理性主义美学实际上不是一个结论而是一个前提,但我们却把这个前提当作一个已知的固定的事实或结论肯定下来,直接从中演绎出一些其他结论。结果我们关于审美活动的任何讨论、任何结论都被组织在一种以西方理性主义美学为出发点的话语之中。实际上,很难说西方理性主义美学建构了广义上的所谓美学,而只能说它在近代历史上非常成功地创造了一个很有力量的权力话语体系。

而且,情况还不仅仅如此。十年来②,我围绕着在生命活动的基础上建构现代美学的问题,从"理论、历史、现状"三个方面加以研究,结果越研究就越是强烈地意识到:西方理性主义美学并非如我们所说,是美学的唯一形态或者经典形态。实际上,就历史的角度而言,它存在着空间方面的局限性,

---

① 祁理雅:《二十世纪法国思潮》,吴永泉等译,商务印书馆1987年版,第15页。
② 本书初版于1995年。

无法阐释东方的审美活动,与东方的美学传统格格不入。例如中国。中国美学正是建立在生命活动的基础之上的。对此,我在《中国美学精神》中以近46万字的篇幅作过深入的说明,可参看。就现状的角度而言,它存在着时间方面的局限性,无法阐释当代的审美实践,与当代的审美观念背道而驰。这正是本书所要深入说明的内容。就理论的角度而言,它存在着逻辑方面的局限性,早已为西方当代美学所扬弃。事实上,马克思的美学也是强调生命活动的美学。对此,本文无法展开。因此,走出西方理性主义美学的封闭世界,在生命活动的基础上建构现代美学,毫无疑问,是可以在"理论、历史、现状"三个方面得到广泛的、强有力的支持的。

同样毫无疑问,一旦意识及此,美学的大门也就真正地敞开了。

美学的产生服从于人类的生存总是蕴含着超越性阐释(自我确证)这一事实。德国哲学家狄尔泰说过:人的生命的本质是释义的。其中包括文化的解读与反文化的解读。人类正是凭借着超越性阐释去探询和回答自身的生存及其超越如何可能。所以,尽管美学也和人类一样会处于迷误之中,尽管它的历史也和人类本身的历史一样曾呈现本真或非本真的形象,但它向人昭示的却永远是超越性阐释这一根本线索。人类的历史就是它的历史。人类存在着,它就存在着。人类不会消亡,它就不会消亡。在这个意义上,美学不可能是别的什么,而只能是人类生存的超越性阐释,只能是人类关于生命的存在与超越如何可能的冥思。它不去追问美和美感如何可能,也不去追问审美主体和审美客体如何可能,更不去追问审美关系和艺术如何可能,[①]而去追问作为人类超越性的生命活动——审美活动如何可能。其中,最为值得注意的是"形式愉悦"。须知,作为一种独立的生命活动,假如实践活动是指向"事"的,科学活动是指向"理"的,审美活动则是指向"形式"的。人类生命活动是一种双重的活动,它首先改变了世界的内容,使它适应自己的物质需

---

① 这是就美学研究的元问题而言,而并非美、美感、审美主客体、审美关系、艺术等问题不存在或者不重要。

要,继而又改变了世界的形式,使它适应自己的精神需要(自我确证的需要)。与此相应,内容的快感与形式的美感也就成为人类的两大生命愉悦(只是,形式的愉悦在后)。因此,实践活动本身并不就是审美活动,只有扬弃它的实用内容,把它转化为一种"理想"的自我实现的过程,从而不再实际地占有对象,转而对世界的形式进行自由的欣赏,追求一种非实用的自娱、自我表现、自我创造——所谓"澄怀味象"时,才是审美活动。形式愉悦,是人类的超越性的生命活动的开始。形式愉悦的秘密就是审美活动的超越本性的秘密。破译这个秘密,应该说,是我们终于意识到了的美学之为美学的天职。这就推动着美学从发生学的追问真正转向了美学的追问,①从主客二元层面的考察真正转向了超主客二元层面的考察;也推动着美学的内容走出了局限于审"美"的困窘领域,审美活动终于恢复了它的真实面目,成为对人类生存的超越性阐释,成为大于审"美"、审"丑"等活动的超越性的生命活动;②还推动着美学从实体形态转向了境界形态,从封闭性、同质性、整体性、同一性的形态转向了开放性、异质性、非整体性、非同一性的形态;更推动着美学从孤立于人生之外的"分别智"(概念游戏)转向了沉浸于人生之中的

---

① 当然,这并不意味着抛弃当代美学的研究成果,而是意味着把它放入一个更为广阔的理论框架之内,并把它作为新美学的一个重要组成部分。犹如爱因斯坦的四维空间仍旧以牛顿的三维空间作为自己的特例一样。这个问题很大,本文从略。
② 全部的美学研究,无非是从不同层次、不同维度、不同方面对审美活动的揭示。例如,首先是审美活动"是什么"。它涉及到对审美活动的本体意义的性质的阐释。包括对审美活动与人类生命活动之间外在关系的考察(逻辑—发生层面、实践—发生层面、历史—发生层面、个体—发生层面、心理—发生层面)以及内在关系的考察(审美活动的起点、内涵、标准)。其次是审美活动"怎么样"。它关涉到对审美活动是"怎么样"在具体的审美活动中展示出来的阐释。包括,首先从构成审美活动的东西即从构成审美活动的特殊规律角度去阐释审美活动(审美过程层面、审美意向层面、审美器官层面、审美时空层面……),其次,从审美活动所构成的东西即从审美活动所构成的特殊内容角度去阐释审美活动(纵向的具体化:美、美感、审美关系;横向的具体化:丑、荒诞、悲剧、崇高、喜剧、优美;垂向的具体化:自然审美、社会审美、艺术审美。在这里,最后是审美活动"为什么",它关涉到对审美活动在人类生命活动中的意义的考察。参见拙著《生命美学》,河南人民出版社 1991 年版。

"共命慧"。因此,在我看来,美学甚至整个人文科学的任务就不是为人类勾勒一个理想的蓝图,然后鼓励人类实现之,而是对人类的生命活动加以深刻的反省和批判。

因此,美学即生命的宣言、生命的自白。美学即人类精神家园的拳拳忧心——清醒地守望着世界,是它永恒的圣职。在"神圣之夜",它警醒地"走遍大地"。满怀着对人类真实的生命存在、生命世界的关注,倾尽血泪维护着灵性的胚胎,隐忍着生命的痛苦,担负起人类的失误,抗击着现实世界的揶揄,呼唤着这个世界应有而又偏偏没有的东西、无名或者失名的东西,顾念着人的现实历史境遇,顾念着人的生存意义,顾念着有限生命的超越,顾念着生命中无比神圣的东西、必须小心恭护的东西、充满爱意和虔敬的东西。它使生命成为一次自我拯救、一个永恒的开始,在衰亡着的历史废墟上孕育出一个活泼泼的生命;它使生命成为最为辉煌的瞬间,在这一瞬间,生命与天地间一切圣者、一切人灵,与庙中之佛、山巅之仙、天上之神一起醒来;它又使生命成为最为神圣的悦乐,这悦乐使世界开口说话,使石头开口说话。不难想象,当我们一旦栖居于这瞬间和悦乐之中,该会以何等惊奇、何等陌生的目光,疑惑不解地注视着我们曾经见惯不惊的天地、宇宙、人生!

俄国诗人勃洛克说过:"我们总是过迟地意识到奇迹曾经就在我们身边。"令人欣慰的是,虽然"过迟",我们毕竟终于意识到了身边的"奇迹"。我们的心灵不再只为保尔的遭遇而悲泣,而且也为维罗纳晚祷的钟声而流泪。在人类生命活动的地基上,我们开始了美学的历史性重建。——当然,它可能还不尽成熟甚至十分幼稚,但对于一个新理论来说,这恰恰并非它的缺点,而是它的优点。至于它的成熟,则是完全可以预期的。

1994 年 12 月 12 日完稿,于郑州大学

[附录] 本书主要参考文献

《1844年经济学—哲学手稿》,马克思著,刘丕坤译,人民出版社1979年版

《判断力批判》上卷,康德著,宗白华译,商务印书馆1985年版

《美学》(1—3卷),黑格尔著,朱光潜译,商务印书馆1979—1981年版

《作为意志和表象的世界》,叔本华著,石冲白译,商务印书馆1982年版

《悲剧的诞生》,尼采著,周国平译,三联书店1986年版

《存在与时间》,海德格尔著,陈嘉映等译,三联书店1987年版

《人论》,卡西尔著,甘阳译,上海译文出版社1985年版

《美学与哲学》,杜夫海纳著,孙非译,中国社会科学出版社1985年版

《真理与方法》,伽达默尔著,王才勇译,辽宁人民出版社1987年版

《美学新解》,布洛克著,滕守尧译,辽宁人民出版社1987年版

《论艺术里的精神》,康定斯基著,查立译,中国社会科学出版社1987年版

《抽象与移情》,W.沃林格著,王才勇译,辽宁人民出版社1987年版

《启蒙辩证法》,霍克海默、阿多尔诺著,洪佩郁等译,重庆出版社1989年版

《爱欲与文明》,马尔库塞著,黄勇等译,上海译文出版社1987年版

《小说的智慧》,昆德拉著,艾晓明编译,时代文艺出版社1992年版

《艺术心理学》,列·谢·维尧茨基著,周新译,上海文艺出版社1985年版

《当代美学》,M.李普曼编,邓鹏译,光明日报出版社1986年版

《西方美学家论美和美感》,北京大学哲学系美学教研室编,商务印书馆

1980年版

《资本主义文化矛盾》,丹尼尔·贝尔著,赵一凡等译,三联书店1989年版

《新教伦理与资本主义精神》,马克斯·韦伯著,于晓等译,三联书店1987年版

《西方的没落》,斯宾格勒著,陈晓林译,黑龙江教育出版社1988年版

《后现代主义与文化理论》,杰姆逊著,唐小兵译,陕西师范大学出版社1986年版

《人的延伸》,麦克卢汉著,何道宽译,四川人民出版社1992年版

《非理性的人》,白瑞德著,彭镜禧译,黑龙江教育出版社1988年版

《第三次浪潮》,托夫勒著,朱志炎等译,三联书店1988年版

《未来的震荡》,托夫勒著,任小明译,四川人民出版社1985年版

潘知常生命美学系列

- ◆《美的冲突——中华民族三百年来的美学追求》
- ◆《众妙之门——中国美感心态的深层结构》
- ◆《生命美学》
- ◆《反美学——在阐释中理解当代审美文化》
- ◆《美学导论——审美活动的本体论内涵及其现代阐释》
- ◆《美学的边缘——在阐释中理解当代审美观念》
- ◆《美学课》
- ◆《潘知常美学随笔》

Life Aesthetics Series